开关电源实例电路测试分析与设计

（第2版）

葛中海　编著

電子工業出版社
Publishing House of Electronics Industry
北京·BEIJING

内容简介

本书根据实物电路板绘出电路原理图，结合关键节点的电压或电流波形，讲述开关电源的工作原理和设计方法，包括自激式开关电源、他激式开关电源、低压DC-DC转换器、单片集成式开关电源等。

为便于读者学习，本书在重要知识点的相关图文旁附有二维码，读者只要使用手机扫描二维码，即可在手机上浏览相应的教学微视频。

本书适合相关领域工程技术人员及相关专业大专院校师生、爱好者阅读。

图书在版编目（CIP）数据

开关电源实例电路测试分析与设计/葛中海编著.—2版.—北京：电子工业出版社，2021.6
ISBN 978-7-121-41113-7

Ⅰ.①开… Ⅱ.①葛… Ⅲ.①开关电源-电路测试 ②开关电源-电路设计 Ⅳ.①TN86

中国版本图书馆CIP数据核字（2021）第077249号

责任编辑：富　军
印　　刷：北京天宇星印刷厂
装　　订：北京天宇星印刷厂
出版发行：电子工业出版社
　　　　　北京市海淀区万寿路173信箱　邮编 100036
开　　本：787×1092　1/16　印张：16　字数：409.6千字
版　　次：2015年8月第1版
　　　　　2021年6月第2版
印　　次：2025年1月第6次印刷
定　　价：89.00元

凡所购买电子工业出版社图书有缺损问题，请向购买书店调换。若书店售缺，请与本社发行部联系，联系及邮购电话：(010)88254888，88258888。

质量投诉请发邮件至 zlts@phei.com.cn，盗版侵权举报请发邮件至 dbqq@phei.com.cn。

本书咨询联系方式：(010)88254456。

前　　言

随着电力电子技术的迅速发展，开关电源已广泛应用于计算机、通信、仪器仪表、工业加工和航天等领域。从事开关电源学习和研究的高校师生及设计研发工程技术人员迫切需要理论性、实用性强的学习资料。本书即可满足读者的相关需要。

开关电源具有效率高、体积小、重量轻等显著特点，因此获得广泛应用。目前，无论民用领域的家电产品、办公设备，还是专业领域的各类电子仪器设备，均采用开关电源供电。开关电源采用的变压器工作在高频状态，体积可以很小，功耗可以很低，比如目前比较流行的氮化镓（GaN）快速充电器，转换效率可达80%～90%。这是传统线性稳压电源和可控整流电源无法比拟的。

本书在第1版的基础上主要进行了如下修改：增加集成运放反馈稳压电路；删除开关电源的特殊单元电路；删除三星USB手机充电器i899（仿品）；删除三星ETA0U71XBE充电器（港版）；增加中国台湾明纬开关电源（12V&12.5A）、深圳明纬开关电源（24V&4A）和中山好美智能车库LED驱动电源（降压型DC-DC变换器）；更新DELL笔记本电脑适配器；删除三星ETA0U71XBE充电器（港版）；增加Boost转换器的应用之二；删除TL431构成的自激式Buck转换器。

为便于读者学习，本书电路图所用电路图形符号与电路板上的标识一致，没有进行统一处理。

本书的编写人员都是多年从事电子技术职业教育的老师，具有丰富的经验。其中，第1章由中山市技师学院陈全老师编写；第2章由中山市技师学院梁镇杰老师编写；第3章由中山市技师学院颜绮虹老师编写；第4章由中山市技师学院尹细妹老师编写；第5、6、7章由中山市技师学院葛中海老师编写，同时负责全书的策划、组织和定稿。

由于作者能力有限，加之时间紧迫，错误之处在所难免，恳请读者批评指正。

编著者

2021年3月

目　　录

第 1 章

概　　论

开关电源不同于线性电源：前者的调整管工作在通、断状态；后者的调整管工作在线性状态。开关电源通过控制调整管的通、断时间实现稳压。开关电源的优点是体积小、重量轻、功耗小、稳压范围宽，效率可高达 80%～90%。调整管功率损耗小，散热器也随之减小。开关电源工作频率在几十千赫兹甚至几百千赫兹，滤波电感、电容元件可用较小的容量，允许的环境温度也可以大大提高，广泛应用在各种电子设备中。本章主要介绍开关电源的基本构成、分类及工作原理，让读者对开关电源有一个初步的认识。

1.1　两种电源的比较

电子设备离不开电源。电源供给电子设备所需要的能量。电源的性能、质量直接影响着电子设备的安全可靠运行，故此对电子设备电源性能、质量的要求也越来越高。现有的电源主要有两大类：串联线性稳压电源（简称线性电源）和开关稳压电源（简称开关电源）。这两类电源各具特色而被广泛应用。

1.1.1　线性电源的结构与特点

线性电源的组成框图及输出波形如图 1-1 所示。

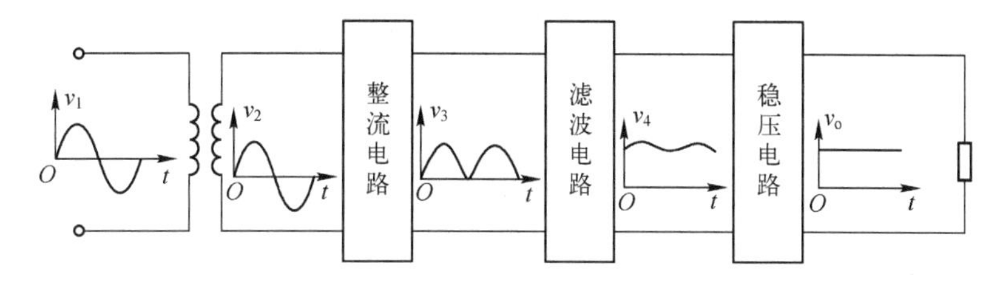

图 1-1　线性电源的组成框图及输出波形

线性电源通常都是由电网所提供的交流电，经过变压、整流、滤波和稳压环节而得到的。其各部分电路的作用如下：

① 电源变压器——将220V电网电压转换为整流电路所需要的交流电压值，少部分电路采用电容降压，如遥控电风扇电路。

② 整流电路——将交流电压转换为脉动直流电压。常用的整流电路有半波整流电路、全波整流电路和桥式整流电路。

③ 滤波电路——将脉动直流电压转换为较平滑的直流电压。常用的滤波电路有电感滤波、电容滤波和阻容滤波。其中最常用的是电容滤波。

④ 稳压电路——将直流电源的输出电压稳定，基本不受电网电压或负载的影响。常用的稳压电路有二极管稳压、串联稳压。其中，串联稳压有现成的集成电路，如固定电压输出的集成电路有LM78××和LM79××等，可调电压输出的集成电路有LM317和LM337等。

图1-2为包含市电降压、整流、滤波和稳压4个功能模块的线性稳压电源。

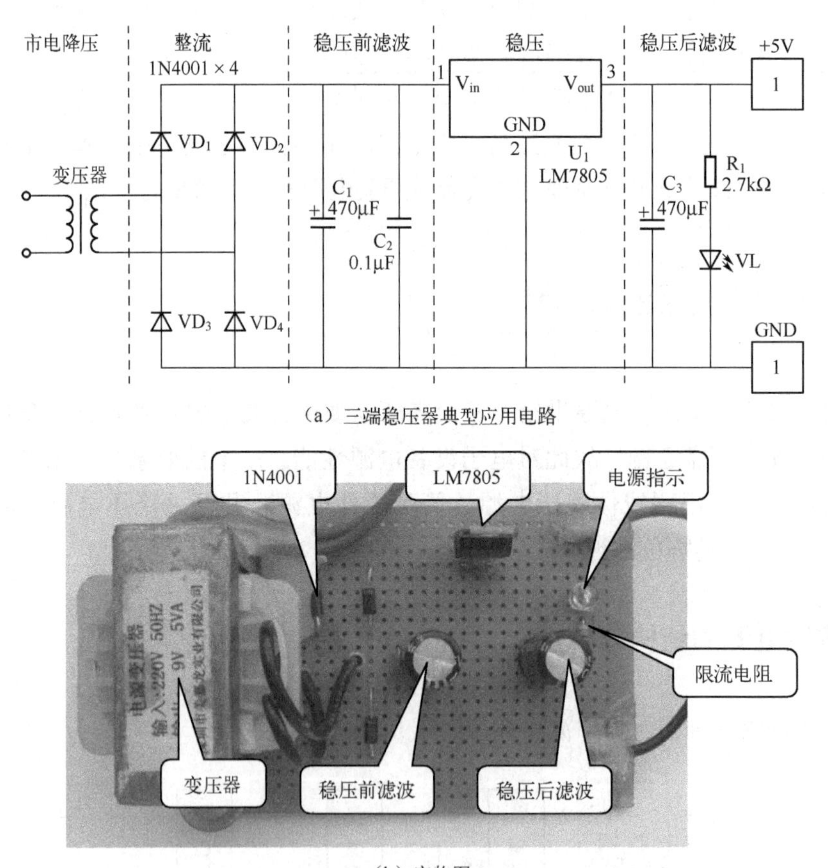

（a）三端稳压器典型应用电路

（b）实物图

图1-2　4个功能模块的线性稳压电源

线性电源的**优点**是稳定性好、瞬态响应速度快、可靠性高、输出电压精度高和输出纹波电压小；**缺点**是工作频率低，所采用的工频变压器、滤波器的体积和重量都较大。调整管工作在线性状态，功耗大、效率低，需要加装散热器。在一般情况下，线性电源效率均不会超过50%，但因其优良的输出特性，在对电源性能要求较高的场合仍得到了广泛的应用。

1.1.2　开关电源的结构与特点

在AC-DC转换过程中，市电均经整流变为高压直流（DC），再经DC-DC转换为负载所需的低压直流（DC），因此DC-DC转换器是开关电源的组成核心，DC-DC开关电源也称为DC-DC转换器（注：因DC-DC开关电源的调整管工作在通（ON）与断（OFF）状态，故也称为**开关管**；又因调整管的主要功能是进行功率转换，故也称为**功率管**或**功率开关管**）。

开关电源工作的实质是通过改变电路中开关管的导通时间来改变输出电压（或电流）的大小，以达到维持输出电压（或电流）稳定的目的。

DC-DC转换器就是重复通/断开关，把直流电压（电流）转换为高频方波电压（电流），再经整流平滑变为直流电压（电流）输出。DC-DC转换器由半导体开关、整流二极管、平滑滤波电抗器和电容等基本元器件组成。当输入、输出间需要进行电气隔离时，可以采用变压器，把高频方波电压（电流）通过变压器传送到输出侧。构成DC-DC转换器的基本元器件如图1-3所示。图中，U_I为整流后不稳定的直流电压；U_O为经过斩波的输出电压；S为开关。

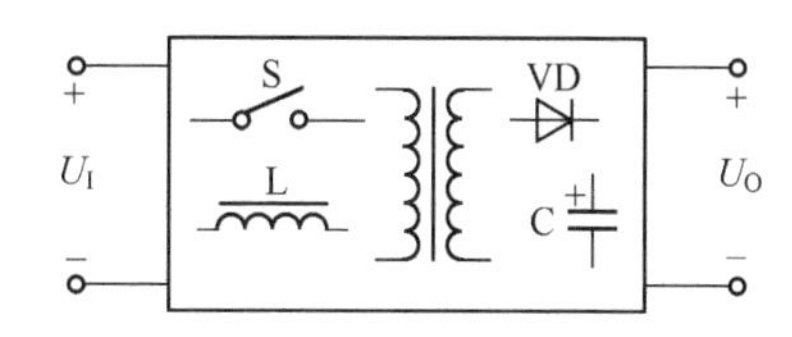

图1-3　构成DC-DC转换器的基本元器件

通过提高开关频率，滤波电感、开关变压器等磁性元器件，以及滤波电容等都可以小型轻量化。对于DC-DC转换器，加在开关S两端电压U_S的波形近似为方波，通过电流I_S的波形近似为三角波或有台阶的三角波（见第7章，有台阶的三角波也可称为梯形波），如图1-4所示。其占空比定义为

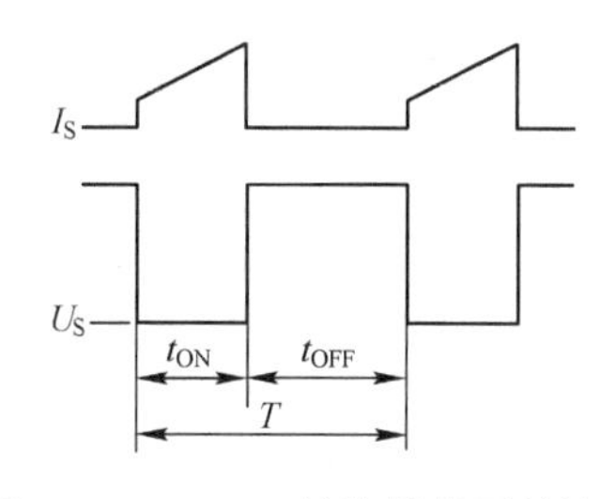

图1-4　DC-DC转换器的开关波形

$$D=\frac{t_{ON}}{T}=\frac{t_{ON}}{t_{ON}+t_{OFF}} \tag{1-1}$$

式中，T 为开关 S 的通/断周期；t_{ON}为开关 S 的导通时间；t_{OFF}为开关 S 的断开时间。

DC-DC 转换器的开关波形（见图 1-4）控制占空比的方法有保持工作周期 T 不变、控制开关通/断时间的脉宽调制（PWM）①、保持导通时间 t_{ON}不变、改变工作周期 T 的频率调制（PFM）②。但在开关频率较低时，频率调制（PFM）方式需要较大的隔离变压器与输入/输出滤波器，既不经济，体积也过大，在现实中难以接受，故这种工作方式的开关频率要足够高。

开关电源与线性电源相比具有较多优点，见表 1-1。

表 1-1　开关电源的主要优点

序　号	优　　点	描　　述
1	功耗小，效率高	开关管工作在开关状态，功率损耗小，效率可高达 80%～90%，质量好的可以达到 95%甚至更高，而线性电源的效率只有 50%甚至更低
2	体积小，重量轻	① 开关管工作在高频状态，只需要较小体积的变压器就能传输较大的能量。 ② 开关管损耗小，散热器也随之减小或干脆不用。 ③ 开关频率在几十千赫兹以上，是线性电源的 1000 倍，整流后的滤波效率也几乎提高 1000 倍，故滤波电感、电容的容量和体积都大为减小，同时，允许的环境温度也大大提高
3	适应电压范围宽	当输入电压或负载变化引起输出电压变动时，开关电源能通过调节脉冲宽度、脉冲频率或同时改变两者自适应调整，在电网电压变化较大的情况下，仍能保证稳定的输出电压，稳压范围宽、稳压效果好，适用领域广
4	电路形式多样	有自激式和他激式、调宽型和调频型、隔离型和非隔离型等

开关电源虽然有很多优点，但也存在一些问题影响着开关电源的生产或应用，见表 1-2。

表 1-2　开关电源的主要缺点

序　号	缺　　点	描　　述
1	电磁干扰大	开关管工作在开关状态，电流通过相关元器件时会产生较大的尖峰干扰和谐振噪声，这些噪声干扰频带宽、谐波大、电磁干扰强。如果不采取一定的措施进行抑制、消除和屏蔽，就会严重地影响整机的正常工作或窜入电网，干扰附近的其他电子设备、通信设备和家用电器的正常工作
2	纹波和噪声大	开关管工作在开关状态，产生的尖峰干扰和谐波虽经整流、滤波电路，但输出电压中的纹波和噪声仍然比线性电源大得多
3	瞬态响应慢	输出对输入的瞬态响应一般为 ms 级，对负载变化的瞬态响应主要是由 LC 滤波特性决定的。线性稳压电源输出对输入的瞬态响应几乎是即时性的，瞬态响应由反馈放大器的频率特性及滤波电容的容量决定
4	功率因数低	直接对交流电网进行全波整流、电容滤波获得直流电压，交流电压与电流之间存在相位差，且输入电流不是正弦波，谐波含量很高。电流谐波的产生一方面使谐波噪声含量提高，另一方面使功率因数降低
5	对元器件要求高	在一定频率下，开关电源的效率与工作频率成正比。当频率提高后，对整个电路中的元器件，如功率开关管、开关变压器、储能电感、滤波电容等又有了新的、更高的要求

---

① PWM 是 Pulse Width Modulation 的英文缩写，是指脉冲宽度调制，简称脉宽调制。

② PFM 是 Pulse Frequency Modulation 的英文缩写，是指脉冲频率调制，简称频率调制。

1.2 开关电源的基本构成和稳定度

1.2.1 开关电源的基本构成

图 1-5 为开关电源的基本功能框图，由高压侧的整流电路、滤波电路，能量转换开关变压器 T，开关管，低压侧的整流电路、滤波电路，用于输出电压（或电流）反馈的稳压电路组成。

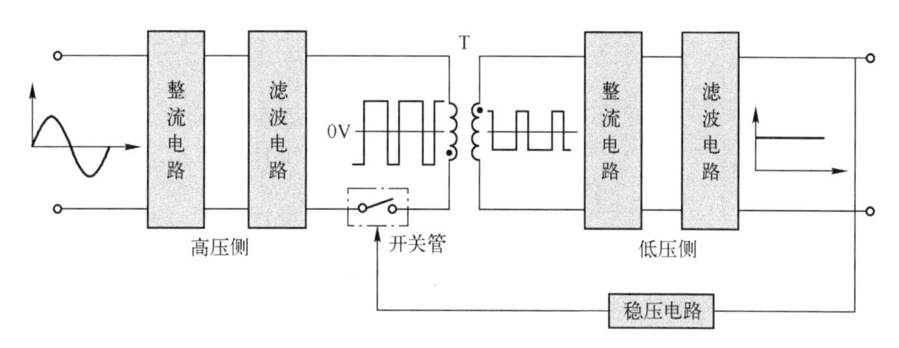

图 1-5 开关电源的基本功能框图

简化后的开关电源功能框图如图 1-6 所示。U_I为市电经整流滤波后的直流电压，U_O为输出电压，DC-DC 转换器用于功率变换，是开关电源的核心部分，此外还有启动、过流和（或）过压保护、噪声滤波器等组成部分。在隔离型开关电源中，误差放大器的输出信号，需经光电耦合器进行电气隔离后，送到高压侧（图中未画出）。

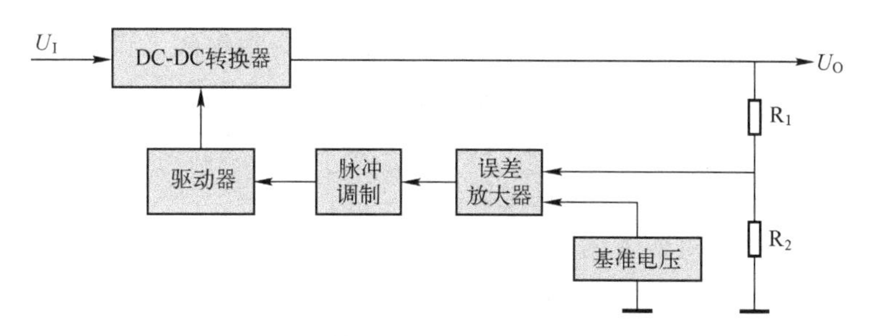

图 1-6 简化后的开关电源功能框图

1.2.2 开关电源的稳定度

1. 稳定度

稳定度是指输出电压随输入电压或负载变化的程度，也称**电压调整率**。开关电源的稳定度比串联线性电源低，对于输入电压的变化，后者的输出几乎不变，前者的变化比后者

大 10^3 倍左右。

在如图 1-7 所示的开关电源电路中，由于反馈放大器的作用，输出电压与输入电压变化之比为

$$\frac{\Delta U_0}{\Delta U_I}=\frac{1}{1+A}$$

式中，A 为放大器的增益，包含由电阻分压器（R_1 和 R_2）引起的衰减量。若 A 设为 1000，则 $\Delta U_0/\Delta U_I=10^{-3}$，意味着输入电压变化 10V，输出电压就要变化 10mV。若为线性电源，则输出电压只变化 10μV。

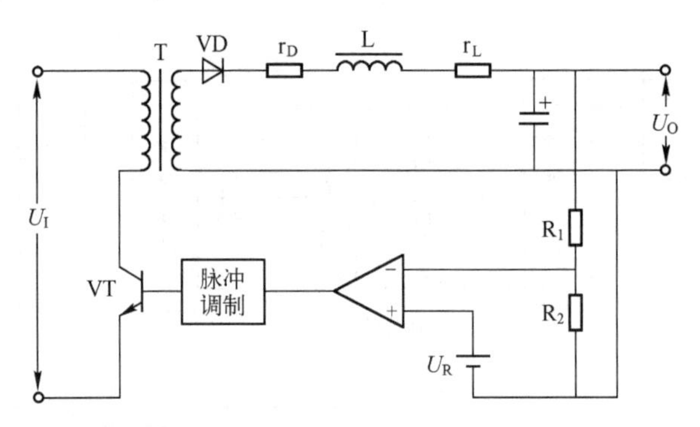

图 1-7　开关电源电路

2. 输出阻抗

开关电源的输出阻抗为

$$R_0\approx\frac{r_D+r_L}{1+A}$$

式中，r_D 为整流器的等效（串联）电阻；r_L 为电抗器的直流电阻。输出阻抗虽因整流器中二极管的额定电流不同而异，但二极管等效电阻 r_D 为几十毫欧姆，电抗器的直流电阻 r_L 也与此相近。若 $r_D=25\text{m}\Omega$，$r_L=25\text{m}\Omega$，$A=1000$，则输出阻抗 R_0 为 50μΩ，在相同反馈放大器增益时，开关电源的输出阻抗比线性电源低。

对于线性电源，输出对输入的瞬态响应特性由开关管的 h_{rb} 决定。这里的 h_{rb} 是指晶体管基极接地工作方式的输入反馈系数，在工程实用时可忽略不计。对于开关电源，输入的瞬态变化全部表现在输出端，若减小这种变化，则会极大地影响反馈放大器的增益与频率特性，一般为 ms 数量级。在提高开关频率的同时，反馈放大器的频率特性将得到改善。

负载变化线性电源的瞬态响应由反馈放大器的频率特性及输出滤波电容的容量与特性决定，对于开关电源，瞬态响应主要由输出 LC 滤波器的特性决定，可以通过提高开关频率、降低输出滤波器 LC 乘积的方法来改善瞬态响应特性。

1.3 开关电源的分类

开关电源的电路结构有很多种，分类方法也很多，常见的分类方式如图 1-8 所示。

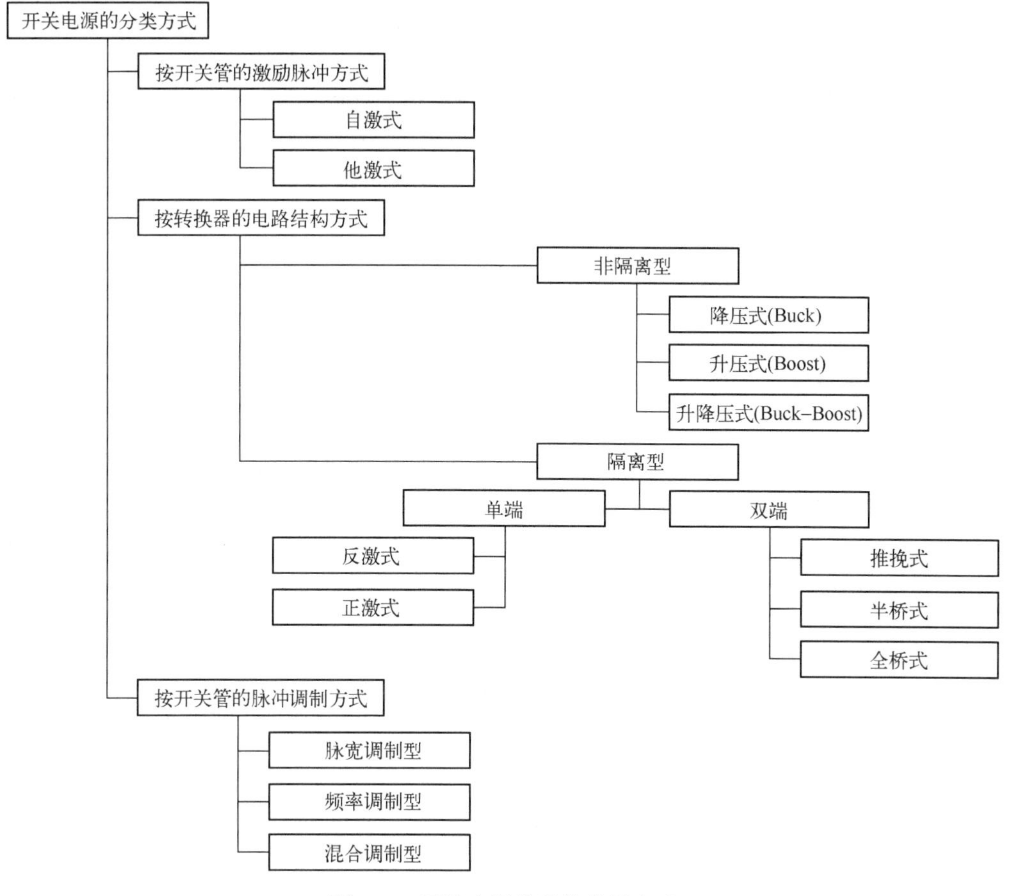

图 1-8　开关电源常见的分类方式

1.3.1　按开关管的激励脉冲方式分类

无论何种开关电源，开关管均工作在开关状态。**驱动开关管的激励电压可为方波的脉宽调制电压，也可为正弦波的谐振电压**。开关电源按开关管的激励脉冲方式可分为**自激式和他激式**。

1. 自激式

自激式开关电源利用开关管、开关变压器辅助绕组构成正反馈环路，实现自激振荡，稳定电压输出。由于自激式开关电源的开关管兼作振荡管，因此无须专设振荡器。其脉冲信号是由自激振荡形成的，是一种非固定频率的脉冲信号，随输入电压和负载变化而变化，在轻载时频率较高，在重载时频率较低，在空载时会出现间歇振荡。

自激式开关电源本身具有一定的自保护功能，一旦负载过重，必然会破坏反馈条件而停止振荡，从而保护开关电源。由于自激式开关电源的电流峰值高、纹波电流大，特别是在高功率、大电流工作时稳定性差，因此**多用于 60W 以下的小功率场合**。

2. 他激式

他激式开关电源的开关管不参与激励脉冲的振荡过程，有专设的振荡器产生脉冲控制开关管。例如，常用的集成电路 UC3842、NCP1200、TL494 等集成控制器能输出占空比可调的 PWM 脉冲。如今，许多集成控制器能根据输出功率的轻重自动升降开关频率，以便在不同负载状况下，均能保持优良的电源转换效率。

由于集成控制器把保护电路、控制电路、振荡电路和反馈信号检测电路集成在同一芯片上，抗干扰性能好，电路简洁、功能强大，能够完成振荡、稳压、过流、过压和欠压等保护功能，是分立式开关电源所无法比拟的，近年来应用越来越广泛。

1.3.2 按转换器的电路结构方式分类

开关电源按转换器的电路结构方式分为非隔离型和隔离型。

1. 非隔离型 DC-DC 转换器

非隔离型 DC-DC 转换器的输入和输出共地，适合低压直流电源转换，包括**降压式**、**升压式**和**升降压式**。非隔离型 DC-DC 转换器的基本电路如图 1-9 所示。

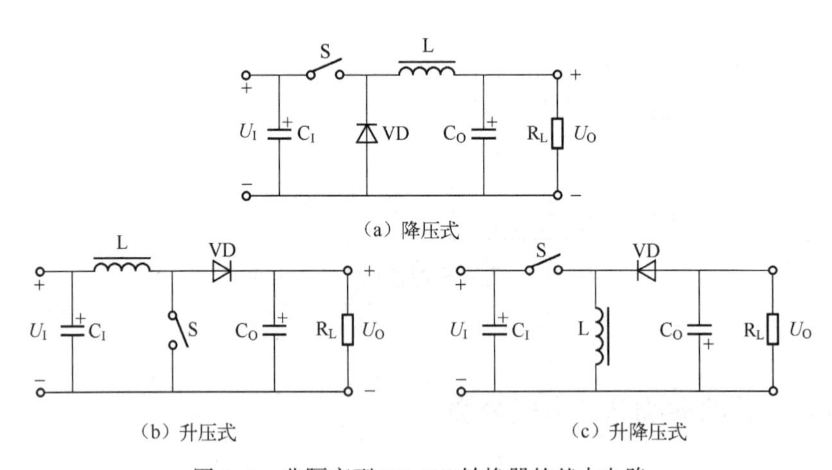

图 1-9　非隔离型 DC-DC 转换器的基本电路

在分析电路工作原理时，为简便起见，假定开关 S 为理想开关，电路中各元器件的内阻忽略不计，输入电压 U_I、输出电压 U_O、电感的电感量和电容的电容量足够大，流经电感的电流与电容两端电压的纹波非常小。

1）降压式转换器

（1）工作原理

降压式转换器也称 Buck 电路，分解电路如图 1-10 所示。当开关 S 闭合时，等效电路如图 1-10（b）所示，VD 因承受反压而截止，电感 L 励磁并存储能量，电容 C_0 开始充电。当开关 S 断开时，等效电路如图 1-10（c）所示，VD 因承受正压而导通，电感 L 消磁并释放能量，电容 C_0 开始放电。在以上两种情形下，电感与负载 R_L 的电流方向不变，图 1-10（b）中的电感电流线性增加，图 1-10（c）中的电感电流线性减小。

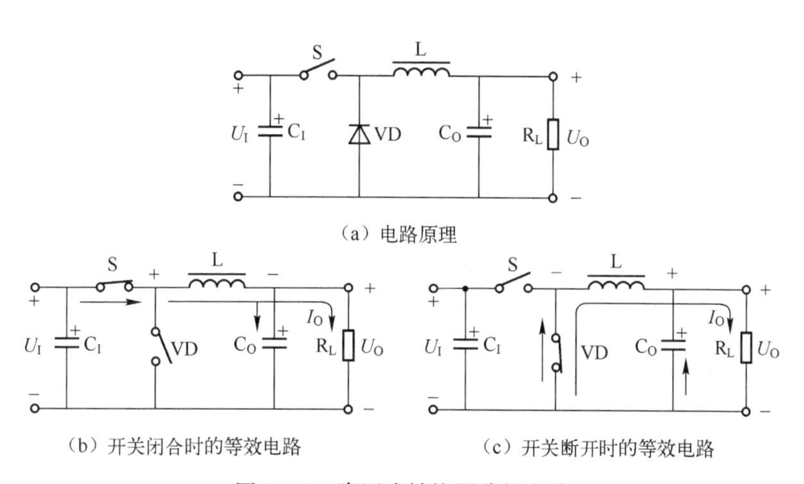

图 1-10　降压式转换器分解电路

如果负载太轻或电感 L 的电感量太小，在 t_{ON}期间储能不足，那么在 t_{OFF}还未结束时能量已放尽，将导致输出电压为零，出现阶梯台阶（参见第 5 章）。为了使输出电压的交流分量足够小，C_0 的电容量应足够大。换言之，只有在 L 的电感量和 C_0 的电容量足够大时，输出电压 U_0 和负载电流 I_0 才是连续的。L 的电感量和 C_0 的电容量越大，U_0 的波形越平滑。

由于 I_0 是 U_I 通过开关管和 LC_0 滤波电路轮流提供的，所以在通常情况下，脉动成分比线性电源要大一些，这是降压式 DC-DC 转换器的缺点之一。

（2）降压公式

当开关 S 闭合时，加在电感 L 两端的电压为（U_I-U_0）。这期间，电感 L 由电压（U_I-U_0）励磁并储存能量，磁通的增加量为

$$\Delta\varphi_{ON}=(U_I-U_0)\times t_{ON} \tag{1-2}$$

当开关 S 断开时，由于电感电流不能突变，二极管变为导通状态。输出电流 I_0 与开关闭合时的方向相反。这期间，电感 L 消磁并释放能量，磁通的减少量为

$$\Delta\varphi_{OFF}=U_0\times t_{OFF} \tag{1-3}$$

在稳态时，电感 L 磁通的增加量与减少量相等。所谓“**伏·秒相等原则**”，即 $\Delta\varphi_{ON}=\Delta\varphi_{OFF}$，联立式（1-2）和式（1-3），降压式转换器的电压变比 M 为

$$M=D \tag{1-4}$$

注：$M=U_O/U_I$。

因 $D\leqslant 1$，则 $U_O\leqslant U_I$，故为降压式转换器。

2）升压式转换器

（1）工作原理

升压式转换器也称 Boost 电路，分解电路如图 1-11 所示。当开关 S 闭合时，等效电路如图 1-11（b）所示，VD 因承受反压而截止，电感 L 励磁并存储能量，电容 C_O 开始放电。当开关 S 断开时，等效电路如图 1-11（c）所示，VD 因承受正压而导通，电感 L 消磁并释放能量，电容 C_O 开始充电。在以上两种情形下，负载的电流方向不变，图 1-11（b）中的电感电流线性增加，图 1-11（c）中的电感电流线性减小。

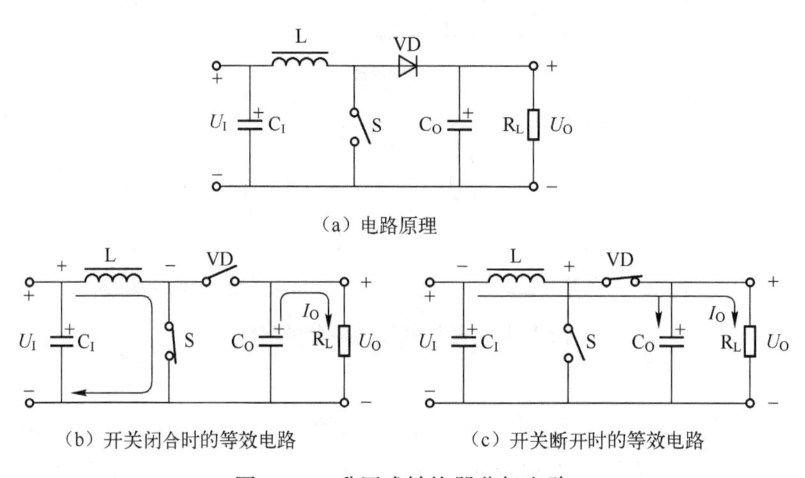

图 1-11　升压式转换器分解电路

（2）升压公式

当开关 S 闭合时，输入电压 U_I 加在电感 L 上。这期间，电感 L 由输入电压 U_I 励磁并储存能量，磁通的增加量为

$$\Delta\varphi_{ON}=U_I\times t_{ON} \tag{1-5}$$

当开关 S 断开时，由于电感电流不能突变，二极管转为导通状态，电流 I_O 与开关闭合时的方向相反加到电感 L 上。这期间，电感 L 消磁并释放能量，磁通的减少量为

$$\Delta\varphi_{OFF}=(U_O-U_I)\times t_{OFF} \tag{1-6}$$

在稳态时，电感 L 磁通的增加量与减少量相等，即 $\Delta\varphi_{ON}=\Delta\varphi_{OFF}$，联立式（1-5）和式（1-6），升压式转换器的电压变比 M 为

$$M=\frac{1}{1-D} \tag{1-7}$$

因 $D\leqslant 1$，则 $U_O\geqslant U_I$，故为升压式转换器。

3）升降压式转换器

（1）工作原理

升降压式转换器也称 Buck-Boost 电路，分解电路原理如图 1-12（a）所示。当开关 S 闭合时，等效电路如图 1-12（b）所示，VD 因承受反压而截止，电感 L 励磁并存储能量，电容 C_0 开始放电。当开关 S 断开时，等效电路如图 1-12（c）所示，VD 因承受正压而导通，电感 L 消磁并释放能量，电容 C_0 开始充电。在以上两种情形下，负载的电流方向不变，图 1-12（b）中的电感电流线性增加，图 1-12（c）中的电感电流线性减小。

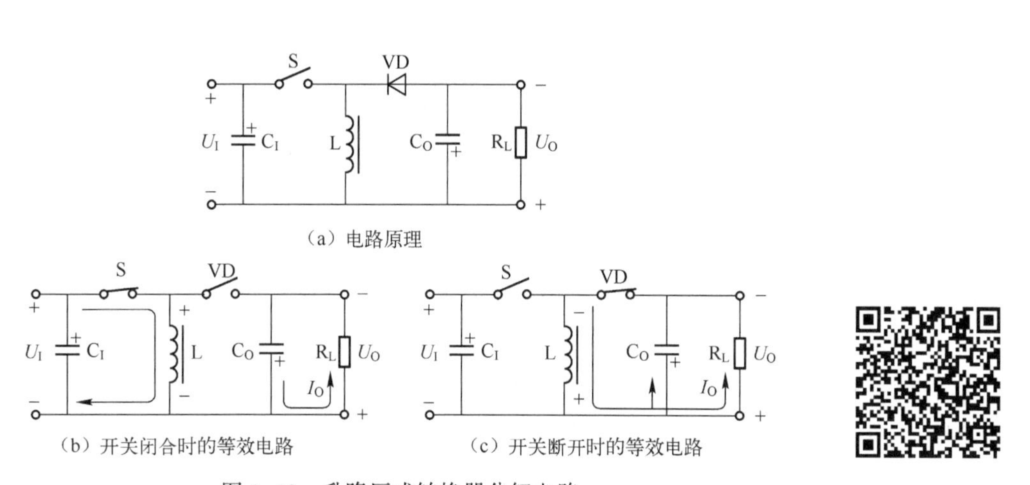

图 1-12　升降压式转换器分解电路

（2）升降压公式

当开关 S 闭合时，输入电压 U_I 加在电感 L 上。这期间，电感 L 由输入电压 U_I 励磁并储存能量，磁通的增加量为

$$\Delta\varphi_{ON}=U_I\times t_{ON} \tag{1-8}$$

当开关 S 断开时，由于电感电流不能突变，二极管转为导通状态。输出电流 I_0 与开关闭合时的方向相反加到电感 L 上。这期间，电感 L 消磁并释放能量，磁通的减少量为

$$\Delta\varphi_{OFF}=U_0\times t_{OFF} \tag{1-9}$$

在稳态时，电感 L 磁通的增加量与减少量相等，即 $\Delta\varphi_{ON}=\Delta\varphi_{OFF}$，联立式（1-8）和式（1-9），升降压式转换器的电压变比 M 为

$$M=\frac{D}{1-D} \tag{1-10}$$

当 $0\leqslant D\leqslant 0.5$ 时，$M\leqslant 1$，当 $0.5\leqslant D\leqslant 1$ 时，$M\geqslant 1$，**故为升降压式转换器。**

非隔离型 DC-DC 转换器的控制特性曲线如图 1-13 所示。由特性曲线可知，通过控制开关管的占空比 D 就可以改变输出电压的大小。对于这三类转换器，也可以从能量的存储与释放来说明基本工作原理。电感励磁就是存储能量，电感消磁就是释放能量。当开关 S 闭合时，来自电源的能量存储在电感 L 上；当开关 S 断开时，存储在电感上的能量释放给负载。由于它们是通过改变开关管的占空比来控制能量的存储与释放的，从而可获得直流

输出，因此也称为储能型（电感就是储能元件）转换器。

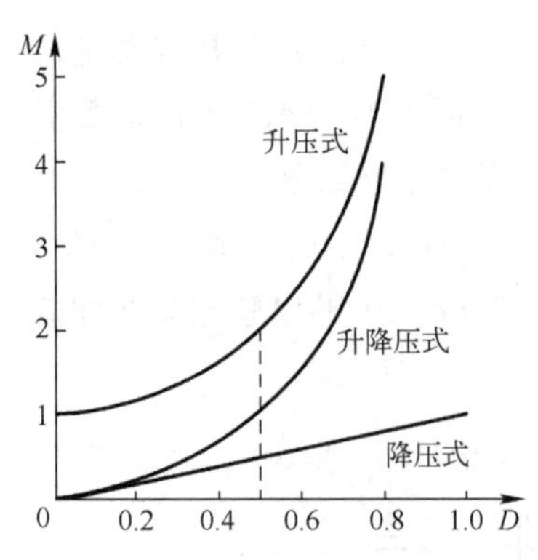

图 1-13　非隔离型 DC-DC 转换器的控制特性曲线

2. 隔离型 DC-DC 转换器

当 DC-DC 转换器实际应用于开关电源时，在很多情况下要求输入与输出间进行电气隔离，由于采用变压器进行隔离，因此这种转换器被称为**隔离型转换器**，也称**变压器耦合型转换器（或开关电源）**，是目前应用最多的类型。

隔离型 DC-DC 转换器的工作原理简述如下：输入电路将交流电压整流滤波变为直流电压，通过功率开关管的周期性通、断控制变压器一次侧绕组存储能量，将直流电压转换为高频方波电压，再由变压器升压或降压、整流滤波后变为直流电压或电流。这类转换器也称**逆变整流转换器**。

隔离型 DC-DC 转换器包括**反激式**、**正激式**、**推挽式**、**半桥式**和**全桥式**多种类型。

图 1-14 为反激式转换器功能框图，包括多个功能模块。取样电路检测输出电压，与基准电压比较，通过误差放大器比较放大后，经光电耦合器电气隔离，反馈到变压器的高压侧，控制脉冲宽度调制器来决定开关管的通、断时间，从而稳定输出电压或电流。

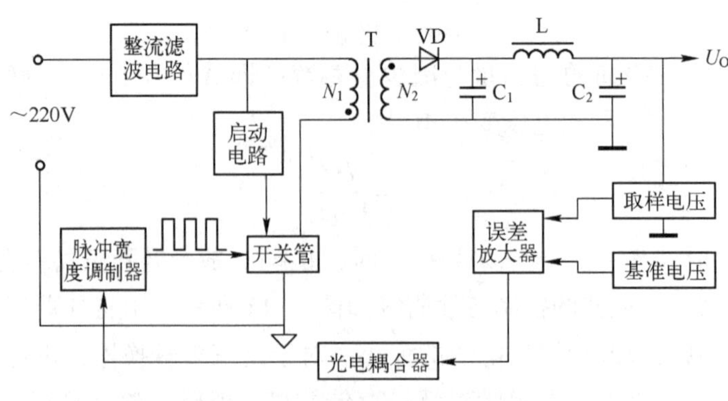

图 1-14　反激式转换器功能框图

1）反激式转换器

反激式转换器的电路原理如图 1-15（a）所示。当开关 S 闭合时，变压器一次侧绕组以输入电压 U_1 励磁，电场能转化为磁场能存储在电感中，磁芯的磁通密度增大，变压器二次侧绕组感应电压使二极管 VD 反向偏置而截止，二次侧绕组无电流。当开关 S 断开时，变压器二次侧绕组以输出电压 U_0 消磁，存储在电感中的磁场能转化为电场能释放给负载，磁芯的磁通密度减小。反激式转换器的工作原理与升降压式转换器类似，电压变比为

$$M=\frac{D}{N\times(1-D)} \tag{1-11}$$

式中，N 为变压器匝比，即 $N=N_1/N_2$

反激式转换器的工作波形如图 1-15（b）所示。t_{ON}期间，一次侧绕组两端的电压 U_1 等于电源电压 U_I，二次侧绕组感应的电压为负值，在这个过程中，一次侧绕组电流线性增大，二次侧绕组无电流。t_{OFF}期间，二次侧绕组两端的电压 U_2 为正值，约等于输出电压 U_0（忽略二极管导通压降），在这个过程中，一次侧绕组无电流，二次侧绕组电流线性减小。

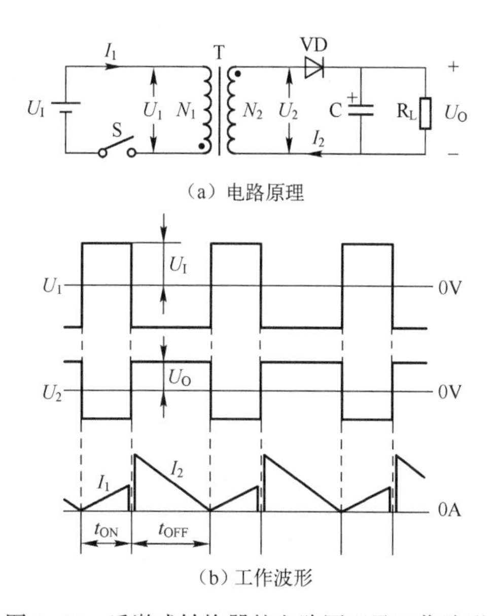

图 1-15　反激式转换器的电路原理及工作波形

当开关 S 由闭合转为断开瞬间，一次侧绕组的电流 I_1 突然为零，由于变压器铁芯中的磁通量 $\boldsymbol{\Phi}$ 不能突变，因此必须要求流过变压器二次侧绕组的电流 I_2 也跟着突变，以抵消变压器一次侧绕组电流突变的影响。当开关管由导通状态转为关断瞬间，一次侧绕组中的电流突然为零时，二次侧绕组中的电流一定正好等于一次侧绕组励磁电流被折算到二次侧绕组中电流的 N 倍。其中，N 是变压器一次侧绕组与二次侧绕组的匝比，即 $I_2=NI_1$。该电流经整流二极管 VD 向负载输出电能，变压器消磁，从而实现能量转移与输出。

2）正激式转换器

所谓正激式转换器，是指当变压器的一次侧绕组正在被直流电压激励时，变压器的二次侧绕组正好有功率输出。正激式转换器的电路原理如图 1-16（a）所示。需要特别注意的是开关变压器一、二次侧绕组的同名端，如果把一次侧绕组或二次侧绕组的同名端搞反，就不再是正激式转换器了。

正激式转换器的工作波形如图 1-16（b）所示。当开关 S 闭合时，变压器一次绕组 N_1 以输入电压 U_1 励磁，能量存储在电感中，二次侧绕组 N_2 感应电压使二极管 VD_1 导通，存储在电感中的能量释放给负载。此时，消磁绕组 N_3 使二极管 VD_3 反向偏置而截止。当开关 S 断开时，一次侧绕组 N_1 没有释放完的能量转移到消磁绕组 N_3，并以输入电压 U_I 消磁，励磁能量反馈到输入侧；二次侧绕组 N_2 感应电压使二极管 VD_1 反向偏置，二次侧绕组无电流，输出电流发生自感，续流二极管 VD_2 导通。正激式转换器的电压变比为

$$M=D/N \tag{1-12}$$

式中，N 为变压器匝比，即 $N=N_1/N_2$

正激式转换器有一个最大的缺点，就是在开关 S 闭合、断开瞬间，变压器的一、二次侧绕组均会产生很高的反电动势。这个反电动势是由流过变压器一次侧绕组励磁电流存储的磁场能产生的。为了防止开关 S 在闭合、断开瞬间产生反电动势击穿，在变压器中增加一个消磁绕组 N_3。一方面，N_3 产生的感应电动势通过 VD_3 对反电动势进行限幅，并把限幅能量返回给电源，对电源充电；另一方面，流过 N_3 中的电流所产生的磁场可以使变压器的铁芯退磁，使变压器铁芯中的磁场强度恢复到初始状态。

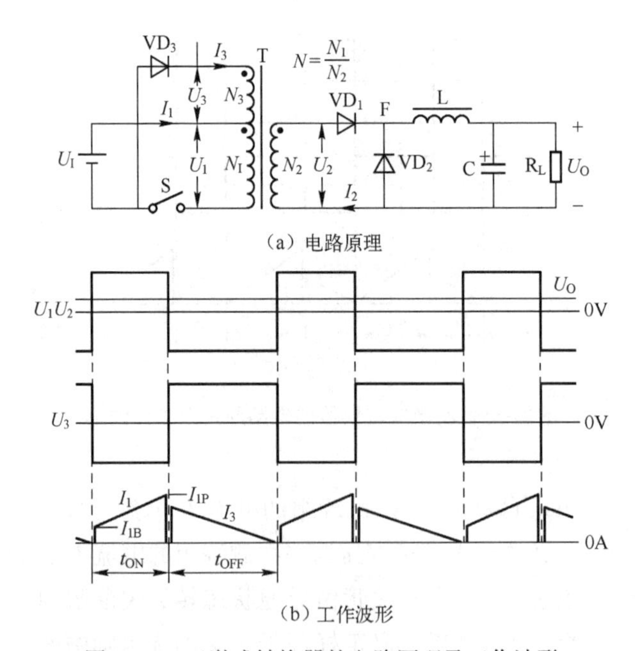

图 1-16　正激式转换器的电路原理及工作波形

流过变压器二次侧绕组的电流与流过电感 L 的电流不同：流过变压器二次侧绕组的电流有突变，流过电感 L 的电流不能突变，即在开关 S 闭合瞬间，流过变压器的电流立刻达到某个稳定值。这个值是与变压器二次侧绕组电流大小相关的。如果把这个电流记为 I_{1B}，变压器二次侧绕组电流记为 I_2，那么就有 $I_{1B}=I_2/N$。其中，N 为变压器一、二次侧绕组的匝比。

另外，流过变压器的电流 I_1 除了 I_{1B} 还有一个励磁电流，把励磁电流记为 ΔI_1。从电流波形图中可以看出，ΔI_1 就是 I_1 中随着时间线性增长的部分，即 $\Delta I_1=I_{1P}-I_{1B}$。

当开关 S 由闭合突然转为断开瞬间，变压器一次侧绕组中的电流 I_1 突然为零时，二次侧绕组中的电流 I_2 一定正好等于开关 S 闭合期间的电流 I_{2B} 与一次侧绕组励磁电流 ΔI_1 被折算到变压器二次侧绕组的电流之和。由于变压器一次侧绕组中励磁电流 ΔI_1 被折算到二次侧绕组的电流 $\Delta I_1 N$ 的方向与原来二次侧绕组电流 I_{2B} 的方向相反，整流二极管 VD_1 对电流 $\Delta I_1 N$ 并不导通，因此电流 $\Delta I_1 N$ 只能通过绕组 N_3 产生反电动势，经整流二极管 VD_3 向输入电压 U_I 进行反充电。

在 S 闭合期间，由于开关变压器一次侧绕组和二次侧绕组的电流均为零，故流过消磁绕组 N_3 中的电流只有一次侧绕组中励磁电流 ΔI_1 被折算到 N_3 中的电流 I_3。这个电流的大小是随着时间下降的。一般来说，正激式转换器一次侧绕组的匝数 N_1 与消磁绕组 N_3 的匝数是相等的，因此 $\Delta I_1=I_3$。

3）推挽式转换器

推挽式转换器是最典型的逆变整流型转换器之一，如图 1-17 所示。开关变压器 T 的中心抽头接直流电源 U_I，当开关 S_1、S_2 交替闭合时，加在开关变压器 N_1 上的电压等于 U_I，二次侧电压经 VD_1、VD_2 全波整流，电感 L 和电容 C_O 滤波得到平滑的直流电压。

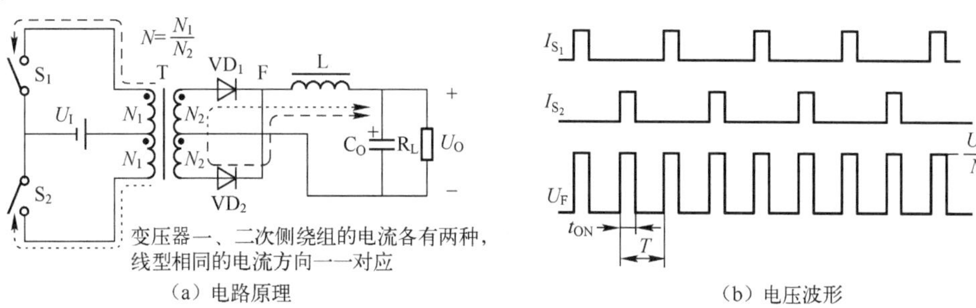

（a）电路原理　　（b）电压波形

图 1-17　推挽式转换器的电路原理及电压波形

开关动作与 F 点的电压波形如图 1-17 所示。改变开关脉冲的占空比，就可以改变 S_1、S_2 的闭合与断开时间，从而改变输出电压。对于推挽式转换器的驱动电路，严禁 S_1、S_2 同时闭合，否则，将会出现变压器一、二次侧绕组电流相反、磁场相互抵消的恶劣情形。

如果采用如图 1-17 所示的占空比，则电压变比可与降压式转换器类似，为

$$M=D/N \tag{1-13}$$

式中，N 为变压器匝比，即 $N=N_1/N_2$

4）半桥式转换器

半桥式转换器也是典型的逆变整流型转换器之一，如图 1-18 所示。由于电解电容 C_1 和 C_2 的电容量相同，所以它们的节点电压为 U_I 的一半，当开关 S_1、S_2 交替闭合时，加在开关变压器 N_1 上的电压为 U_I 的一半。开关动作与 F 点的电压波形如图 1-18 所示。改变开关脉冲的占空比，就可以改变 S_1、S_2 的闭合与断开时间，从而改变输出电压。对于半桥式转换器的驱动电路，严禁 S_1、S_2 同时闭合，否则，将会出现两个功率管将 U_I 短路的恶劣情形。

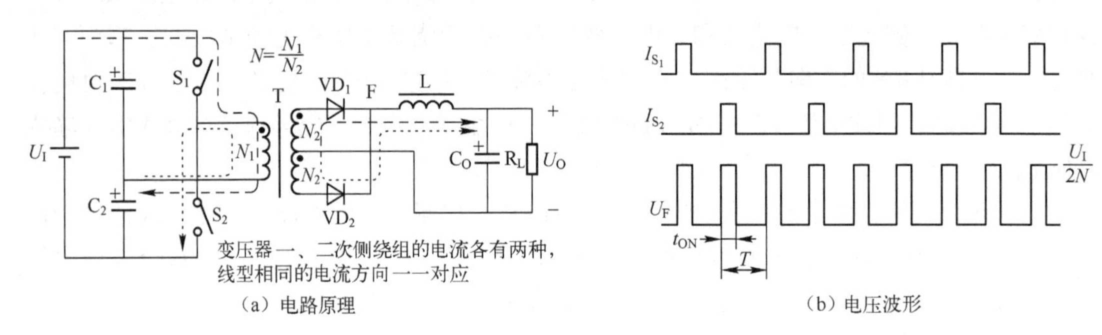

（a）电路原理　　（b）电压波形

图 1-18　半桥式转换器的电路原理及电压波形

如果采用如图 1-18 所示的占空比，则电压变比可与降压式转换器类似，为

$$M=D/2N \tag{1-14}$$

式中，N 为变压器匝比，即 $N=N_1/N_2$

推挽式转换器与半桥式转换器的区别是，当开关 S_1、S_2 交替闭合时，前者工作电压为电源电压 U_I；后者工作电压为电源电压 U_I 的一半。因此，半桥式转换器比推挽式转换器的电源利用率低。

5）全桥式转换器

半桥式转换器的电源利用率较低，若增加两个功率管，就可以组成全桥式转换器，如图 1-19 所示。当开关 S_1、S_3 与 S_2、S_4 交替闭合时，加在变压器一次绕组上的电压等于 U_I，二次侧电压经 VD_1、VD_2 全波整流，电感 L 和电容 C_O 滤波得到平滑的直流电压。需要指出的是，若开关 S_1、S_3 与 S_2、S_4 闭合时间不对称，则变压器一次侧绕组的交流电压中将含有直流分量，在变压器一次侧绕组中产生很大的直流电流，造成磁饱和。因此，全桥式转换器应注意避免产生直流分量。如果采用如图 1-19 所示的占空比，则**电压变比是半桥式的 2 倍**。

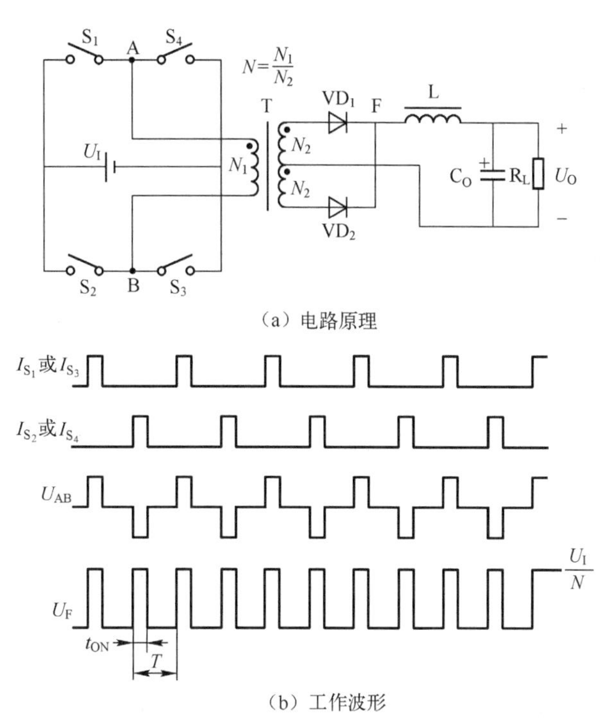

（a）电路原理

（b）工作波形

图 1-19　全桥式转换器的电路原理及工作波形

阅读资料

单端与双端

在隔离型开关电源中，若变压器一次侧绕组电路仅有一个开关管，则电流单向流动，变压器磁通只能单方向变化，磁芯工作在第一象限（见图 1-20），这种转换器被称为**单端转换器**。按变压器二次侧整流二极管的接线方式不同，单端转换器可分为两种类型：一种是单端反激式转换器（一次侧开关管与二次侧整流二极管的开关状态相反，当前者导通时后者关断，反之，当前者关断时后者导通）；另一种是单端正激式转换器（开关管与二次侧整流二极管同时导通或关断）。

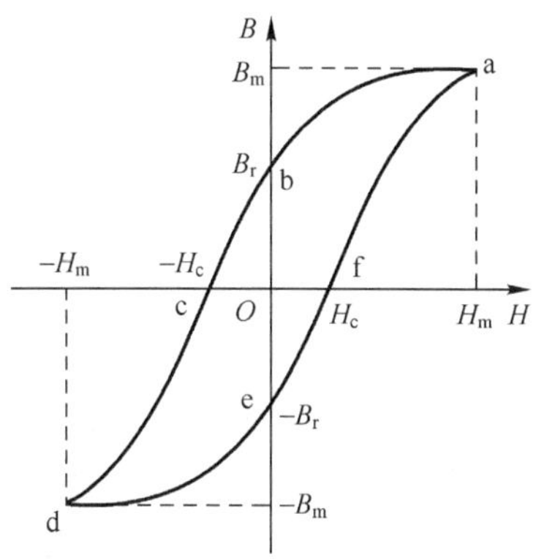

图 1-20　变压器磁芯的磁滞回线

在隔离型开关电源中，若变压器二次侧绕组电路仅有两个或四个开关管，则电流双向流动，变压器的磁通双向变化，磁芯工作在第一、三象限（见图1-20）。这种转换器被称为**双端转换器**。例如，推挽式变压器、半桥式变压器和全桥式变压器耦合型开关电源就是**双端转换器**。

1.3.3 按开关管的脉冲调制方式分类

开关电源按开关管的脉冲调制方式分类，可分为脉宽调制型（PWM）、频率调制型（PFM）和混合调制型。

1. 脉宽调制型

脉宽调制型（PWM）是指控制开关管的脉冲频率不变，通过改变开关管的导通时间来改变占空比，从而调节和稳定输出电压。由于脉冲频率固定，输出滤波电路易于实现最优化，因此脉宽调制型是目前最常用的类型（**他激式开关电源大都属于此种类型**）。

2. 频率调制型

频率调制型（PFM）是指控制开关管的导通时间不变，通过改变开关管的脉冲频率来改变占空比，从而调节和稳定输出电压。由于脉冲频率不固定，输出滤波电路不易于实现最优化，因此频率调制型的应用远不如脉宽调制型。

3. 混合调制型

混合调制型是指开关管控制极的脉冲频率和导通时间都改变，改变占空比，调节和稳定输出电压，是脉宽调制和频率调制同时存在或同时应用的调制方式（**自激式开关电源属于这种类型**）。

上述各种不同的变压器耦合型转换器都有各自的特点和适用范围，性能比较见表1-3。

表1-3　变压器耦合型转换器性能比较

<table>
<tr><th>电　路</th><th>优　　点</th><th>缺　点</th><th>功率范围</th><th>应用领域</th></tr>
<tr><td>反激式</td><td>电路简单，成本很低，可靠性高，驱动电路简单</td><td>适用于小功率，变压器单向激磁，利用率低</td><td>几瓦到几十瓦</td><td>小功率电子设备，家电产品</td></tr>
<tr><td>正激式</td><td>电路较简单，成本很低，可靠性高，驱动电路简单</td><td>适用于大功率，变压器单向激磁，利用率低</td><td>几十瓦到几百瓦</td><td>小、中功率电源</td></tr>
<tr><td>推挽式</td><td>变压器双向励磁，一次侧损耗小，驱动电路简单</td><td>有偏磁现象</td><td rowspan="3">几百瓦到几千瓦</td><td rowspan="2">工业用电源，计算机电源</td></tr>
<tr><td>半桥式</td><td>变压器双向励磁，无偏磁现象，成本很低</td><td>有直通现象，要隔离驱动</td></tr>
<tr><td>全桥式</td><td>变压器双向励磁，能转换较大的功率</td><td>结构复杂，要隔离驱动</td><td>大功率工业用电源</td></tr>
</table>

尽管各种类型开关电源的开关脉冲调制方式、功率开关管的激励方式、储能电感与负载的连接方式各不相同，但是最后都是为了稳定输出电压或电流。

目前，在AC-DC开关电源转换器中，使用最多的是反激式变压器耦合型开关电源，其中常用类型的电路结构和工作原理将在后续章节中进行详细讲述。

第 2 章

开关电源的单元电路

无论多么复杂的开关电源都是由一个个具有一定功能的单元电路组成的。常见的**单元电路**主要有电磁干扰抑制电路、整流/滤波电路、启动电路、功率转换电路、稳压电路、保护电路、功率因数校正电路和同步整流电路等。

2.1 开关电源的输入电路

开关电源的输入电路是指由电磁干扰抑制电路、整流/滤波电路、防浪涌电压电路和防浪涌电流电路等组成的电路。输入电路的作用是把由电网输入的工频交流电转换为平滑的直流电，为开关电源提供直流高压（DC High Voltage），并抑制和滤除输入端的高频双向干扰。

1. 电磁干扰抑制电路

电磁干扰抑制电路又称 EMI（Electro Magnetic Interference）低通滤波电路，能滤除 30MHz 以下频率范围的干扰。根据工程实践经验，此频率范围又大致分为三个频段，如图 2-1 所示。

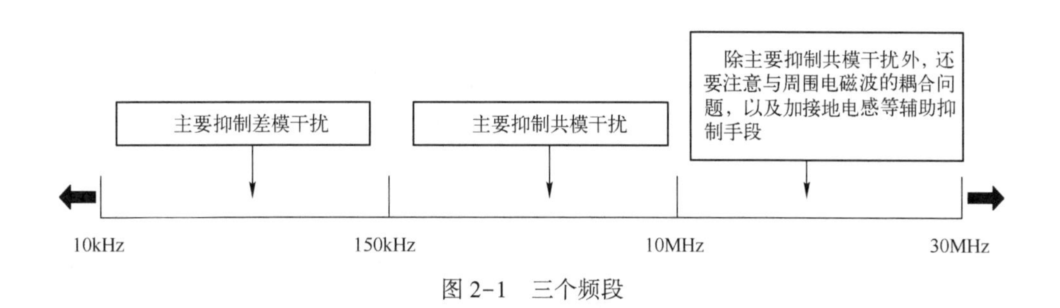

图 2-1　三个频段

不但外部设备的噪声干扰会窜入电源，干扰电源的正常工作，而且电源也会通过交流输入线向外部传出电源本身的噪声，形成交叉干扰。因此，电磁干扰抑制电路的作用就是，既要尽力抑制外部干扰窜入电源，又要力求消除电源本身的噪声传导到外接电网。一台好的电子设备应既不受周围电磁噪声的影响，也不产生对周围干扰的噪声，也就是电磁兼容性（Electro Magnetic Compatibility，EMC）要好。

（1）差模噪声和共模噪声

差模噪声是指来自电源相线（L）而经由零线（N）返回的电磁干扰[①]**；共模噪声是指来自电源相线（L）或零线（N）而经由地线（G）返回的电磁干扰**。市电输入线（L、N）存在差模噪声和共模噪声。这两种干扰以不同的比例同时存在。另一方面，开关电源中的开关管通、断时，电压、电流都是脉冲信号，含有丰富的高次谐波，都可构成电磁干扰。为了抑制和滤除市电输入端的双向电磁干扰，需要在交流进线侧加装电磁干扰抑制电路，如图 2-2 所示。

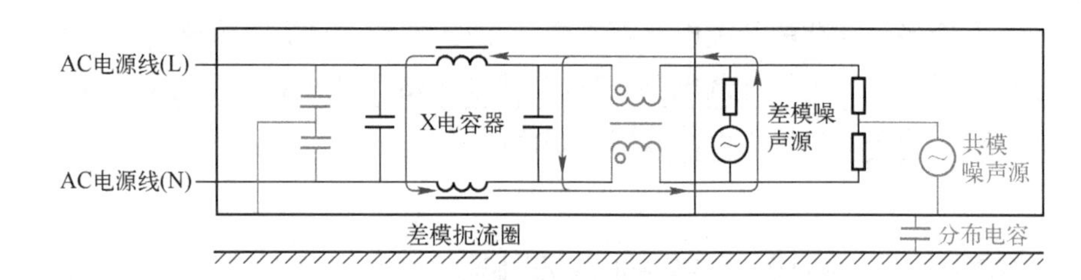

（a）差模干扰（大小相等、方向相反）

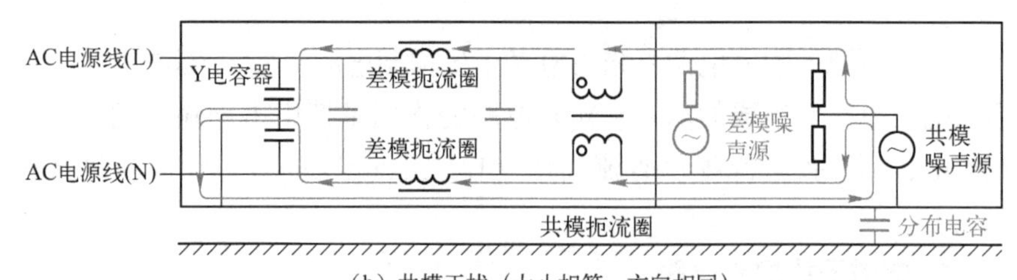

（b）共模干扰（大小相等、方向相同）

图 2-2　电磁干扰抑制电路

在图 2-2（a）中，开关电源产生的差模噪声在由差模扼流圈和 X 电容器组成的闭合电路内流动时，干扰信号被压制在局部区段而衰减，如果 X 电容器开路，则噪声将向外电路扩散。这个电路具有对偶性，电网窜入的差模噪声能同样被抑制。

在图 2-2（b）中，开关电源产生的共模噪声在由共模扼流圈、差模扼流圈和 Y 电容器组成的闭合电路内流动时，干扰信号被压制在局部区段而衰减，如果 Y 电容器开路，则噪声将向外电路扩散。这个电路不具有完全对偶性，因为电网窜入的共模噪声只能被 Y 电容器和共模扼流圈部分抑制。若在共模扼流圈右侧接入两个 Y 电容器到地线（G），则电路就具有完全对偶性了，能较好地抑制双向电磁干扰。

① 有些文献称之为串模干扰。

（2）差模扼流圈和共模扼流圈

差模扼流圈是在一个高磁导率铁芯材料上绕制的单线单向线圈，电感量一般为几百毫亨。差模扼流圈可接在零线或相线上，其作用类似于电感，对差模噪声电流和浪涌电流有极高的抑制作用。铁芯要选用比较难磁饱和及 W–f 特性好的材料，如图 2-3（a）所示。顺便提一下，只有少部分开关电源才安装差模扼流圈。

共模扼流圈是在一个闭合高磁导率铁芯上绕制的双线双向线圈，电感量一般为几毫亨至几十毫亨。两个线圈分别接在零线和相线上，其作用类似于互感的电感，如图 2-3（b）所示。共模噪声以相同方向流过共模扼流圈时，在两个线圈上产生的磁通方向相同，有相互加强的作用，使每一个线圈的共模阻抗提高，共模电流大大减弱，对共模噪声有很强的抑制作用。顺便提一下，绝大多数开关电源都安装有共模扼流圈。

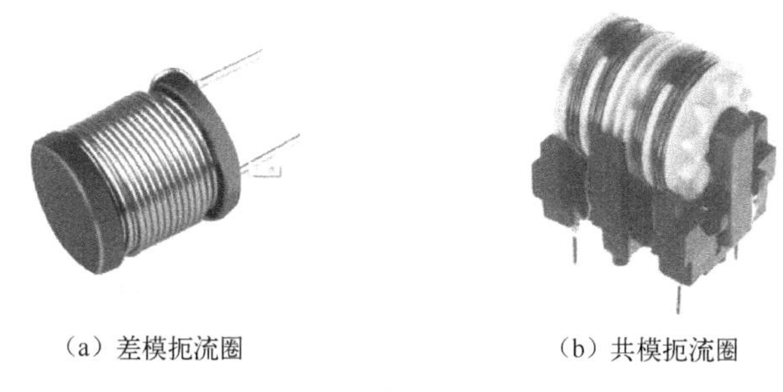

（a）差模扼流圈　　（b）共模扼流圈

图 2-3　干扰抑制扼流圈

必须指出的是，虽然差模干扰也流经共模扼流圈，但电源线往返电流所产生的磁通在铁芯中互相抵消，不起电感滤波抑制作用。如图 2-4 所示，当电流如图中方向时，由电感 L_3 产生的磁通方向在磁环中为逆时针，电感 L_4 产生的磁通方向在磁环中为顺时针，两者互相抵消；若电流反向，则电感 L_3、L_4 产生的磁通同时反转，两者仍然互相抵消。

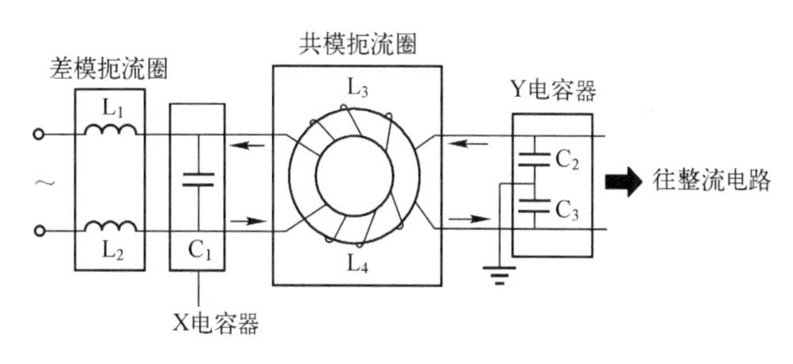

图 2-4　共模扼流圈对差模干扰不起作用

阅读资料

① 共模扼流圈应选用特性曲线变化比较缓慢、对抑制共模干扰效果显著的。

② 磁性材料应选用磁导率高且频率特性好的铁氧体。

③ 共模扼流圈的绕制也要尽量减小匝间的分布电容、线头和线尾之间的分布电容。需要特别指出的是，线圈的引线头、尾不要靠得太近，更不能捆扎在一起，否则将前功尽弃，不能起到抑制共模干扰的效果。

（3）安规电容

电磁干扰抑制电路中的**X电容器**和**Y电容器**，被称为**安规电容**。

X电容器跨接在电力线（L、N）之间，一般选用金属化（或聚酯）薄膜CBB电容器，多为方形，外观多为橘黄色或灰褐色，如图2-5（a）所示。X电容器表面常标有容量、耐压及安全等级，如250V～X1或310V～X2等，真正的直流耐压高达2000V以上。

Y电容器是分别跨接在电力线和地之间（L、G，N、G），一般选用陶瓷电容，成对出现，外观多为蓝色或橙色，如图2-5（b）所示。Y电容器表面常标有容量、耐压及安全等级，如250V～Y1或400V～Y2等，真正的直流耐压高达5000V以上。

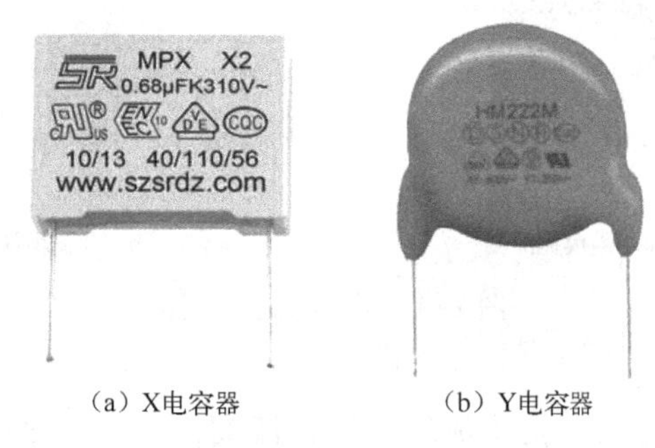

（a）X电容器　（b）Y电容器

X2：安全等级，容量为0.68μF；K：误差±10%；

310V：额定电压；222：容量为2200pF；M：误差±20%。

图2-5　安规电容

需要指出的是，**X电容器和Y电容器都要求必须取得安全检测机构的认证，即安全认证标志。**

若X电容器被击穿，则相当于交流电网短路，至少造成设备停止工作。若Y电容器被击穿，则相当于将交流电网的电压加到设备的外壳，直接威胁人身安全，并波及所有以金属外壳为参考地的电路或设备的安全，导致某些电路或设备被烧毁。**基于漏电流的限制，Y电容值不能太大：X电容器通常是微法级；Y电容器通常是纳法级**。

有些精密电子设备对输入电源的安全性要求比较高，需要专业的电源滤波器对电源进行滤波。图2-6为DELTA公司出品的EMI专用电源滤波器，用在电网电路中，从其表面上可以看出进线端和负载端，并标有滤波器的电路结构及参数，方便用户选用。

X电容器分为X1、X2和X3共3个安全等级。Y电容器分为Y1、Y2、Y3和Y4共4个安全等级。它们的主要差别在于耐压值，见表2-1。

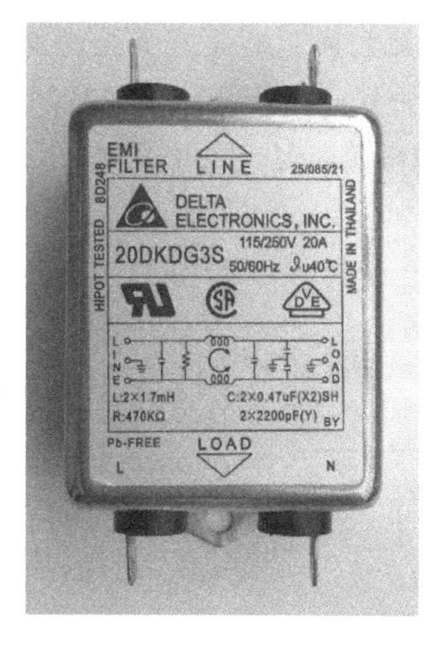

图 2-6　EMI 专用电源滤波器

表 2-1　安规电容的耐压值

分　类	安全等级	耐　压　值	电容器所处位置	容量级别	作 用 说 明
X 电容器	X1	2.5～4.0kV（含 4.0kV）（Ⅲ）	L、N 之间	μF	抑制差模干扰
	X2	≤2500V（Ⅱ）			
	X3	≤1200V			
Y 电容器	Y1	≥8000V	① L、G，N、G（G 指大地）之间。 ② 在 G 与热地或冷地之间	nF	抑制共模干扰
	Y2	≥5000V			
	Y3	≥3500V			
	Y4	≥2500V			

阅读资料

有些人在用正在充电的手机打电话时，接触电话的皮肤会感觉到有电流流过，尤其是在潮湿的环境里，这是为什么呢？这与网上盛传的充电器触电事件一样吗？

其实**漏电**和**触电**是两个概念。接触正在充电手机的皮肤感觉到漏电未必就会触电。有漏电感觉的主要原因是 Y 电容器。充电器是由两个部分组成的：高压部分和低压部分。跨接这两部分的元器件有三类：变压器、光电耦合器和 Y 电容器。变压器和光电耦合器都是电气隔离部件，即部件的两端不会有直接的电气连接，这样做是基于安全考虑，高压电不会直接到低压端，可避免触电。Y 电容器不同，其特性是隔直通交，即直流电不能通过，交流电可以通过。

（1）为什么劣质充电器会使手机的电容触摸屏失灵

图 2-7（a）为手机充电器充电示意图。充电器是开关电源，由 IC 控制开关管的闭合和断开，开关频率高达 60～130kHz。高频开关能提高电源的效率，会引发高频干扰问题。开关管在高速闭合和断开时就是一个高频干扰源。高频干扰信号会由变压器耦合到

低压端，最后到大地。手机和大地之间虽然没有直接的电气连接，但是高频信号可以在空间传播（如收音机的信号），从而形成一个干扰信号回路，干扰强度与回路面积成正比（有计算公式，这里就不列出了），回路面积越大，干扰越大。图 2-7（b）为抽象的干扰传播示意图。

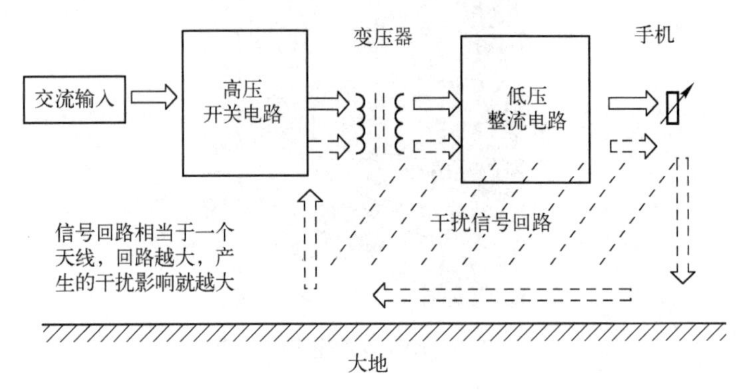

（a）手机充电器充电示意图

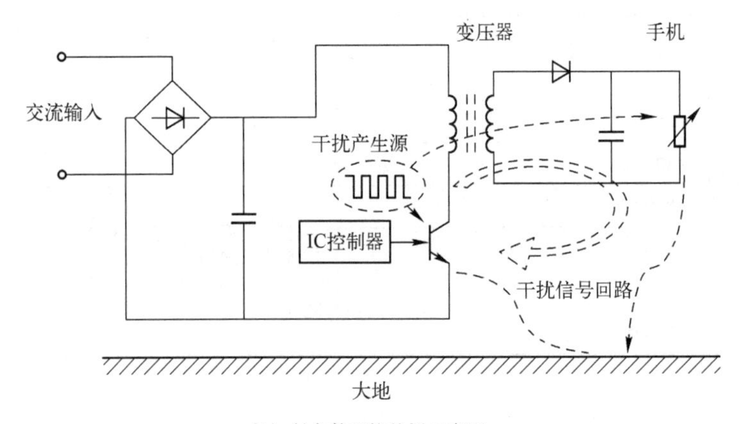

（b）抽象的干扰传播示意图

图 2-7　手机充电器充电时的干扰传播示意图

图 2-8 为干扰信号波形图，幅度比较大。这就是为什么劣质充电器在给手机充电时，屏幕会卡、会失灵的原因，即受到了共模干扰信号的干扰。

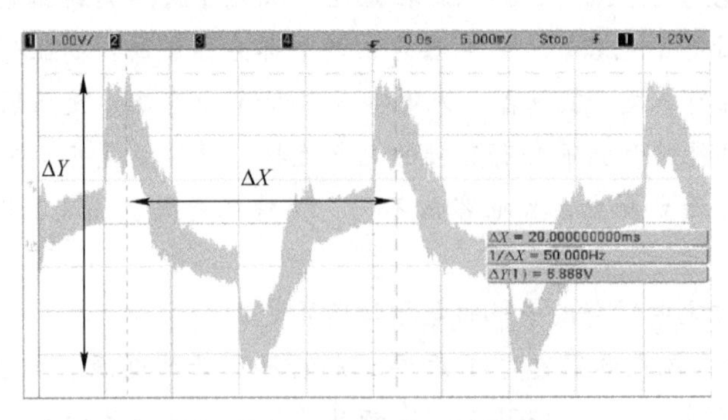

（a）幅度为6V&50Hz的工频包络干扰

图 2-8　干扰信号波形图

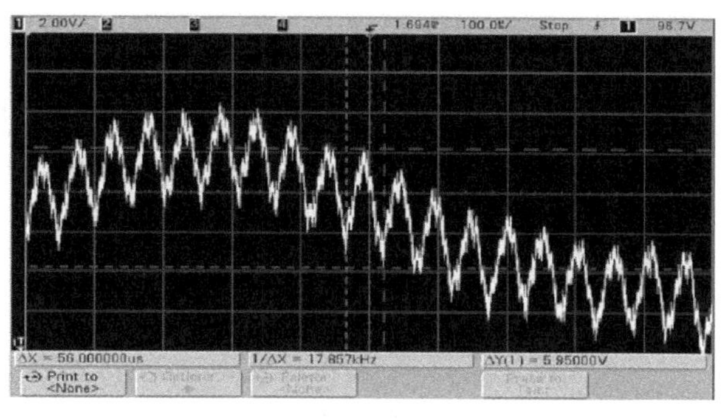

（b）展开包络是一个约5.9V&17.85kHz的全频干扰

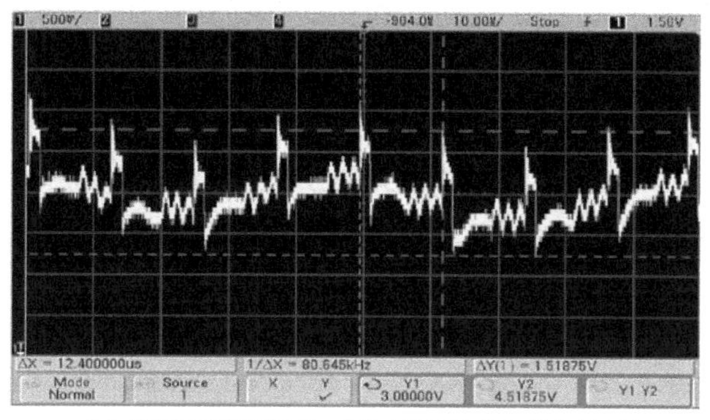

（c）继续展开包络还有一个约1.5V&80.6kHz的全频干扰

图 2-8　干扰信号波形图（续）

为了减少高频干扰，在开关电源中加入 Y 电容器（不是所有的开关电源都会加 Y 电容器，有些小功率的开关电源是可以做到不加 Y 电容器也能达标的）。Y 电容器的容量值会比较小，只能通过很高频率的信号，不会通过对人体有危害的交流电和直流电。

图 2-9（a）是加入 Y 电容器的开关电源示意图。

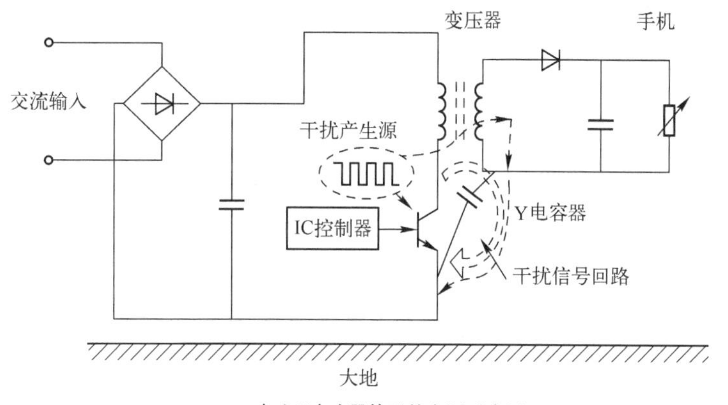

（a）加入Y电容器的开关电源示意图

图 2-9　加入 Y 电容器的手机充电器充电时干扰传播示意图

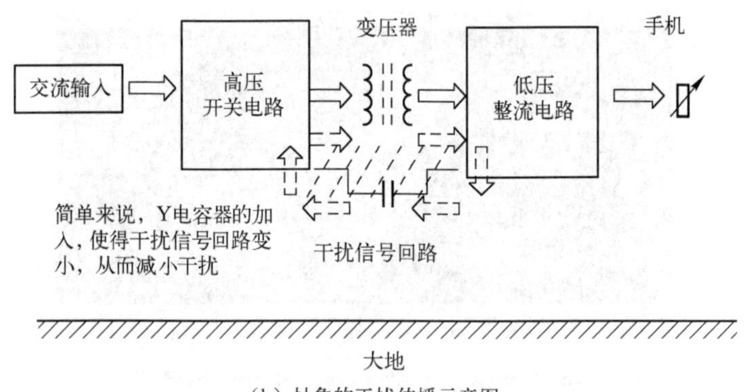

（b）抽象的干扰传播示意图

图 2-9　加入 Y 电容器的手机充电器充电时干扰传播示意图（续）

图 2-9（b）中，Y 电容器的加入相当于在两个电路中间搭了一座桥，形成干扰信号回路，干扰信号回路面积变小，对外干扰强度减小。改善后的共模干扰信号波形如图 2-10 所示。对比如图 2-8 所示的波形，干扰得到了改善。

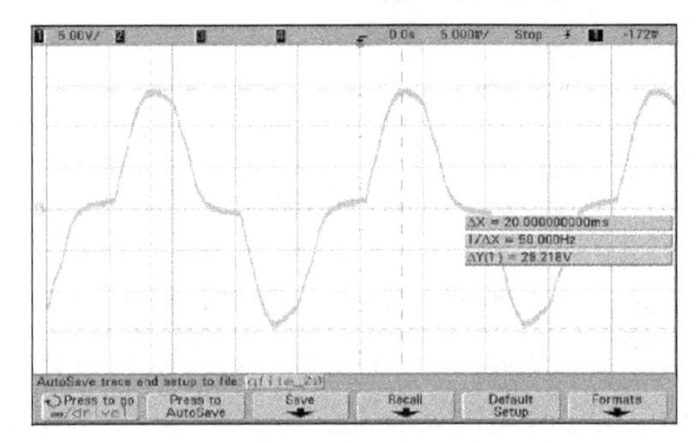

（a）幅度为29V&50Hz的工频包络干扰

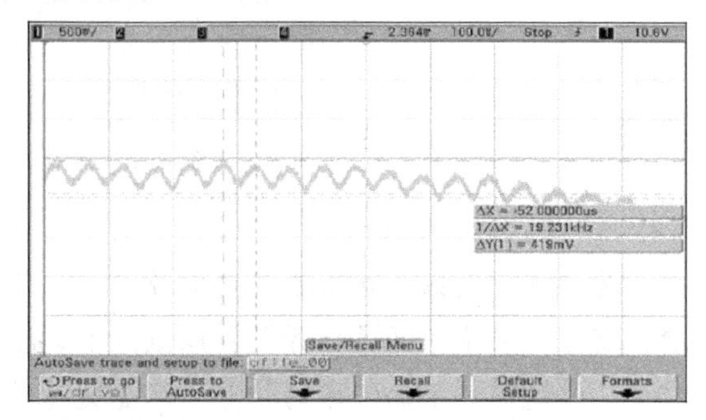

（b）展开包络是一个约420mV&19.2kHz的全频干扰，1.5V&80.6kHz的全频干扰消失了

图 2-10　改善后的共模干扰信号波形

（2）为什么正品充电器也会有漏电的感觉

加入 Y 电容器解决了电源的干扰问题，虽然 Y 电容器的容量值比较小，但市电还是能通过 Y 电容器流到低压端，如图 2-11 所示。当人体接触正在充电的手机时，如果环境比较潮湿，则这个微小的电流就会流进人体，皮肤比较敏感的人是会感觉到的。

这个电流是否会导致触电危害呢？正品充电器对 Y 电容器容量的取值是有约束的，有一套安全标准（简称安规），如信息技术设备安全标准、欧洲的 EN60950 或国标 GB4943。表 2-2 列出了各种电气设备的允许泄漏电流值。手机充电器属于Ⅱ类设备，允许泄漏电流值不能超过 0.25mA，很小，是安全的。

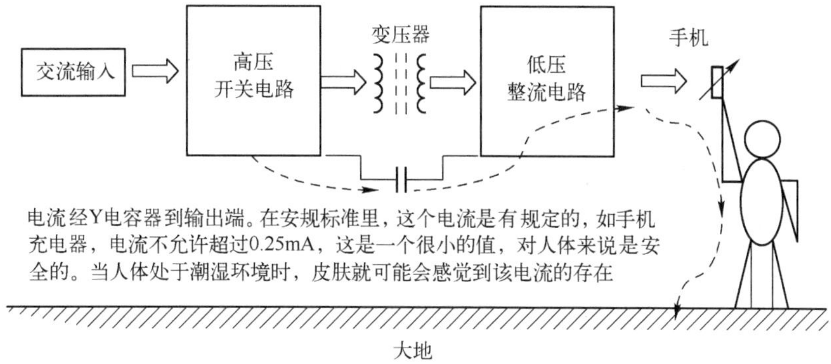

交流输入
高压
开关电路
变压器
低压
整流电路
手机
电流经Y电容器到输出端。在安规标准里，这个电流是有规定的，如手机充电器，电流不允许超过0.25mA，这是一个很小的值，对人体来说是安全的。当人体处于潮湿环境时，皮肤就可能会感觉到该电流的存在
大地

图 2-11　充电时的漏电传播路径

表 2-2　各种电气设备的允许泄漏电流值

电 气 设 备	允许泄漏电流值（mA）	电 气 设 备	允许泄漏电流值（mA）
Ⅱ类设备	0.25	Ⅰ类驻立式电动设备	3.5
0类、0Ⅰ类和Ⅲ类设备	0.5	Ⅰ类驻立式电热设备	0.75
Ⅰ类便携式设备	0.75		

Y 电容器可以跨接在热地与冷地之间、直流母线与冷地之间、热地与二次侧直流电压的正极之间，三种接法如图 2-12 所示。

Y电容器的常见接法3
CY3
Y电容器的常见接法2
CY2
CY1
Y电容器的常见接法1
F1
D2
C2
L1
VD3
C4
R3
R4
C3
VD5
VD6
C7
T1
R1
C1
C4
L2
C5
C6
VD1
R2
U1
OB
VCC
GND
CT
OC
OC
IB
FB
R9
R10
R11
C9
R5
R6
R7
R8
C8
R12
TL431

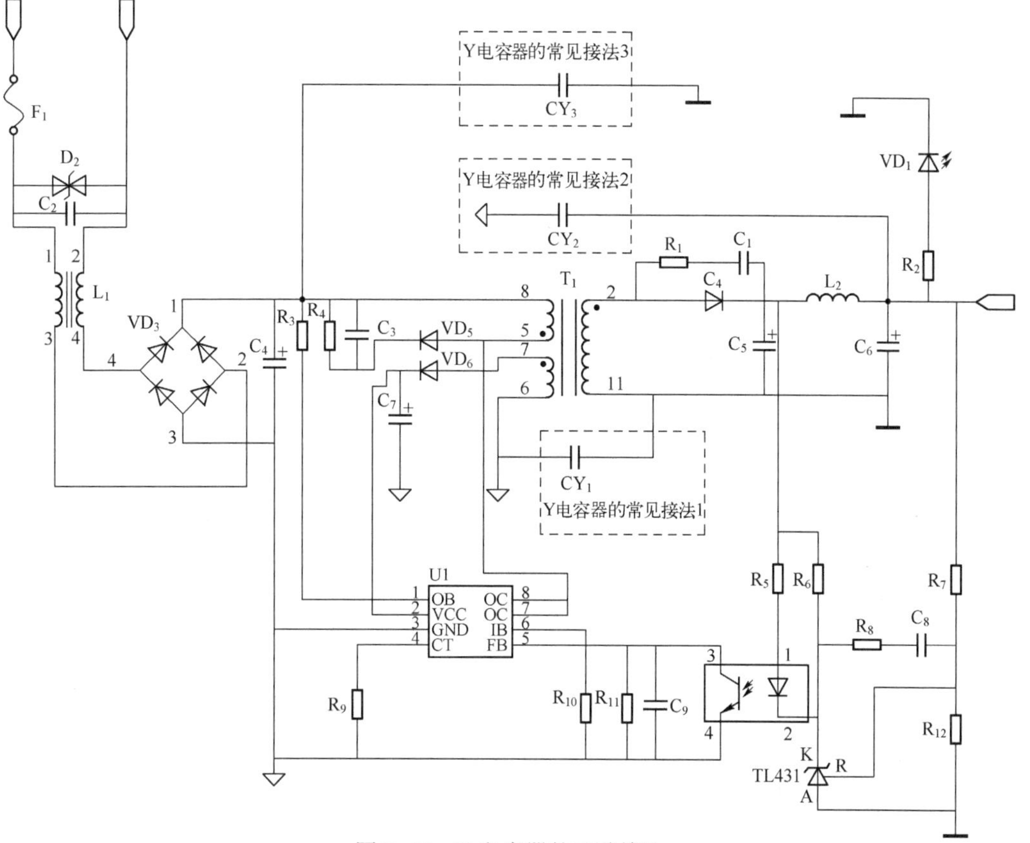

图 2-12　Y 电容器的三种接法

由上述分析可以得出两个结论：①手机在充电时，触摸屏若出现失灵、不灵敏的现象，则说明所用的是劣质充电器；②手机在充电时，如果感觉漏电，则可能是所处的环境太潮湿，人体自身的电阻比较小，充电器未必有问题。

为了让读者对开关电源的电磁干扰抑制电路有一个直观的感受，现将惠普 HP1018 打印机开关电源电路板上的电磁干扰抑制电路部分在此展示，如图 2-13 所示。

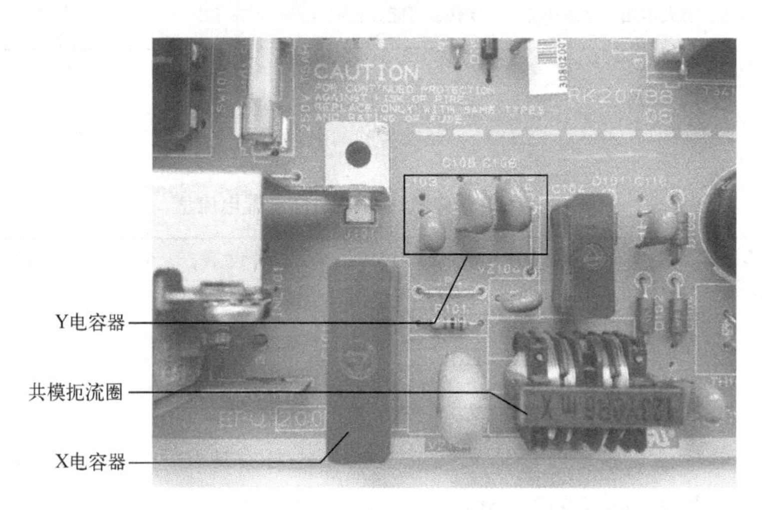

图 2-13　惠普 HP1018 打印机开关电源电路板上的电磁干扰抑制电路部分

2. 整流/滤波电路

（1）整流电路

整流电路可由 4 个整流二极管或整流桥堆将 220V/50Hz 的工频电压桥式整流后，再由高压滤波电容转换为平滑的直流电压。由于开关电源的输入电压为交流 220V，因此必须采用反向耐压为 600V（或以上）的整流二极管。正向电流 I_D 由输出功率 P_O 和转换效率 η 决定。通常在考虑开关电源的转换效率时，均留有一定的裕量。一般取 $\eta=0.75$，整流二极管的正向电流 I_D 为

$$I_D=\frac{P_O}{220\sqrt{2}\eta}\approx\frac{P_O}{230}$$

（2）滤波电路

滤波电路由电解电容或电解电容与电感组成。在选用电解电容时，一要考虑耐压，二要考虑容量。在工程实践中，一般选用耐压为 400V 的电解电容或用两个耐压为 200V 的电解电容串联（串联容量减小）。

在开关电源中，电解电容的容量是按输入电路纹波电流值的要求来确定的，与输出功率 P_O 和转换效率 η 密切相关。输出功率越大，效率越低，所需滤波电容的容量越大。**在常见的小功率开关电源中，大都选用耐压为 400V、容量为十几微法至几十微法的电解电容。**

3. 防浪涌电压电路

由于接通、断开或雷击等原因，在开关电源电路中的两根电源线之间会产生高出正常电压许多倍的瞬变电压，被称为浪涌电压。若不加以抑制，那么这种超高压、瞬时态、高频次的浪涌电压会导致开关电源及由其供电的电子设备工作异常甚至损坏。防浪涌电压的主要元器件有**瞬态电压抑制器**（Transient Voltage Suppressor，TVS）和**压敏电阻**（VSR）。

（1）瞬态电压抑制器

如图 2-14 所示，**瞬态电压抑制器**又称**瞬态电压抑制二极管**，是一种由硅材料制成的半导体器件，与硅二极管一样具有 PN 结，当承受瞬变高压时，能够迅速反向击穿，由高阻态变为低阻态，把干扰脉冲钳位到规定值，使电气设备不受外界过电压影响，从而保护电气设备安全。瞬态电压抑制器（TVS）有单向和双向两种，使用时需注意区分。

（2）压敏电阻

如图 2-15 所示，压敏电阻的外形为圆片形，常温下的阻值为几百千欧，甚至为兆欧。它的阻值与两端施加的电压大小有关：当两端电压大于一定值时，阻值急剧下降，流过压敏电阻的电流骤增几个数量级，将瞬变电压限制在一定范围内，从而保护电路中有关元器件免受高电压的冲击。当瞬变电压消除，电路电压恢复正常时，压敏电阻又复原为高阻状态。

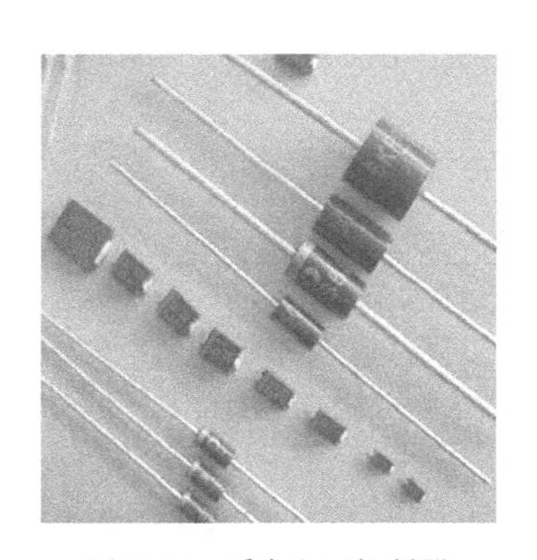

图 2-14　瞬态电压抑制器

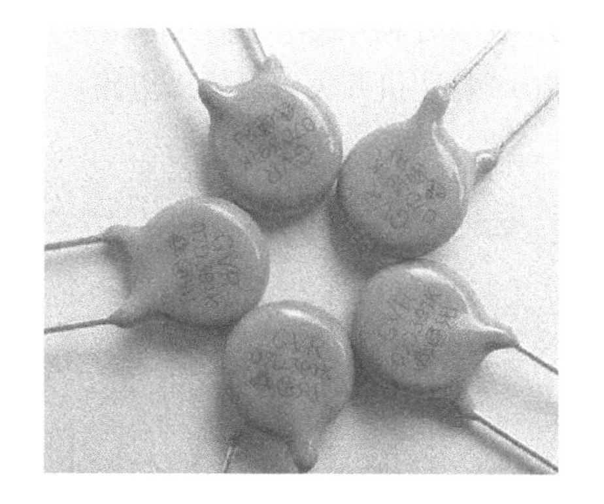

图 2-15　压敏电阻

4. 防浪涌电流电路

在开关电源上电开机瞬间，输入端的整流二极管不但要给大容量的滤波电容提供充电电流，还要为功率转换器提供启动电流和负载系统所需的各种电流。如果不加保护电路，则在开机瞬间，整流二极管中流过的电流就会很大，易使整流二极管击穿——像潮汐的浪涌一样具有相当大的破坏力，因此形象地称之为**浪涌电流**。

另外，即使整流二极管没有击穿，但由于在开机瞬间，若功率转换器的电压还没有稳定就开始工作，则二次侧输出电压也将不稳定，并且为不确定的值，会导致负载系统工作不正常或损坏。

浪涌电流保护电路有多种形式，最简单、最常用的就是在开关电源输入整流电路后，串接一个具有负温度系数（Negative Temperature Coefficient，NTC）的热敏电阻，其外形为圆片形，在常温下的阻值为几欧至十几欧，如图 2-16 所示。

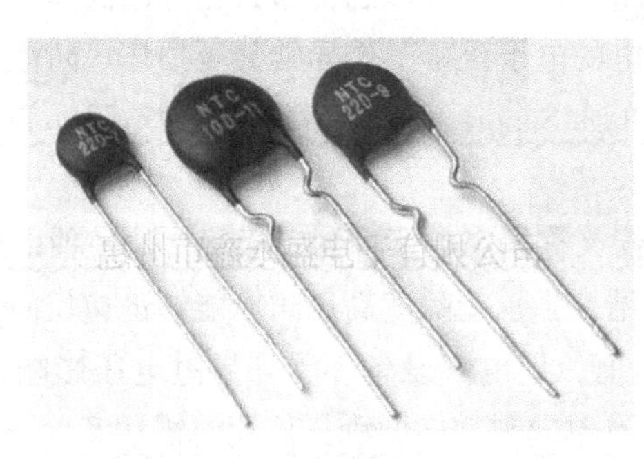

图 2-16　热敏电阻

热敏电阻的特点是冷态时阻值大，热态时阻值小。在电路刚通电时，热敏电阻的温度低，阻值较大，能对开机瞬间浪涌电流加以限制。随着电流通过热敏电阻，其温度升高，阻值迅速减小，压降也随之降低，不影响电路的正常工作。

除上面介绍的几个单元电路外，开关电源输入电路还有机械开关、保险管等。为了让读者对开关电源输入电路有一个完整印象，在此展示一个实际电路。图 2-17 为惠普 HP1018 打印机开关电源输入电路。

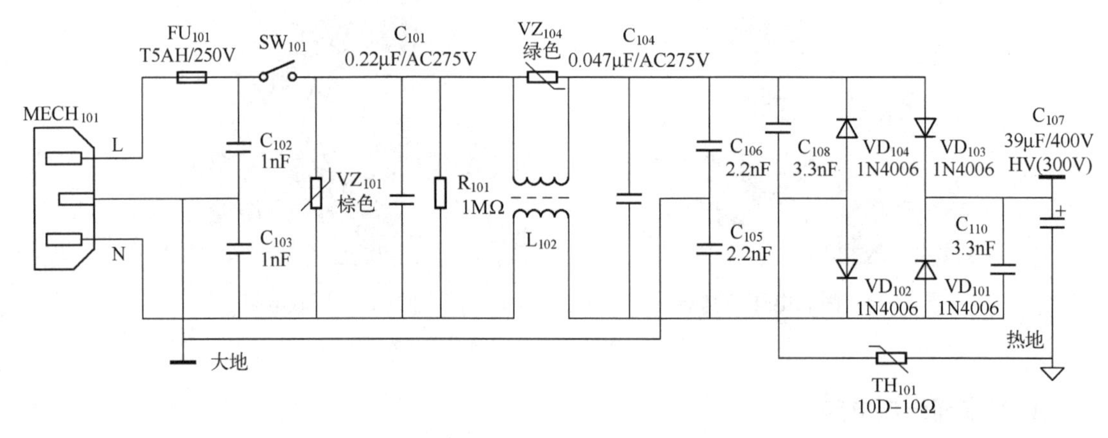

图 2-17　惠普 HP1018 打印机开关电源输入电路

惠普 HP1018 打印机开关电源输入电路元器件的功能见表 2-3。

表 2-3　惠普 HP1018 打印机开关电源输入电路元器件的功能

元器件	编　号	参　　数	功　　能
电源插座	$MECH_{101}$	—	电源输入
电源开关	SW_{101}	Omron 1197C2	电源通、断

元器件	编　号	参　数	功　能
保险管	FU_{101}	T5AH/250V（延时型）	防止严重故障引起火灾
Y 电容器	C_{102}、C_{103}	1nF/AC275V	高频陶瓷电容，抑制共模干扰
	C_{105}、C_{106}	2.2nF/AC275V	
X 电容器	C_{101}	0.22μF/AC275V	金属化（聚丙烯）薄膜电容，抑制差模干扰
	C_{104}	0.047μF/AC275V	
共模扼流圈	L_{102}	—	抑制共模干扰
压敏电阻	VZ_{101}	TNR/10SE621（棕）	防止电网浪涌电压或雷击干扰尖峰电压
	VZ_{104}	—（绿）	
热敏电阻	TH_{101}	NTC 10Ω	减小开机浪涌电流对滤波电容、整流二极管的冲击
放电电阻	R_{101}	1MΩ（贴片）	给安规电容放电，在开关闭合状态下，防止拔出插头时带电
整流二极管	VD_{101}～VD_{104}	1N4006	把交流电转换成脉动直流电
保护电容	C_{108}、C_{110}	3.3nF/AC275V	高频陶瓷电容，吸收尖峰电压，保护整流二极管
滤波电容	C_{107}	39μF/400V	把脉动直流电平滑成纹波较小的直流电，空载或轻载时滤波电压约为 320V

为了让读者对开关电源输入电路所用元器件有一个直观感受，现将惠普 HP1018 打印机开关电源电路板在此展示，如图 2-18 所示。

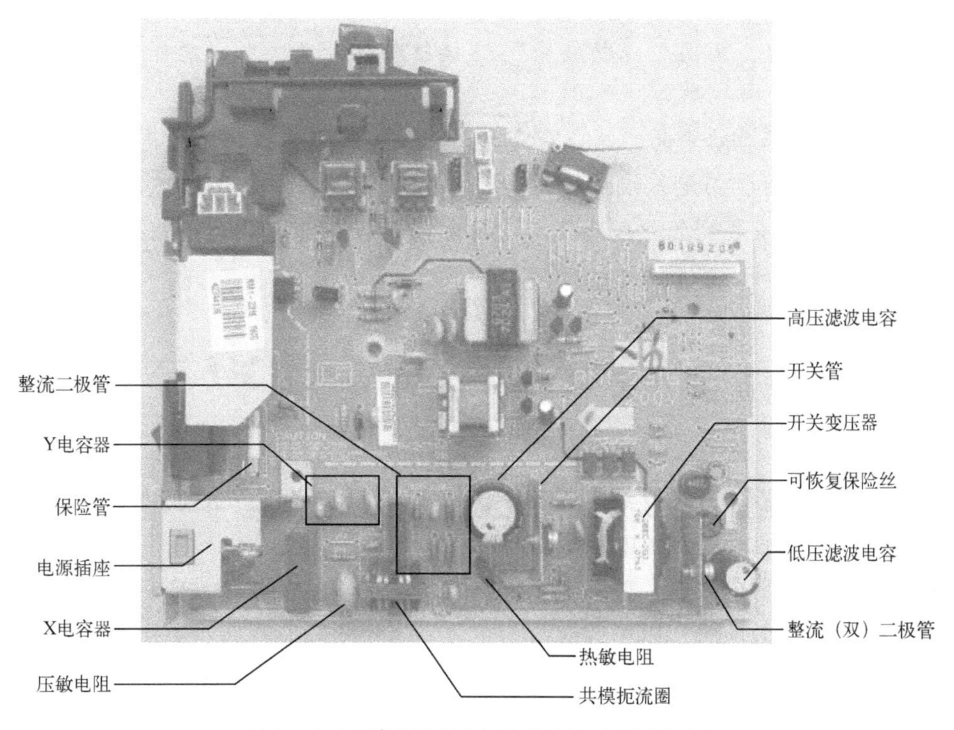

图 2-18　惠普 HP1018 打印机开关电源电路板

阅读资料

在三相四线供电体制中，如果三相负荷不平衡，则零线上就会带电，增加一根保护零线（也称保护接地）接到电气设备的外壳，就可消除电气设备外壳的带电问题。这种供电体制更安全，被称为**三相五线制**。**三相四线制的零线和地线是合一的，三相五线制的零线和地线是分开的**，如图2-19所示。一般来说，**保护零线**大都采用**黄绿色导线**。

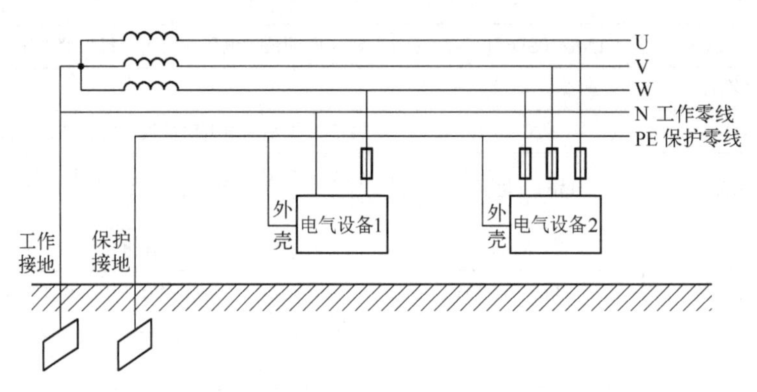

图2-19 三相五线制供电

在如图2-17所示电路中的“大地”也称“保护接地”，打印机开关电源经电源线通过单相三极插座中间插孔与建筑物“保护接地”相连，可以抑制电网共模干扰信号窜入打印机开关电源，又因“保护接地”连接打印机外壳，所以能保护接触打印机的人员安全。

在如图2-17所示电路中的“热地”是指与交流电网直接或间接相连接的区域，冠名“热地”不是因为其热，而是与相线仅隔一个整流二极管和一个热敏电阻，对人身来说是危险区域。本书后文将会提到的“冷地”不是因为其“冷”，而是与电网用开关变压器隔离，对人身来说是安全区域。

2.2 开关电源的功率转换电路

功率转换电路主要由**开关管或集成控制器**和**开关变压器**组成，是实现变压、变频及输出电压调整的执行部件，是开关电源电路的核心电路。

在自激式开关电源电路中，功率转换电路多由功率开关管和开关变压器组成。功率开关管可为晶体管、场效应管，以场效应管为主流，因为场效应管属于电压驱动型，通态电阻小、损耗低、工作频率高，不存在晶体管的二次击穿现象。

1. 功率开关管

在开关电源电路中，开关管担负着功率转换的作用，故称**功率开关管**。**功率开关管**是影响开关电源可靠性的关键部件，由于它工作在高电压、大电流状态下，所以是最容易损坏的部件。据统计，60%的开关电源故障都是由功率开关管损坏引起的。

目前，开关电源电路中使用的功率开关管主要有三种类型，即**双极型功率晶体管（GTR）、绝缘栅型场效应管（MOSFET）和绝缘栅—双极型晶体管（IGBT）**。三种功率开关管的电气符号、工作特性和使用领域各有不同，见表2-4。

表2-4　三种功率开关管

名　称	双极型功率晶体管	绝缘栅型场效应管	绝缘栅—双极型晶体管
英文缩写	GTR	MOSFET	IGBT
电气符号	C B E NPN E B C PNP	D G S N沟道 D G S P沟道	C G E
工作特性	① 与普通双极型晶体管类似，是电流控制型部件，通常采用共发射极接法。 ② 导通压降低，承受峰值电流高，产品种类多	① 电压控制型部件，通常采用共源极接法。 ② 与双极型功率晶体管相比，驱动电路简单，驱动功率小	结合双极型晶体管与场效应管的优点制成，耐压和通流能力高，已取代了双极型功率晶体管和部分绝缘栅型场效应管，成为大功率开关电源的主要部件
使用领域	小功率应用场合	中、小功率应用场合	大功率应用场合
开关速度	少数载流子存储时间限制开关速度，工作频率一般不超过100kHz	无少数载流子存储效应，温度影响小，工作频率在150kHz以上	开关速度快，关断时间很短（0.2μs），工作频率高达500kHz
注意事项	① 最大集电极电流限制。 ② 击穿电压限制。 ③ 开通和关断时间限制	① 最大漏极电流限制。 ② 击穿电压限制。 ③ 开通和关断时间限制	① 最大集电极电流限制。 ② 击穿电压限制。 ③ 开通和关断时间限制

2. 开关变压器

开关变压器在开关电源电路中的作用仅次于功率开关管，用于功率转换，影响开关电源的可靠性。因开关变压器由磁性材料和线圈制成，所以在实际应用中较少损坏。

开关变压器所用磁芯多由软磁铁氧体材料制成。磁芯有EI、EE、EF等多种结构类型。其中，EE、EF磁芯最常用，适用于中、小功率变压器。图2-20为TDK电气公司的高频变压器用EI、EE、EF等磁芯。

磁芯的截面积与输出功率正相关，截面积越大，输出功率越大。此外，工作频率也与输出功率有关，频率越高，输出功率越大。开关变压器输出功率与磁芯尺寸和工作频率的关系见表2-5。

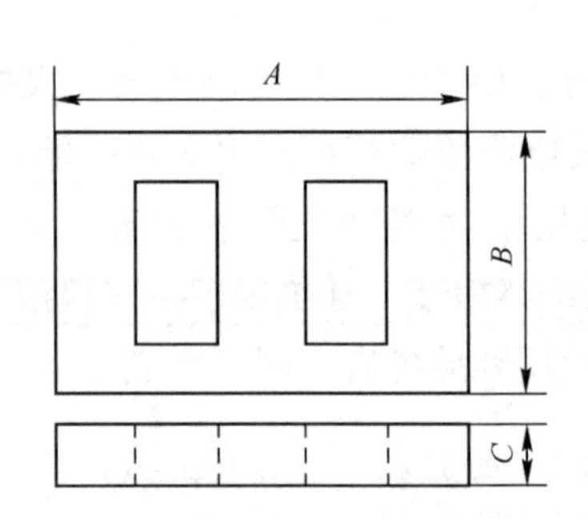

图 2-20　TDK 电气公司的高频变压器用 EI、EE、EF 等磁芯

表 2-5　开关变压器输出功率与磁芯尺寸和工作频率的关系

磁芯型号	A_{max}（mm）	B_{max}（mm）	C_{max}（mm）	标准输出功率（W）		
				50kHz	100kHz	150kHz
EI（E）-22	22.5	19.5	6.0	20	30	40
EI（E）-25	25.9	18.7	7.0	30	60	90
EI（E）-28	28.7	20.8	10.8	60	90	130
EI（E）-30	30.7	27.2	11.0	95	130	200
EI（E）-35	35.9	29.4	10.3	120	170	260
EI（E）-40	40.9	35.3	12.0	190	290	440
EI（E）-50	51.2	43.0	15.0	300	440	650
EI（E）-60	61.4	45.0	16.0	360	550	800

注：以 A_{max} 的参数确定磁芯型号。

3. 单片集成开关电源

近年来出现一种新型集成开关电源，称为**单片集成开关电源**。其内部集成了误差放大器、脉宽调制器、振荡器及过电压、过电流、过热保护等控制电路，将 MOSFET 与控制电路封装在一起。单片集成开关电源的种类很多，按调制方式的不同可分为脉宽调制型（PWM）和频率调制型（PFM）。应用最多的是脉宽调制型（PWM）。

图 2-21 为 Power Integrations 公司出品的 TOPSwitch-II 集成开关电源（TOP221）应用电路及其封装。

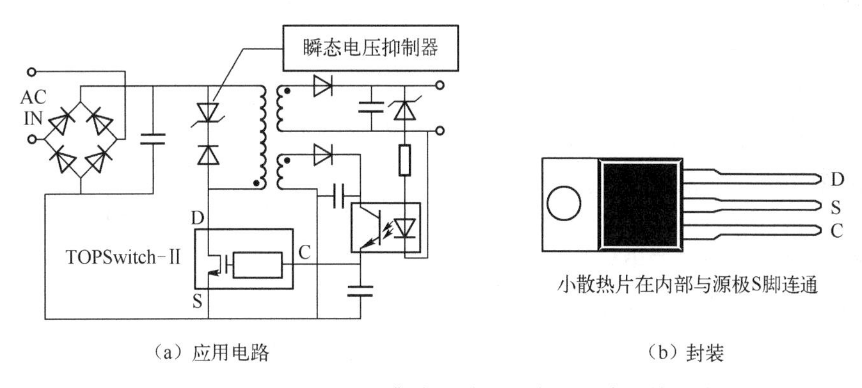

（a）应用电路　　（b）封装

图 2-21　TOPSwitch-Ⅱ集成开关电源应用电路及其封装

2.3　开关电源的输出电路

开关电源的输出电路主要由输出整流/滤波电路、反馈稳压电路及输出端高频干扰抑制电路组成。其作用是通过整流/滤波电路**将高频方波电压变成平稳的直流电压**，抑制和滤除输出端对负载电路的高频干扰。由于只有在敏感系统中才会用到输出端高频干扰抑制电路，在一般的家电、办公设备中较少采用，因此对输出端高频干扰抑制电路不做介绍。

1. 整流电路

（1）整流电路的结构

开关电源输出整流电路的形式有半波整流、全波整流、桥式整流及倍压整流等。各种整流电路有各自不同的特点，根据不同的需要，可以选择不同形式的整流电路。在变压器耦合型开关电源中，若有多路电压输出，则应有与其对应的几组整流电路。图 2-22 为常见的半波整流电路和全波整流电路。图中，HV 是一次侧直流高压。

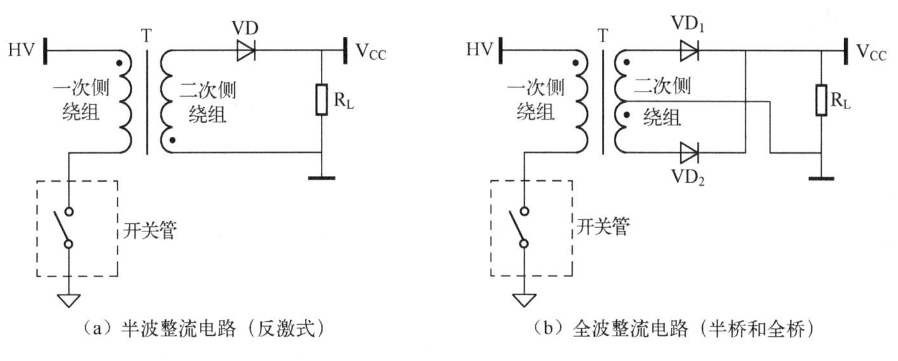

（a）半波整流电路（反激式）　　（b）全波整流电路（半桥和全桥）

图 2-22　常见的半波整流电路和全波整流电路

图 2-22（a）为半波整流电路。其特点是开关变压器不需要中心抽头，输出功率的利用率只有 50%，一般用于输出功率不大的开关电源电路，如**单端开关电源**。图 2-22（b）为全波整流电路。其特点是开关变压器有中心抽头，输出功率的利用率高，一般用于输出功率大的开关电源电路，如**双端开关电源**。

（2）整流电路部件的特点

在开关电源电路中，由于变压器工作在高频开关状态，二次侧输出电压为高频脉冲电压，所以必须采用高速二极管整流，如快恢复二极管（FRD）、超快恢复二极管（SRD）或肖特基二极管（SBD①）。它们的共同优点是**正向导通压降小、开关速度快、反向恢复时间短、正向恢复过程无明显的电压过冲**。

快恢复二极管、超快恢复二极管和肖特基二极管都有三种封装结构：单管、共阴极对管和共阳极对管。共阴极对管为两个二极管的负极连在一起。共阳极对管为两个二极管的正极连在一起。图 2-23 为共阴极肖特基二极管（MUR1220）的电路图形符号和实物图。

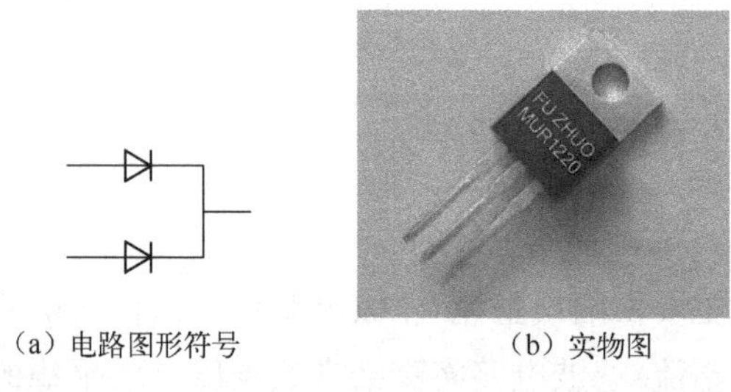

（a）电路图形符号　　（b）实物图

图 2-23　共阴极肖特基二极管（MUR1220）的电路图形符号和实物图

由于肖特基二极管的最高反向耐压小于 100V，因此很适合用在低电压、大电流的开关电源电路中。区分肖特基二极管与超快恢复二极管的方法是，前者正向压降为 0.4V，后者正向压降为 0.6V。

2. 滤波电路

滤波电路是利用电抗元器件两端的电压或通过的电流不能突变的特性，将电容与负载并联或电感与负载串联。

线性电源电路常用电容滤波电路，偶尔也会采用 LC 滤波电路和 π 形滤波电路。开关电源电路多采用 LC 滤波电路和 π 形滤波电路。这是因为开关变压器的二次侧输出电压为高频脉冲电压，不用电感滤波难以抑制高频脉冲电压中的高次谐波。

开关电源电路常用的滤波电路如图 2-24 所示。LC 滤波电路的突出优点是负载电流变化时，输出电压波动很小，也就是外特性较好；π 形滤波电路是在 LC 滤波电路的基础上再加上一个电容，滤波效果更胜一筹。

在开关电源电路中，输出滤波电路所用的电感有直插型和贴片型，如图 2-25 所示。

---

① 肖特基二极管是由金属和半导体接触形成的以势垒效应为基础的二极管，也称为肖特基势垒二极管。其发明人为肖特基（Schottky）博士，故以 Schottky Barrier Diode 的英文缩写 SBD 命名。

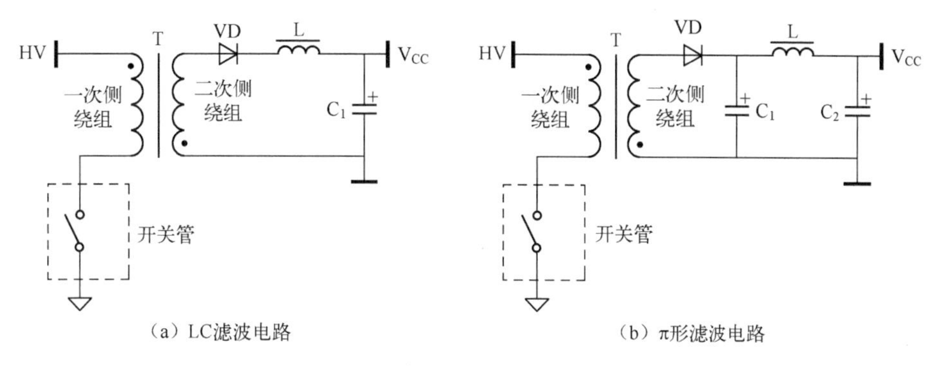

（a）LC滤波电路　　（b）π形滤波电路

图 2-24　开关电源电路常用的滤波电路

（a）直插型电感　　（b）贴片型电感

图 2-25　开关电源电路输出滤波电路所用的电感

在要求纹波很小的开关电源电路中，除了对电感的电感量有一定要求，对滤波电容的电容量也有一定的要求，电容量要足够大、等效串联电阻（ESR）要较小等。

图 2-26 为 HP1018 打印机开关电源输出整流/滤波电路部件实物图。

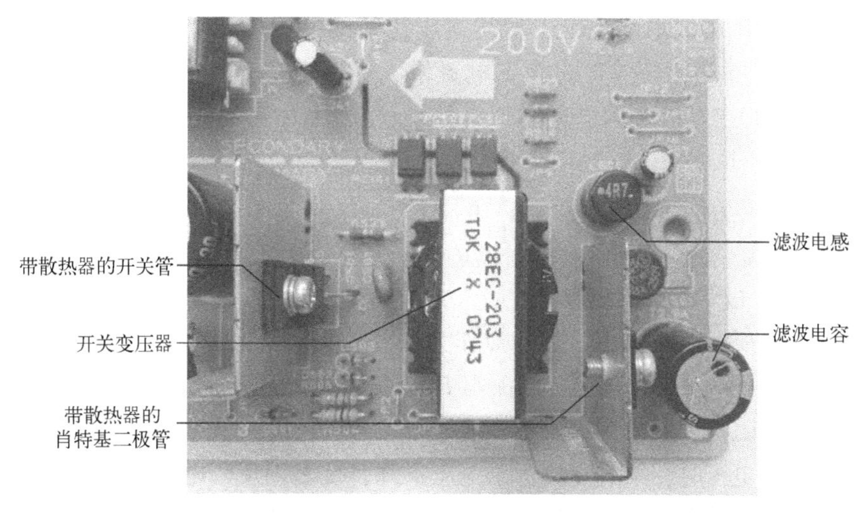

图 2-26　HP1018 打印机开关电源输出整流/滤波电路部件实物图

阅读资料

（1）电解电容不像半导体器件那样有偶发性故障，其容量的逐渐减小是由电解液的损耗程度决定的。电解液少了，容量也相应减小。环境温度也会直接影响电解电容的寿命。实验证明，工作温度每上升10℃，电解电容的寿命缩短一半。一般的电解电容在工作温度为85℃时的寿命将超过1000小时，应远离热源。

（2）由于电解电容采用卷绕状结构，其本身的电容量很大，所以对高频成分的噪声并不能形成低阻抗。为了抑制高频噪声，应在电解电容的两端并联一个或多个电容量为0.1μF的瓷片电容，安装位置应尽可能靠近放大器、集成电路的供电端。

3. 反馈稳压电路

反馈稳压电路的作用是当输入电压或负载电流发生变化时，通过反馈控制功率开关管的通/断时间，保持输出电压基本恒定。开关电源电路常见的反馈稳压电路如图2-27所示。它们都采用光电耦合器（简称光耦）进行电气隔离与信号反馈。

光电耦合器有线性和非线性两种。反馈稳压电路中使用的是线性光电耦合器。其中光敏二极管的发光量与通过的电流成正比，电流大则光强，反之则弱；光敏晶体管可等效为受光敏二极管发光量控制的可变电阻，光强则阻值小，反之则大。因此，光电耦合器可等效为受光敏二极管发光量控制的可变电阻，可在实现电气隔离的同时又能提供反馈信号，控制功率开关管的通/断时间比，稳定输出电压或电流。

图2-27（a）所示的电路结构最简单，整流/滤波电压由稳压二极管和光电耦合器直接取样，R_2的取值应使稳压二极管工作在反向击穿的陡降区。若R_1的阻值较小，则输出电压约等于稳压二极管ZD_1的反向压降与光电耦合器中二极管的压降（约为1V）之和。

图2-27（b）所示电路采用晶体管作为误差放大器。电阻R_3与稳压二极管ZD_1构成基准电压，VR_1与R_4构成取样电压，取样电压比基准电压高一个发射结压降。R_2与光电耦合器中的二极管并联，使VT_1的静态电流增大，增强了晶体管工作的线性度。另外，C_1并联在晶体管的b、c极之间，用于频率补偿①。设晶体管的发射结压降为U_{be}，则输出电压为

$$U_0 \approx \left(1+\frac{R_{VR_1}}{R_4}\right)\times(U_Z+U_{be}) \tag{2-1}$$

式中，U_Z是稳压二极管的反向压降。

图2-27（c）所示电路采用集成运放作为误差放大器，R_3与ZD_1组成基准电压，加到集成运放的同相输入端，输出电压经VR_1与R_1串联分压取样，加到集成运放的反相输入端。由于集成运放输入阻抗为无穷大，故对外接电路相当于开路，即“虚断”。当反相输入端电压高于同相输入端电压时，集成运放输出电压下降，反之则反。电路中，R_2与C_1串联，并联在集成运放的反相输入端与输出端之间，起频率补偿的作用。输出电压为

① 因晶体管放大器输入信号与输出信号反相，故在二者之间跨接小电容或电容与电阻的串联组件，用于频率补偿。

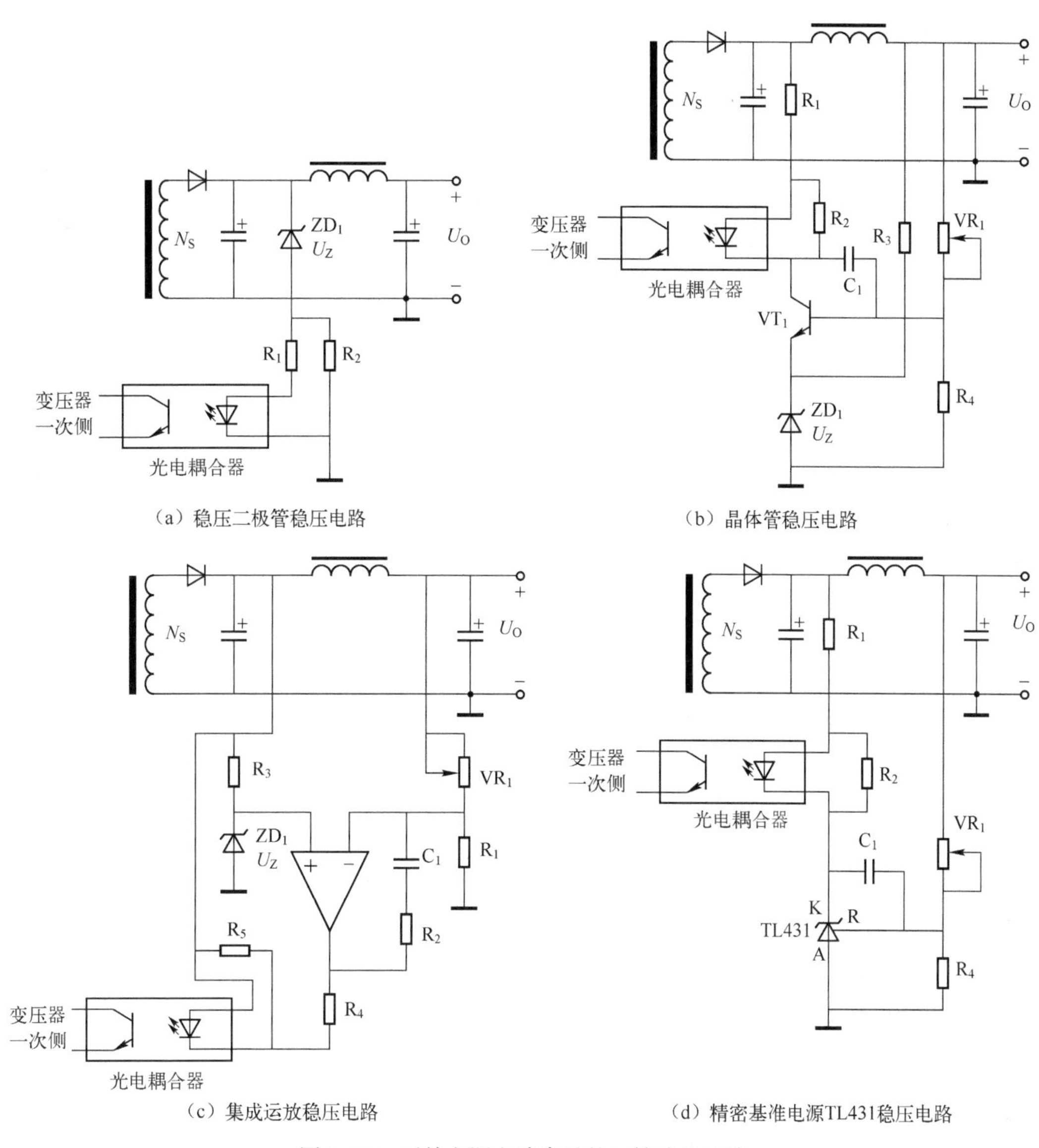

图 2-27　开关电源电路常见的反馈稳压电路

$$U_O \approx \left(1+\frac{R_{VR1}}{R_4}\right)\times U_Z \tag{2-2}$$

图 2-27（d）所示电路采用精密基准电源 TL431 作为误差放大器，输出电压经 VR_1与R_4串联分压取样，加到 TL431 的参考端。正常工作时，阳极接参考地，阴极既是供电端又是电压调整端。R_2与 C_1的作用同图 2-27（b）。若忽略 TL431 参考端的输入电流，则输出电压为

$$U_O = \left(1+\frac{R_{VR1}}{R_4}\right)\times U_{ref} \tag{2-3}$$

式中，U_{ref}是 TL431 的基准电压，为 2.5V。

TL431电路图形符号、功能框图如图2-28所示。TL431的阳极（A）、阴极（K）实际上是内部二极管的正、负极。

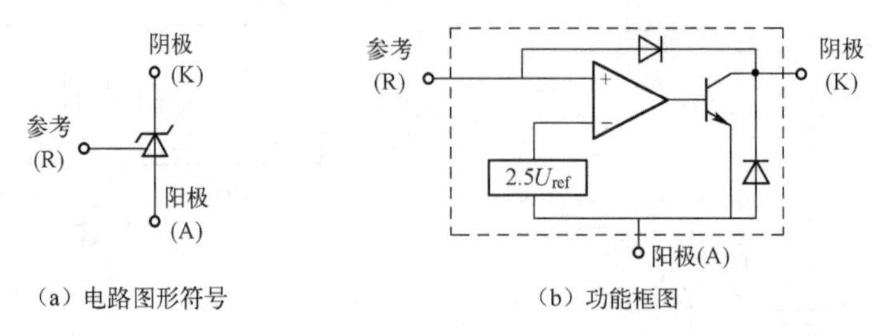

（a）电路图形符号　　（b）功能框图

图2-28　TL431电路图形符号、功能框图

在开关电源电路中，常用的光电耦合器和精密基准电源TL431的实物图如图2-29所示。

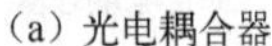

（a）光电耦合器　　（b）精密基准电源TL431（TO-92封装）

图2-29　光电耦合器和精密基准电源TL431的实物图

2.4　开关电源的保护电路

开关电源电路的许多元器件都工作在大电压、大电流条件下，为了保证开关电源电路及负载电路的安全，开关电源电路设置了许多保护电路，主要有过电流保护电路、过电压保护电路、漏感尖峰电压吸收电路、软启动保护电路及欠压保护电路等。

自激式开关电源电路本身就已经具备了一定的自保护功能，一旦负载电流过大，必然增大损耗，振荡将因损耗过大而减小或消失。这是自激式开关电源电路的一大优点，仅依靠破坏振荡条件而被迫停振的保护作用是不够的，还需要设置各种专门的保护电路。

1. 过电流保护电路

图2-30为手机充电器的过电流保护电路（高压侧）。接通电源后，市电电压经整流滤波后，得到直流高压HV约为300V：一路经开关变压器的一次侧绕组送到高压开关管VT_1（13001）的集电极；另一路经启动电阻R_2加到VT_1（13001）的基极。当开关电源正常工作后，反馈绕组感应正反馈脉冲电压，经R_5、C_3加到VT_1的基极自激振荡，维持通、断。

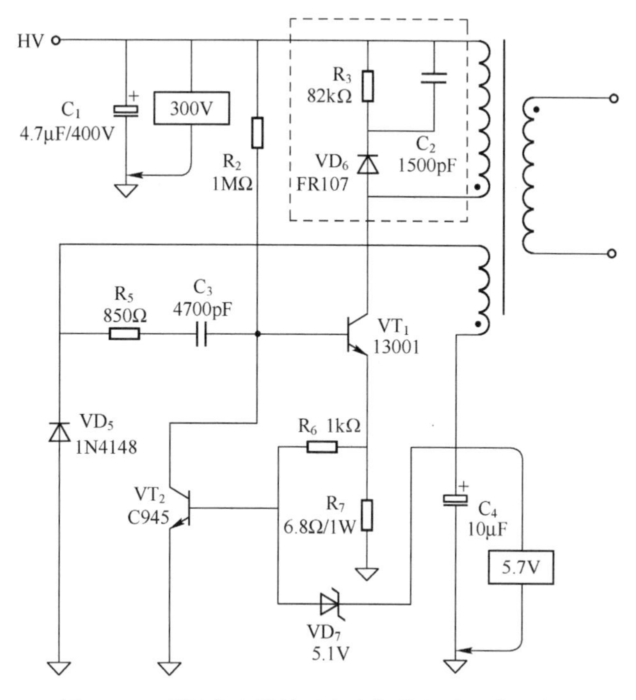

图 2-30　手机充电器的过电流保护电路（高压侧）

由于电感是非耗能元件，其存储的能量与峰值电流的平方成正比，即 $W_L = I_L^2 L/2$，故开关变压器一次侧绕组的电流越大，开关电源电路输出的功率越大。由于一次侧绕组的电流流经 VT_1，因此为了保证工作安全、可靠，必须对电流进行一定的限制。

在如图 2-30 所示电路中，VT_1 通过的电流越大，在 R_7 上产生的压降越大，当电流超过一定值，R_7 上的压降达到 0.6V 时，VT_2 开始导通，分流 VT_1 的基极电流，迫使 VT_1 的输出电流减小，从而保护开关电源电路不受损坏。

2. 过电压保护电路

过电压保护电路的作用是，当开关电源的输出电压超过规定值时，会有一个控制信号使开关管截止，保护负载，避免因过压而遭到损坏。

图 2-31 为惠普 HP1018 打印机开关电源的过电压保护电路。正常工作时，输出电压 U_0 约为 24.5V，由另一路误差放大器与光电耦合器组成的稳压控制电路（图中未画）实现稳压。若稳压控制电路异常，当输出电压 U_0 升到 30V 时，R_{529}、R_{530} 串联分压加到 $IC_{501}C$ 同相端（10 脚）的电压为 4.6V（读者可以自己计算得出）；由于 $IC_{501}C$ 反相端（9 脚）的电压为 4.6V（R_{528} 与 ZD_{503} 组成二极管稳压电路），若输出电压继续升高，则 $IC_{501}C$ 同相端的电压会高于反相端的电压，使 8 脚输出高电平，经光电耦合器 PC_{502} 反馈控制 VT_{502} 导通，VT_{501} 截止（R_{531} 的阻值很小，可以忽略不计），可避免输出电压过高给负载带来的危害。

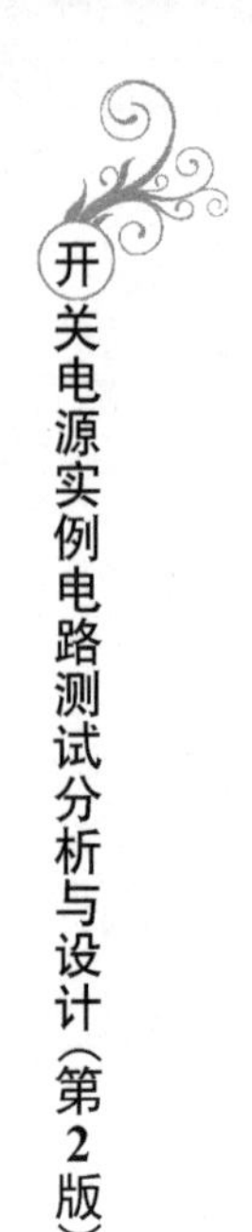

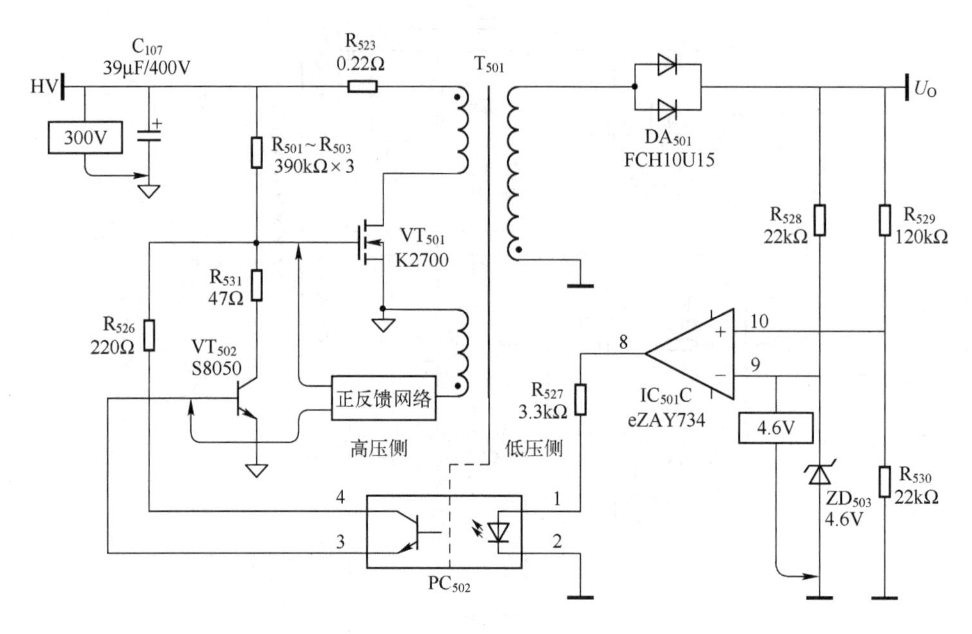

图 2-31　惠普 HP1018 打印机开关电源的过电压保护电路

3. 漏感尖峰电压吸收电路

在反激式开关电源电路中，开关变压器兼作储能电感，变压器磁芯处于直流偏磁状态。为防止磁芯饱和需要较大气隙，漏感比较大，电感值相对比较低。当 MOSFET 关断时，变压器一次侧绕组会因变压器漏感产生尖峰电压，与整流滤波电压（$U_{\rm I}$）和自感电压叠加，瞬间电压极高，如图 2-32 所示。该电压加在 MOSFET 上的漏—源极之间，若 MOSFET 的 $U_{\rm ds}$耐压不足够高，则很容易导致损坏。

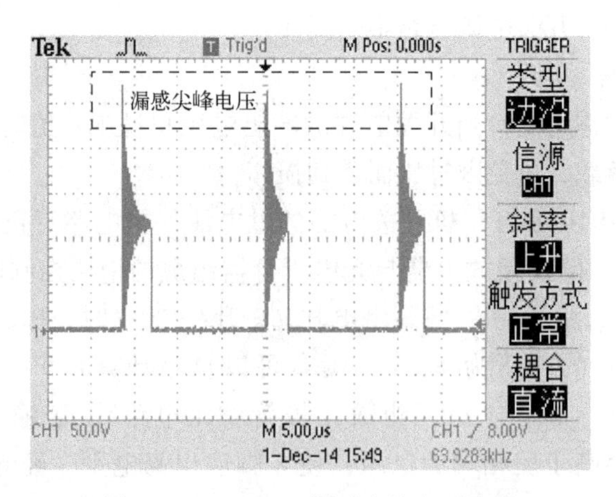

图 2-32　MOSFET 漏感尖峰电压波形

增加钳位或吸收电路对漏感尖峰电压进行钳位或吸收，可以大大降低 MOSFET 关断时

的 U_{ds}，从而起到保护作用。通常将 RCD 吸收电路加在变压器一次侧绕组的两端，称为 RCD[①] 钳位电路，见图 2-30 虚线框内。

这类电路的特点是电路拓扑简洁，开关管关断时变压器漏感能量转移到 RCD 钳位电路的电容 C 上后，由电阻 R 将这部分能量消耗。瞬态电压抑制（Transient Voltage Suppressor，TVS）技术是以二极管的形式抑制漏感尖峰电压，保护电路中的精密元器件免受浪涌脉冲的损坏。

4. 软启动保护电路

开关电源一般在开机瞬间，由于稳压电路还没有完全进入工作状态，开关管将处于失控状态，极易因关断损耗大或过激励而损坏。为此，一些开关电源电路中设有软启动保护电路，其作用是在每次开机时，限制激励脉冲导通时间不至于过长，使稳压电路迅速进入工作状态。有些单片集成开关电源芯片中集成有软启动保护电路，有些开关电源在外部专设有软启动保护电路。

5. 欠压保护电路

当市电电压过低时，将引起激励脉冲幅度不足，导致开关管因开启损耗大而损坏，因此有些开关电源电路设置了欠压保护电路，如 UC3842 在其内部就设置了欠压保护电路。

① R 指电阻，C 指电容，D 指二极管。

第3章

自激式[1]开关电源的原理与应用

自激式开关电源利用开关管、变压器辅助绕组构成正反馈通路，实现自激振荡，再借助反馈信号稳定电压输出。**由于开关管兼作振荡管，所以无须专设振荡器**，所用元器件较少，电路简单，成本低，在一定程度上简化了电路。由于自激式开关电源经济实用，因此目前仍有较多的电子设备采用自激式开关电源，如手机充电器、打印机、自动化仪器仪表、电视机和显示器等。

本章首先讲述自激式开关电源的工作原理，然后以几种电子设备的自激式开关电源为例，结合关键点的电压波形进行解析，引领读者进入开关电源的万千世界。

3.1 自激式开关电源的原理

3.1.1 概述

现在所有由市电供电的 AC-DC 电源几乎全部都用**变压器耦合型开关电源**，也称**隔离型开关电源**[2]。功率管的周期性通、断，控制开关变压器一次侧绕组存储输入电源的能量，通过二次侧绕组将能量释放。显然，**开关电源的输入与输出是通过变压器的磁耦合传递能量的**。由于变压器绕组之间是绝缘的，因此一、二次侧绕组完全隔离，即“热地”和“冷地”是绝缘的，且绝缘电阻和抗电强度均可很高。这一特点对用电安全尤为重要。

开关管的激励脉冲是由变压器辅助绕组与开关管构成的正反馈环路自激振荡产生的。除非特别说明，本书讲述的**自激式开关电源**均为**自激式变压器耦合型开关电源**。

自激式开关电源的特点如下：

① 结构简单，制造成本低廉。

---

① 有些文献称为 RCC 转换器。RCC 指 Ringing Choke Converter，即阻尼振荡转换器。

② 遥控电风扇的电源是非隔离型电源，采用电容降压后，经半波或全波整流得到低压直流电，输入与输出共地。

② 脉冲信号是自激振荡产生的。

③ 一种非固定频率的转换电路，工作频率随输入电压和负载的变化而变化，**轻载时工作频率较高或间歇振荡，满载时工作频率会自动降低**。

④ 占空比发生改变时，开关管的 I_C 与 U_{CE} 相对值发生变化，因此占空比变化范围较小，一般小于 50%。

⑤ 具备一定的自保护功能，一旦负载过重，必然破坏反馈条件，振荡将因损耗过大而减小或间歇振荡，因此保护电路比较简单。

⑥ 电流峰值高、纹波电流大，由于工作频率随输入电压和负载电流的变化而变化，在高功率、大电流工作时稳定性差，故仅适宜 60W 以下的小功率场合。**由于许多办公设备、手机充电器和仪器仪表等都在这个功率范围内，故自激式开关电源的使用相当普遍**。

3.1.2 自激式开关电源基本电路

图 3-1 为自激式开关电源基本电路。U_I 是输入交流电压经整流后的直流电压；C_I 是滤波电容；R'_B 是功率开关管 VT 的启动电阻；R_B、C_B 与开关变压器辅助绕组构成 VT 的振荡电路；T 是开关变压器，一次侧绕组用于储能，一、二次侧绕组用于能量耦合，辅助绕组用于产生正反馈信号；整流二极管 VD 和电解电容 C_O 组成整流滤波电路，输出平滑的直流电压 U_O 给负载 R_L 供电。

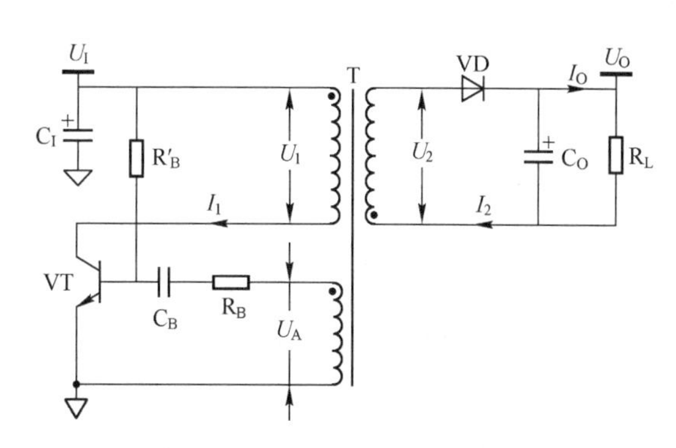

图 3-1　自激式开关电源基本电路

图 3-1 中，初始上电时，电阻 R'_B 给 VT 提供启动电流，VT 导通，开关变压器 T 一次侧绕组因有电流流过而**发生自感**，自感电动势（或自感电压）U_1 的方向为“上正下负”，阻止电流增大；另一方面，一次侧绕组与二次侧绕组、辅助绕组**发生互感**。根据开关变压器 T 同名端符号（圆黑点）可知，二次侧绕组感应动势 U_2 的方向为“上负下正”，整流二极管 VD 反偏截止，辅助绕组感应电动势 U_A 的方向也为“上正下负”，加速 VT 导通。

当 VT 趋向于截止时，一次侧绕组因电流减小而**发生自感**，同时，一次侧绕组与二次侧绕组、辅助绕组**发生互感**。所有绕组的电压极性反转，一次侧绕组自感电动势的方向阻止电流减小（此时一次侧绕组自感电动势 U_1 与直流电压 U_I 顺向叠加），二次侧绕组感应电动势的方向使整流二极管 VD 正偏，辅助绕组感应电动势 U_A 的方向加速 VT 截止。

关键节点电压和支路电流波形如图 3-2 所示。在 VT 导通（t_{ON}）期间，开关变压器 T 一次侧绕组从直流电压 U_I 蓄积能量；在 VT 截止（t_{OFF}）期间，开关变压器 T 蓄积的能量释放给负载。在 VT 从导通到截止转换瞬间，开关变压器一、二次侧绕组中依次出现峰值电流 I_{1P}、I_{2P}[①]（见图 3-2（a）、（b））。一、二次侧绕组的电压均为脉冲电压，相位相反（见图 3-2（c）、（d））。U_F 为整流二极管的导通压降，U_2 的正脉冲等于输出直流电压 U_O 与 U_F 的叠加。

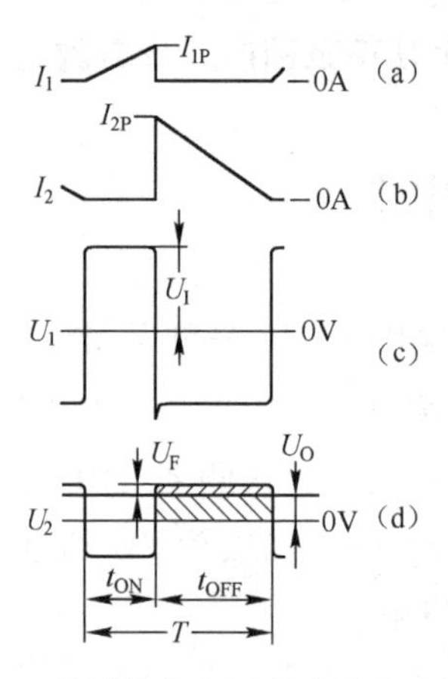

图 3-2　关键节点电压和支路电流波形[②]

VT 截止后，开关变压器一次侧绕组感应电动势自由振荡并返回到零。VT 基极连接的**辅助绕组**也称**正反馈绕组**，由开关变压器互感产生正反馈信号控制 VT 通、断，即所谓**自激振荡**。

由上述工作原理可知，自激式开关电源是以开关功率管和开关变压器为主要部件组成的开关转换电路，通过开关功率管的周期性通、断，将直流电压变成脉冲电压，经开关变压器由一次侧耦合到二次侧，再经整流二极管与滤波电容供给负载。由于**开关功率管起着开关和振荡的双重作用**，省去了控制电路，所以电路比较简单。

图 3-3 为自激式开关电源的分时等效电路。L_1、L_2 分别为一、二次侧绕组的电感。图（a）为 t_{ON}期间，开关功率管 VT 导通，T 一次侧绕组两端所加电压为 U_I；t_{ON} 即将结束时，一次侧绕组的电流达到峰值，即

$$I_{1P}=U_I \times t_{ON}/L_1 \tag{3-1}$$

式中，L_1 为一次绕组的电感量，单位为亨（H）。

---

① I_{1P}、I_{2P}是 I_1、I_2的峰值电流，下标 P 为 Peak 首字母。

② 一般来说，开关电源的一次侧绕组电压高、电流小，二次侧绕组电压低、电流大，辅助绕组主要起正反馈控制作用，电压与电流均比较小。

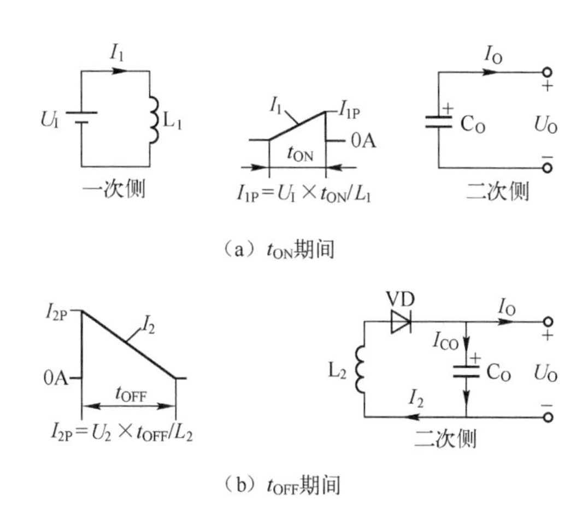

图 3-3　自激式开关电源的分时等效电路

t_{ON}期间，开关变压器 T 一次侧绕组从直流电压 U_I 吸收能量为 $L_1\times I_{1P}^2/2$，整流二极管 VD 中无电流，故开关变压器一、二次侧绕组无能量转换作用。滤波电容 C_0 单独放电，电压降低，供给负载输出电流 I_0。C_0 容量的选择应保证在提供负载电流的同时满足输出电压的纹波和压降的要求。

图 3-3（b）为 t_{OFF}期间，开关功率管 VT 截止，T 一次侧绕组没有电流，故图中未画出。这期间，一次绕组侧吸收的能量转移到二次侧，整流二极管 VD 导通，一边给电容 C_0 充电、电压升高，一边给负载供电，开关变压器释能、消磁。

t_{ON}到 t_{OFF}的瞬间，**一次侧绕组与二次侧绕组的安匝比守恒**①，不是像真正的变压器那样，电压比守恒。因此，若开关变压器一次侧的能量全部转移到二次侧，则

$$I_{1P}\times N_1=I_{2P}\times N_2 \tag{3-2}$$

式中，N_1、N_2 分别为一、二次侧绕组的匝数。

$$L_1\times I_{1P}^2/2=L_2\times I_{2P}^2/2 \tag{3-3}$$

电感 L_1 与 L_2 之比是绕组匝数比的平方，即

$$N^2=\left(\frac{N_1}{N_2}\right)^2=\frac{L_1}{L_2} \tag{3-4}$$

二次侧绕组电流与一次侧绕组电流有类似性质，只是变化趋势相反。在开关功率管截止瞬间，开关变压器一次侧绕组蓄积的能量转移到二次侧绕组，二次侧绕组电流最大，为峰值电流 I_{2P}，随后线性减小，到 t_{OFF}结束时刚好降为零，以便重新开始新的周期，即

$$I_{2P}=U_2\times t_{OFF}/L_2 \tag{3-5}$$

① 例如，一次侧绕组为 100 匝，开关功率管 VT 关断时的峰值电流为 1A，存储在一次侧绕组的安匝数为 **100 安匝**。这个数值必须等于二次侧绕组的安匝数，若二次侧绕组为 10 匝，则电流应为 10A（因 10×10=**100 安匝**）。同样，5 匝二次侧绕组将会有 20A 的峰值电流，1 匝二次侧绕组将会有 100A 的峰值电流。

3.1.3　自激式开关电源简易电路

自激式开关电源简易电路如图 3-4 所示。该电路主要由主开关电路、过电流保护电路、漏感电压尖峰吸收电路、输出整流滤波电路及稳压检测电路组成。

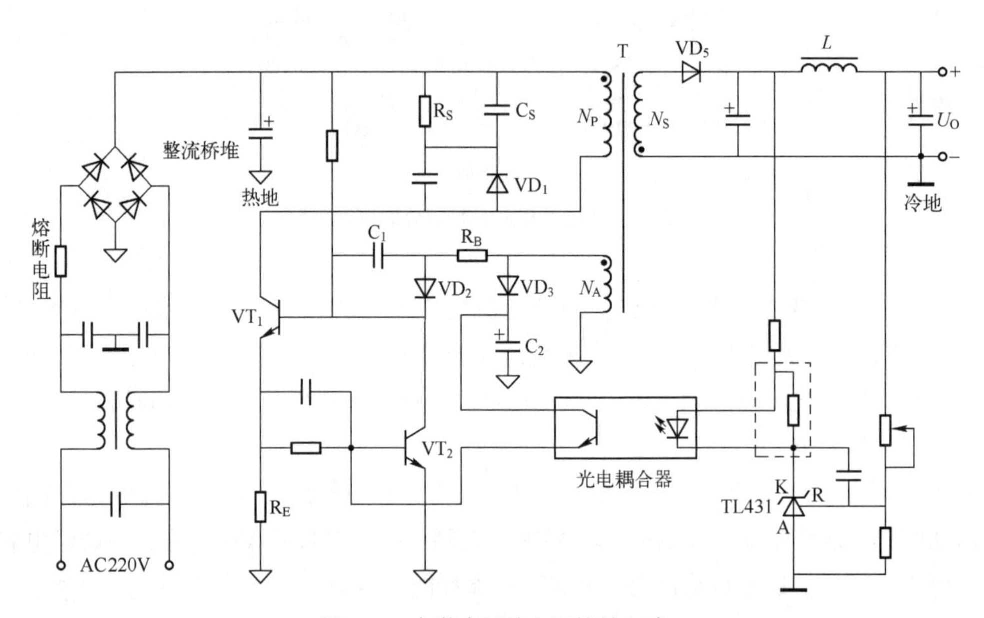

图 3-4　自激式开关电源简易电路

1. 主开关电路

主开关电路由开关变压器 T、开关功率管 VT_1、脉宽调制管 VT_2等组成，是开关电源电路的重要组成部分。对于自激式开关电源来说，开关功率管 VT_1的集电极峰值电流 i_{CP}决定输出功率，基极电流 i_B 与基区电荷存储效应时间 t_{stg}①有关。为了方便讲述，这里把基极驱动电路单独画出来，如图 3-5 所示。

辅助绕组 N_A 产生的正反馈电压，可使 VT_1的基极电流按 R_BC_1 时间常数衰减，这期间 i_B 等于 i_{B1}，i_C 从零线性增加②。当 C_1 两端电压达到二极管 VD_2的正向压降时，电流 i_{B2}流经 VD_2，因 VD_2具有**钳位作用**，因此 i_{B1}为零，i_B 等于 i_{B2}，i_C 继续增加。

当 VT_1的集电极电流 i_C 增加到 i_Bh_{FE}之后，在 VT_1电荷存储 t_{stg}期间，i_C 还会继续增加，接近 i_{CP} ［$i_Bh_{FE}+(U_I/L_P)\times t_{stg}$］ 时，在 VT_1基极施加反偏电流，VT_1截止。i_{CP}与 R_B 有关，R_B 越小，i_{CP}就越大。

---

①　存储效应时间是指晶体管接收到关断信号到集电极电流下降到 90% 的时间，也就是饱和时基区超量存储电荷的消散时间，与导通时的饱和度有关。饱和度越深，存储效应时间越长。存储效应时间也与关断电压和开关功率管基极电压变化率有关。

②　VT_1的集电极电流 i_C就是开关变压器绕组 N_P的电流，不能突变。

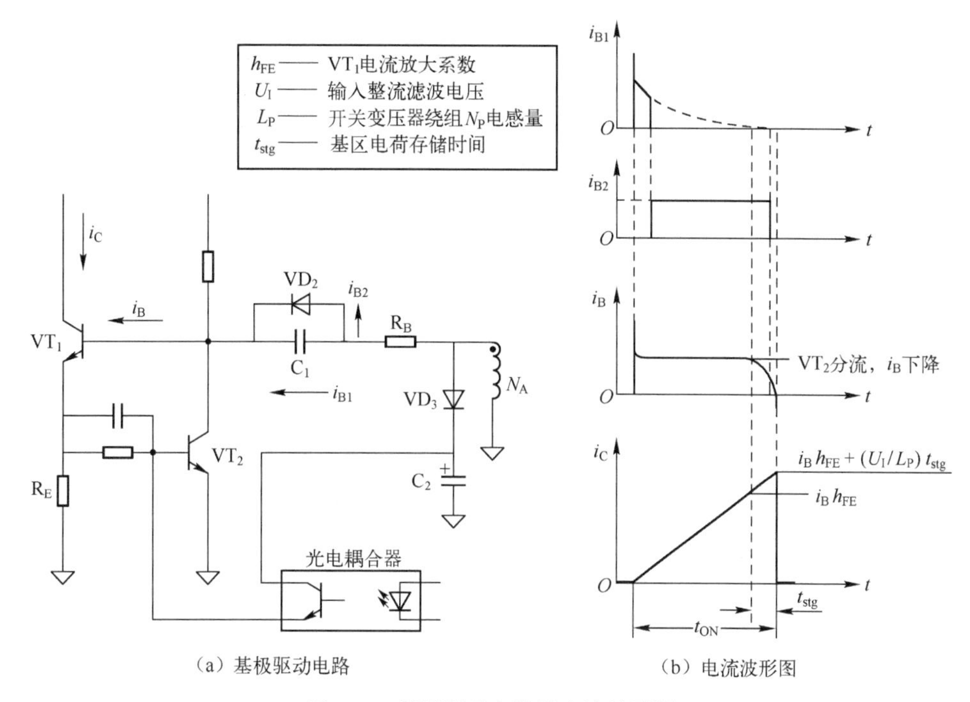

（a）基极驱动电路　　　　（b）电流波形图

图 3-5　基极驱动电路及电流波形图

辅助绕组 N_A 经 VD_3、C_2 为光电耦合器（简称光耦）供电，输出电压经光耦反馈到输入侧，控制 VT_2分流 VT_1的基极电流。当输出电压稍稍升高时，光耦中二极管的光通量增加，光电晶体管等效电阻减小，VT_2基极电压升高，集电极电流增大，形成使 VT_1基极电流 i_B 减小的负反馈回路。VT_1基极电流 i_B 一旦减小，则集电极峰值电流 i_{CP}也减小，t_{ON}变短，占空比减小，输出电压下降。

另一方面，由于 t_{ON}随输入电压升高、输出电流减小而变短，因此输入电压最高、输出电流最小时 t_{ON}最短。若输入电压升高、输出电流又下降至某一极限值，则不能维持正常振荡，从而产生**间歇振荡**（见图 3-6），开关变压器会出现振动噪声。**为了避免出现间歇振荡，必要时可在输出端接假负载**。

2. 过电流保护电路

在接通电源瞬间或输出短路时，光电耦合器停止工作，VT_2截止，R_B、C_1 正反馈电流全部流进 VT_1的基极，当输入电压较高时，基极电流与输入电压成比例增大，集电极电流也成比例增大，开关变压器就可能会达到磁饱和状态，VT_1将因过电流而损坏。为了保护 VT_1始终工作在安全工作区，有必要设置过电流保护电路，防止集电极电流无节制地增大。

图 3-7 为过电流保护电路。最常见的是如图 3-7（a）所示电路，采用专用的过电流保护晶体管；图 3-7（b）采用两个二极管代替晶体管，保护效果不如晶体管保护。

在图 3-7（a）中，若过流检测电阻 R_E 的压降接近 VT_2的 U_{BE}，则 VT_2开始导通，分流 VT_1的基极电流，防止 VT_1电流过大。显然，**电阻 R_E 的阻值越小，检测的动作电流越大**。

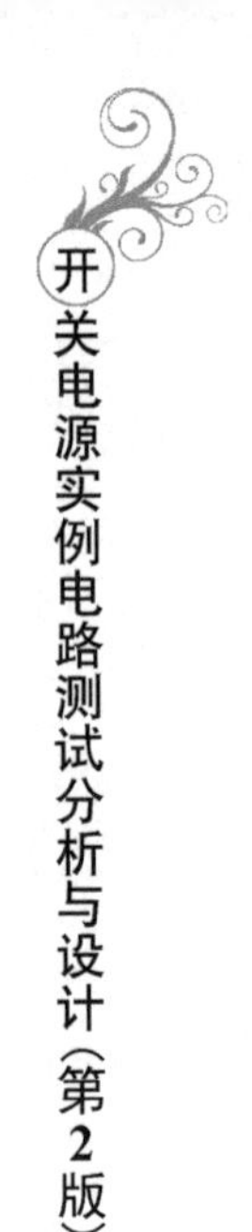

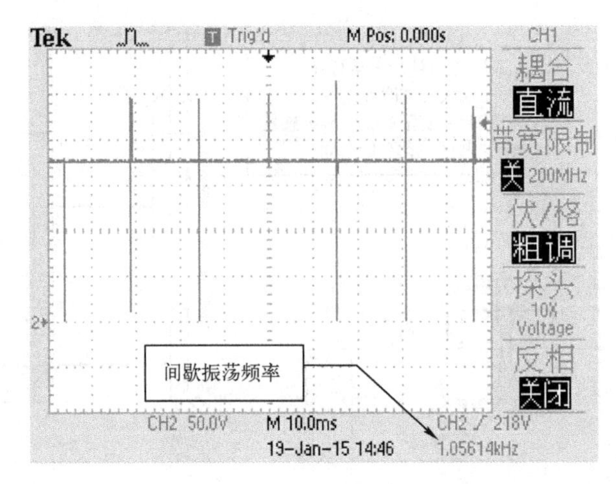

图 3-6　自激式开关电源空载时的间歇振荡波形

在许多自激式开关电源中，R_E的阻值为几欧，功率为 1～2W。即便如此，一旦发生短路等严重故障，R_E 被烧毁的现象仍然非常普遍。在图 3-7（b）中，当 VT_1基极电压大于两个二极管的串联死区压降时，二极管导通，分流 VT_1的基极电流，防止 VT_1电流过大。

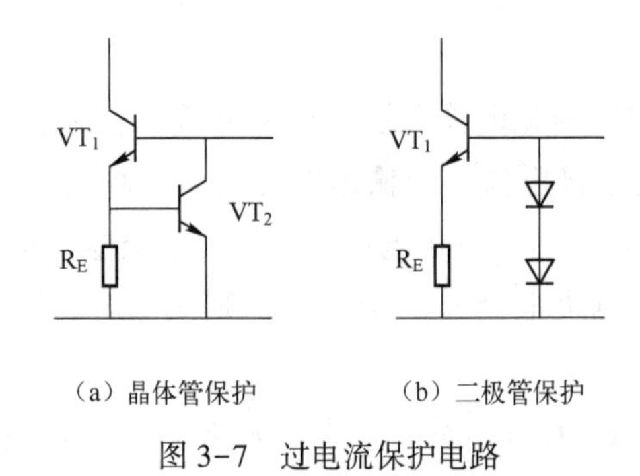

（a）晶体管保护　　（b）二极管保护

图 3-7　过电流保护电路

自激式开关电源的过电流保护电路及工作波形如图 3-8 所示。

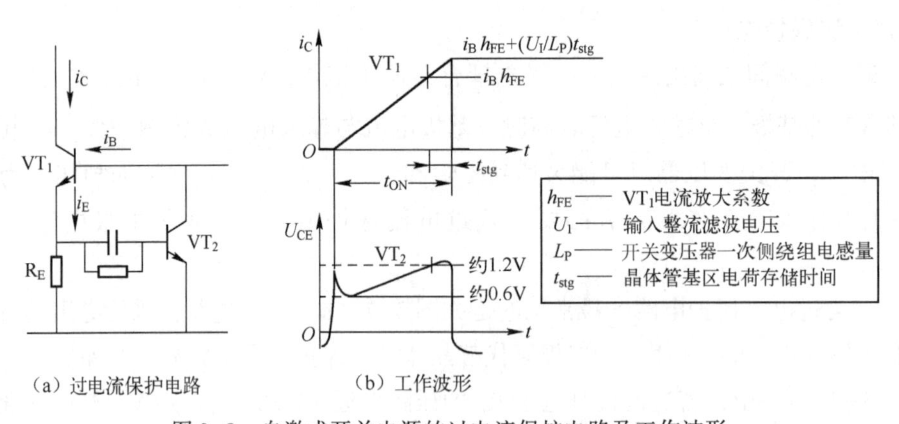

（a）过电流保护电路　　（b）工作波形

图 3-8　自激式开关电源的过电流保护电路及工作波形

当 VT_1的发射极电流增加时，若过流检测电阻 R_E 的两端电压接近 VT_2发射结导通电压（约为 0.6V），则 VT_1的基极电流被 VT_2分流，从而限制了 VT_1的集电极电流 i_C 的增加，达到保护的目的。

VT_2的集电极与发射极之间的电压 $U_{CE2}=U_{BE1}+U_{RE}$。其中，U_{RE}是 R_E 的压降，是 VT_1发射极电流 i_E 在 R_E 上作用的结果。由图 3-8（b）可以看出，t_{ON}前沿 VT_2的 U_{CE}电压上冲幅度较大，但此时 VT_1的集电极电流 i_C 为零，因此上冲幅度较大的电压是 i_B 在 R_E 上作用的体现，可见，在 t_{ON}前沿，基极电流 i_B 相当大（i_B 的初始分量 i_{B1}）。当基极电流按阻容时间常数衰减并变为相对稳定值时，集电极电流 i_C 从零线性增加，且 i_C 的增加量远大于 i_B 的稳定值（i_B 的后续分量 i_{B2}），故在 t_{ON}前沿之后，VT_1发射极电流 i_E 近似于 i_C 的幅度增大。由此可见，VT_2的 U_{CE}在导通的瞬间急速增大，随后快速下降，接着以近似于 i_C 的斜率线性上升。当 R_E 的压降达到 0.6V 时，VT_2开始分流 VT_1的基极电流，但在电荷存储 t_{stg}期间，VT_1集电极电流继续上升，所以 U_{CE}最高电压会超过 1.2V，如图 3-8（b）所示。

根据上述可知，VT_2决定 VT_1的导通时间，VT_2既是 VT_1的过电流保护管，也是 VT_1的脉宽调制管。

3. 漏感电压尖峰吸收电路

在反激式开关电源电路中，开关变压器兼作储能电感，磁芯处于直流偏磁状态。为防止磁芯饱和，需要较大的气隙，因此漏感比较大，电感值也相对较低。当开关功率管由导通变成截止时，开关变压器绕组会产生尖峰电压。该电压是由开关变压器漏感（漏磁产生的自感）形成的，与直流电压 U_I 和感应电压叠加，非常高，很容易损坏开关功率管。为此，必须增加**钳位保护电路**，对尖峰电压进行钳位与吸收。通常将 RCD 吸收电路加在开关变压器一次侧绕组的两端，如图 3-9 所示。

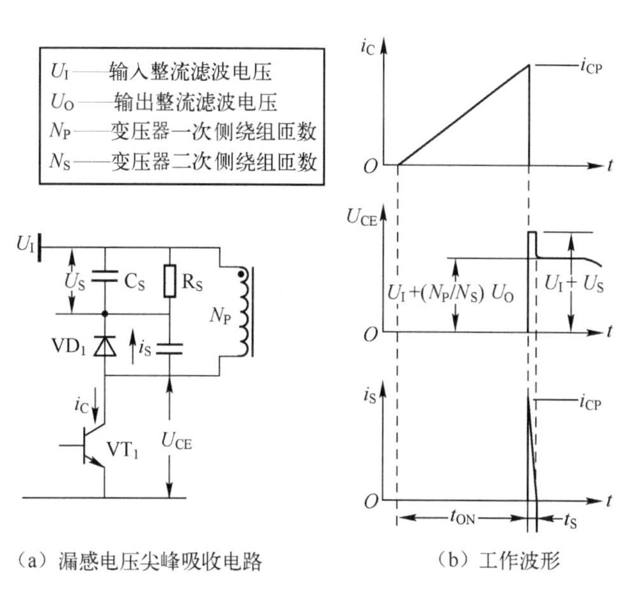

（a）漏感电压尖峰吸收电路　　（b）工作波形

图 3-9　漏感电压尖峰吸收电路及工作波形

在二极管 VD_1导通期间，开关功率管 VT_1集电极与发射极之间的电压 U_{CE}是输入电压 U_I与电容 C_S 充电电压 U_S 之和。在二极管 VD_1导通瞬间，流经二极管 VD_1的电流 i_S 峰值很大，等于 VT_1关断时开关变压器绕组 N_P的峰值电流 i_{CP}，但平均值小。由工作波形可知，二极管 VD_1的电流斜率很陡（di/dt 较大），故需要选用噪声特性良好的高压、高速二极管，如快恢复二极管、超快恢复二极管（不能用肖特基二极管，因其反向耐压较低）。此外，与其并联的小电容可以改善二极管 VD_1的噪声特性。

4. 输出整流滤波电路

输出整流滤波电路是由整流二极管、电解电容和电感组成的，如图 3-10 所示。流经整流二极管的电流 i_D 与开关功率管集电极电流 i_C 变化趋势相反，输出电流有效值为平均电流的 1.4～1.6 倍。整流二极管的反向电压为输出电压的 2～3 倍。

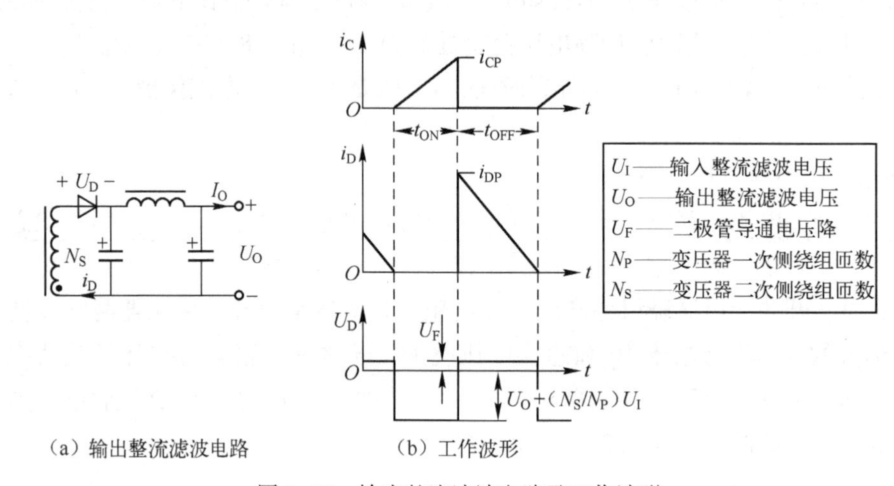

（a）输出整流滤波电路　　（b）工作波形

图 3-10　输出整流滤波电路及工作波形

5. 稳压检测电路

稳压检测电路是由光电耦合器、精密基准电源 TL431 和几个阻容元器件组成的。稳压电路的作用：将输出电压的变化转化为光电耦合器中二极管发光量的变化，改变光敏晶体管的等效电阻，影响脉宽调制管 VT_2的启控电压，控制 VT_2的占空比，输出稳定的电压。在许多情况下，光电耦合器中的二极管会并联一个电阻（1kΩ 以下），如图 3-4 所示虚线框内，增大工作电流，使 TL431 工作在线性区，保持输出电压的稳定性。

3.2 自激式开关电源的应用

自激式开关电源经济实用，应用广泛。下面介绍自激式开关电源在常见电子产品中的应用。

特别说明：笔者选用 TDS2024B 数字存储示波器（见图 3-11）测试开关电源关键节点的工作波形，由于 TDS2024B 数字存储示波器满屏幕最大显示电压为 400V（8div×50V/

div)，工作时，开关功率管漏极脉冲电压可达六七百伏以上，为了在屏幕上截取完整波形，特选用变比为 2∶1 的隔离变压器把市电降到 110V。必须指出的是，即使屏幕能完整显示开关功率管漏极脉冲波形，也需要开关变压器将被测设备与示波器隔开。**本书展示的测试波形图，除非特别说明，均指在 AC110V 条件下测得**。

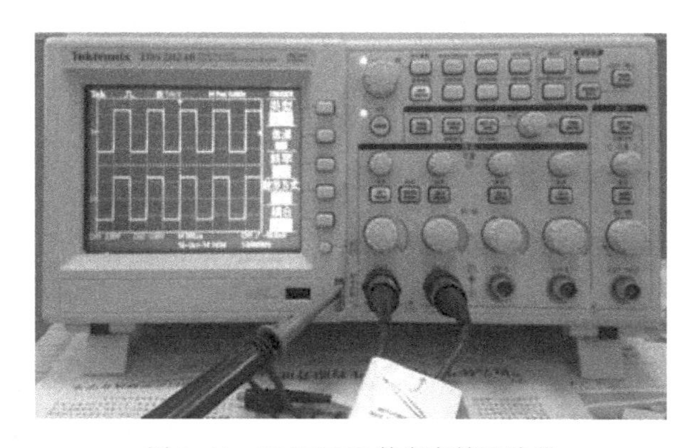

图 3-11　TDS2024B 数字存储示波器

阅读资料

在工程实践中，刚刚接触开关电源的新手往往会犯一个共同的致命错误：用测试普通电路的方法测试开关电源！

图 3-12（a）为用示波器直接测试开关电源高压侧的原理简图。由于示波器保护地（G）与探头地（信号地）在仪器内部直接相连（同时也接外壳），因此当探头地（信号地）连接到开关电源的“热地”时，一旦接通电源，开关电源的保险管就会立即被烧毁。这是因为相线（L）经保险管 F_1、整流桥堆 DB_1 和探头地（信号地）连接到保护地上，而保护地和零线（N）通过大地是连在一起的，即电网的相线（L）与零线（N）经过保险管 F_1、整流桥堆 DB_1 中的二极管构成回路，故一定会烧毁保险管（相线和零线对调一样会出现该故障）。

如图 3-12（b）所示，市电经变比为 1∶1 的**隔离变压器**输出交流电，二次侧绕组两端没有相线（L）与零线（N）之分，只有电压的相对高、低。当探头地连接到开关电源的“热地”时，二次侧绕组两端均通过整流桥堆 DB_1 中的二极管、探头地连接到保护地，隔离变压器的一、二次侧绕组均不会被短路，开关电源可以安全工作。

当然，如果工作现场没有隔离变压器，则可以考虑把示波器中间的保护地（G）与插座的接地线断开。当示波器探头地（信号地）连接到开关电源的“热地”时，示波器外壳与市电只隔了整流桥堆 DB_1 中的一个二极管，对人体是非常危险的。另外，由于示波器保护地（G）断开，其内部开关电源产生的共模干扰无泄放通路，因此可能会影响示波器的稳定性和测量精度。

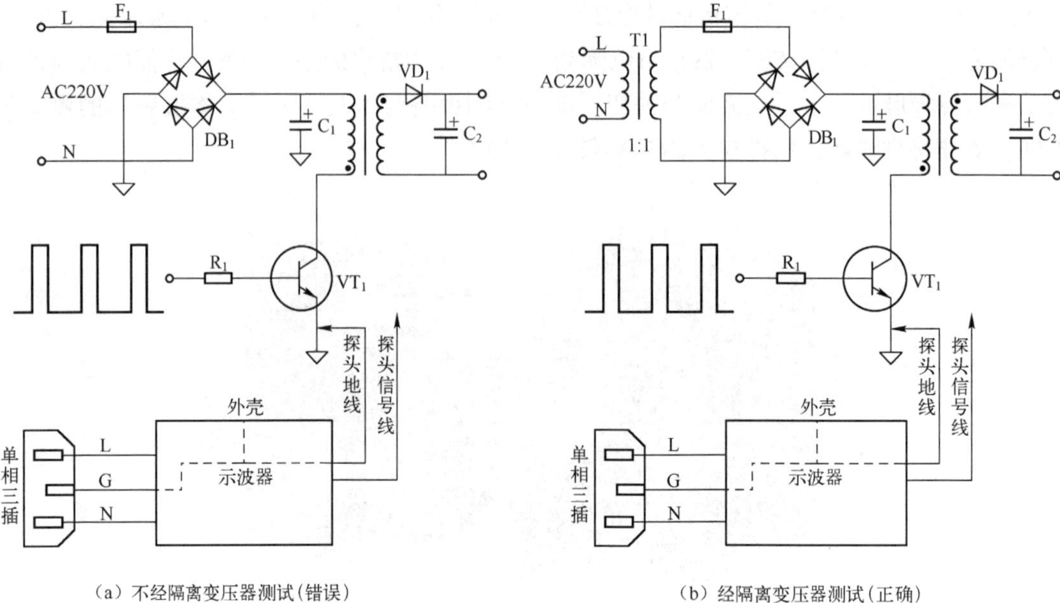

（a）不经隔离变压器测试（错误）

（b）经隔离变压器测试（正确）

图 3-12　用示波器测试开关电源高压侧的原理简图

3.2.1　诺基亚 USB 手机充电器 AC-8C

图 3-13 为诺基亚 USB 手机充电器 AC-8C。产品规格：输入 AC100～240V，50Hz/60Hz，0.15A；输出 DC5V@600mA（MAX）。

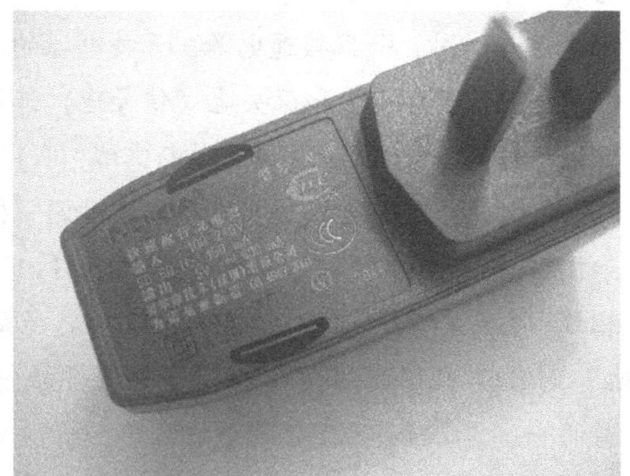

图 3-13　诺基亚 USB 手机充电器 AC-8C

图 3-14 为诺基亚 USB 手机充电器 AC-8C 电路原理图。

由于充电器的输出功率较小、体积小，所以没有设置共模干扰抑制电路。市电经电阻 R_1 输入，VD_5～VD_8桥式整流，C_1、L_1 与 C_2 组成 π 形滤波电路滤波后，由变压器 M_1一次侧绕组加到 VT_2（13003G）的集电极。L_2 是磁阻，用于抑制差模干扰。R_4、C_4 与 VD_1构成 RCD 吸收电路，因 VD_1串联电阻 R_7 的阻值偏大（合理阻值在几十欧至一百欧），故吸收尖峰效果不太理想。

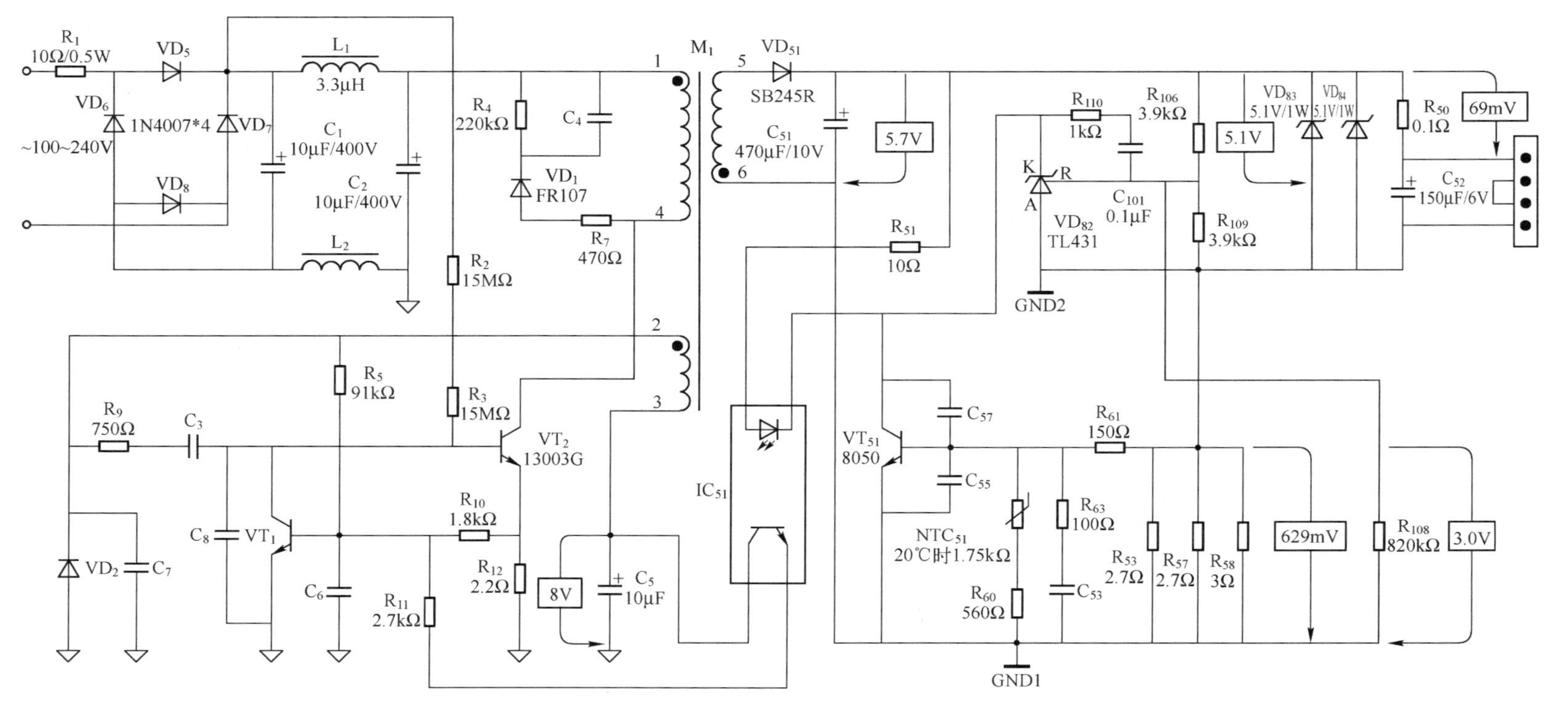

图 3-14 诺基亚USB手机充电器AC-8C电路原理图（图中标注电压值是在给充电宝充电时测得的）

1. 工作原理

初始上电时，电阻 R_2 和 R_3 给 VT_2（13003G，TO-92 封装）提供启动电流，VT_2 导通时，集电极电流 i_C 由零开始上升。变压器同名端（黑点）感应电压相对于异名端均为正极性，因此辅助绕组（2-3）感应电压经阻容振荡电路（R_9、C_3）加到 VT_2 的基极，加速其导通饱和，二次侧二极管 VD_{51} 截止。VT_2 截止时，变压器所有绕组极性反转，辅助绕组形成使 VT_2 基极电流减小的正反馈，加速其截止，C_3 放电，准备进入下一个振荡周期，二次侧的二极管 VD_{51} 导通，变压器二次侧绕组释放能量给负载。

光耦（IC_{51}）晶体管的电源由辅助绕组经 VD_2、C_5 整流滤波供给。当光耦二极管发光增强时，光耦晶体管等效电阻减小，与 R_{11} 串联加到脉宽调制管 VT_1 的基极，分流开关管 VT_2 的基极电流，促使其提前导通，占空比减小，输出电压降低；反之亦反。

二次侧绕组输出电压经二极管 VD_{51}、C_{51} 整流滤波：一路经 R_{51} 给光耦（IC_{51}）二极管供电；另一路由 R_{106} 与 R_{109} 取样控制 VD_{82}（TL431）；第三路经稳压二极管 VD_{83}、VD_{84} 和并联电阻 $R_{53}//R_{57}//R_{58}$ 返回；第四路经 R_{50}（C_{52} 滤波）输出供给 USB 接口。充电电流的路径：二极管 VD_{51}→R_{50}→USB 接口→$R_{53}//R_{57}//R_{58}$（为简便设起见设为 R_S，等效电阻约为 0.93Ω）→返回二次侧绕组。

2. 稳压输出

刚充电时，电流最大，并联电阻 R_S 上的压降最大，经电阻 R_{61} 使 VT_{51} 导通。此时，光耦二极管主要受 VT_{51} 控制，**整流输出电压（电容 C_{51} 两端电压）最高**，等于稳压二极管 VD_{83}、VD_{84} 两端的电压（大约为 5V）与 R_S 的压降之和，由于 R_{50} 的压降为 69mV，因此充电电流可达 690mA（$69\text{mV}/R_{50}=69\text{mV}/0.1\Omega$）。

充电后期，电流减小，并联电阻 R_S 上的压降减小，不足以使 VT_{51} 导通。此时，光耦二极管主要受 VD_{82} 控制，**整流输出电压降低且随充电电流而变化**，仍然等于稳压二极管 VD_{83}、VD_{84} 两端的电压与 R_S 的压降之和。

当负载电流在 R_S 上的压降不足以使 VT_{51} 导通时，稳压二极管 VD_{83}、VD_{84} 两端的电压由 VD_{82}（TL431）决定。根据 TL431 的工作原理，该电压为

$$U_{VD_{83}或VD_{84}}=2.5\times\left(1+\frac{R_{106}}{R_{109}}\right)=5\text{V}$$

由于手机电池及充电宝都不是恒压负载，因此当电压很低时（基本用完时为 3.7V）充电电流大，电压很高时（充满时为 4.2V）充电电流小。在稳压输出电路中串联一个阻值很小的电阻 R_{50}：大电流时压降大，电池内部充电管理电路模块两端的电压低，有利于减小充电管理电路模块 MOSFET 的功耗；电池电压升高后小电流充电，R_{50} 压降小，有利于对电池充电。

3. 温度补偿

由前述原理分析可知，VT_{51} 在大电流充电时导通，开关变压器、开关功率管 VT_2 和整流二极管 VD_{51} 发热量较多，若环境温度也高，则热量不易散失，充电器密封塑料壳中的

元器件都要受到温度的影响。其中，影响最严重的是处于放大状态的 VT_{51}。

VT_{51}发射结具有负温度特性，温度升高，发射结温度特性曲线左移，如图 3-15 所示。相同的基极 I_B，环境温度 55℃时的发射结压降 U_{BE1}小于 25℃时的发射结压降 U_{BE2}，于是就会出现这样的工作情形：大电流充电时，并联电阻 R_S 的压降较高，充电一段时间以后，充电器内部温度升高，VT_{51}发射结压降减小，假设 R_{61}压降不变，则 R_S 压降减小，负载电流因温度升高而减小。

在 VT_{51}发射结并联负温度系数的电阻可以弥补这种缺陷，NTC_{51}就是为此而设置的。常温 20℃时，NTC_{51}的阻值约为 1.75kΩ，与电阻 R_{60}串联，构成 VT_{51}基极电流的分流支路。当温度升高时，VT_{51}发射结压降减小，NTC_{51}的阻值也减小，分流更多的电流，流过 R_{61}产生的压降增大，迫使 R_S 的压降保持基本不变，充电电流不因温升而减小。

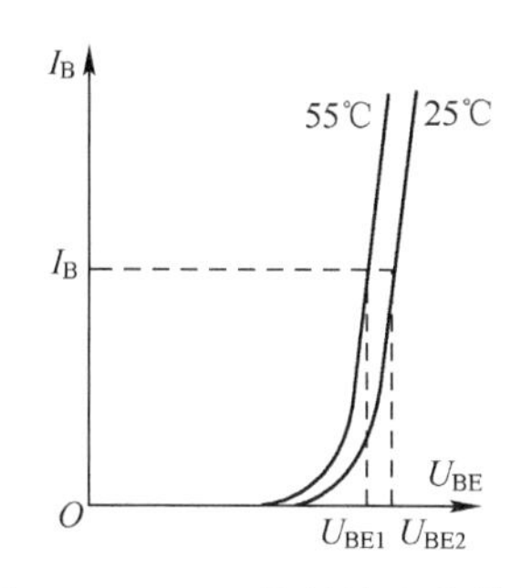

图 3-15　VT_{51}发射结温度特性

笔者做了两个实验。第一个实验是用电烙铁烫 VT_{51}，充电电流会减小，这是因为 VT_{51}发射结的负温度特性，其 U_{BE}随温度的升高而减小，并联电阻 R_S 的压降随之降低，导致充电电流减小。第二个实验是用电烙铁烫 NTC_{51}，充电电流会增大，这是因为 VT_{51}发射结压降 U_{BE}不变，温度升高导致 NTC_{51}的阻值减小，所在支路分流增大，R_{61}的压降增大，并联电阻 R_S 的压降升高，导致充电电流增大。若 VT_{51}、NTC_{51}温度同升同降，则负温度特性作用正好能相互抵消，充电电流可以不随温度的变化而变化。

笔者把 USB 接口短路，并联电阻 R_S 的压降为 956mV，R_{50}的压降为 107mV，折合电流约为 1A，但因为输出电压只有大约 1V（956mV+107mV），故总的输出功率并不大，这种恶劣的状况尽量不要持久，否则，整流二极管 VD_{51}可能因长时间发热而损坏。

4. 波形测试

（1）开关功率管 VT_2基极和集电极电压波形

用数字存储示波器测量开关功率管 VT_2基极和集电极电压波形如图 3-16 所示。

由图 3-16 可知，自激式开关电源满载时的工作频率较低，轻载时的工作频率较高。也就是说，工作频率和导通时间都改变，属于混合调制型开关电源。

（2）开关功率管 VT_2基极和发射极电压波形

在负载情况下，用数字存储示波器测量开关功率管 VT_2基极和发射极电压波形如图 3-17 所示。

开关功率管 VT_2发射极电压是 i_E 在 R_{12}上的压降，在负载情况下的电压峰值约为 400mV，发射极电流峰值约为 182mA（$U_{R12}/R_{12}=400mV/2.2\Omega$）。

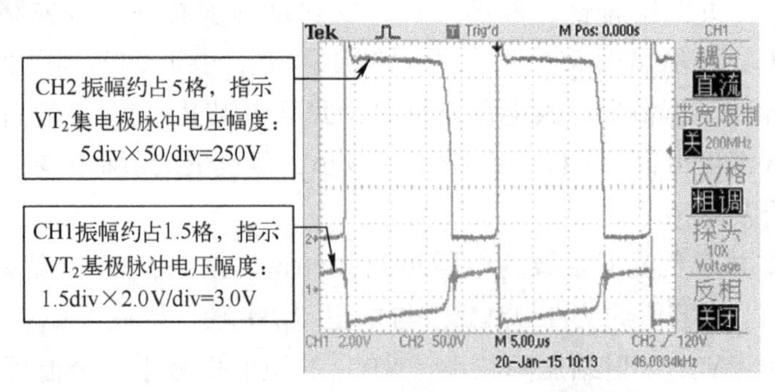

（a）满载时，工作频率为46.083kHz

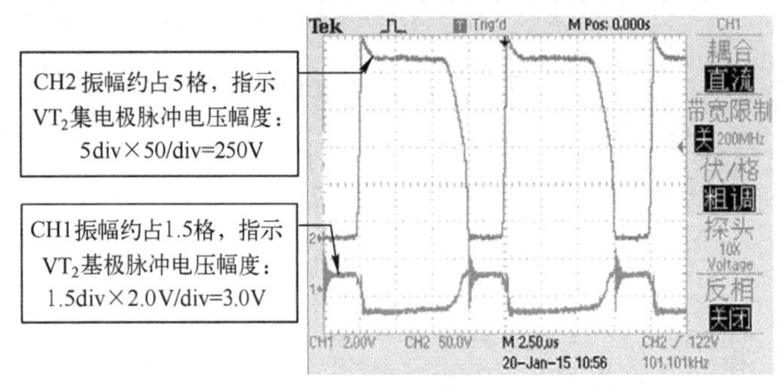

（b）轻载时，工作频率为101.101kHz

图 3-16　开关功率管 VT_2 基极（CH1）和集电极（CH2）电压波形

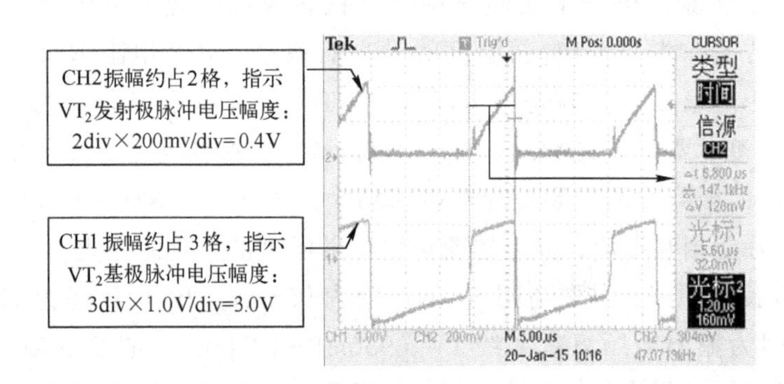

图 3-17　开关功率管 VT_2 基极（CH1）和发射极（CH2）电压波形

根据如图 3-17 所示波形还可以计算开关电源的占空比：启用数字存储示波器的“CURSOR”复合按钮功能，测量开关功率管 VT_2 的导通时间 t_{ON} 约为 6.8μs，工作频率约为 47.1kHz，折合周期 T 约为 21.2μs，占空比为

$$D=\frac{t_{ON}}{T}=\frac{6.8}{21.2}\approx 32.1\%$$

（3）辅助绕组同名端（黑点）和开关功率管 VT_2 基极电压波形

辅助绕组同名端和开关功率管 VT_2 基极电压波形如图 3-18 所示。前者电压幅度约为 20V。后者电压幅度约为 3V。当 VT_2 导通时，辅助绕组电压“上正下负”，同名端电压峰值接

近 20V，是辅助绕组感应电压与电容 C_5 两端电压的叠加；当 VT_2 截止时，辅助绕组电压"上负下正"，由于 VD_2 的**钳位作用**，同名端电压为-0.6V。可见，虽然辅助绕组的脉冲电压幅度较大，但经阻容电路（R_9 和 C_3）限制之后，加到 VT_2 基极的电压幅度较小。

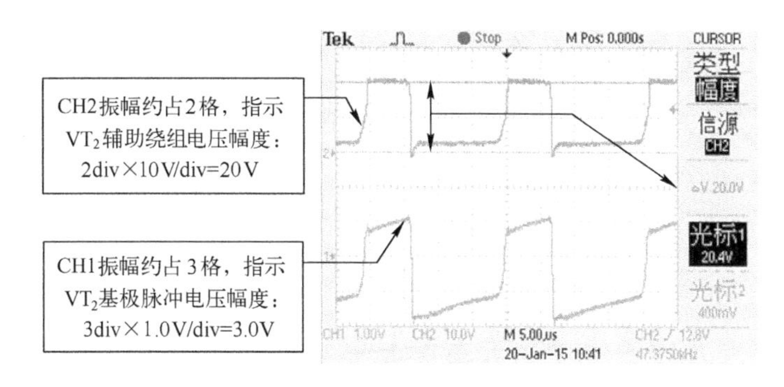

图 3-18　辅助绕组同名端（CH2）和开关功率管 VT_2 基极（CH1）电压波形

由于启动电阻 R_2、R_3 的阻值较大，在实际测试 VT_2 集电极电压波形时，发现每次启动到正常工作的渡越时间均为 1～2s。实际上，启动电阻用一个 1.5MΩ 的电阻即可。

阅读资料

iPhone 手机内置电池是如何计算电池容量和循环次数的？

iPhone 手机内置电池电量检测方法如图 3-19 所示。

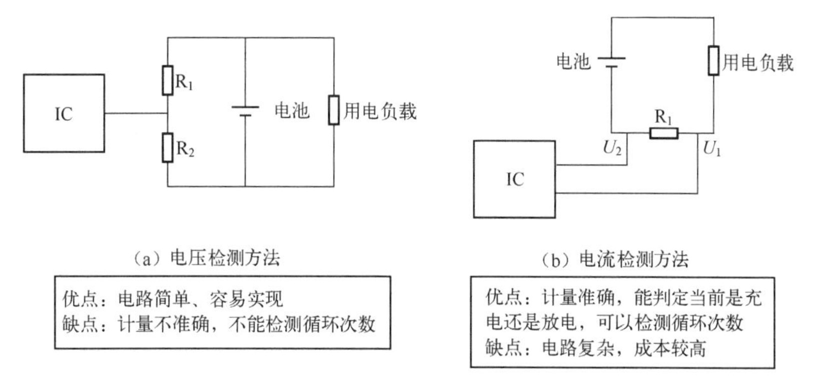

图 3-19　iPhone 手机内置电池电量检测方法

电压检测方法比较简单，直接检测分压电阻上的电压后，即可统计出分压电阻上的电压与电池对应的容量。优点是电路实现起来非常简单，且成本很低；缺点是计量不准确，不能得出循环次数。市场上的移动电源多数都采用这种方法。

电压检测计量不准确的原因如图 3-20 所示：图（a）表明，电池自身有内阻，导致在负载（Under Load）和空载（No Load）时电压有差异，即电池输出电流的大小会影响电池的电压，从而导致容量偏离原先设定的值；图（b）表明，随着电池循环充放电次数的增加，电池容量会相应减少。

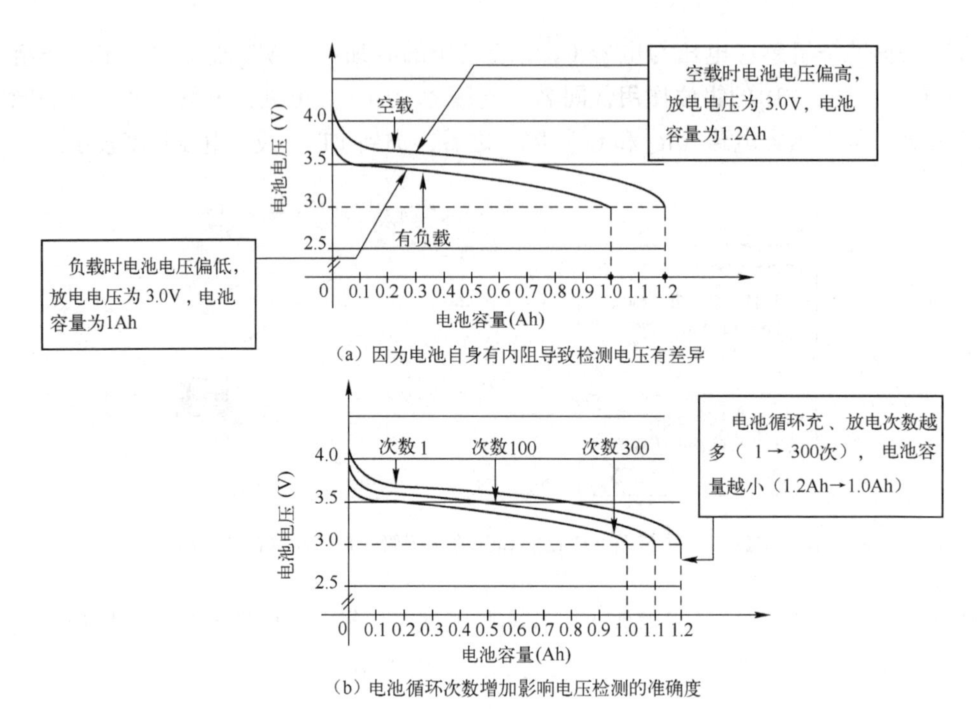

图 3-20　电压检测计量不准确的原因

电流检测方法因为是检测电流参数，与电压检测方法中的变化因数无关，因此精确度会高很多。电流检测方法的计算公式为

$$电池容量=电流\times时间=\frac{U_1-U_2}{R_1}\times T$$

式中，U_1、U_2 是电阻 R_1 两端分别相对于参考地的电压。

图 3-21 为 iPhone4 电池管理集成电路 BQ27541 应用原理示意图。图 3-22 为 iPhone4 电池管理电路板实物图。

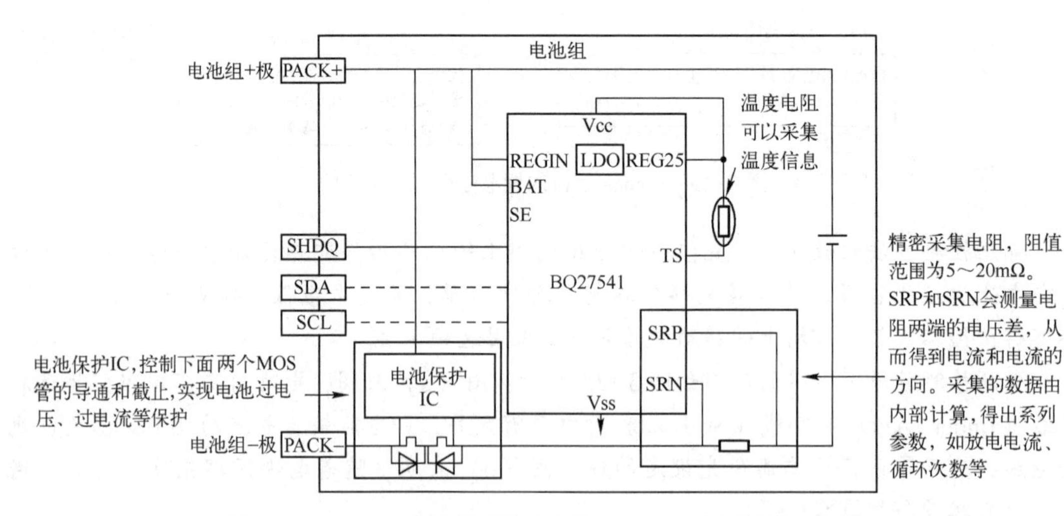

图 3-21　iPhone4 电池管理集成电路 BQ27541 应用原理示意图

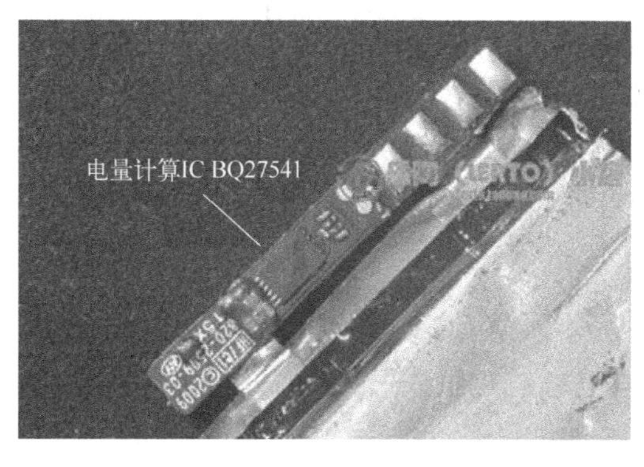

（a）正面

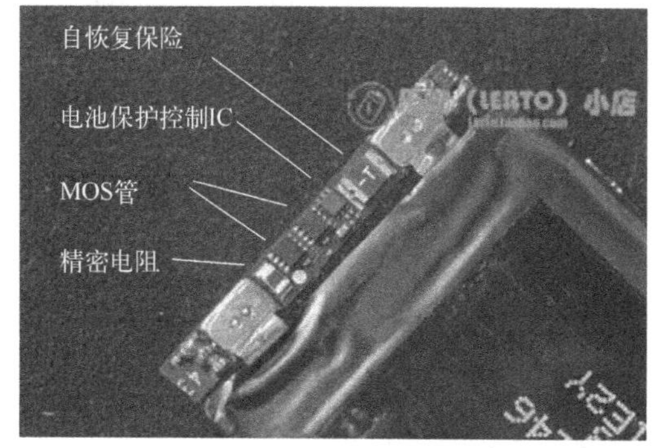

（b）反面

图 3-22　iPhone4 电池管理电路板实物图

3.2.2　惠普 HP1018 打印机开关电源

图 3-23 为惠普 HP1018 打印机开关电源电路原理图，主要由电源输入及转换电路、定影系统供电及控制电路、主电源电路等构成。

1. 电源输入及转换电路

电源输入及转换电路可将电网工频交流电压转换为平滑的直流电压，并抑制和滤除高频双向干扰。

2. 定影系统供电及控制电路

通电后，打印机 CPU 由接插件 J_{201}的 19、21 脚送入高电平，因 J_{201}的 7 脚为+5V（来自主控板），VT_{102}与 VT_{103}均导通。其中，VT_{102}导通，经光耦 SSR_{101}（3SF21）给双向可控硅 VT_{101}（BCR5KM）提供触发信号使其导通；VT_{103}导通，继电器 RL_{101}触点吸合，通过接插件 J_{102}为陶瓷片供电。当陶瓷片的温度达到 185℃左右时，接插件 J_{201}的 19 脚变为低电平，VT_{102}截止，VT_{101}关断，陶瓷片停止加热，与此同时，微处理器发出指令使“准备好”灯点亮。

该机具有节能功能。如果在设定时间内打印机仍未工作，则接插件 J_{201}的 21 脚变为低电平，VT_{103}截止，继电器 RL_{101}触点释放，进入待机状态。二极管 VD_{105}反并联在继电器 RL_{101}供电线圈两端，在 VT_{103}截止时吸收线圈瞬间感应电压，对 VT_{103}起保护作用。

双向可控硅 VT_{101}主回路两端并联的 SQ_{101}是一个阻容串联复合体，电阻为 120Ω，电容为 0.1μF/AC275V。在双向可控硅关断瞬间，阻容串联复合体吸收感性负载的瞬变高压（也可以理解为“剩余能量”）保护双向可控硅。这种阻容串联复合体吸收电路在交流市电的可控硅供电系统中已经成为必选。

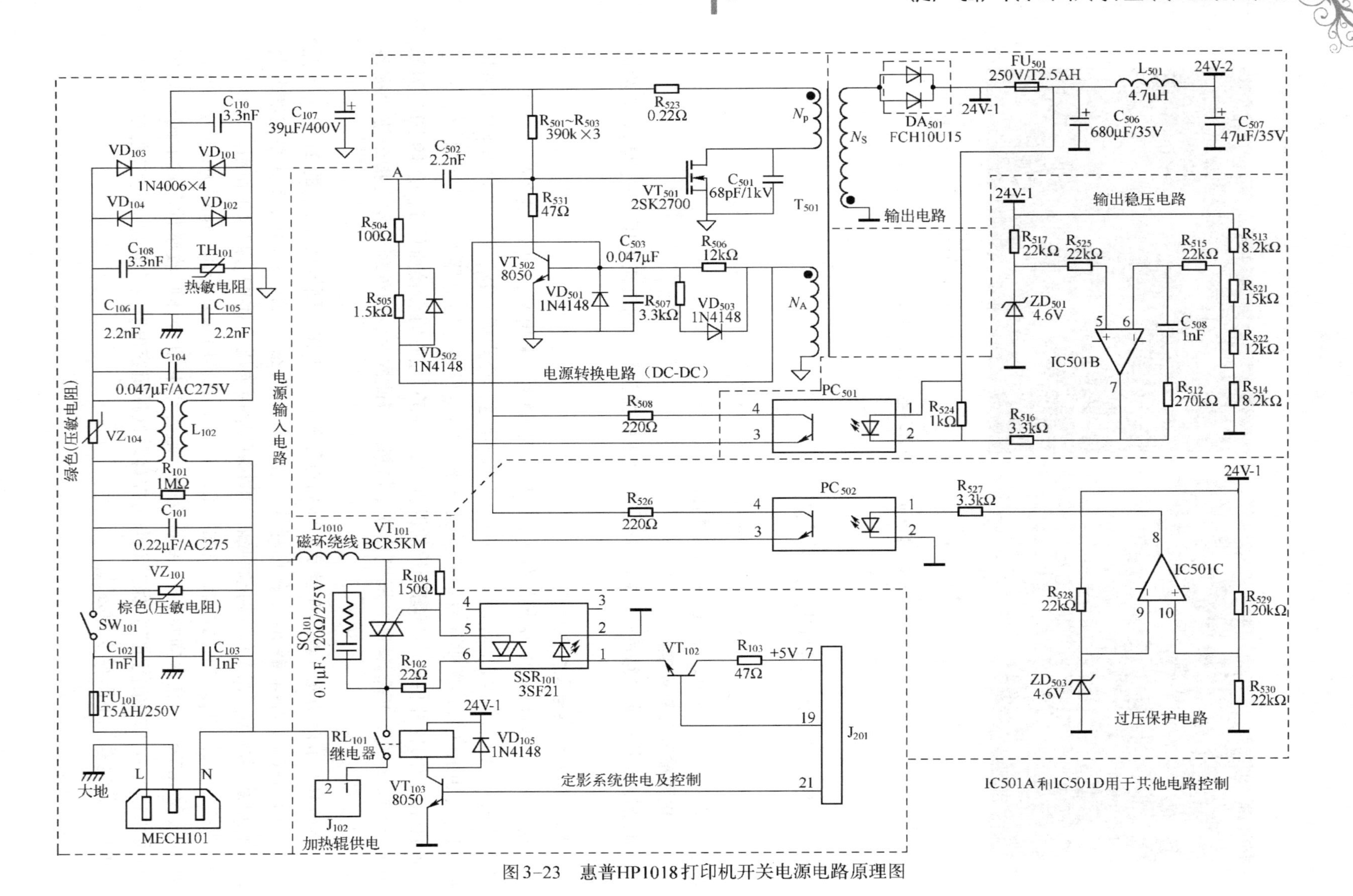

图3-23　惠普HP1018打印机开关电源电路原理图

3. 主电源电路

主电源电路由开关功率管 VT_{501}（2SK2700 为 MOSFET）和开关变压器 T_{501} 为核心构成。

（1）开关功率管 VT_{501} 的开关过程

输入整流滤波电压约为 300V：一路经电阻 R_{523}（0.22Ω）、T_{501} 主绕组 N_P 加到 VT_{501} 漏极（D）；另一路经 R_{501}～R_{503} 为 VT_{501} 提供启动电压。辅助绕组 N_A 经阻容元器件与 VT_{501} 组成振荡电路。高压电容 C_{501}（680pF/1kV）并联在 VT_{501} 的漏—源极之间，用于抑制 VT_{501} 关断瞬间 N_P 产生的浪涌电压。

VT_{501} 导通时，N_A 同名端（**黑点**）为正极性电压：一方面经 R_{504}、R_{505} 和 C_{502} 送到 VT_{501} 栅极加速其导通；另一方面经 R_{506} 给 C_{503} 充电，C_{503} 两端电压约为 0.6V 时，VT_{502} 开始导通，并联在 VT_{502} 发射结的电容 C_{503} **两端正电压被钳位**。由于 C_{503} 充电时间常数较大，故在 VT_{501} 导通一段时间后，VT_{502} 才导通，降低 VT_{501} 栅极与源极之间的电压，VT_{501} 漏极电流减小，T_{501} 所有绕组电压极性反转。N_A 同名端负极性的电压一路经 R_{504}、VD_{502} 和 C_{502}（VD_{502} 旁路 R_{505}）加到 VT_{501} 栅极加速其截止；另一路经 R_{507} 和 VD_{503} 给 C_{503} 放电（R_{506} 阻值较大，被 R_{507} 和 VD_{503} 旁路），促使 VT_{502} 截止。继续放电，约为-0.6V 时，VD_{501} 开始导通，此时电容 C_{503} **两端负电压被 VD_{501} 钳位**。

图 3-24 为负载时，以 A 点为参考零电位时测得的 VT_{501} 栅极（G）电压波形。由图可知，栅极电位（G）始终高于 A 点电位，振幅约为 1.6V。

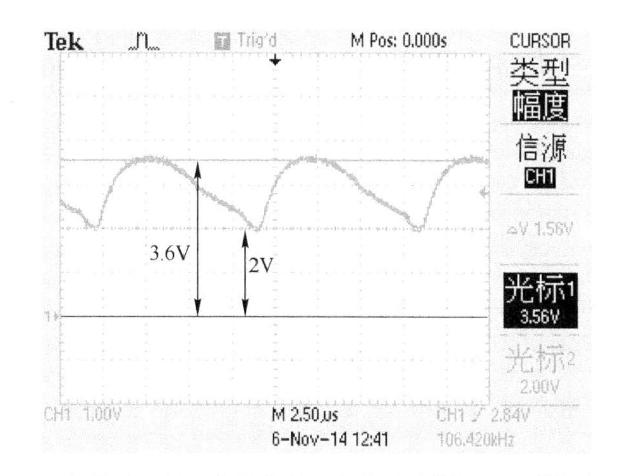

图 3-24　负载时，以 A 点为参考零电位时测得的 VT_{501} 栅极电压波形

由上述分析可知，电容 C_{502} 充、放电的回路不同，VT_{502} 发射结并联电容 C_{503} 充、放电的回路也不同，均是充电时间常数大、充电慢，放电时间常数小、放电快。C_{502} 的充电时间决定 VT_{501} 导通的最大脉冲宽度，在此脉宽之内受控于脉宽调制管 VT_{502}，其充电慢、放电快有利于 VT_{501} 快速截止。C_{503} 充电慢是为了满足 VT_{501} 具有最大导通脉冲宽度，放电快可便于进入下一个控制周期。

（2）稳压控制

整流管 DA_{501}是共阴极（肖特基）二极管，FU_{501}是延时型可恢复保险丝（防止输出短路）。整流后的脉动电压经由 C_{506}、L_{501}和 C_{507}组成的 π 形滤波器变成纹波很小的直流电压。

稳压电路受光耦 PC_{501}和集成运放 IC501B 控制。R_{517}与 ZD_{501}产生 4.6V 基准电压，经 R_{525}加到 IC501B 同相端（5 脚），输出电压经 R_{513}、R_{521}、R_{522}①和 R_{514}串联产生采样电压，经 R_{515}加到 IC501B 反相端（6 脚）。由于某种原因导致输出电压升高，则 IC501B 反相端（6 脚）电压升高，输出端（7 脚）电压随之降低，光耦 PC_{501}光电二极管发光增强（导通电压约为 1V），光电晶体管的等效电阻减小。此时，VT_{501}栅极正脉冲电压经 R_{508}、PC_{501}对 C_{503}充电速度加快，VT_{502}提前导通，VT_{501}提前截止，占空比变小，输出电压随之下降，从而实现稳压控制。当由于某种原因导致输出电压升高时，相关节点电压的变化趋势如图 3-25 所示中的①～⑥，即输出电压意外上升后，经一系列反馈，导致占空比减小，从而保持输出电压稳定。

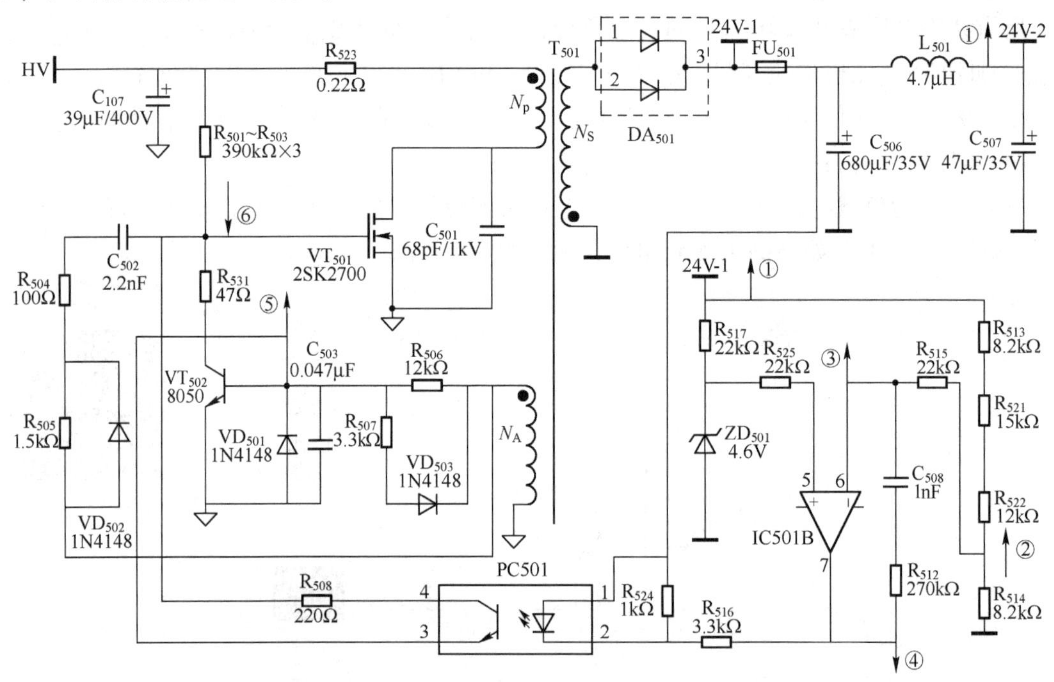

图 3-25　输出电压升高，相关节点电压的变化趋势

由上述工作原理分析，输出电压 U_0 为

$$U_0 = 4.6\times\left(1+\frac{R_{513}+R_{521}+R_{522}}{R_{514}}\right)$$

式中，4.6V 为稳压二极管 ZD_{501}的参数。将图中有关参数代入后可得

---

① 惠普 HP1018 打印机开关电源用预留跳线的方式设计成几种电阻短路或开路的组合（这几个电阻就是因此而设计的），通过误差放大器与基准电压比较，控制输出多种电压类型，以适应不同电压的打印机使用。

$$U_O=4.6\times\left(1+\frac{8.2+15+12}{8.2}\right)\approx 24.3\ (\mathrm{V})$$

电路中，R_{512}与C_{508}串联后，并联在IC501B反相输入端与输出端之间用作频率补偿。

（3）过压保护

过压保护电路主要由IC501C和光电耦合器PC_{502}组成。R_{528}与ZD_{503}组成二极管稳压电路加到IC501C反相端（9脚），电压为4.6V；输出电压经R_{529}和R_{530}采样加到IC501C同相端(10脚)。

当IC501B或光耦PC_{501}出现异常，引起开关电源输出电压接近30V[$4.6\times(1+R_{529}/R_{530})$]时，IC501C的同相端（10脚）接近4.6V，IC501C（8脚）输出高电平（实测为7.5V），经R_{527}加到光耦PC_{502}的1脚，PC_{502}接替PC_{501}控制VT_{502}，进而影响VT_{501}，稳定30V电压不再上升。

VT_{502}的最大脉宽受制于C_{503}的充电时间，影响因素有正反馈绕组N_a、光耦PC_{501}和PC_{502}。C_{503}并联在VT_{502}的发射结，故C_{503}的慢充、快放模式决定着VT_{502}的工作方式。**需要指出的是，当VT_{502}异常时，会产生VT_{501}击穿或输出电压高的严重故障。**

4. 工作波形测试

（1）VT_{501}栅极和漏极的电压波形

负载时，VT_{501}漏极（CH1）和栅极（CH2）电压波形如图3-26所示。

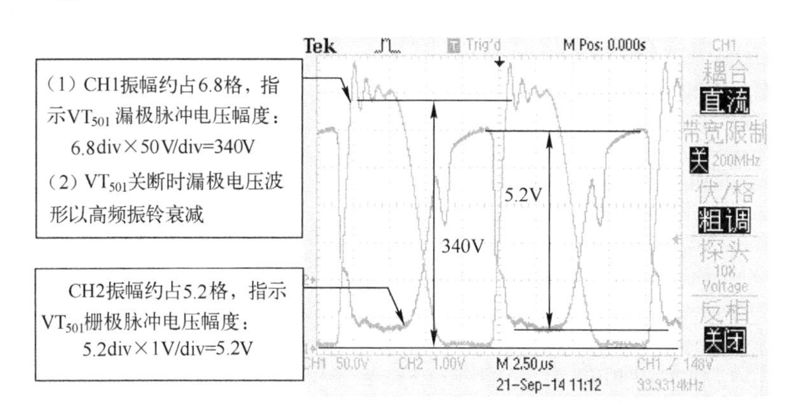

图3-26　VT_{501}漏极（CH1）和栅极（CH2）电压波形

VT_{501}截止时，漏极电压（不计截止瞬间的尖峰脉冲）约为340V，是输入直流电压（约为165V）与T_{501}一次侧绕组自感电动势（约为175V）的叠加。由于电路中没有设计RCD吸收电路，故在VT_{501}截止瞬间，因T_{501}漏感造成的尖峰电压很高。笔者曾尝试增加一个RCD吸收电路，R为82kΩ/2W、C为4700pF/1kV、VD为FR107，可将漏感尖峰电压降低50V以上。

（2）一、二次侧绕组同名端（无黑点）电压波形

由于变压器一、二次侧绕组之间没有电气联系，若测量一、二次侧绕组同名端电压波形，则需要把“热地”与“冷地”连接（测量之后断开），如图3-27所示。

由图3-27可知，**T_{501}一、二次侧绕组同名端（对地）的电压同相——这也恰恰是同名**

端原本意义所在！虽然二次侧绕组同名端的电压就是二次侧绕组两端的电压，但一次侧绕组同名端的电压却不是一次侧绕组两端的电压，因为后者是直流母线与一次侧绕组同名端的电压之和。读者可以自行分析出一、二次侧绕组两端的电压反相。这说明，**若从变压器结构和能量输出方式而言，自激式开关电源也是反激式开关电源。**

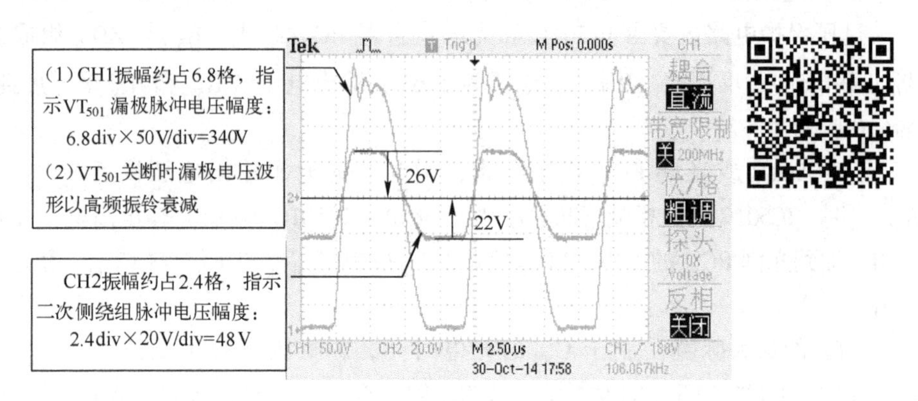

图 3-27　VT_{501}漏极（CH1）和 T_{501}二次侧绕组（CH2）电压波形

（3）辅助绕组同名端（黑点）和 VT_{501}栅极的电压波形

图 3-28 为辅助绕组同名端和 VT_{501}栅极的电压波形，二者同相。辅助绕组正负脉冲幅度相当，振幅约为 10V（±5V）。VT_{501}栅极脉冲是辅助绕组电压经充电与放电回路作用 VT_{501}栅极的结果，振幅约为 5.2V（1.2V+4V），正脉冲控制 VT_{501}是否导通（大于 VT_{501}栅—源极电压 U_{GS}才能导通）。

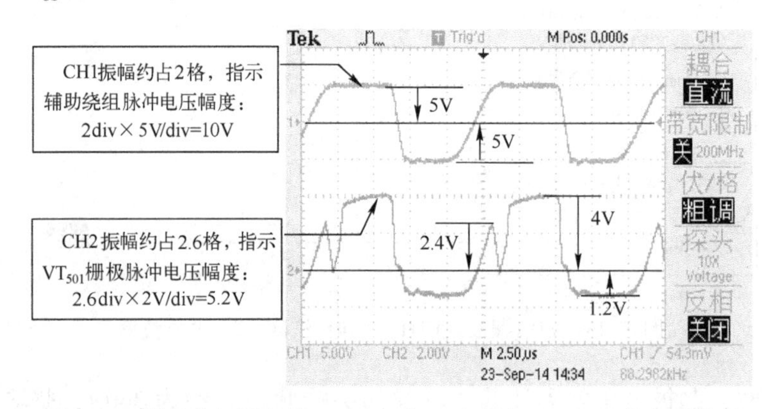

图 3-28　辅助绕组同名端（CH1）和 VT_{501}栅极（CH2）的电压波形

（4）VT_{502}基极和 VT_{501}栅极的电压波形

图 3-29 为 VT_{501}栅极和 VT_{502}基极的电压波形。由于 R_{531}阻值较小，可以认为 VT_{501}栅极电压波形就是 VT_{502}集电极电压波形（注：笔者把 R_{531}短路测试，波形与 R_{531}在路时基本一样）。

由图 3-29 可知，VT_{502}基极和 VT_{501}栅极的电压波形均为脉冲交流电压。VT_{502}基极正负电压脉冲幅度相当，VT_{501}栅极正脉冲电压幅度高于负脉冲。当 VT_{502}基极电压接近峰值时（约为 0.7V）导通，拉低 VT_{501}栅极电压，漏极电流减小，T_{501}所有绕组的电压极性反转，

加速 VT_{501} 的截止进程，故 VT_{502} 决定 VT_{501} 的导通时间。当 VT_{502} 基极电压从负值上升，VT_{501} 栅极电压同步上升到开启电压（约为 2.4V）时导通，T_{501} 所有绕组的电压极性回转，加速 VT_{501} 的导通进程。

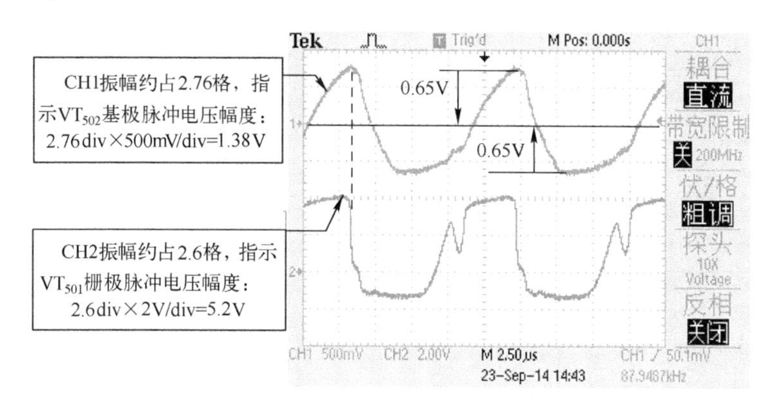

图 3-29　VT_{501} 栅极（CH2）和 VT_{502} 基极（CH1）的电压波形

综上所述，VT_{502} 的基极电压既受正反馈绕组的控制，又受 PC_{501} 控制，极端情况下也会受 PC_{502} 控制，故 VT_{502} 基极电压峰值是几种因素的共同结果。在正常工作时，PC_{501} 在控制 VT_{502} 导通与否时起着决定性作用。

5. 开关功率管 2SK2700

开关功率管 2SK2700 是 TO-220 封装的 N 沟道 MOS 型场效应管，基本参数及引脚封装如图 3-30 所示。

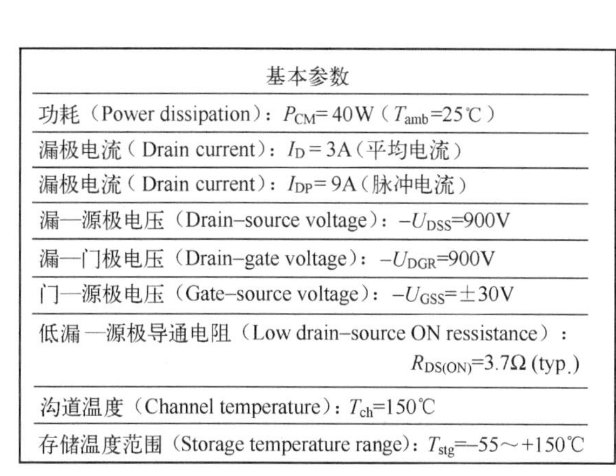

基本参数
功耗（Power dissipation）：P_{CM}= 40W（T_{amb}=25℃）
漏极电流（Drain current）：I_D = 3A（平均电流）
漏极电流（Drain current）：I_{DP}= 9A（脉冲电流）
漏—源极电压（Drain–source voltage）：$-U_{DSS}$=900V
漏—门极电压（Drain–gate voltage）：$-U_{DGR}$=900V
门—源极电压（Gate–source voltage）：$-U_{GSS}$=±30V
低漏—源极导通电阻（Low drain–source ON ressistance）：$R_{DS(ON)}$=3.7Ω (typ.)
沟道温度（Channel temperature）：T_{ch}=150℃
存储温度范围（Storage temperature range）：T_{stg}=−55～+150℃

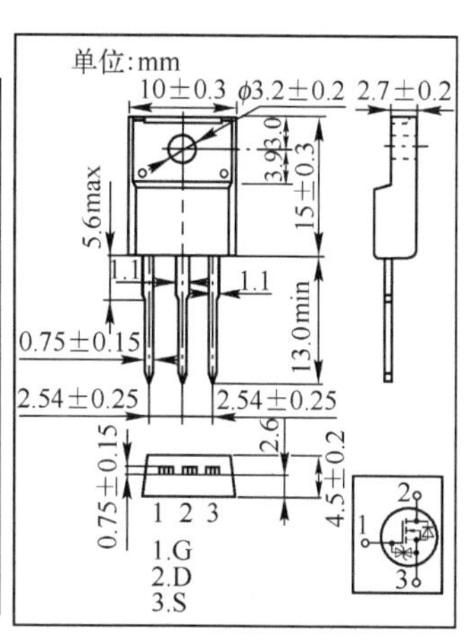

图 3-30　2SK2700 基本参数及引脚封装

3.2.3　兄弟牌 MFC7420 多功能一体机开关电源

兄弟牌 MFC7420 多功能一体机是集打印、复印、电话、传真和扫描五种功能为一体的办公设备，开关电源电路原理图如图 3-31 所示。该电路主要由电源输入及转换电路、定影系统供电及控制电路、主电源电路等构成。

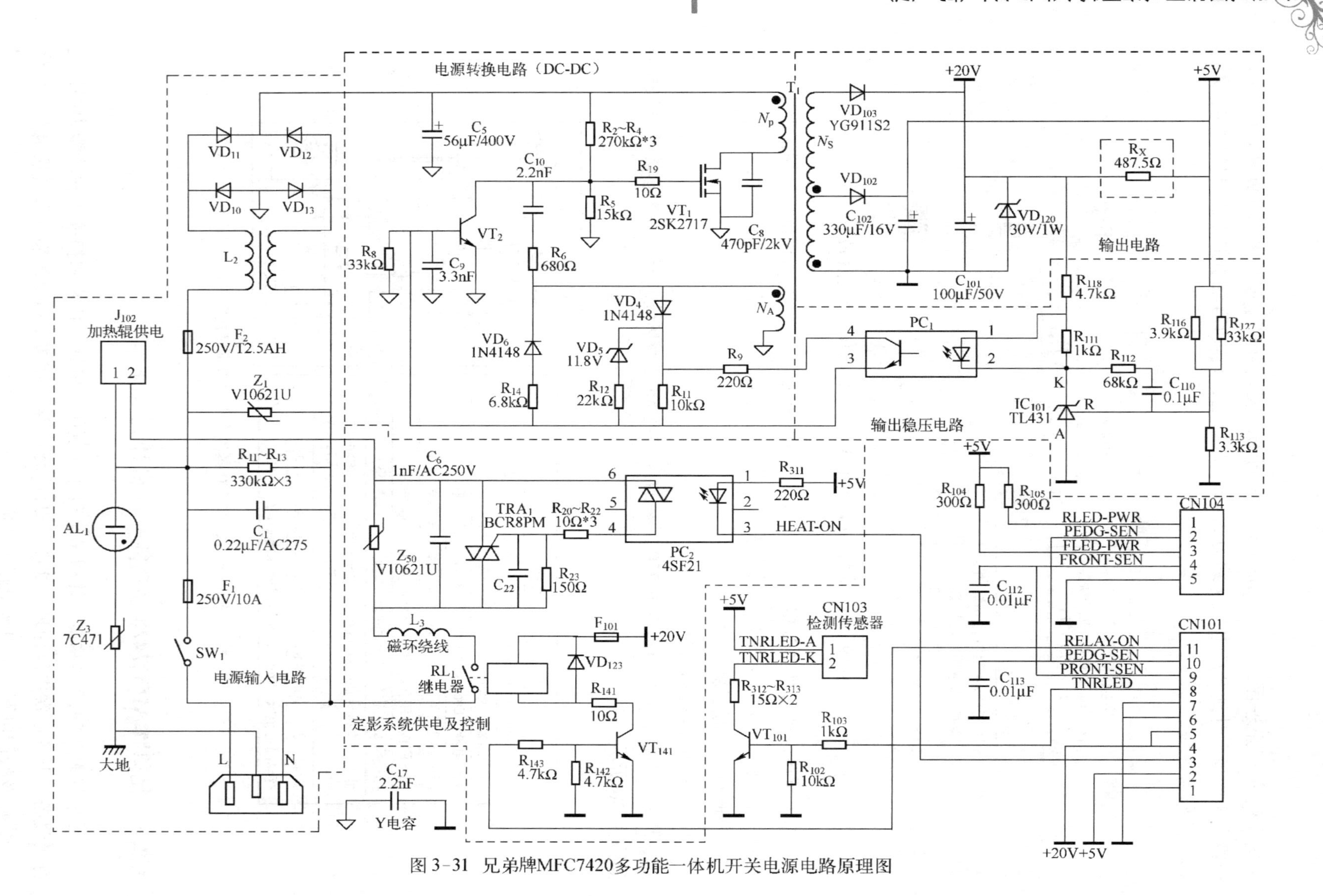

图 3-31 兄弟牌MFC7420多功能一体机开关电源电路原理图

1. 电源输入及转换电路

电源输入及转换电路可将市电 220V 经共模扼流圈 L_2、整流二极管 VD_{10}～VD_{13}整流和 C_5（56μF/400V）滤波得到 300V 的直流电压。F_2（250V/T2. 5AH）为延时保险管①。

2. 定影系统供电及控制电路

在定影系统供电及控制电路中，通电后，VT_{141}导通，继电器 RL_1触点吸合，CN101 的 3 脚（HEAT-ON）送入低电平，非线性光耦 PC_2（4SF21）的 4、6 脚相当于短路，串联电阻 R_{20}～R_{22}给双向可控硅 TRA_1（BCR8PM：BCR 是 Renasas 公司的型号，8 是 8A，PM 是 TO-220F 封装）送入触发信号而导通。此时，市电通过连接器 J_{102}为陶瓷片供电。如果在设定时间内设备未工作，则 CN101 的 11 脚变为低电平，VT_{141}截止，RL_1触点释放，设备进入待机状态。双向可控硅 TRA_1主回路两端并联的压敏电阻 Z_{50}和电容 C_6 起保护双向可控硅的作用。L_3 是在磁环上绕制而成的电感，用于抑制差模干扰。

3. 主电源电路

主电源电路是以开关功率管 VT_1（2SK2717 是 MOSFET）和开关变压器 T_1为核心构成的。

（1）输入电路

输入整流滤波电压约为 300V：一路经开关变压器 T_1主绕组 N_P加到 VT_1 漏极（D）；另一路由 R_2～R_4 与 R_{15}分压，经 R_{19}送到 VT_1 栅极（G），提供启动电压。由于 R_{15}的阻值远远小于 R_2～R_4 串联阻值，故 VT_1 栅—源极所加电压 U_{GS}在 MOSFET 安全工作范围之内。T_1辅助绕组与 VT_1 组成开关振荡电路。高压电容 C_8（470pF/2kV）并联在 VT_1 的漏—源极之间，用于抑制 VT_1 关断瞬间产生的浪涌电压。

（2）VT_1 开关过程

为了描述 VT_1 的开关过程，现把与其有关的电路抽离出来，如图 3-32 所示（T_1二次侧有整流滤波和稳压电路）。

当辅助绕组 N_A 为正极性电压时：一方面经 R_6、C_{10}加速 VT_1 导通；另一方面经 VD_4整流得到脉动直流电压，通过 R_{11}给 C_9 充电，当 C_9 电压接近 0. 6V 时，VT_2 导通，拉低 VT_1 栅极电压，控制 VT_1 的导通时间（R_8 是 C_9 充电电荷的自由泄放电阻）。光耦 PC_1光电晶体管可以视为受输出电压控制的可变电阻，与 R_9 串联后，构成对 C_9 充电的另一支路。光电晶体管等效电阻越小，C_9 充电速度越快，VT_2 导通越快，VT_1 截止越快，占空比减小；反之亦反。

当辅助绕组 N_A 为负极性电压时：一方面经 C_{10}、R_6 拉低 VT_1 栅极电压，加速 VT_1 截止；另一方面 C_9 的充电电荷经 VD_6、R_{14}快速释放，VT_2 快速截止，准备下一个控制周期（稳压二极管 VD_5与 R_{12}作用不明，笔者把 R_{12}开路，开关电源工作正常）。

（3）稳压控制

参考图 3-32，VD_{102}与 C_{102}、VD_{103}与 C_{101}整流滤波分别得到+5V 和+20V 两组电压。其

---

① 开关电源在通电瞬间的电流是正常工作电流的几倍，尽管电流很高，但是时间很短，故称为脉冲电流。普通保险管承受不了这种电流，若使用更大规格的普通保险管，那么当电路过载时又得不到保护。延时保险管的熔体经特殊加工而成，具有吸收能量的作用，调整能量吸收量就能使其既可以抗住脉冲电流，又能对过载提供保护。

中，+5V 电压经由采样电阻 $R_{116}//R_{127}$ 与 R_{113} 分压，加到精密基准电源 TL431 参考端（R）作为反馈信号。电压+20V 没有反馈通路，是以前者的电压为基准，合理设计两者的匝数比来确定的。电压+20V 经 R_{118} 为光耦二极管供电，R_{111} 与光耦二极管并联，增大 TL431 的电流，改善线性度。

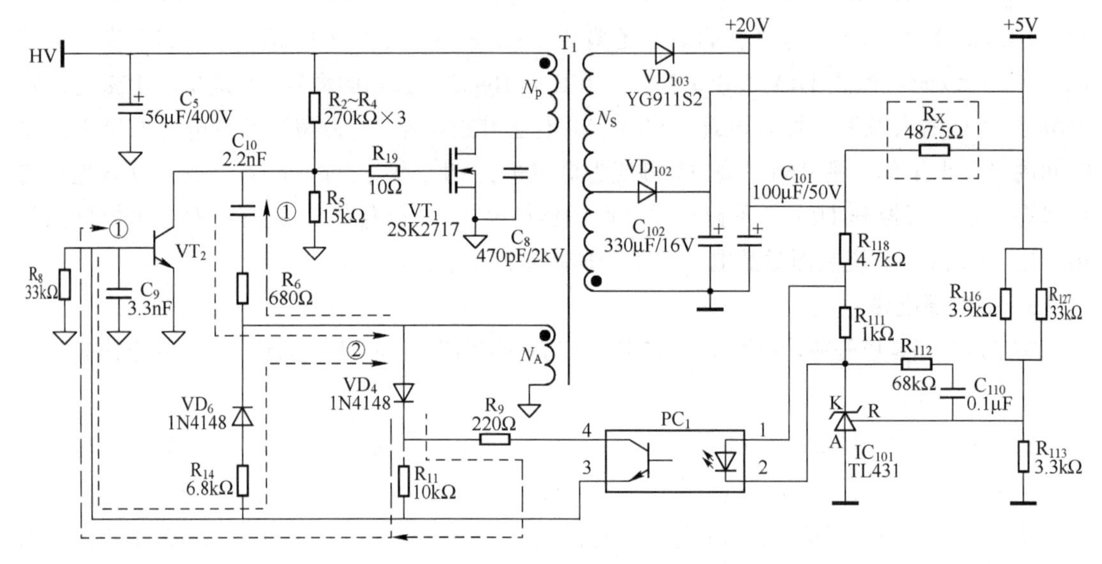

图 3-32　主电源振荡及稳压电路

根据精密基准电源 TL431 的工作特性，输出电压 U_O 为

$$U_O = 2.5 \times \left(1 + \frac{R_{116}//R_{127}}{R_{113}}\right) = 2.5 \times \left(1 + \frac{3.9//33}{3.3}\right) = 5.0\ (\text{V})$$

R_{112}（68kΩ）与 C_{110}（0.1μF）串联后，并联在 TL431 参考端（R）与调整端（K）之间，用作频率补偿。

4. 工作波形测试

为了测试需要，现将两组电压分别接上负载，实测前者为+5.1V 且不随负载而变化，后者约为+20.5V，会随负载加重而下降。这是因为前者有反馈稳压电路，后者没有反馈稳压电路。

（1）VT_1 栅极和漏极的电压波形

图 3-33 为 VT_1 漏极和栅极的电压波形，工作频率高达 224.681kHz。

由图 3-33 可知，VT_1 的漏极、栅极均为高频脉冲电压，两者反相。在 VT_1 完全导通期间漏极电压为零，在完全截止期间漏极电压（不计截止瞬间的尖峰脉冲）约为 280V。该电压是输入直流电压（约为 165V）与主绕组自感电动势（约为 115V）的叠加。由于 VT_1 栅极脉冲电压的正峰值不高，且上升斜率小，导致 VT_1 开通渡越时间过长，开关损耗增大。

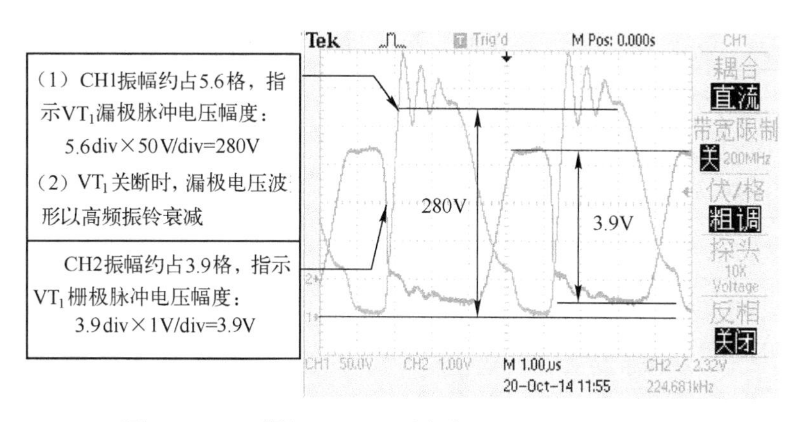

图 3-33　VT_1漏极（CH1）和栅极（CH2）的电压波形

（2）辅助绕组同名端（黑点）和 VT_1 栅极的电压波形

图 3-34 为辅助绕组同名端（黑点）和 VT_1 栅极的电压波形，两者同相。辅助绕组脉冲电压在-5～+9V 之间振荡，振幅约为 14V。VT_1 栅极脉冲电压在-0.6～+3.3V 之间振荡，正脉冲电压幅度远远高于负脉冲，振幅约为 3.9V。

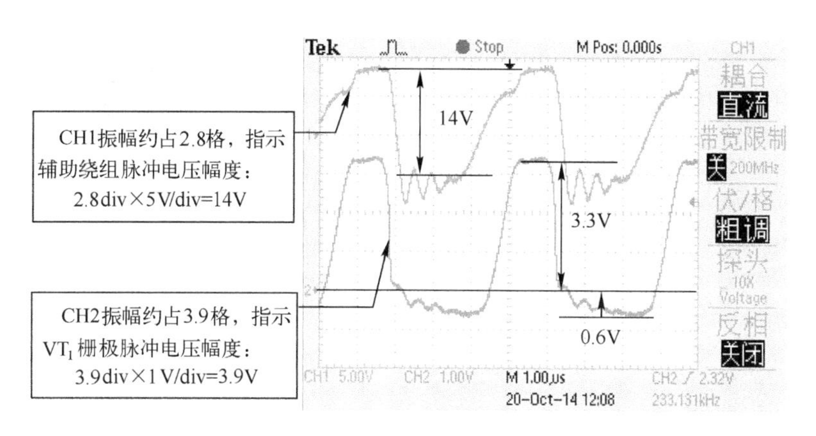

图 3-34　辅助绕组同名端（CH1）和 VT_1 栅极（CH2）的电压波形

（3）VT_2 基极和集电极（VT_1 栅极）的电压波形

图 3-35 为 VT_2 基极和集电极的电压波形。VT_2 基极的电压脉冲在基准零电压之上，最小不到 100mV，最大接近 760mV。当 VT_2 基极电压接近峰值时，集电极电压快速下降，VT_1 栅极电压降低，漏极电流减小，T_1 所有绕组的电压极性反转，加速 VT_1 的截止进程。当 VT_2 的基极电压从最小值上升，VT_1 栅极电压同步上升到开启电压时导通，T_1 所有绕组的电压极性回转，加速 VT_1 的导通进程。

综上所述，VT_2 的基极电压既受正反馈绕组的控制，又受光耦 PC_1 的控制，故 VT_2 基极电压峰值是两种因素的共同结果。在正常工作时，PC_1 在控制 VT_2 导通与否时起决定性作用。

兄弟牌 MFC7420 多功能一体机开关电源具有输出短路保护功能，当+5V 短路时

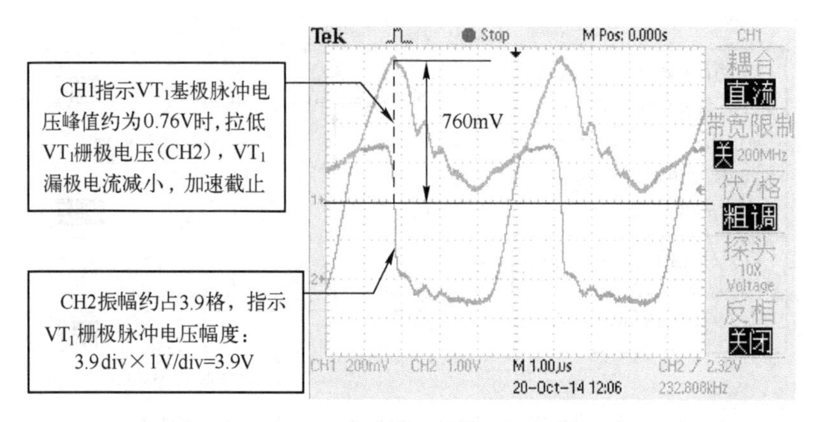

图 3-35　VT_2 基极（CH1）和集电极（VT_1 栅极）（CH2）的电压波形

（+20V 开路），光电耦合器 PC_1控制失效，VT_1 漏极的脉冲电压频率下降到 14.1kHz，占空比小，如图 3-36 所示，输出能量显著降低，从而可保护 VT_1等重要部件的安全。+20V 短路（+5V 开路），VT_1 工作模式基本相同，只是工作频率稍有差别。

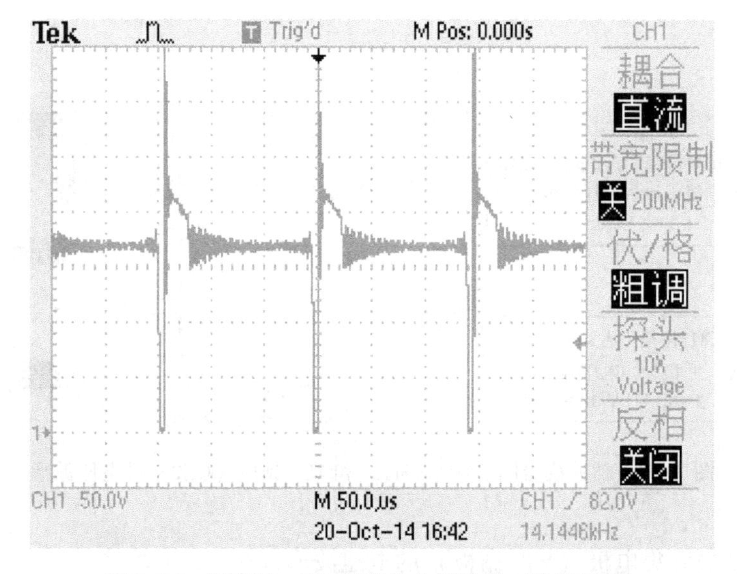

图 3-36　短路时，VT_1 漏极的电压波形（降频工作）

电路中，R_X 并非是一个真实的电阻，而是 8 个 3.9kΩ 电阻并联，折算等效电阻为 487.5Ω。其作用为：若+20V 与+5V 之间没有 487.5Ω 电阻，则在设备处于待机状态时，+20V 电源电压“虚高”且不稳定，即便 TL431 参考端电压稳定，光耦中发光二极管电压的随机噪声也会引起 VT_1工作不稳定，若在+20V 与+5V 之间有这 8 个 3.9kΩ 电阻，则+20V 电压会向+5V 输出电流，相当于接有一定的负载，不会出现“虚高”且不稳定的状况，使开关电源在待机状态时也能稳定工作。

图 3-37 为兄弟牌 MFC7420 多功能一体机开关电源电路板。

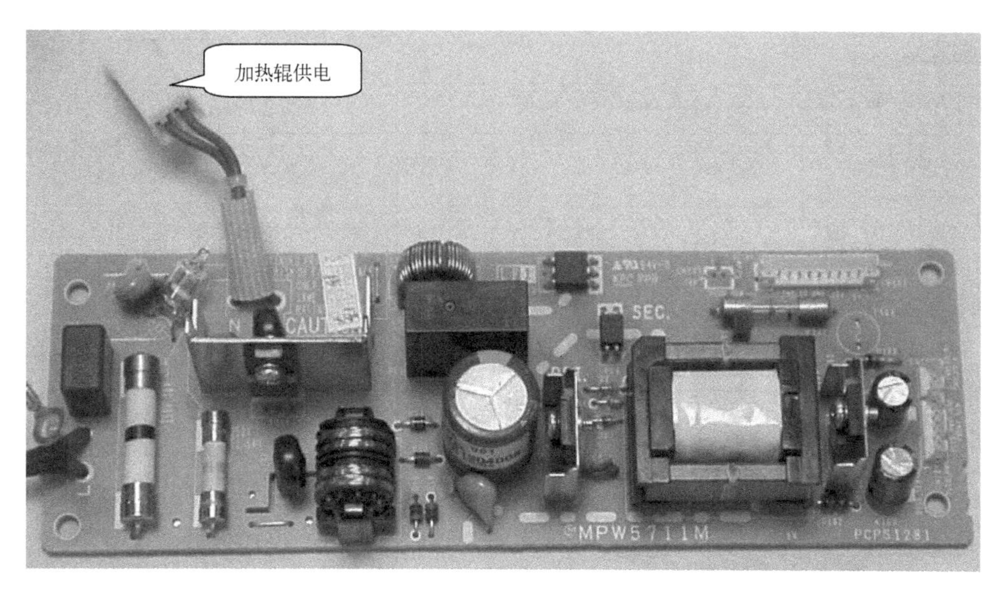

图 3-37　兄弟牌 MFC7420 多功能一体机开关电源电路板

3.2.4　爱普生 B161B 打印机开关电源

图 3-38 为爱普生 B161B 喷墨打印机开关电源电路原理图，主要由电源输入电路、自激振荡电路、稳压电路、过压保护电路等构成。

1. 电源输入电路

电源输入电路用于将市电电压经 VD_{11}～VD_{14}整流、C_{11}滤波，得到 300V 左右的直流电压。

2. 自激振荡电路

自激振荡电路以开关功率管 VT_1（2SK3566）和开关变压器 T_1为核心构成。输入整流滤波电压一路经开关变压器 T_1的主绕组（1-3）加到 VT_1 漏极，另一路经电阻 R_{18}、R_{28}与稳压管二极管 ZD_4组成的稳压电路产生 10.5V 稳定电压，初始上电时，该电压经 R_{17}、R_{19}分压作为启动电压，通过磁阻 B_1（抑制射频干扰）送到 VT_1 栅极，电路开始自激振荡。辅助绕组（4-6）和 R_{11}、C_{13}构成正反馈振荡电路。VT_1 既是开关功率管，又是振荡管。

高速二极管 VD_2(1S4) 反接在 VT_1 栅极与地之间，在辅助绕组为负极性电压，开为 C_{13}提供快速放电通路的同时，又钳位 VT_1 栅极电压于-0.4V(1S4 的正向导通压降)。云母电容 C_{14}并联在 VT_1 的栅—源极之间，吸收由杂波干扰引起的误动作。高压电容 C_{15}（1nF/1200V）并联在 VT_1 的漏—源极之间，吸收漏感尖峰电压，保护开关功率管。

正常工作时，开关功率管 VT_1 漏极和栅极电压波形如图 3-39 所示。

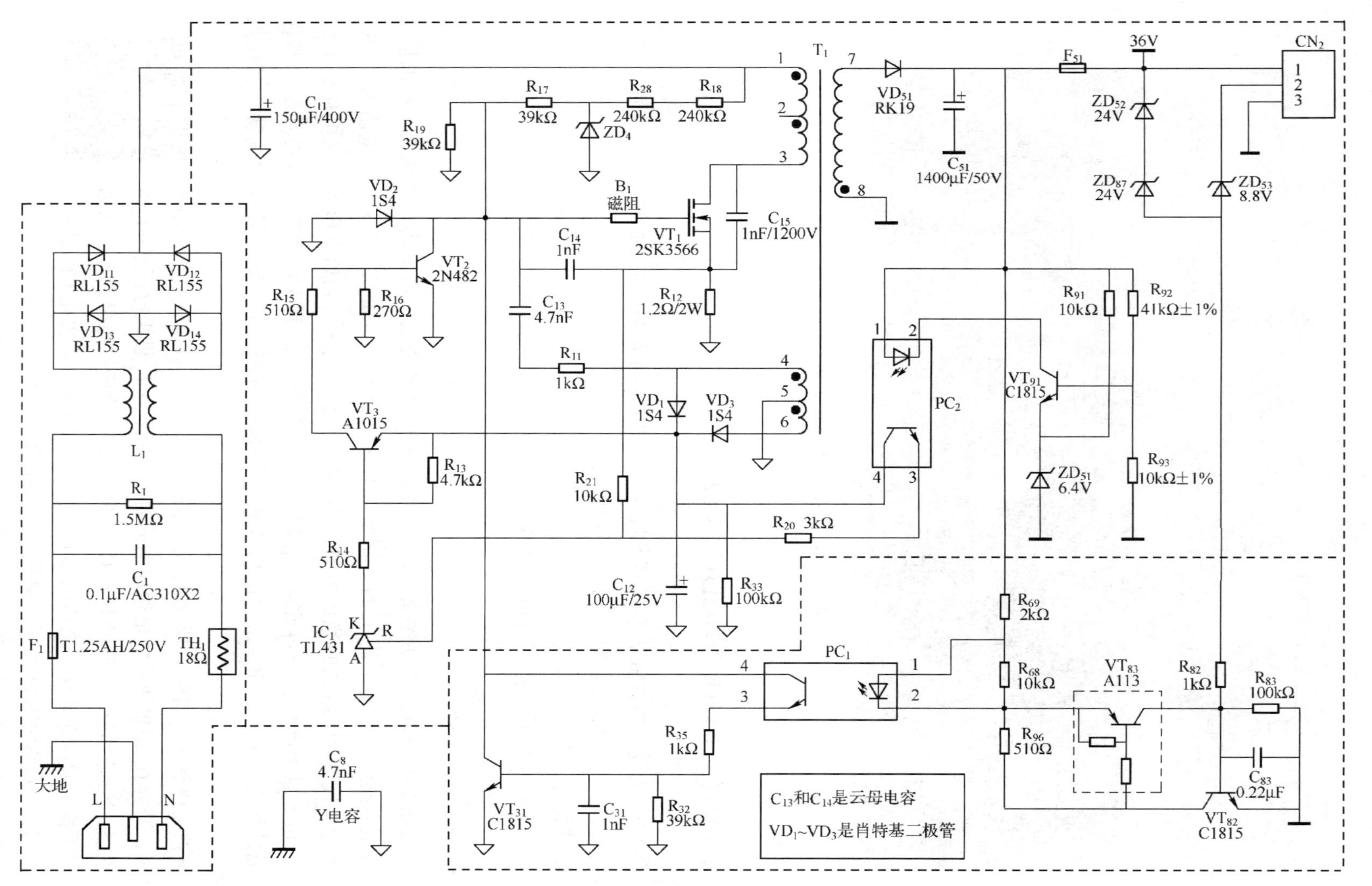

图3-38 爱普生B161B喷墨打印机开关电源电路原理图

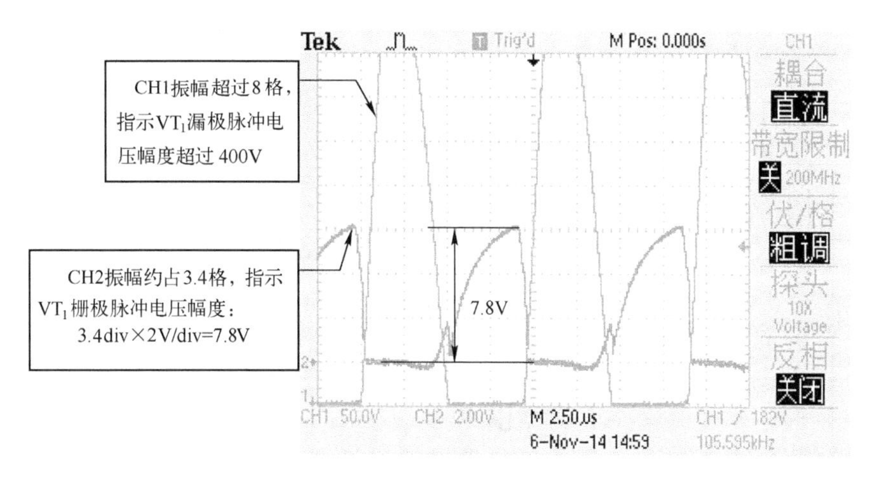

图 3-39　VT_1 漏极（CH1）和栅极（CH2）电压波形

由图 3-39 可知，在 VT_1 完全截止期间，漏极电压超过 400V（满屏最大显示 400V），该电压是输入直流电压（165V）与主绕组自感电动势的叠加。这说明在 VT_1 截止期间，T_1二次侧绕组反射到一次侧绕组的电压相当高，超过 235V，达到 250V 以上。若由 AC220V 供电，则输入直流电压约为 320V，由于输出电压不变，因此 VT_1 在截止期间由二次侧绕组反射到一次侧绕组的电压不变，假设为 250V 以上，两者叠加，VT_1 漏极电压可达 570V，若再考虑由漏感引起的浪涌电压，那么这个电压会更高，因此要选择耐压在 700V 以上开关功率管。

正常工作时，开关功率管 VT_1 源极和栅极电压波形如图 3-40 所示。

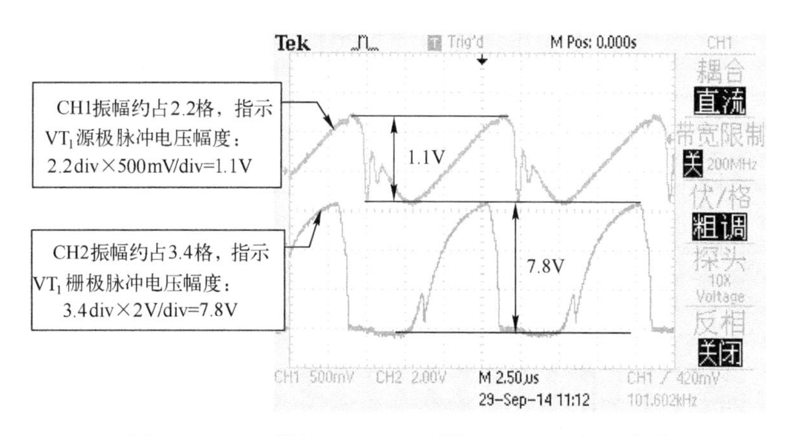

图 3-40　VT_1 源极（CH1）和栅极（CH2）电压波形

由图 3-40 可知，VT_1 源极正脉冲电压幅度大于负脉冲电压幅度，为-0.4～+0.75V，正脉冲是 VT_1 漏极电流在 R_{12}上形成的压降，负脉冲是因为 C_{14}的存在，当辅助绕组为负极性电压时的耦合作用产生的。VT_1 栅极脉冲电压主要呈现为正脉冲，在-0.4～+7.4V 区间振荡，振幅约为 7.8V，负脉冲之所以小，是因为二极管 VD_2具有钳位作用。

3. 稳压电路

图 3-41 为稳压电路。图中标注了负载时各个关键节点分别相对于“热地”和“冷地”

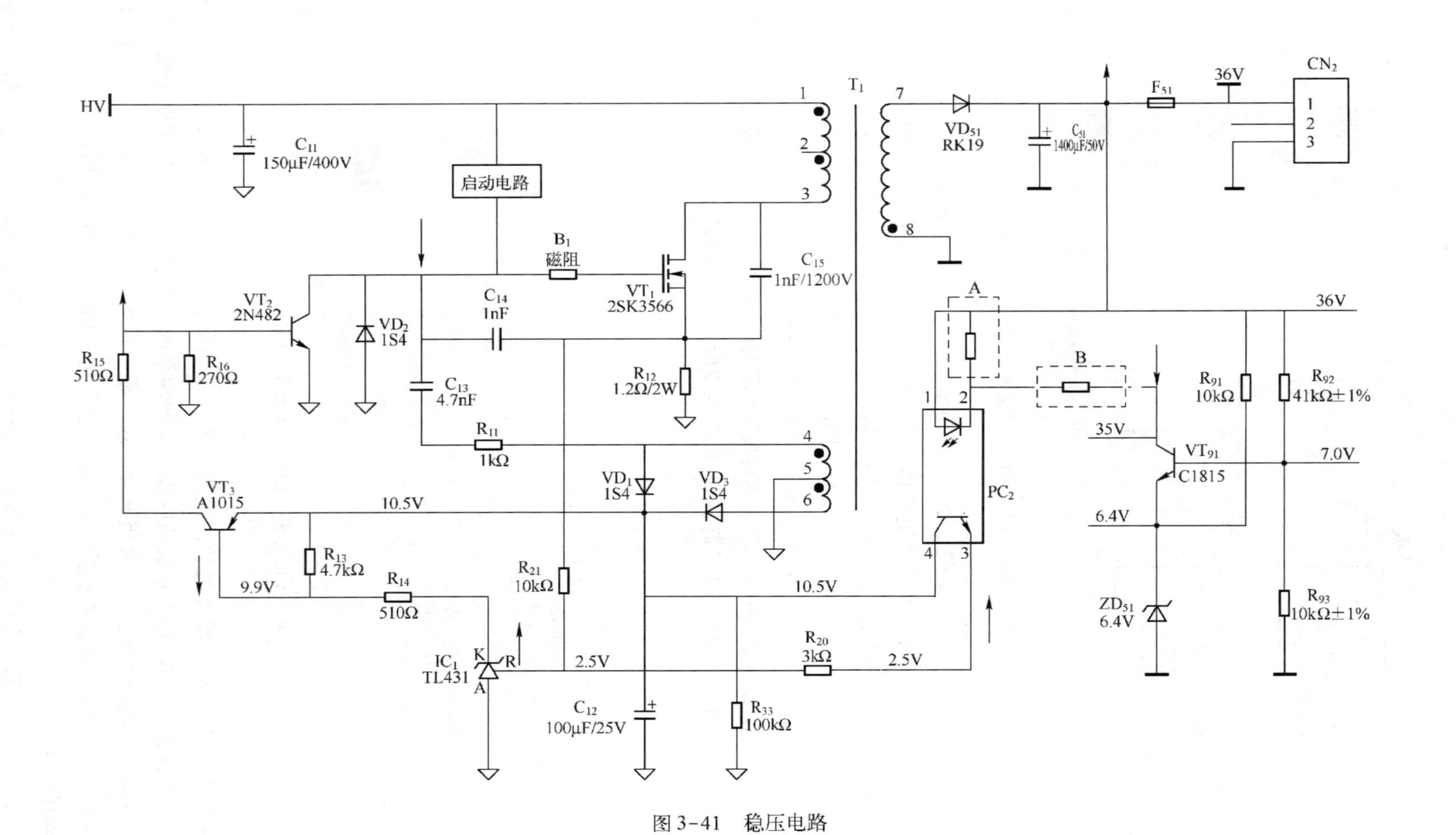
HV
C11
150μF/400V
启动电路
B1
磁阻
VT1
2SK3566
C15
1nF/1200V
T1
1
2
3
4
5
6
7
8
VD51
RK19
C51
1400μF/50V
F51
36V
CN2
VT2
2N482
VD2
1S4
C14
1nF
R12
1.2Ω/2W
R15
510Ω
R16
270Ω
C13
4.7nF
R11
1kΩ
VD1
1S4
VD3
1S4
VT3
A1015
10.5V
R13
4.7kΩ
9.9V
R14
510Ω
IC1
TL431
K
R
A
R21
10kΩ
2.5V
C12
100μF/25V
R33
100kΩ
R20
3kΩ
PC2
B
R91
10kΩ
R92
41kΩ±1%
35V
VT91
C1815
7.0V
6.4V
ZD51
6.4V
R93
10kΩ±1%

图 3-41　稳压电路

的直流电压。辅助绕组是中间有抽头的双绕组，中间抽头接地，两端分别接一个高速二极管 VD_1和 VD_3，整流后的脉动电压经 C_{12}滤波作为光耦 PC_2光电晶体管的电源。R_{33}用于断电后泄放 C_{12}的电荷。

由二极管 VD_{51}（RK19 是三肯公式的 SBD）、电容 C_{51}整流滤波输出的电压约为 36V，该电压一路接光耦 PC_2的发光二极管（压降约为 1V）正极；另一路经 R_{91}与稳压管 ZD_{51}组成的稳压电路产生 6.4V 基准电压加到 VT_{91}的发射极；第三路经 R_{92}、R_{93}分压加到 VT_{91}基极（作为采样电压）。VT_{91}是误差放大器，用作基准电压与采样电压比较，差值越大，发光二极管电流越大。

若由于某种原因致输出电压升高，则有以下控制进程发生：VT_{91}基极电压↑→VT_{91}集电极电压↓→光耦 PC_2的发光二极管电流↑→光电晶体管等效电阻↓→PC_2的 3 端电压↑→IC_1（TL431）参考端电压↑→VT_3（A1015）基极电压↓→VT_3 集电极电压↑→VT_2（2N482）集电极电压↓，使 VT_1 栅极提前截止，占空比减小，输出电压下降，从而实现稳压控制。

由上述工作原理分析，输出电压 U_O 为

$$U_O=(U_{ZD_{51}}+U_{BE})\times\left(1+\frac{R_{92}}{R_{93}}\right)\ (V)$$

式中，$U_{ZD_{51}}$是 ZD_{51}的稳压值，实测为 6.4V，考虑到 VT_{91}发射结 U_{BE}约为 0.6V，代入图中参数，可得

$$U_O=(6.4+0.6)\times\left(1+\frac{41}{10}\right)=35.7\ (V)$$

注：R_{92}和 R_{93}均是误差精度为±1%的五环金属膜电阻。

由于光耦 PC_2二极管的压降约为 1V，故 VT_{91}的 U_{CE}电压较高，为了安全工作起见，最好在图中**虚线 A 框中插入 1kΩ 的电阻，虚线 B 框中插入几千欧姆的电阻**。

4. 过压保护电路

图 3-42 为过压保护电路，主要由光耦 PC_1、VT_{31}、VT_{82}和 VT_{83}（内含阻尼电阻的 A113）及稳压二极管 ZD_{52}和 ZD_{87}组成。当稳压电路出现异常时，输出电压超过 48V 以上，串联稳压二极管 ZD_{52}、ZD_{87}被击穿，经 R_{82}使 VT_{82}导通（C_{83}滤除杂波，防止 VT_{82}误动作，R_{83}是 C_{83}的泄放电阻），经光耦 PC_1反馈到一次侧使 VT_{31}导通，控制 VT_1 转到过电压保护模式。R_{35}与 C_{31}组成滤除电路，把光耦 PC_1的 3 脚脉动电压变为平滑的直流电压。R_{32}是 C_{31}的泄放电阻。

另一方面，VT_{82}导通给 VT_{83}提供基极偏置电流，VT_{83}导通，反过来又给 VT_{82}提供基极偏置电流，保持 VT_{82}导通，VT_{82}与 VT_{83}形成互锁，即使过电压故障解除，VT_{82}依然维持导通。此时，输出电压约为 2V，在此低电压下，VT_{82}仍能对光耦 PC_1起控制作用，反馈到一次侧，使 VT_{31}处于导通状态。

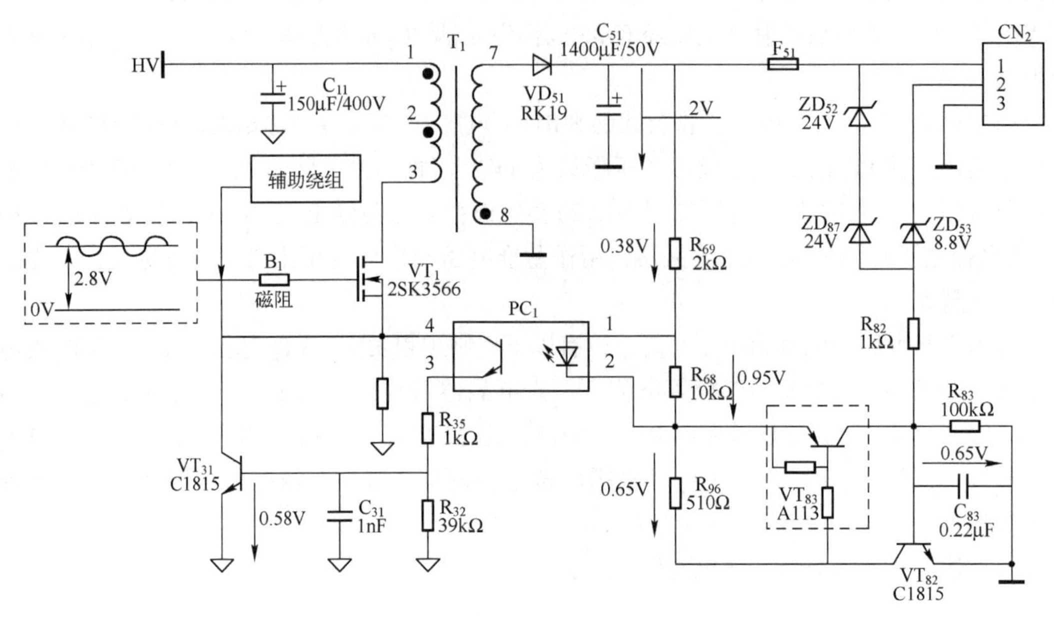

图 3-42　过压保护电路（VT_{82}、VT_{83}饱和导通，集电极与发射极很小）

图 3-43 为过电压保护工作模式波形。VT_1 栅极电压在 0.4 ～ 1.2V 之间以近似正弦波 128kHz 的频率振荡，使 VT_1在微开启与截止状态之间转换，漏极电压在 150 ～ 190V 之间振荡。开关电源向二次侧绕组输出微弱的能量，输出电压（2V）远低于正常值，但可使 VT_{82} 与 VT_{83}保持互锁状态，维持对 PC_1的控制作用。

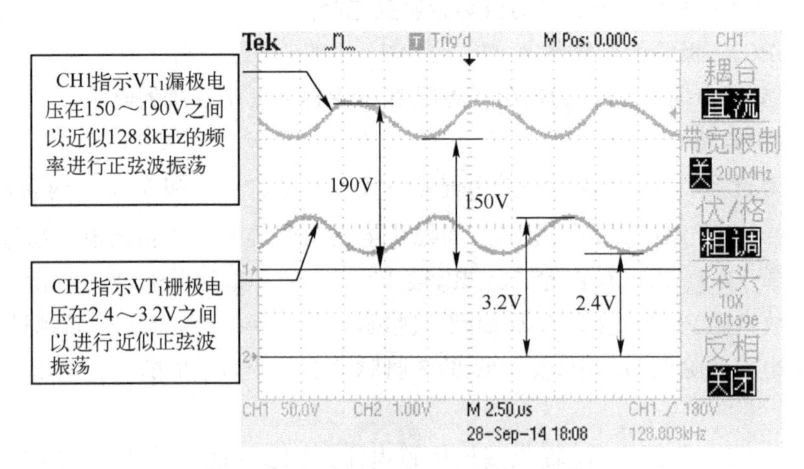

图 3-43　过电压保护工作模式波形

必须指出，一旦开电源发生过电压保护，则必须切断电源，重新启动后才能恢复正常。
图 3-44 为爱普生 B161B 喷墨打印机开关电源电路板。

图 3-44　爱普生 B161B 喷墨打印机开关电源电路板

阅读资料

在爱普生 B161B 喷墨打印机开关电源电路中用到一种新部件—铁氧体磁珠。它是目前发展很快的一种抗干扰部件，因其价格低廉、使用方便、滤除高频噪声效果显著而被广泛应用。

铁氧体磁珠的名称也说明了在电路中的使用方法，即只要将导线像穿珍珠似的穿过它就行了。当导线中的电流穿过铁氧体磁珠时，铁氧体磁珠对低频电流几乎没有阻抗，而对较高频的电流却会产生较高的衰减作用。高频电流以热的形式散发，其等效电路犹如一个电感和一个电阻串联，其电感值和阻值与磁珠的长度成正比。

铁氧体磁珠不仅可在开关电源电路中用于滤除高频噪声，因其体积小，所以还能广泛用于其他电路，特别是数字电路中。由于数字电路中的脉冲信号含有频率很高的高次谐波，也是电路高频辐射的主要根源，所以加入铁氧体磁珠可以大大降低噪声辐射。实验证实，经过铁氧体磁珠后的方波脉冲波形变得更正规，一些原来附加在上面的高频振荡及终端反射噪声都被滤除了。

3.2.5　爱普生 LQ—300K 打印机开关电源

图 3-45 为爱普生 LQ—300K 打印机开关电源电路原理图，主要由电源输入及转换电路、稳压控制电路、+34V 过电压保护电路、+34V 短路保护电路等构成。电源输入及转换电路与其他开关电源电路类似。

1. 稳压控制电路

T 二次侧绕组（10-11）的输出电压经 VD_{51}（F5KQ100）、C_{51}（2000μF/50V）整流滤

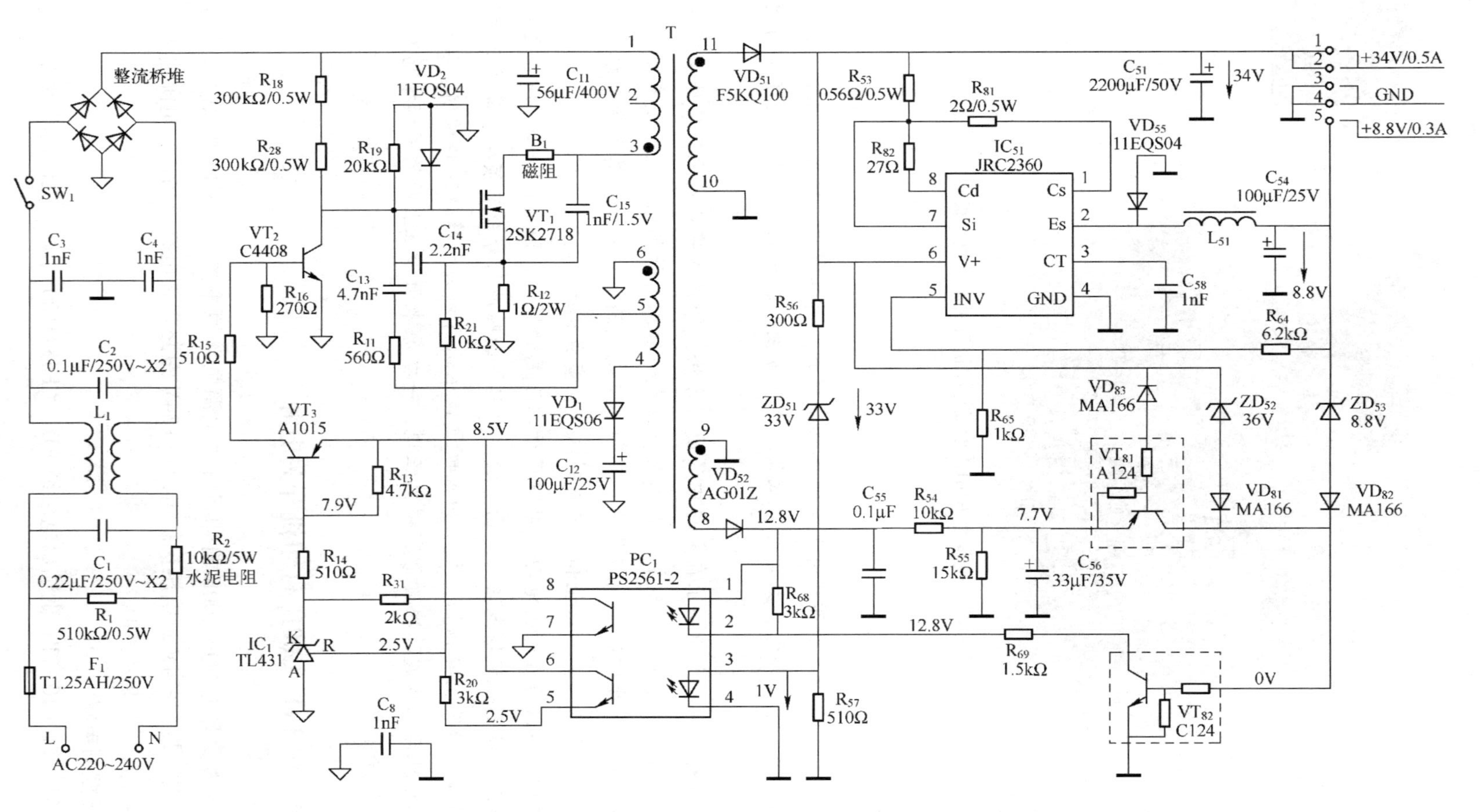

图3-45 爱普生LQ—300K打印机开关电源电路原理图（图中标注的电压值为正常工作时测得）

波得到 34V 电压：一路经插件去主板，作为打印机工作的主电源；第二路为 IC_{51}（JRC2360）[1] 供电；第三路经 R_{56}、稳压二极管 ZD_{51} 接光耦 PC_1 的发光二极管 3 脚（**PC_1 是双路光电耦合器，一路用于稳压控制，另一路用于故障保护**）。由于 R_{56} 阻值较小，若压降忽略不计，则输出电压为 ZD_{51} 的稳压值（33V）与发光二极管压降（约为 1V）的叠加。**R_{57} 并联在发光二极管 3、4 两端，给 ZD_{51} 提供另一条对地通路，增大 ZD_{51} 的电流，改善线性度。**

辅助绕组（4-6）经 VD_1、C_{12} 整流滤波后，作为 PC_1 光电晶体管（6、5 脚）与晶体管 VT_3 的电源。若由于某种原因致使输出电压升高，则有以下控制进程：ZD_{51} 电流↑→PC_1 光电二极管（3、4 脚）电流↑→光电晶体管（6、5 脚）等效电阻↓→PC_1 的 5 脚电压↑→IC_1（TL431）参考端（R）电压↑→VT_3（A1015）基极电压↓→VT_3 集电极电压↑→VT_2（C4408）集电极电压↓，使 VT_1 因栅极电压下降而提前反转，导通时间缩短，输出电压下降，实现稳压控制。

正常工作时，VT_1 漏极和栅极电压波形如图 3-46 所示。

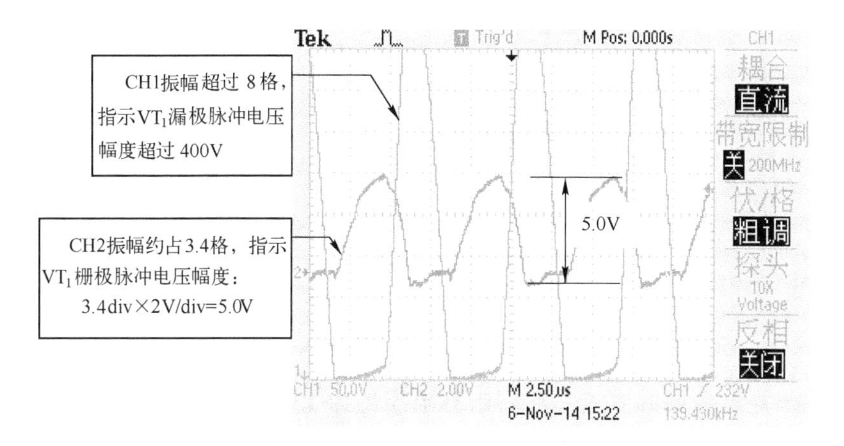

图 3-46　VT_1 漏极（CH1）和栅极（CH2）电压波形

由图 3-46 可知，在 VT_1 截止期间，漏极电压超过 400V（满屏最大显示 400V），该电压是输入直流电压（165V）与主绕组自感电动势的叠加，说明在 VT_1 截止期间，T 二次侧绕组反射到一次侧绕组的电压相当高，超过 235V，达到 250V 以上。由于 VT_1 栅极脉冲电压的正峰值不高，上升斜率小，因此导致 VT_1 开通渡越时间过长、开关损耗较大。根据 VT_1 栅极电压波形，对比图 3-39 可知，两个开关功率管的开启电压不同，2SK3566 开启电压高一些，2SK2718 开启电压低一些。

2. +34V 过电压保护电路

T 二次侧绕组（8-9）[2] 输出电压经 VD_{52}（AG01Z）、C_{55} 整流滤波为约 13V：一路经

① JRC2360 是 DC-DC 转换器，有关内容安排在第 5 章讲述。

② 从一、二次侧绕组的同名端可知，两者交流输出电压反相，8-9 绕组在 VT_1 导通时才有整流输出电压，相当于正激式开关电源，输出功率很小。

R_{54}、R_{55}分压、C_{56}滤波给 VT_{81}供电；另一路为 PC_1的 1、2 脚发光二极管供电。由于某种原因使+34V 升高，超过 ZD_{52}击穿电压（稳压值为 36V）与 VD_{81}（MA166）正向导通压降及 VT_{82}发射结电压之和（**实测击穿电压约为 38V**），VT_{82}导通，经光耦 PC_1（1、2 发光二极管，7、8 光敏晶体管）等一系列反馈通路，迫使 VT_1 提前截止，辅助绕组和二次侧绕组输出电压相应降低，接近临界保护电压，VT_1低频间歇振荡，维持输出较低的临界保护电压，输出能量很小。

图 3-47 为正常工作状态和过电压保护状态时 VT_1 栅极电压波形。正常工作状态时，工作频率很高，电压幅度高于 VT_1栅—源极开启电压，占空比适当。过电压保护状态时发生间歇振荡，电压幅度临界于 VT_1栅—源极开启电压，工作频率很低，占空比很小。

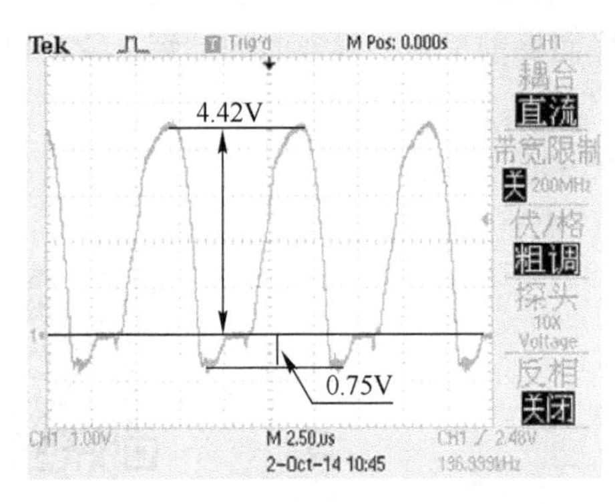

（a）正常工作状态

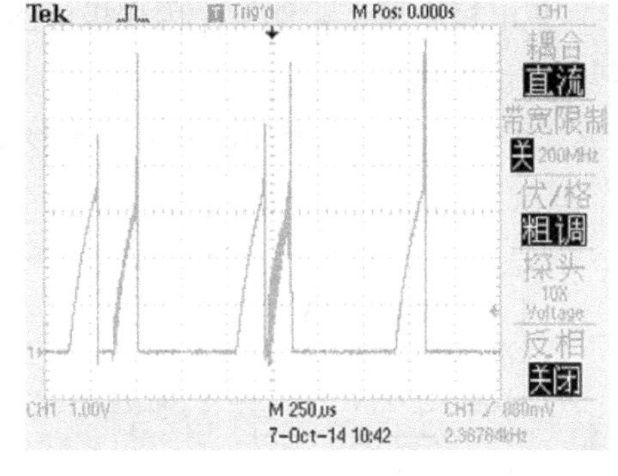

（b）过电压保护状态

图 3-47　VT_1 栅极电压波形

直流“+8.8V 过电压保护”原理与“+34V 过电压保护”基本相同，只不过是 ZD_{53}（稳压值为 11V）的击穿电压要低得多（**实测击穿电压约为 13V**）。需要指出，VT_{81}、VT_{82}是含有阻尼电阻的晶体管，用万用表二极管挡测量时不易判断引脚功能。

3. +34V 短路保护电路

二次侧绕组（8-9）输出的整流滤波电压为 12.8V，经 R_{54}、R_{55}分压送到 VT_{81}发射极（7.7V）。若+34V 电压端子不慎接地，则 VT_{81}因有基极偏置电流而饱和导通，输出高电平使 VT_{82}导通，启动保护功能，控制原理同“+34V 过电压保护”进程。

前面讲到“二次侧绕组（8-9）输出电压经 VD_{52}、C_{55}整流滤波为约 13V，一路经 R_{54}、R_{55}分压、C_{56}滤波给 VT_{81}供电”，这种说法并不严谨。正常工作时，VT_{81}截止，二次侧绕组（8-9）输出电压整流滤波为 12.8V，R_{54}、R_{55}分压送到 VT_{81}发射极为 7.7V，一旦+34V 输出端子短路，VT_{81}导通，其集电极必然有电流输出给 VT_{82}，R_{54}有增加的电流通过，R_{54}与 R_{55}节点的电压下降，电阻分压供电之说就不再成立了，但因 VT_{82}所需电流很小，可以忽略不计，故分压供电之说虽不严谨，但勉强成立。

必须指出，无论+34V 过电压保护，还是+34V 短路保护，由于 VT_{82}没有自锁电路，一旦故障被解除，保护功能立即失效。

图 3-48 为爱普生 LQ-300K 打印机开关电源电路板。

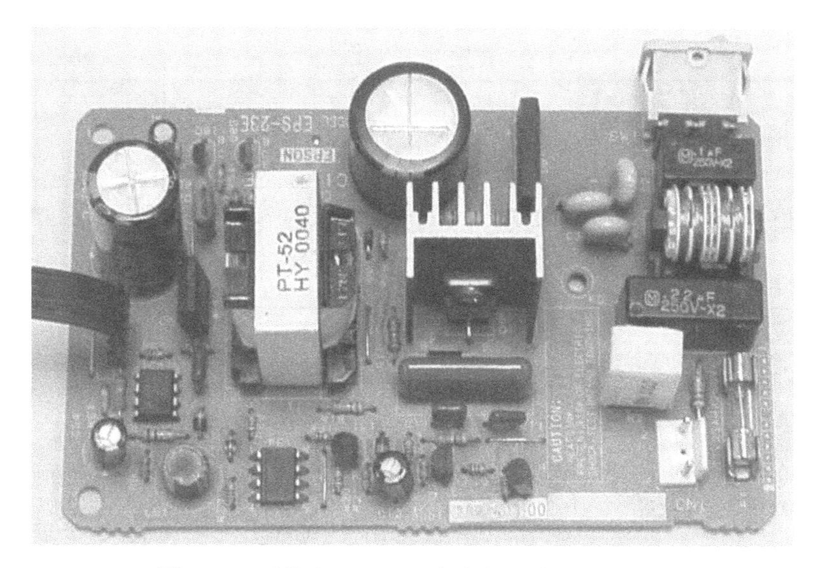

图 3-48　爱普生 LQ-300K 打印机开关电源电路板

阅读资料

笔者在测试爱普生 LQ-300K 打印机开关电源电路板时，由于操作不慎将其损坏，出现上电不能正常工作的故障。后来几经测试，最终排除故障，在此将故障检测维修过程呈现给读者。

首先，通电检查整流滤波无 300V 电压，保险管被烧断，换上新的，还是无 300V 电压；其次，检查发现防浪涌电阻 R_2 被烧断，换上 NTC 电阻，有 300V 电压但仍然不工作；继续检查，发现过流检测电阻 R_{12} 被烧断，换上新的，还是不工作；检查 VT_1（2SK2718）的 G 极对地短路，继续深入检查，发现 VD_2 被击穿，由于手头没有同类元器件，就用 1N4148 代替，还是不工作；最后，换上新的 2SK2718 后，故障才被排除。

3.3　自激式开关电源有关问题的探讨

参考如图 3-1 所示自激式开关电源基本电路。在 t_{ON} 期间，开关功率管 VT 导通，等效电路如图 3-49（a）所示，各绕组感应电压极性如图中标注，辅助绕组产生正反馈电压，加速 VT 导通。在 t_{OFF} 期间，开关功率管 VT 关断，等效电路如图 3-49（b）所示，各绕组感应电压极性如图中标注，辅助绕组产生正反馈电压，加速 VT 关断。

1. 变压器的匝比

自激式开关电源的开关功率管“从开到关”或“从关到开”都要经历一段过渡时间，因此开关功率管完全导通时间小于 t_{ON}，完全截止时间小于 t_{OFF}。图 3-50 是 HP1018 打印机开关电源在采用 AC110 供电时开关功率管漏极和二次侧绕组的电压波形，此时“热地”与“冷地”连在一起（测量之后断开）。

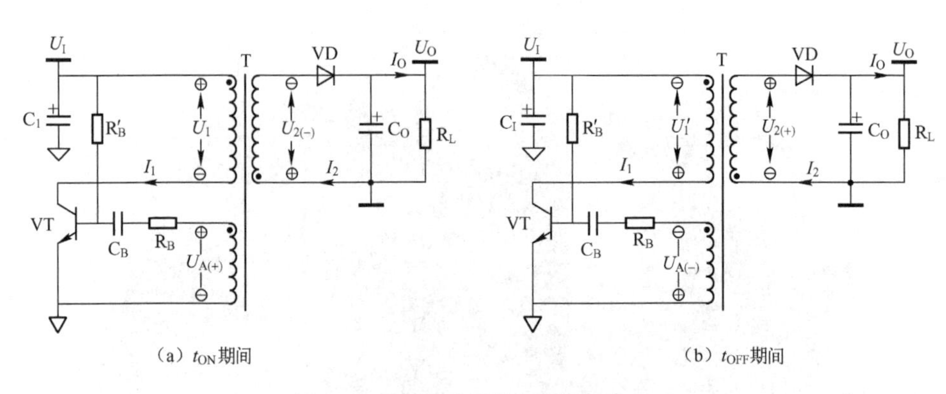

（a）t_{ON}期间 （b）t_{OFF}期间

图 3-49 自激式开关电源等效电路

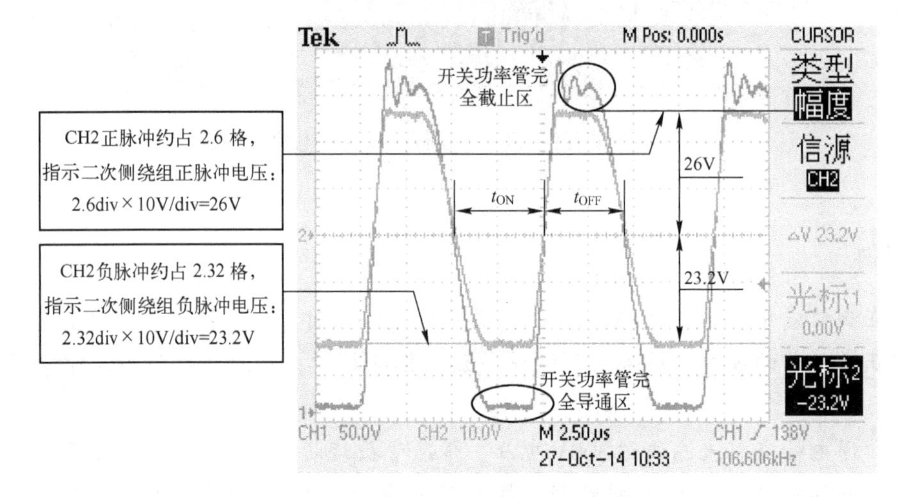

图 3-50 HP1018 打印机开关电源在采用 AC110 供电时开关功率管漏极和二次侧绕组的电压波形

参考如图 3-49（a）所示电路，当开关功率管导通时，一次侧绕组因有电流流过而发生自感，忽略开关功率管导通压降，**一次侧绕组自感电动势 U_1 等于输入电源整流滤电压 U_I**。根据变压器的工作原理，二次侧绕组会因互感作用产生“上负下正”的负脉冲电压。这期间，一次侧是主动绕组，二次侧是被动绕组。

启用数字示波器**幅度**功能测量的二次侧绕组脉冲电压为-23. 2V。若忽略开关功率管导通压降及一次侧绕组的电动势损耗，则**一、二次侧绕组的匝数之比等于它们的电压之比**，即

$$\frac{N_1}{N_2}=\frac{U_1}{U_{2(-)}} \tag{3-6}$$

式中，N_1、N_2 分别是一、二次侧绕组的匝数；自感电动势 U_1 等于输入电压 U_I，实测为 165V；$U_{2(-)}$是二次侧绕组的脉冲电压，为-23. 2V（见图 3-50）。把 $U_1=165V$、$U_{2(-)}=23.2V$（负号代表绕组两端电压的相对高低，计算时不予考虑）代入式（3-6）得

$$\frac{N_1}{N_2}=\frac{165V}{23.2V}\approx 7.11$$

设 $N=N_1/N_2$，取整数 $N\approx 7$，即变压器一、二次侧绕组的匝比约为 7。

2. 开关功率管截止时一次侧绕组感应电压及集电极电压

当开关功率管截止时，二次侧绕组因有电流流过而发生自感，根据变压器的工作原理，一次侧绕组会因互感作用产生**负脉冲电压**，也称**二次侧绕组向一次侧绕组的反激电压**。这期间，一次侧绕组是被动绕组，二次侧绕组是主动绕组。**一、二次侧绕组的匝数之比仍然等于它们的电压之比**，即

$$\frac{N_1}{N_2}=\frac{U_1'}{U_{2(+)}}$$

式中，U_1' 是一次侧绕组感应**负脉冲电压**；$U_{2(+)}$是二次侧绕组自感正脉冲电压，因此得

$$U_1'=N\times V_{2(+)} \tag{3-7}$$

启用数字示波器**幅度**功能测量的二次侧自感正脉冲电压为 26V，即 $U_{2(+)}=26\text{V}$，代入式（3-7）得

$$U_1'=7\times26\text{V}\approx182\text{V}$$

即开关功率管截止时，一次侧绕组感应正脉冲电压等于 182V。

考虑到当前电源电压为 165V，当开关功率管截止时，漏极电压 U_{DS}是电源电压与一次侧绕组自感电动势的叠加，即

$$U_{DS}=U_1+U_1' \tag{3-8}$$

把 $U_1=165\text{V}$、$U_1'=182\text{V}$ 代入式（3-8）得

$$U_{DS}=165\text{V}+182\text{V}=347\text{V}$$

即开关功率管截止时，漏极电压约等于 347V（**注：该电压不含漏感尖峰电压**）。

需要指出的是，U_1'（182V）是基于电源电压 110V 和输出电压 24.5V（详见 3.2.2）得出的，与负载基本无关；若负载加重、输出电流增大，则开关功率管会自动延长导通时间，维持输出电压稳定；反之亦反。

把式（3-6）、式（3-7）和式（3-8）结合起来，整理得

$$U_{DS}=U_1\times\left(1+\frac{U_{2(+)}}{U_{2(-)}}\right) \tag{3-9}$$

3. 两个计算占空比的公式

在自激式开关电源中，开关功率管导通时，变压器磁通量增大；开关功率管截止时，变压器磁通量减小；开关功率管稳定工作时，磁通量的增大量等于减小量，根据如图 3-51 所示有 A(面积)$=B$(面积)，即

$$U_1\times t_{ON}=N\times U_{2(+)}\times t_{OFF} \tag{3-10}$$

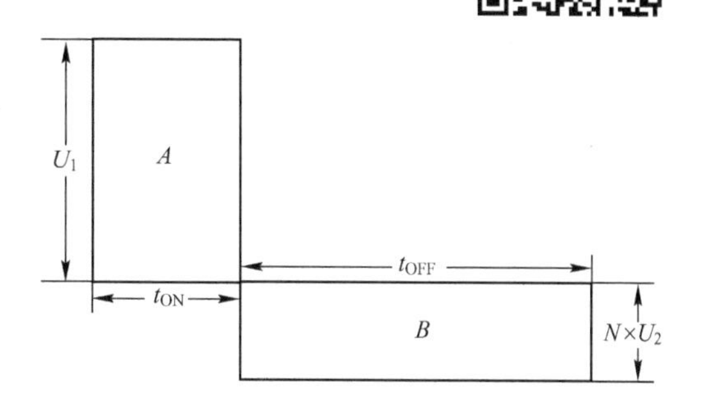

图 3-51 “伏·秒相等”原则示意图

式中，$U_{2(+)}$等于输出电压 U_0 与整流二极管导

通压降及线路损耗电压 U_F 之和，即 $U_{2(+)}=U_0+U_F$。

因 $T=t_{ON}+t_{OFF}$，于是式（3-10）可表示为

$$U_1\times t_{ON}=N\times U_{2(+)}\times(T-t_{ON})$$

等式两边同除以 T，则占空比为

$$D=\frac{1}{\frac{U_1}{N\times U_{2(+)}}+1}\times 100\% \tag{3-11}$$

把 $U_1=165\text{V}$、$U_{2(+)}=26\text{V}$ 代入得

$$D=\frac{1}{\frac{165}{7\times 26}+1}\times 100\%\approx 52.4\%$$

由式（3-11）可知，**自激式开关电源的占空比与工作频率无关，只与输入整流滤波电压 U_1、变压器匝比 N 及输出电压 U_0 有关**。一般来说，U_1 变化不大，N 是变压器的固有参数，U_0 是电路设计时要求的输出电压。因此，一旦这 3 个参数确定，则开关电源的占空比也就基本固定了，即使负载发生变化，占空比的改变也不大。

由如图 3-50 所示波形可以看出，t_{ON}、t_{OFF} 和占空比的数值还是比较合理的！另外，可由振荡频率 f 得到周期 T，结合占空比计算 t_{ON}、t_{OFF}，读者不妨一试。

假设占空比 D 为已知量，式（3-11）可以转化为 $U_{2(+)}$ 的表达式，即

$$U_{2(+)}=\frac{U_1}{N}\times\frac{D}{1-D} \tag{3-12}$$

把式（3-6）变形为 $U_{2(-)}=U_1/N$，与式（3-12）一并代入式（3-9），得

$$U_{DS}=U_1\times\left(1+\frac{\frac{U_1}{N}\times\frac{D}{1-D}}{\frac{U_1}{N}}\right)=U_1\times\frac{1}{1-D} \tag{3-13}$$

式（3-13）表明，开关功率管关断时，其漏—源极电压 U_{DS} 与 $(1-D)$ 成反比。

若把 $N=U_1/U_{2(-)}$ 代入式（3-11），整理得

$$D=\frac{U_{2(+)}}{U_{2(-)}+U_{2(+)}}\times 100\% \tag{3-14}$$

式（3-14）表明，**自激式开关电源的占空比等于变压器二次侧绕组正脉冲电压与振幅之比**。比如，在如图 3-40 所示的波形中，$U_{2(+)}=26\text{V}$，$U_{2(-)}=23.2\text{V}$，则占空比为

$$D=\frac{26}{23.2+26}\times 100\%\approx 52.8\%$$

该值与式（3-11）计算的结果基本一致！

同时由式（3-14）可知，$U_{2(-)}>U_{2(+)}$，$D<50\%$；$U_{2(-)}=U_{2(+)}$，$D=50\%$；$U_{2(-)}<U_{2(+)}$，$D>50\%$。

实际测试发现：当负载加重时，占空比 D 会略有增大，这是因为输出电流增大时，U_F 增大，U_0 基本不变，则 $U_{2(+)}$ 略有增大；另一方面，$U_{2(-)}$ 会随着负载加重时而减小，由式（3-14）可得占空比稍有增大！

读者可能会问：为什么负载加重时 $U_{2(-)}$ 减小呢？大家知道，变压器一次侧绕组线径细、匝数多，空载或负载较轻时，流过一次侧绕组的电流较小，绕组产生的压降可忽略不计。当负载加重时，一次侧绕组电流增大，绕组产生的压降不能忽略不计，虽然加在一次侧绕组两端的电压 U_1 不变，但产生电磁感应的电压要低于电源电压。此外，开功功率管的导通电阻 R_{ON} 也会随着通过的电流不同有差异，导通压降 $U_{DS(ON)}$ 随通过电流的增大而增大。如此加在一次侧绕组两端的电压进一步减小，二次侧绕组感应电压 $U_{2(-)}$ 相应减小，负载越重，减小幅度越大。由公式（3-14）可知，在 $U_{2(+)}$ 基本不变的情况下，$U_{2(-)}$ 减小，占空比略有增大。

必须指出，以上两个占空比的计算公式是基于开关电源连续振荡工作时得出的，不适合间歇振荡工作状况。

4. 负载与工作频率、占空比的关系

（1）理论分析

自激式开关电源工作于临界模式（Boundary Conduction Mode，BCM）（参见第 4 章），在 t_{ON} 期间，变压器一次侧绕组电流从零线性增加，在 t_{ON} 结束时到达峰值 I_{1P}；二次侧绕组无电流，负载电流由滤波电容单独供给。在 t_{OFF} 期间，一次侧绕组无电流，二次侧绕组电流从峰值 I_{2P} 线性减小，在 t_{OFF} 结束时刚好降为零，以便重新开始新的周期，这是自激式开关电源的核心本质，如图 3-52（a）所示。

假设工作频率不变，当负载加重时，t_{ON} 增大为 t'_{ON}，t_{OFF} 减小为 t'_{OFF}，变压器在 t'_{ON} 期间蓄积的能量在 t'_{OFF} 期间不能减小到零，即出现台阶电流 I_{2B}；几个周期以后，一次侧绕组的起始电流也不为零，即出现台阶电流 I_{1B}，如图 3-52（b）所示。二次侧绕组在开关功率管截止期间出现台阶电流表示能量没有完全释放，当开关功率管再次导通时，二次侧绕组

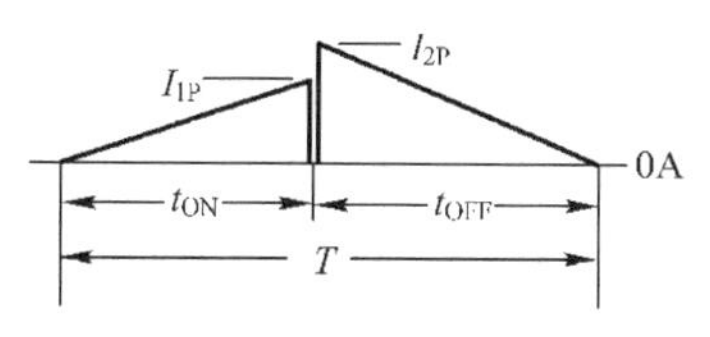

（a）负载轻时，周期为 T，开关功率管导通时间为 t_{ON}，$D=t_{ON}/T$

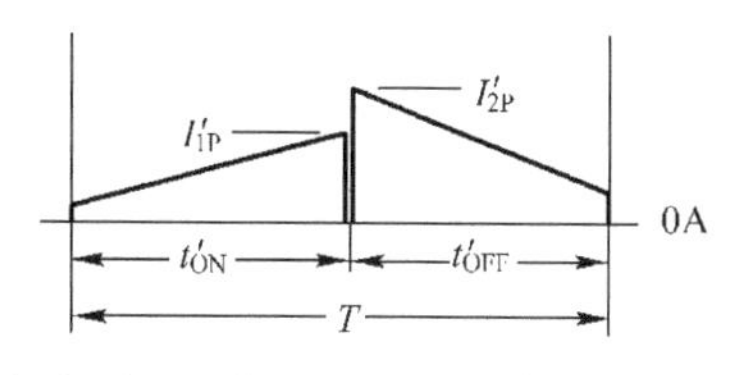

（b）负载加重，假设周期不变，开关功率管导通时间为 t'_{ON}，$t'_{ON}>t_{ON}$，$t'_{OFF}<t_{OFF}$，$D'=t'_{ON}/T<D$

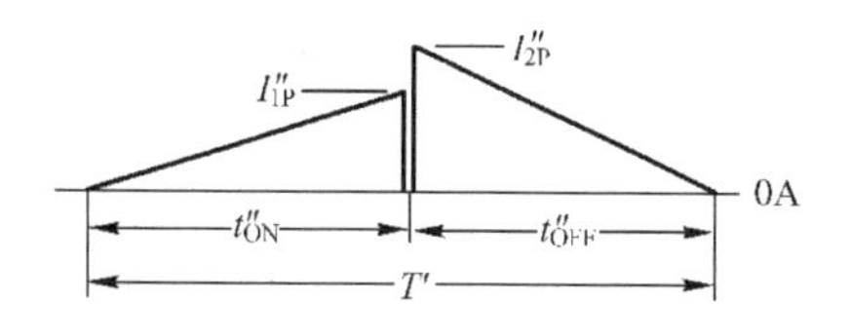

（c）负载更重，周期延长为 T'，开关功率管导通时间为 t''_{ON}，$t''_{ON}>t_{ON}$，$t''_{OFF}>t_{OFF}$，$D''=t''_{ON}/T'>D$ 但 $D''>D'$

图 3-52　变压器一、二次侧绕组的电流波形示意图

剩余的能量转移到一次侧绕组，故一次侧绕组也会出现台阶电流。

在开关转换过程中，由于自激式开关电源每个周期一次侧绕组的能量都要完全释放给负载，因此会自适应降低工作频率，延长开关功率管的导通时间（从 t_{ON} 增大为 t''_{ON}）和截止时间（从 t_{OFF} 增大为 t''_{OFF}），如图 3-52（c）所示。如此就能保证变压器在 t''_{ON} 期间蓄积的能量，在 t''_{OFF} 结束时刚好能减小到零。

图 3-52（a）为负载较轻时，变压器一、二次侧绕组的电流波形示意图：t_{ON} 为开关功率管导通时间；t_{OFF} 为开关功率管截止时间；I_{1P}、I_{2P} 分别是一次侧绕组与二次侧绕组的峰值电流。若忽略开关功率管开关转换的渡越时间，则

$$T=t_{ON}+t_{OFF}$$

故占空比为 $D=t_{ON}/T$。

图 3-52（b）为负载加重且（假设）工作频率不变时，变压器一次侧、二次侧绕组的电流波形示意图，t'_{ON} 为开关功率管导通时间，$t'_{ON}>t_{ON}$；t'_{OFF} 为开关功率管截止时间，$t'_{OFF}<t_{OFF}$。由于 T 不变，t_{ON} 增大到 t'_{ON}，故占空比 $D'=t'_{ON}/T$，$D'>D$。

图 3-52（c）为负载更重且工作频率降低时，变压器一次侧、二次侧绕组的电流波形示意图，t''_{ON} 为开关功率管导通时间，$t''_{ON}>t_{ON}$；t''_{OFF} 为开关功率管截止时间，$t''_{OFF}>t_{OFF}$，$T'=t''_{ON}+t''_{OFF}>T$，故占空比为 $D''=t''_{ON}/T'$。虽然 $D'>D$，但没有工作频率不变时占空比 D' 增大的量大，即 $D''<D'$。

（2）实际波形测试

为了实际体验负载与工作频率和占空比的关系，现以直流母线为参考地，用数字示波器测量开关功率管漏极电压波形，把电压过零后的负脉冲区间作为开关功率管导通时间，记为 t_{ON}，过零后的正脉冲区间作为开关功率管截止时间，记为 t_{OFF}。

为方便起见，仍然以 HP1018 打印机开关电源为例，负载与工作频率和占空比的关系见表 3-1（负载一到负载四逐渐加重）。

表 3-1　负载与工作频率和占空比的关系

负　载　一	负　载　二

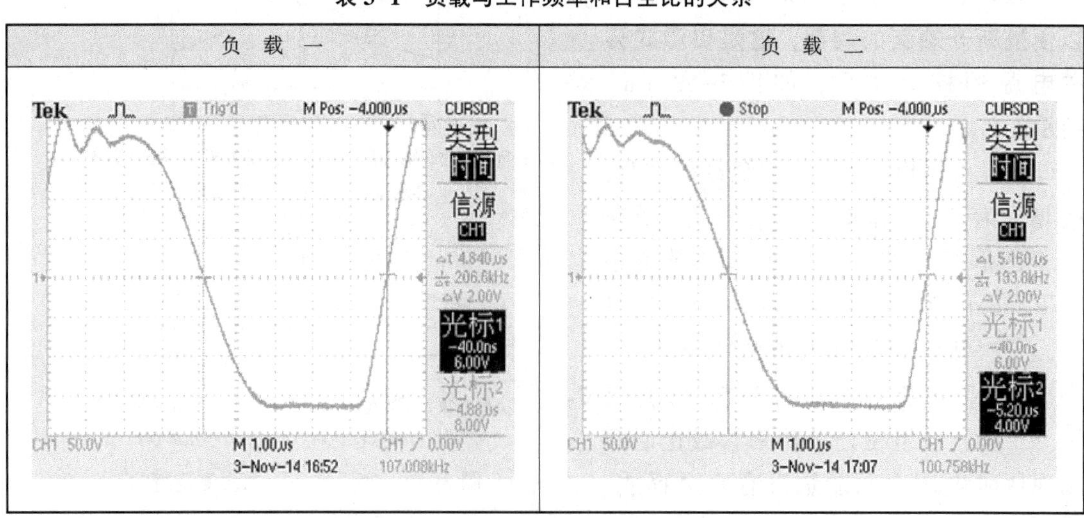

续表

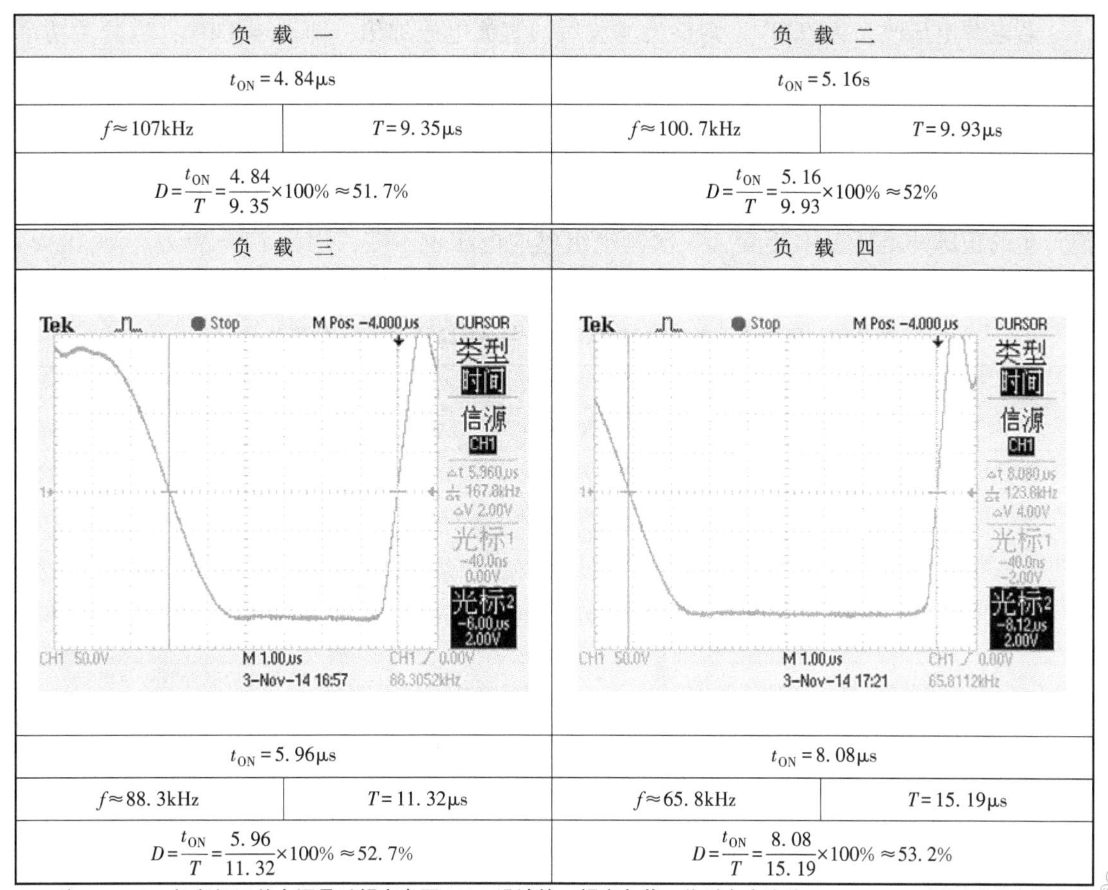

负 载 一		负 载 二	
$t_{ON}=4.84\mu s$		$t_{ON}=5.16s$	
$f\approx 107kHz$	$T=9.35\mu s$	$f\approx 100.7kHz$	$T=9.93\mu s$
$D=\frac{t_{ON}}{T}=\frac{4.84}{9.35}\times 100\%\approx 51.7\%$		$D=\frac{t_{ON}}{T}=\frac{5.16}{9.93}\times 100\%\approx 52\%$	
负 载 三		负 载 四	
$t_{ON}=5.96\mu s$		$t_{ON}=8.08\mu s$	
$f\approx 88.3kHz$	$T=11.32\mu s$	$f\approx 65.8kHz$	$T=15.19\mu s$
$D=\frac{t_{ON}}{T}=\frac{5.96}{11.32}\times 100\%\approx 52.7\%$		$D=\frac{t_{ON}}{T}=\frac{8.08}{15.19}\times 100\%\approx 53.2\%$	

注：HP1018 打印机开关电源是以额定电压 220V 设计的，额定负载工作时占空比为 20%～30%，因测试用电源电压为 110V，故占空比比较大，均超过 50%。

根据表 3-1 中测试与计算的数据可以得出以下 3 个结论：①负载加重，工作频率降低，开关功率管导通时间变长；②负载加重，占空比略有增大；③自激式变压器耦合型开关电源既不是 PWM 调制型，也不是 FWM 调制型，而是混合调制型。

（3）波形数据计算验证

为了验证前文“占空比 $D''>D$，但没有工作频率不变时占空比 D' 增大的量大，即 $D''<D'$”，现按表 3-1 中数据计算如下：

负载一时，$t_{ON}=4.84\mu s$，$f\approx 107kHz$，$T=9.35\mu s$，则占空比

$$D=\frac{t_{ON}}{T}=\frac{4.84}{9.35}\times 100\%\approx 51.7\%$$

负载二时，$t_{ON}=5.16\mu s$，若工作频率不变，$T=9.35\mu s$，则占空比

$$D'=\frac{t'_{ON}}{T}=\frac{5.16}{9.35}\times 100\%\approx 55.2\%$$

实际上，表 3-1 中，负载二时占空比 D'' 为 52%，即 $D''>D$，但 $D''<D'$。

5. AC110V 和 AC220V 供电工作状况对比

若电源电压改为 AC220V，则整流滤波后的直流电压加倍，即 $U_1=330\text{V}$，当开关功率管导通时，变压器二次侧绕组感应负脉冲电压 $U_{2(-)}$ 为

$$U_{2(-)}=U_1/N=330\text{V}/7\approx 47\text{V}$$

由于稳压电路的输出电压不变，也就是说，开关功率管截止时，变压器二次侧绕组自感产生的正脉冲电压基本不变，一次侧绕组感应电压也不变，均为 $U_1'=N\times U_{2(+)}\approx 182\text{V}$。表 3-2 为自激式开关电源在 AC110V 与 AC220V 供电下的工作状况。

表 3-2　自激式开关电源在 AC110V 与 AC220V 供电下的工作状况

项　目		供电电压		说　明
		AC110V	AC220V	
整流滤波电压 U_1		165V	330V	整流滤波电压与供电电压成正比
t_{ON}	一次侧绕组自感电动势	165V	330V	一次侧绕组因有电流流过，是主动绕组，产生自感电动势
	二次侧绕组感应电动势 $U_{2(-)}=U_1/N$	$165\text{V}/7\approx 23.5\text{V}$	$330\text{V}/7\approx 47\text{V}$	二次侧绕组无电流流过，是被动绕组，产生互感电动势
	开关功率管漏—源极之间电压	几伏左右		随开关功率管型号及电流 I_{DS} 大小而异
t_{OFF}	二次侧绕组自感电动势 $U_{2(+)}=U_O+U_F$	$U_O=24.5\text{V}$，$U_F=1.5\text{V}$ $U_{2(+)}=24.5+1.5=26\text{V}$		二次侧绕组因有电流流过，是主动绕组，产生自感电动势
	一次侧绕组感应电动势 $U_1'=N\times U_{2(+)}$	$7\times 26\text{V}=182\text{V}$		一次侧绕组无电流流过，是被动绕组，产生互感电动势
	开关功率管漏—源极之间电压 $U_{DS}=U_1\times\left[1+\frac{U_{2(+)}}{U_{2(-)}}\right]$ 或 $U_{DS}=U_1\times\frac{1}{1-D}$	347V	512V	开关功率截止时，漏—源极之间的电压与供电电压不成正比关系
占空比 $D=\frac{1}{\frac{U_1}{N\times U_{2(+)}}+1}\times 100\%$ 或 $D=\frac{U_{2(+)}}{U_{2(-)}+U_{2(+)}}\times 100\%$		52.4%	35.5%	占空比与供电电压不成反比关系

由表 3-2 可知，自激式开关电源的占空比虽与工作频率没有关系，但当供电电压从 AC110V 改为 AC220V 时，变压器辅助绕组感应的正脉冲电压会加倍，经 RC 充电通路加到开关功率管的栅极，使开关功率管开启电压提前到来，充、放电速度加快，工作频率升高。笔者实测，当供电电压从 AC110V 改为 AC220V 时，工作频率由 106.6kHz 上升到 116.5kHz。

第 4 章

他激式开关电源的原理与应用

他激式开关电源由集成控制器辅以少量外围元器件与 MOSFET 构成，不仅电路结构精简，而且大幅度提高了可靠性和稳压性。目前，在中小功率的 AC-DC 转换器中，可靠性和稳压性表现卓越的就是由集成控制器构成的他激式开关电源。

本章主要讲述变压器耦合型他激式开关电源的类型、工作原理及实际应用。

4.1 他激式开关电源的工作原理

4.1.1 概述

现在所有由市电供电的 AC-DC 设备几乎全部都采用**变压器耦合型开关电源**，也称为**隔离型开关电源**。由开关功率管的周期性通、断控制开关变压器一次侧绕组存储输入电源的能量，通过二次侧绕组释放能量。显然，**开关电源的输入与输出是通过变压器的磁耦合传递能量的**。由于变压器绕组之间是绝缘的，因此一、二次侧绕组完全隔离，即"热地"和"冷地"是绝缘的，且绝缘电阻和抗电强度均可达到很高。这一特点对用电安全尤为重要。

开关电源中，开关功率管的激励脉冲是由专设的控制器产生的，故称为**他激式开关电源**。比如，常用的集成控制器有 FAN104、UC3842、NCP1200、TL494 等几种类型，可输出与负载大小相适应的 PWM 脉冲，用于稳定输出电压（或电流）。由于集成控制器把保护电路、控制电路、振荡电路和反馈信号检测电路集成在同一芯片上，具有抗干扰性能好、电路简洁、功能强大及能够完成振荡、自动稳压、过流和过压保护等，故使得他激式开关电源整体结构大大简化，控制性能大大提高，应用越来越广泛。

他激式开关电源的电路形式多种多样，既可以是正激的，也可以是反激的；既可以是隔离型的，也可以是非隔离型的；既可以是单端的，也可以是双端的。据不完全统计，目前市面上所生产的一半以上的外部电源都用于笔记本电脑、平板电脑和智能手机等便携式电子设备，这些设备的功率大都为几瓦到几十瓦，综合考虑电源的性能、成本、体积等因素，单管离线反激式开关电源最为适合。除非特别说明，本章讲述的**他激式开关电源**均指**单管反激式变压器耦合型开关电源**（简称反激式开关电源）。

4.1.2　反激式开关电源的工作原理

1. Buck-Boost 转换器

反激式开关电源的前身是 Buck-Boost 转换器①。为了理解反激式开关电源的工作原理，有必要先分析一下 Buck-Boost 转换器的工作状况。图 4-1 为 Buck-Boost 转换器模型电路。细心的读者可能会发现，它与第 1 章中介绍过的升降压转换器基本相同，是的！把开关 S 改为受 PWM 脉冲控制的开关功率管，就变为如图 4-1 所示的 Buck-Boost 转换器模型电路。

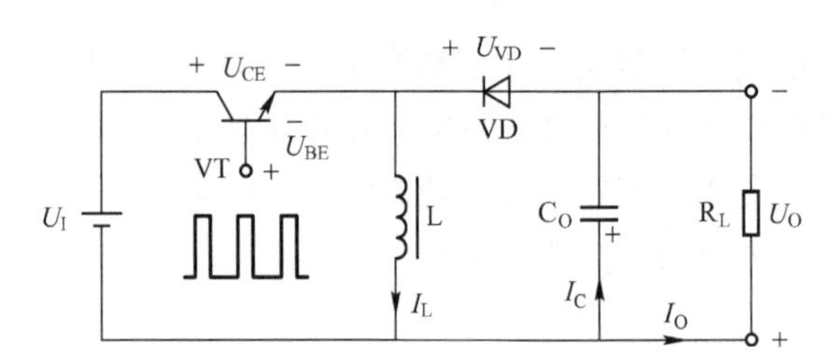

图 4-1　Buck-Boost 转换器模型电路

当开关功率管 VT 闭合时，二极管 VD 因承受反电压而截止，电感 L 流过电流 I_L，电感电压上正下负，电流线性上升，储存能量，电容 C_0 单独给负载供电。当开关功率管 VT 断开时，电感电流 I_L 不能突变，反激电压上负下正，二极管 VD 因承受正电压而导通，电感 L 释放储存的能量给电容 C_0 充电及负载提供能量，电流线性下降。

图 4-2 为 Buck-Boost 转换器的工作波形。图 4-2（a）中，当开关功率管 VT 和二极管 VD 分别关断时，VT 的 U_{CE}、VD 承受的反向电压 U_{VD} 均为(U_I+U_0)。

在 t_{ON}期间，电感 L 由输入电压 U_I 励磁，储存能量，磁通量增加；在 t_{OFF}期间，输出电压 U_0 与开关导通时方向相反加到电感 L 上，使电感 L 消磁、释放能量，磁通量减小。根据“伏・秒相等”原则，输出电压 U_0 为

$$U_0=U_I\times\frac{t_{ON}}{t_{OFF}}$$

考虑到 $t_{OFF}=T-t_{ON}$，则

$$U_0=U_I\times\frac{D}{1-D}$$

若忽略 VD 的导通压降，则可以认为输出电压 U_0 等于 VT 截止时电感的反激电压 U_L。

若在整个周期中电感电流始终没有降到零，则这种工作模式被称为**连续电流模式**

① 欧美语系称之为离线（off-line）。

(CCM)。在此状态下，如果把电感的电感量减小或将 VT 的导通时间缩短，则到一定条件下，会出现如图 4-2（b）所示电感电流降到零的情形，这种工作模式被称为**断续电流模式(DCM)**。由于在电感电流降为零期间相当于导线，因此 **VD** 会承受反向电压 U_{VD}等于 U_O，VT 的集—射极电压 U_{CE}等于 U_I。根据“伏·秒相等原则”，输出电压 U_O 为

$$U_O = U_I \times \frac{t_{ON}}{t_{DIS}}$$

式中，t_{DIS}是电感释放能量的时间，$t_{DIS} \leqslant t_{OFF}$。

从上面的工作状况可以看出，Buck-Boost 转换器是先储能再释放能量。电源 U_I 不直接向输出提供能量，而是在开关功率管导通时先把能量储存在电感中，以磁场能存在，在断开时，电感中的磁场能转化为电场能释放给负载。**根据电流的流向可知，Buck-Boost 转换器的输出电压为负电压。**

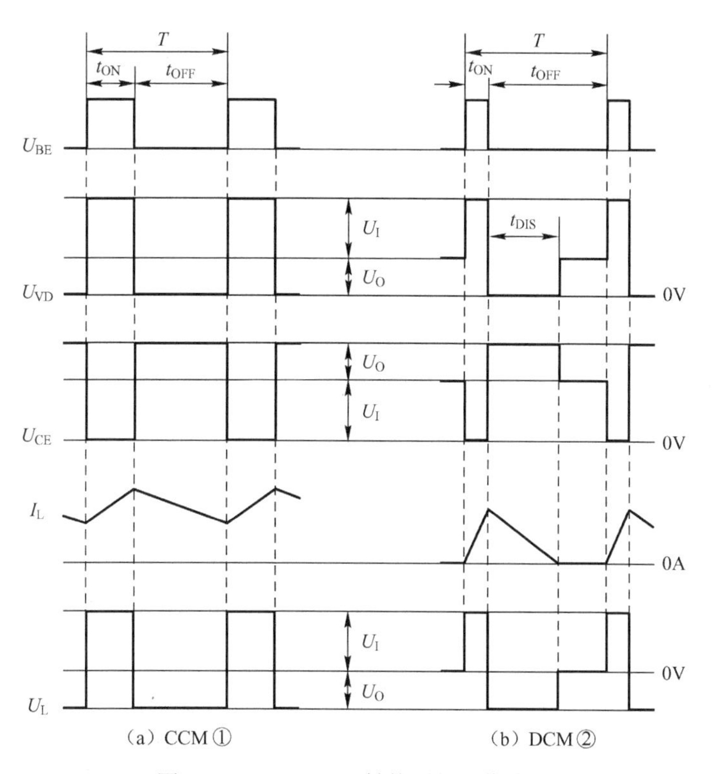

图 4-2　Buck-Boost 转换器的工作波形

2. 反激式开关电源

在 Buck-Boost 转换器的开关功率管和二极管之间插入一个开关变压器，实现输入与输出的电气隔离就变成了反激式开关电源。因此，反激式开关电源就是带隔离变压器的 Buck-

① CCM：Continous Conduction Mode。

② DCM：Discontinous Condutcion Mode。

Boost 转换器，基本电路如图 4-3 所示。

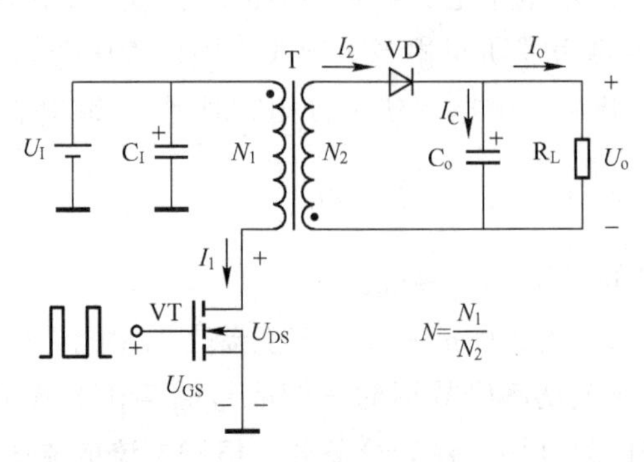

图 4-3　反激式开关电源基本电路

反激式开关源除了开关功率管的激励脉冲由控制器提供，就变压器的工作特点和能量输出方式而言，与第 3 章介绍过的自激式开关电源的工作原理基本相同。自激式开关电源会根据负载大小自适应改变工作频率，在电感电流为零时，开关功率管进行开关转换，只要不因负载过轻发生间歇振荡，就始终工作在 BCM 模式。他激式开关电源开关功率管的工作状态转换被集成控制器控制，有两种不同于自激式开关电源的工作模式：**连续电流模式（CCM）和断续电流模式（DCM）**。

（1）CCM 和 DCM

在理想情况下，反激式开关电源工作在 CCM 和 DCM 时的电压和电流波形如图 4-4 所示。当 VT 关断时，其漏—源极之间的电压 U_{DS} 是 U_I 与 U_1' 的叠加：U_I 是直流输入电压；**U_1' 是输出电压按照一、二次侧绕组的匝比反射到输入侧的电压，也称反激电压**，用公式表示为

$$U_1' = U_O \times N_1 / N_2 \tag{4-1}$$

式中，N_1、N_2 分别为变压器一、二次侧绕组的匝数。

根据第 3 章的式（3-13）可知，开关功率管关断时的漏—源极之间的电压 U_{DS} 为

$$U_{DS} = U_I \times \frac{1}{1-D} \tag{4-2}$$

在 CCM 下，VT 关断期间（t_{OFF}），变压器二次侧向一次侧的反激电压 U_1' 始终存在，如图 4-4（a）所示；在 DCM 下，VT 关断期间（t_{OFF}），变压器二次侧向一次侧的反激电压只存在一段时间（t_{DIS}），即二次侧绕组的放电时间，如图 4-4（b）所示，电流降为零期间（$t_{OFF}-t_{DIS}$），二次侧绕组相当于导线，当然不可能向一次侧绕组反激电压了。

在 CCM 下，变压器一次侧绕组电流 I_1 在开关功率管开始导通时有一个小的初始值，随后线性增加，在开关功率管即将关断时增大到峰值，**I_1 的初始值与峰值组成梯形波，称为梯形波电流**。与此相对应，变压器二次侧绕组电流 I_2 也是梯形波电流，只不过先为峰值，随后线性减小。

在 DCM 下，变压器一次侧绕组电流 I_1 在开关功率管开始导通时为零，随后线性增加，

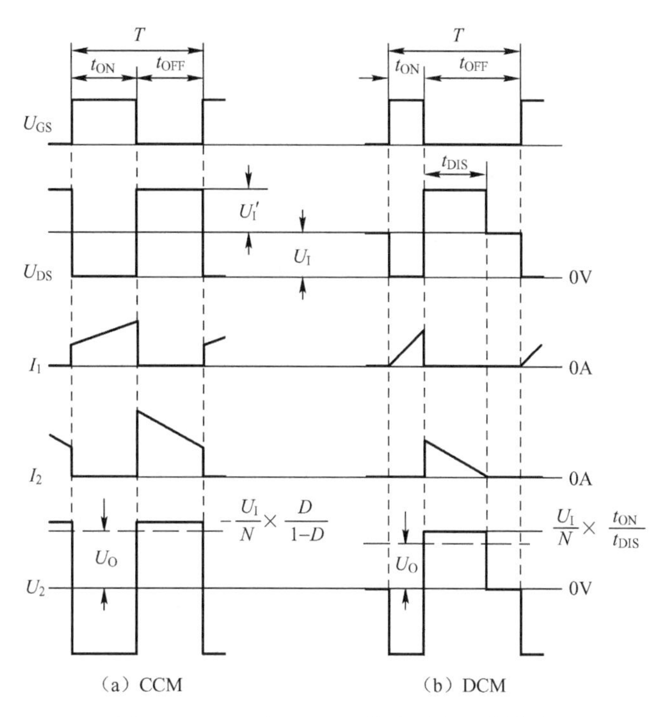

图 4-4　CCM 和 DCM 时的电压和电流波形

在开关功率管将要关断时增大到峰值，因此 I_1 **的形状如三角波，称为三角波电流**。变压器二次侧绕组电流 I_2 也是三角波电流，只不过先为峰值，随后线性减小，在 t_{OFF} 还未结束时下降到零。

由于开关功率管在导通期间，变压器一次侧绕组中的电流不可能为零，因此区分反激式开关电源工作在 CCM 还是 DCM，只需检测变压器二次侧绕组中的电流在截止还未结束时是否下降到零：没有下降到零即为是 CCM，下降到零即为 DCM；介于两者之间即为过渡模式，也叫临界模式（BCM）。**自激式开关电源就是 BCM，会随输入电压和负载的变化，自适应地改变工作频率和占空比，使二次侧绕组中的电流在 t_{OFF} 结束时刚好下降到零。**

（2）输出电压

在第 3 章中，根据“伏・秒相等”原则，自激式开关电源二次侧绕组的输出电压 U_O 为

$$U_O=\frac{U_1}{N}\times\frac{t_{ON}}{t_{OFF}}$$

忽略一次侧绕组的电阻及开关功率管导通时的压降，默认 $U_I=U_1$，并考虑 $t_{OFF}=T-t_{ON}$，则上式可以转化为

$$U_O=\frac{U_I}{N}\times\frac{D}{1-D} \tag{4-3}$$

式（4-3）与 Buck-Boost 转换器输出电压只差一个系数 $1/N$，是变压器一、二次侧绕组匝比的倒数。显然，匝比越大，输出电压越低；反之亦反。实际上，若考虑二极管 VD 及线路压降，CCM 下的二次侧直流输出电压比式（4-3）计算的理论值要低一些，如图 4-4 所示中虚线表示。

在 DCM 下，“伏·秒相等”原则仍然成立，输出电压 U_O 为

$$U_O = \frac{U_I}{N} \times \frac{t_{ON}}{t_{DIS}} \tag{4-4}$$

式中，t_{DIS}是绕组释放能量的时间，$t_{DIS} \leqslant t_{OFF}$。

（3）二极管承受的反压

开关功率管 VT 导通时，二次侧绕组感应电压使二极管 VD 反向偏置，所承受的反向电压为二次侧绕组感应电压与输出电压 U_O 的叠加，即

$$U_{VD} = \frac{U_I}{N} + U_O \tag{4-5}$$

Buck-Boost 转换器与反激式开关电源对比见表 4-1。

表 4-1　Buck-Boost 转换器与反激式开关电源对比

<table>
<tr><th colspan="2">项　目</th><th colspan="3">Buck-Boost 转换器</th><th colspan="2">反激式开关电源</th></tr>
<tr><td colspan="2">电气是否隔离</td><td colspan="3">否</td><td colspan="2">是</td></tr>
<tr><td rowspan="4">开关功率管导通</td><td>储能部件</td><td colspan="3">电感</td><td colspan="2">变压器一次侧绕组</td></tr>
<tr><td rowspan="2">二极管反向电压</td><td>CCM</td><td colspan="2" rowspan="2">$U_{VD}=U_I+U_O$</td><td colspan="2" rowspan="2">$U_{VD}=\frac{U_I}{N}+U_O$</td></tr>
<tr><td>DCM</td></tr>
<tr><td>滤波电容</td><td colspan="3">放电</td><td colspan="2">放电</td></tr>
<tr><td rowspan="8">开关功率管截止</td><td>释能部件</td><td colspan="3">电感</td><td colspan="2">变压器二次侧绕组</td></tr>
<tr><td rowspan="3">二极管状态</td><td>CCM</td><td colspan="2">导通</td><td rowspan="2">$I_2 \neq 0$</td><td rowspan="2">$U_{VD}=\frac{U_I}{N}+U_O$</td></tr>
<tr><td rowspan="2">DCM</td><td>$I_L \neq 0$</td><td>导通</td></tr>
<tr><td>$I_L=0$</td><td>$U_{VD}=U_O$</td><td>$I_2=0$</td><td>$U_{VD}=U_O$</td></tr>
<tr><td rowspan="3">开关功率管 U_{CE} 或 U_{DS}</td><td>CCM</td><td colspan="2">$U_{CE}=U_I+U_O$</td><td rowspan="2">$I_2 \neq 0$</td><td rowspan="2">$U_{DS}=U_I \times \frac{1}{1-D}$</td></tr>
<tr><td rowspan="2">DCM</td><td>$I_L \neq 0$</td><td>$U_{CE}=U_I+U_O$</td></tr>
<tr><td>$I_L=0$</td><td>$U_{VD}=U_I$</td><td>$I_2=0$</td><td>$U_{DS}=U_I$</td></tr>
<tr><td>滤波电容工作状态</td><td colspan="3">$I_L \neq 0$ 时充电，$I_L=0$ 时放电</td><td colspan="2">$I_2 \neq 0$ 时充电，$I_2=0$ 时放电</td></tr>
<tr><td colspan="2">CCM 电压变比</td><td colspan="3">$M=\frac{D}{1-D}$</td><td colspan="2">$M=\frac{1}{N} \times \frac{D}{1-D}$</td></tr>
</table>

以上讲述的都是在理想情况下，在实际应用中，变压器是存在漏感的（**漏感的能量是不会耦合到二次侧绕组的**），开关功率管也不是理想的开关，还有 PCB 的布局及走线带来的杂散电感，均使得开关功率管的 U_{DS}大于(U_I+U_1')。

图 4-5 是输入电压为 30V 的反激式开关电源开关功率管的 U_{DS}波形。图中，U_{DS}的尖峰电压达到 265V，是由漏感造成的（高频振荡电压是由开关功率管及 PCB 走线等的寄生电感、寄生电容产生的）。由于漏感能量不能耦合到二次侧绕组，开关功率管关断时会产生很高的感应电动势，可能会超过开关功率管的耐压值而致其损坏，故在实际使用时会在一次侧绕组上加一个 RCD 吸收电路（请参考第 2 章图 2-30），尽可能抑制尖峰电压，确保开关功率管安全工作。

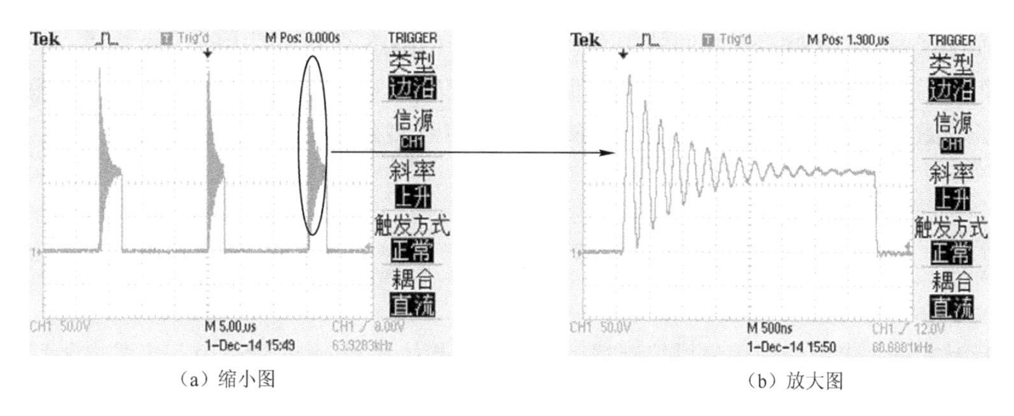

（a）缩小图　　（b）放大图

图 4-5　开关功率管的 U_{DS} 波形

工作过程如下：①当开关功率管导通时，二极管反偏截止，一次侧绕组储存能量；②当开关功率管关断时，绕组电压极性反转，二极管导通，把漏感能量储存在电容中后，通过电阻释放掉。细心的读者可能会发现，当开关功率管关断时，RCD 电路和二次侧绕组的电路是一模一样的！二极管 VD 整流，电容 C 滤波，电阻 R 相当于负载，只不过输出电压不是 U_O，而是二次侧绕组反射到一次侧绕组的电压 $U_{1'}$，所以电阻 R 的阻值不能太小，若太小，则损耗严重，影响效率，而且电阻的功率会变得很大！

增加 RCD 吸收电路后，开关功率管的 U_{DS} 波形如图 4-6 所示，U_{DS} 的尖峰大幅度减小，这是由于 RCD 吸收电路产生了抑制作用。

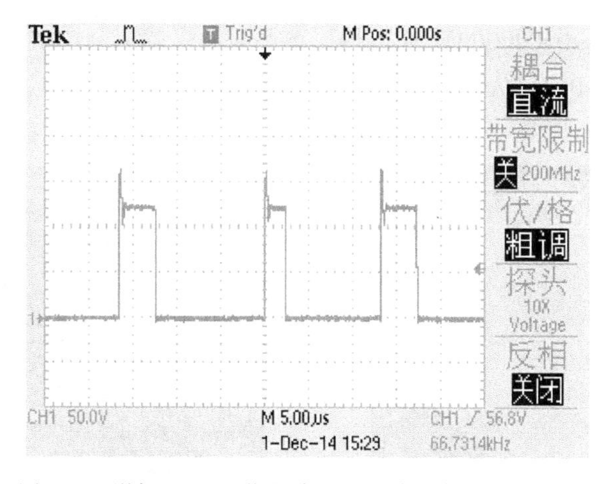

图 4-6　增加 RCD 吸收电路后，开关功率管的 U_{DS} 波形

在反激式开关电源电路中，变压器漏感是一个非常关键的参数。由于变压器在开关功率管导通期间要积蓄能量，在开关功率管截止时把能量释放给负载，故变压器一次侧绕组兼具电感作用。为使变压器磁芯得以充分利用，一般都要在磁路中开气隙，其目的是改变磁芯磁滞回线的斜率，使变压器能够承受大的脉冲电流冲击，且磁芯不至于进入磁饱和状态。由于磁路中气隙处于高磁阻状态，漏磁远大于完全闭合磁路，故变压器的漏感比较大。

变压器一、二次侧绕组之间的耦合状况也是产生漏感的关键因素，要尽量使一、二次侧绕组靠近，可采用“三明治”绕法，但这样会使变压器分布电容增大，要尽量选用窗口比较长的磁芯，减小漏感，如用 EE、EF、EER 和 PQ 型磁芯效果要比 EI 型的好。

4.2 反激式开关电源的应用

反激式开关电源均采用集成控制器驱动双极型晶体管或 MOS 管，由于集成控制器外围电路简单，内有独立的振荡器、激励级脉宽调制器和各种保护电路，性能优良，因此是目前应用最广泛的开关电源结构类型。

集成控制器的生产厂家有很多，每个厂家都有自己名目繁多的产品线，如飞兆公司（Farichild）出品的 FAN301H、FAN104 系列，Unltmde 公司出品的 UC2842 系列，安森美公司（ON Semiconductor）出品的 NCP1200 系列等。下面就来介绍由集成控制器与开关功率管构成的反激式开关电源在手机充电器、打印机和笔记本电脑等常见电子设备中的应用。

4.2.1 手机充电器

1. 华为 HW-050200C3W 充电器

图 4-7 为华为 HW-050200C3W 充电器。产品规格：输入 AC100～240V，50Hz/60Hz，0.5A（MAX）；输出 5.0V@2A。

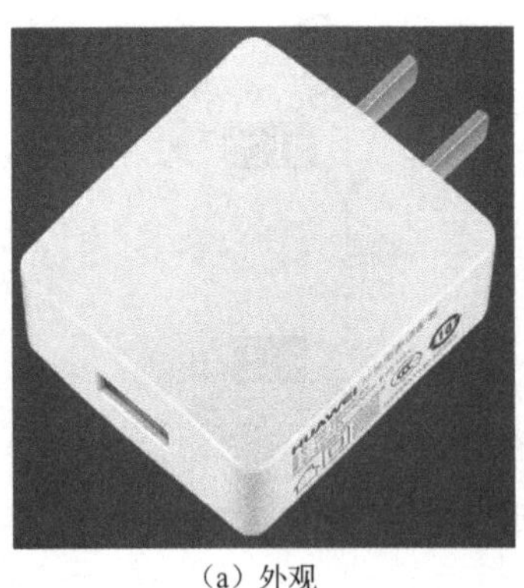

（a）外观

（b）电路板

图 4-7　华为 HW-050200C3W 充电器

图 4-8 为华为 HW-050200C3W 充电器电路原理图，采用 Fairchild 公司出品的一次侧绕组反馈（Primary Side Regulation，PSR）控制器 FAN104W。

一次侧绕组反馈（PSR）与传统的二次侧绕组反馈光耦和 TL431 的结构相比，节约了电路板上的空间，降低了成本。在省去光耦和 TL431 等元器件之后，为了实现高精度的恒

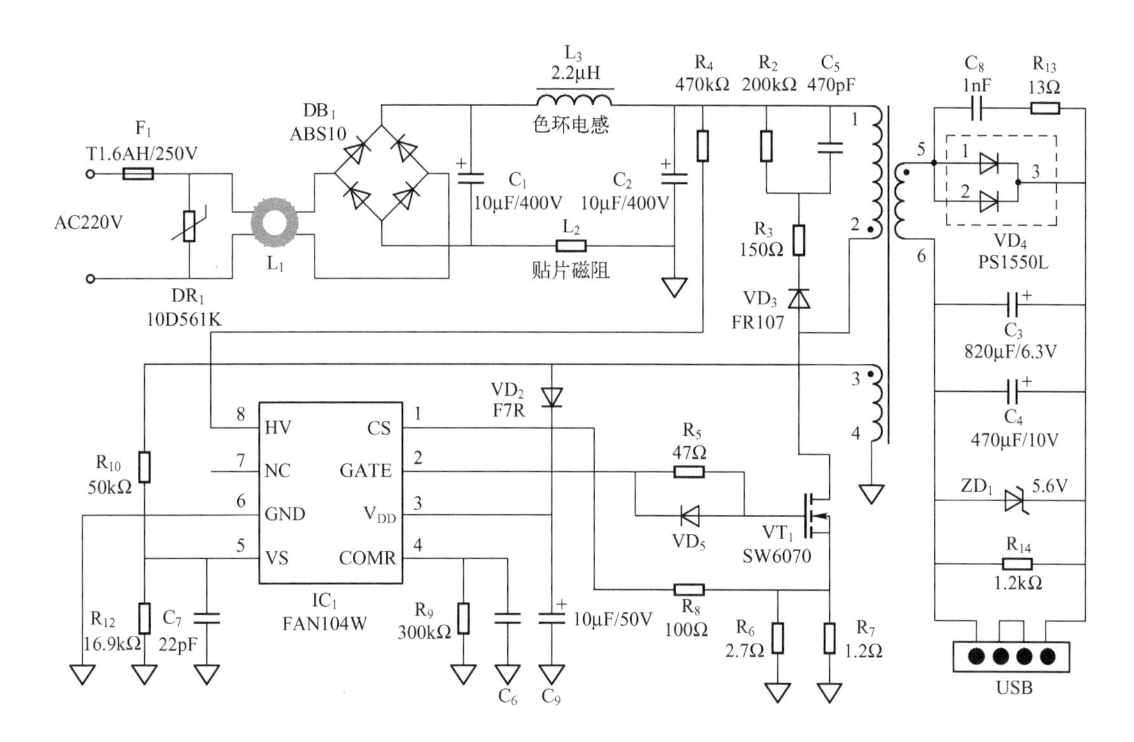

图 4-8　华为 HW-050200C3W 充电器电路原理图

流/恒压（CC/CV）① 控制特性，必然要采用新的技术来监控负载、电源和温度的实时变化及元器件的同批次容差，这就涉及一次侧绕组调节技术、变压器容差补偿技术、线缆补偿技术和 EMI 优化技术等。

（1）高压启动

市电经 F_1（延时保险丝）输入，经 DR_1（绿色压敏电阻）过压保护和共模扼流圈 L_1 送给 DB_1进行全波整流。高压电容 C_1、C_2 与电感 L_3 构成 π 形滤波电路，贴片磁阻 L_2 用于滤除差模干扰。直流母线通过电阻 R_4（推荐值为 100kΩ）连接至 IC_1 的 8 脚（HV）。初始上电时，内部高压电流源开启，为 HV 引脚提供输入电流 I_{HV}，对电源端 V_{DD}外接电容 C_9 充电。当 V_{DD}端电压达到 IC_1 开启电压 V_{DD-ON}时，内部高压电流源被禁用，阻止 I_{HV}流入 HV 引脚。

IC_1 开启后（在 PWM 脉冲输出之前），C_9 是提供 IC_1 消耗电流的唯一来源。因此，C_9 必须足够大（推荐值为 22μF），以便在变压器辅助绕组输出电压之前阻止 V_{DD}端电压降至 IC_1 关断电压 V_{DD-OFF}。正常工作时，变压器辅助绕组输出电压经 VD_2、C_9 整流滤波给 IC_1 供电。

（2）IC_1 引脚功能

IC_1 采用 SOIC8 封装，具有 V_{DD}过压保护（V_{DD_OVP}）、V_S过压保护（V_{S_OVP}）、过温保护（OTP）、CS 引脚短路保护和 VS 单一引脚故障保护。V_{DD}过压保护、CS 引脚短路保护和 VS 单一引脚故障保护均以自动重启模式实现；VS 过压保护和 OTP 均以锁死模式实现。IC_1 各引脚功能说明见表 4-2。

① CC：Constant Current；CV：Constant Voltage。

表 4-2 IC_1 各引脚功能说明

引脚	引脚名称	功　能	说　明
1	CS	电流检测	连接一个电流检测电阻，用于检测在恒压（CV）调节时进行峰值电流模式控制的开关功率管电流，并在恒流（CC）调节中进行输出电流调节
2	GATE	PWM 信号输出	内部采用图腾柱输出驱动器，用于驱动开关功率管
3	V_{DD}	电源	供电端，外接滤波电容，启动和关断的阈值电压分别为 16V 和 5V，工作电流低于 3.5mA
4	COMR	导线补偿	与 GND 之间连接电容和电阻，用于补偿恒压（CV）调节时，因输出导线损耗而导致的电压降落
5	VS	电压检测	检测输出电压和放电时间，连接辅助绕组的分压电阻
6	GND	接地	
7	NC	空脚	
8	HV	直流高压	连接外部高压直流母线，经内部高压电流源转换为工作电压 V_{DD}

（3）一次侧绕组反馈工作模式

图 4-9 为一次侧绕组反馈（PSR）电路，典型波形如图 4-10 所示。通常，PSR 首选断续模式（DCM）或临界模式（BCM）运行，可实现更好的输出调节。

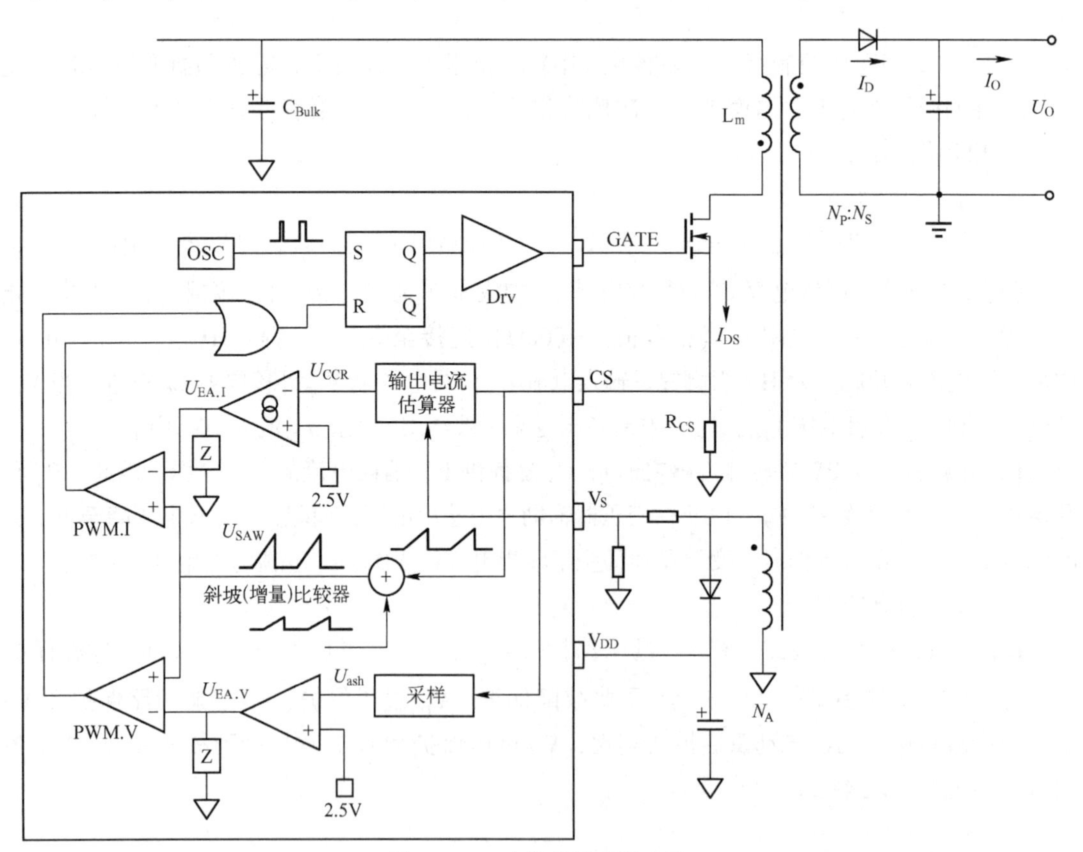

图 4-9　一次侧绕组反馈电路

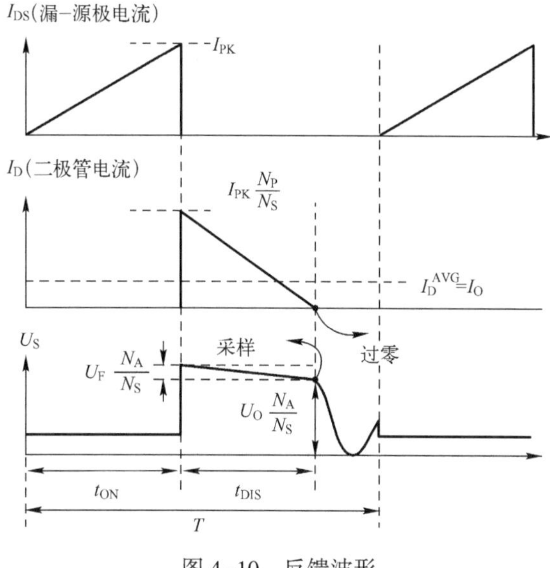

图 4-10　反馈波形

① 恒压（CV）调节。

大家知道，当二次侧绕组二极管电流到达零时，辅助绕组电压开始因一次侧绕组与开关功率管上加载的有效电容之间的谐振而振荡。在 BCM 下，此阶段不存在。在二极管导通期间，输出电压与二极管正向压降叠加反射到辅助绕组，即$(U_O+U_F)\times N_A/N_S$。

通过在二极管导通结束时对辅助绕组电压进行采样（U_S为采样电压），可以获得输出电压的信息。用于输出电压调节（U_{sah}）的内部误差放大器将采样得到的电压与内部精密参考电压（2.5V）进行比较，生成误差电压（$U_{EA.V}$）。该值与锯齿波电压（U_{SAW}）比较，决定比较器 PWM.V 输出高电平的宽度，确定开关功率管在恒压（CV）模式下的占空比。

由于 HW-050200C3W 充电器的输出电流可达 2A，而一般智能手机或充电宝的充电电流均小于 2A，因此 IC_1 一直工作在恒压（CV）调节模式，U_S通过采样电阻 R_{10}、R_{12}感测辅助绕组的电压，确定开关功率管在恒压（CV）模式下的占空比。

笔者做了以下实验，即保持负载不变，把 R_{12}与地断开，串接不同电阻到地，测试结果为：串接 820Ω 电阻，输出电压为 4.80V，工作频率约为 57kHz；串接 1.5kΩ 电阻，输出电压为 4.64V，工作频率约为 40kHz。

② 恒流（CC）调节。

恒流（CC）调节可以在内部实现，无须直接感测输出电流。输出电流估算器（I_O Estimator）利用变压器一次侧绕组中的电流（I_{DS}）和二极管放电时间（t_{DIS}）计算出输出电压（U_{CCR}）。内部误差放大器随后将 U_{CCR}与基准电压（2.5V）做比较，生成误差电压（$U_{EA.I}$）。该值与锯齿波电压（U_{SAW}）做比较，决定比较器 PWM.I 输出高电平的宽度，确定开关功率管在恒流（CC）模式下的占空比。

比较器 PWM.V 和 PWM.I 分别将 $U_{EA.V}$和 $U_{EA.I}$与内部锯齿波（U_{SAW}）进行比较作为“或”门的输入，输出用作触发器的复位信号（R），以确定开关功率管的关断时间和占空比。在恒压（CV）调节期间，$U_{EA.V}$用于确定占空比，$U_{EA.I}$饱和至高电平；在恒流（CC）调节期间，$U_{EA.I}$用于确定占空比，$U_{EA.V}$饱和至高电平。恒压（CV）和恒流（CC）的操作模式如图 4-11 所示。

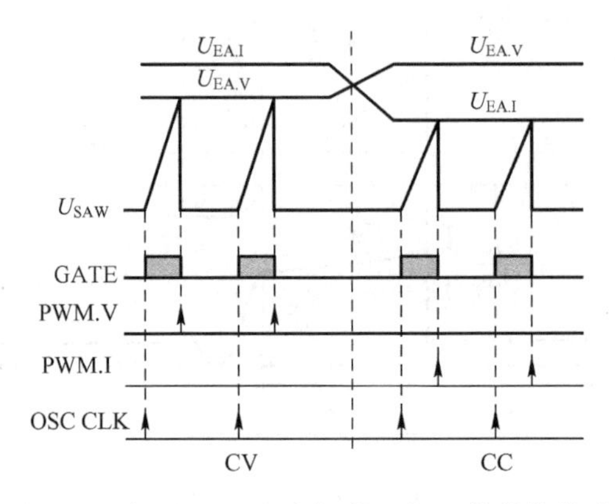

图 4-11　恒压（CV）和恒流（CC）的操作模式

（4）电缆压降补偿

对于手机充电器，电池位于电缆的末端，通常会导致电池电压有几个百分点的压降。IC_1 具有内置电缆补偿功能，能够在恒压模式下的整个负载范围内，在电缆末端提供恒定的输出电压。随着负载的增大，通过增加电压调节误差放大器的基准电压来补偿电缆的压降，即 4 脚外接电阻和电容（R_9 和 C_6）及 IC_1 内部基准电压来实现。

（5）抖频技术

一款好的一次侧反馈 AC-DC 转换器应该具备良好的 EMI 特性，对于传导和辐射的干扰都应该尽可能低，目前常见的做法是采用抖频技术和驱动信号柔化技术。

抖频技术是指在工作频率的基础上引入一个小幅度的频率变化值，以此来降低工作频率点上的频谱能量强度，优化 EMI 特性。驱动信号柔化技术是指将驱动 MOS 管栅极驱动信号的开启沿（上升沿）变得比较平滑，以减小 MOS 管开启瞬间的能量传导和辐射，从而进一步优化 EMI 特性。

通过抖频技术降低电磁干扰（EMI），能将能量分布在比 EMI 测试设备测得的带宽更宽的频率范围内，从而符合 EMI 限制要求。IC_1 内部抖频电路可在 82kHz 和 88kHz 之间逐渐改变工作频率，周期 t_{FHR}为 3ms，如图 4-12 所示。

（6）前沿消隐时间

每次开关功率管导通时，其源极电阻上都会出现一个尖峰电流。为了避免开关脉冲提前终止，IC_1 内置 150ns 的前沿消隐时间，可以不用增加传统的 RC 滤波电路。在消隐期间，限流比较器被禁用，无法关断栅极驱动器。

顺便说一下，本电路设计有 Y 电容的位置［见图 4-7（b）中的 CY_1］，但没有安装。

图 4-13 为空载和负载（给充电宝充电）时，IC_1 的 2 脚与开关功率管 VT_1 漏极电压波形。实际测试发现，当负载继续加重时，如笔者在输出端并联 10Ω/10W 的水泥电阻时，输

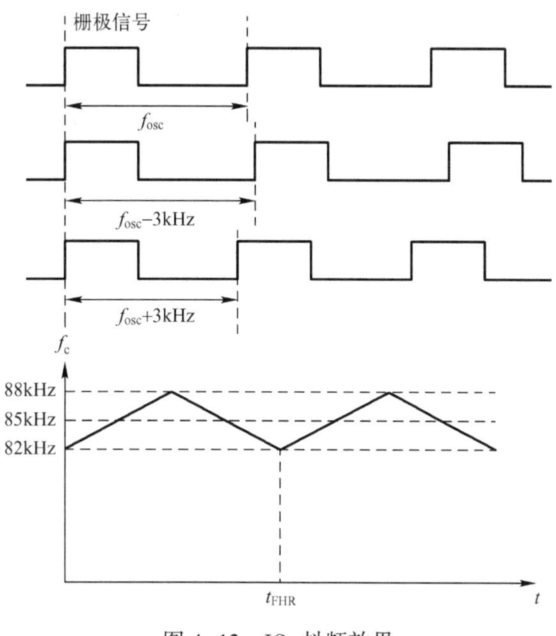

图 4-12　IC_1 抖频效果

出电流增大 0.5A，工作频率提高到 85kHz，且不再随负载加重而提高，也就是说，IC_1 的最高频率为 85kHz。

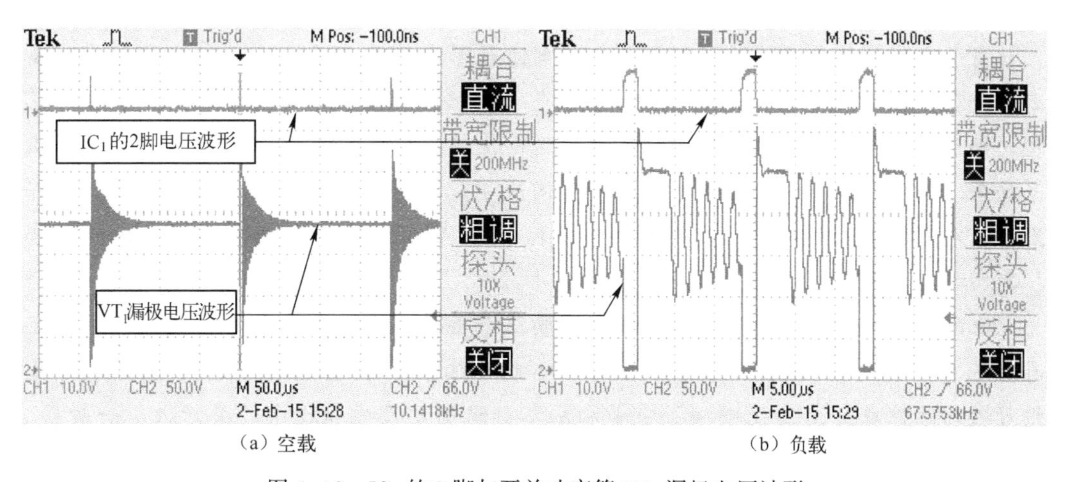

（a）空载　　（b）负载

图 4-13　IC_1 的 2 脚与开关功率管 VT_1 漏极电压波形

IC_1 具有关断重启功能，输出短路时，2 脚输出 PWM 脉冲的频率大幅度降低，占空比很小，输出能量很小，如图 4-14 所示。这种设计可以在最恶劣的故障（比如输出短路）发生时起保护作用。

顺便提一下，变压器一次侧绕组反馈一般用在输出功率不大、对输出电压精度要求不高的场合。

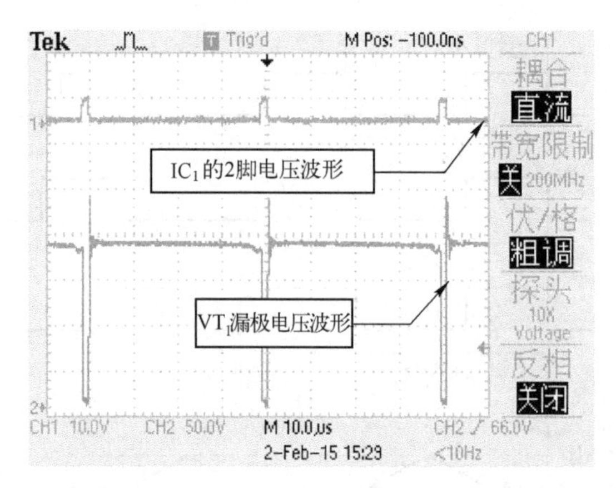

图 4-14　输出短路时，IC_1 的 2 脚与 VT_1 漏极电压波形（占空比很小）

阅读资料

目前，市面上所使用的二次电池主要有镍氢（Ni-MH）与锂离子（Li-ion）两种类型。镍氢电池主要用在遥控器、剃须刀、遥控小汽车等电子设备中。锂离子电池主要用在手机、平板电脑、高亮度 LED 手电筒等电子设备中。

锂离子电池分为液体锂离子电池（LiB）和聚合物锂离子电池（LiP）两种。在许多情况下，电池上标注 Li-ion 的一定是锂离子电池，有可能是液体锂离子电池，也有可能是聚合物锂离子电池。

锂离子电池是锂电池的改进型产品。锂电池很早以前就有了。由于锂元素是一种高度活跃的金属，在使用时不太安全，经常会在充电时出现燃烧、爆裂的情况，所以就有了改进型的锂离子电池，即加入能抑制锂元素活跃的成分（如钴、锰等），从而使锂电池真正达到了安全、高效、方便。旧的锂电池基本被淘汰了。如何识别呢？从电池上的标识就可以识别：锂电池标识为 Li；锂离子电池标识为 Li-ion。笔记本电脑和手机中使用的所谓锂电池，其实都是锂离子电池。

电池的基本构造包括**正极、负极和电解质**三个要素。作为电池的一种，锂离子电池同样具有这三个要素。一般锂离子电池使用液体或无机胶体电解液，因此需要坚固的外壳来容纳可燃的活性成分，这就增加了重量和成本，限制了尺寸和造型的灵活性。一般而言，液体锂离子电池的最小厚度为 6mm，再减小就比较困难了。所谓聚合物锂离子电池是正极、负极和电解质中至少有一项或一项以上使用高分子材料。

新一代的聚合物锂离子电池在聚合物化的程度上已经很高了，所以在形状上可做到薄形化（最薄为 0.5mm）、任意面积化和任意形状化，大大提高了电池造型设计的灵活性，从而可以配合产品的需求，做成任何形状与容量的电池。同时，聚合物锂离子电池的单位能量比目前的一般锂离子电池提高了 50%，容量、充放电特性、安全性、工作温度范围、循环寿命及环保性能等都有大幅度的提高。

由于液体锂离子（LiB）电池在过度充电的情形下，极易造成因安全阀破裂而起火的情形，所以必须加装保护电路以确保电池不会发生过度充电的情形。高分子聚合物锂离子电池相对液体锂离子电池而言具有较好的耐充、放电特性，对外加保护电路的要求可以适当放宽。此外，在充电方面，聚合物锂离子电池可以利用恒电流充电，与锂离子电池所采用的 CC、CV 充电方式所需的时间比较起来可以缩短许多。

2. 苹果 iPhone5/5C/5S 充电器

苹果 iPhone5/5C/5S 充电器的名称为 A1443。产品规格：输入 AC100～240V，50Hz/60Hz，0.15A；输出 5.0V@1A，限海拔 2000m 以下使用。由于充电器布局精巧、结构紧凑，故笔者在同事的帮助之下把它拆开，如图 4-15 所示。

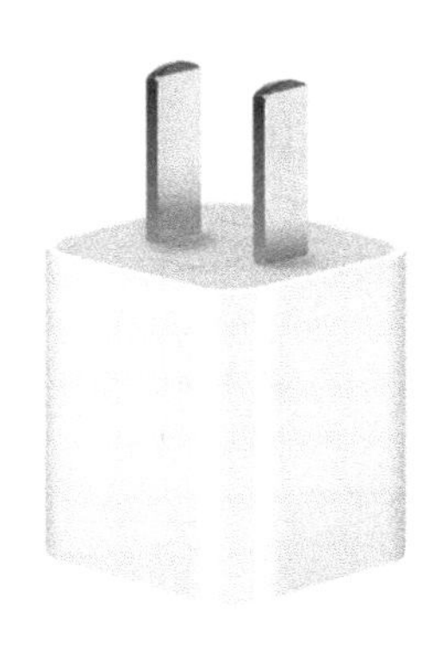

（a）外观

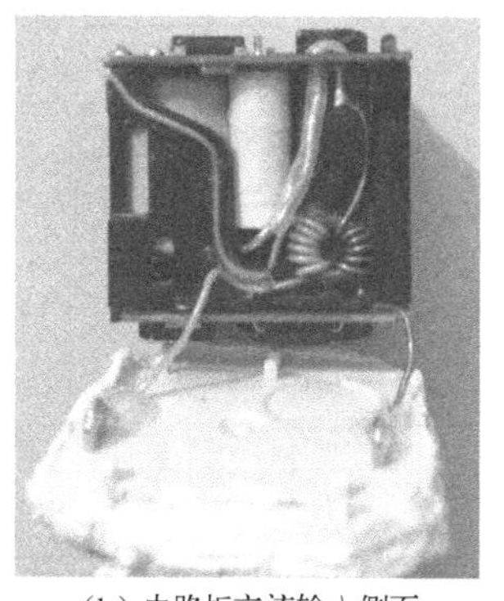

（b）电路板交流输入侧面

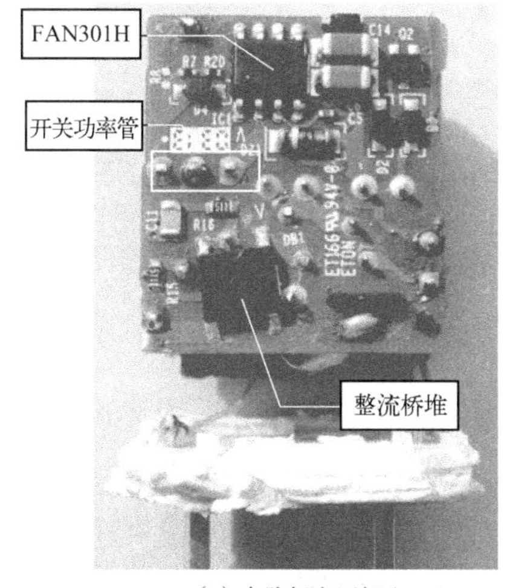

（c）电路板高压部分

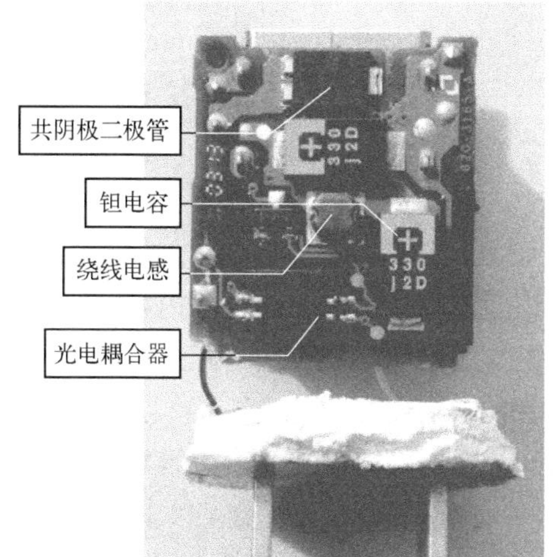

（d）电路板低压部分

图 4-15　苹果 iPhone5/5C/5S 充电器 A1443

（1）FAN301H 的工作特性

苹果 iPhone5/5C/5S 充电器 A1443 采用的控制器是 FAN301H。其典型应用电路框图如图 4-16 所示。该电路与图 4-9 所示电路有许多相似之处。

图 4-16 显示 FAN301H 恒压（CV）调节的实现方法与传统隔离型电源相同，使用电阻分压感测输出电压，并与精密稳压电源（KA431）的内部 2.5V 基准电压相比较生成补偿信号。该补偿信号通过光电耦合器传至高压侧后，经衰减器施加在 PWM 比较器（PWM.V）上，以便确定占空比。

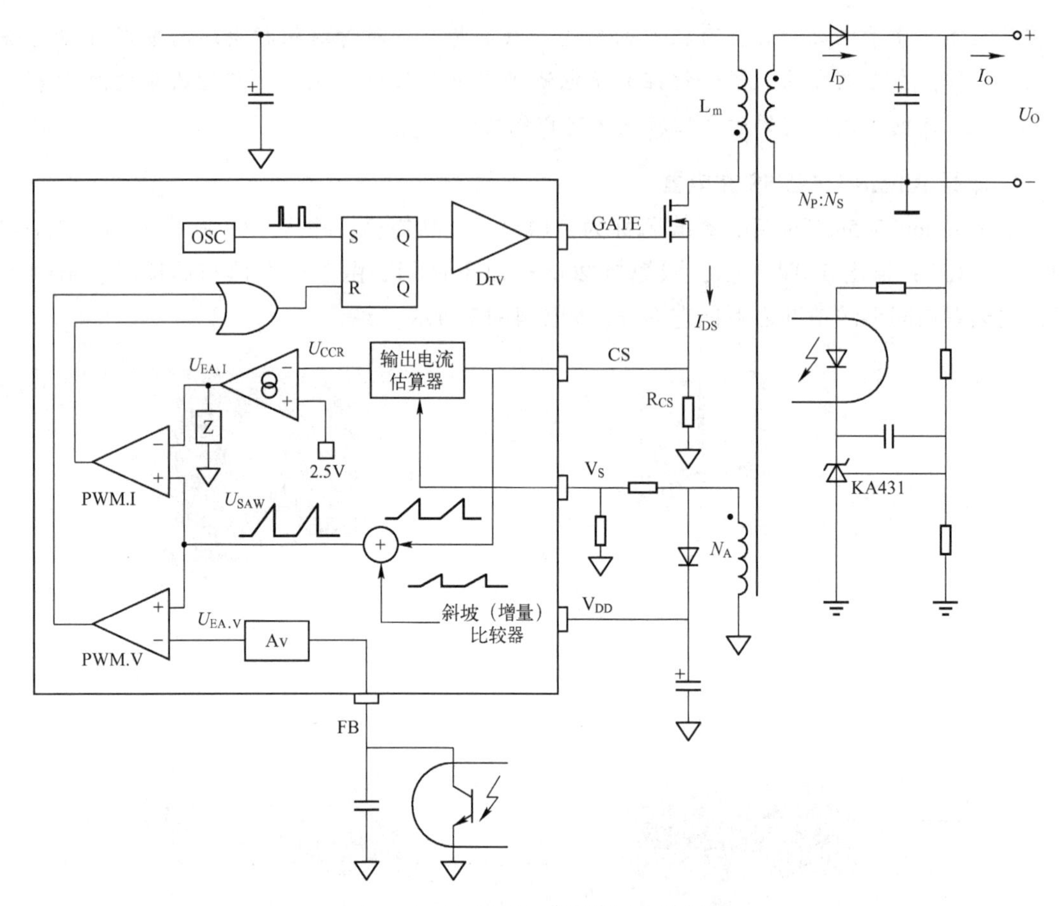

图 4-16　FAN301H 典型应用电路框图

FAN301H 的恒流（CC）调节方法与 FAN104W 相同，恒压（CV）与恒流（CC）的操作模式也相同（请读者参考前面的内容）。

（2）充电器 A1443 的工作原理

苹果 iPhone5/5C/5S 充电器 A1443 的电路原理图如图 4-17 所示。FAN301H 是 Fairchild 公司出品的一次侧反馈控制器，功能与 FAN104W 相似。

充电器 A1443 输出电流在 1A 以下时，FAN301H 按恒压（CV）调节设计，低压侧采用电阻偏置分压（低压部分元器件无编号：上偏置电阻为 100kΩ，下偏置为两个电阻并联，等效电阻为 31.8kΩ）检测输出电压，加到基准稳压源 Y3HU（类似 TL431，参考电压为 1.25V）参考端，控制光电耦合器构成稳压反馈信号。稳定输出电压 U_0 为

$$U_0=1.25\times\left(1+\frac{100}{31.8}\right)\approx5.18(\mathrm{V})$$

注：实测 Y3HU 参考电压为 1.23V，实际输出电压约为 5.1V。

苹果 iPhone5/5C/5S 充电器的充电电流为 1A，正好等于配套充电器的额定输出电流，因此 FAN301H 按恒压（CV）调节模式工作。若负载加重，即带 5Ω 以下电阻，则输出电流虽会增大，但只能增大到 1.2A。此时，FAN301H 按恒流（CC）调节模式工作，负载电阻越小，输出电压越低，电压与负载电阻的比值基本不变。

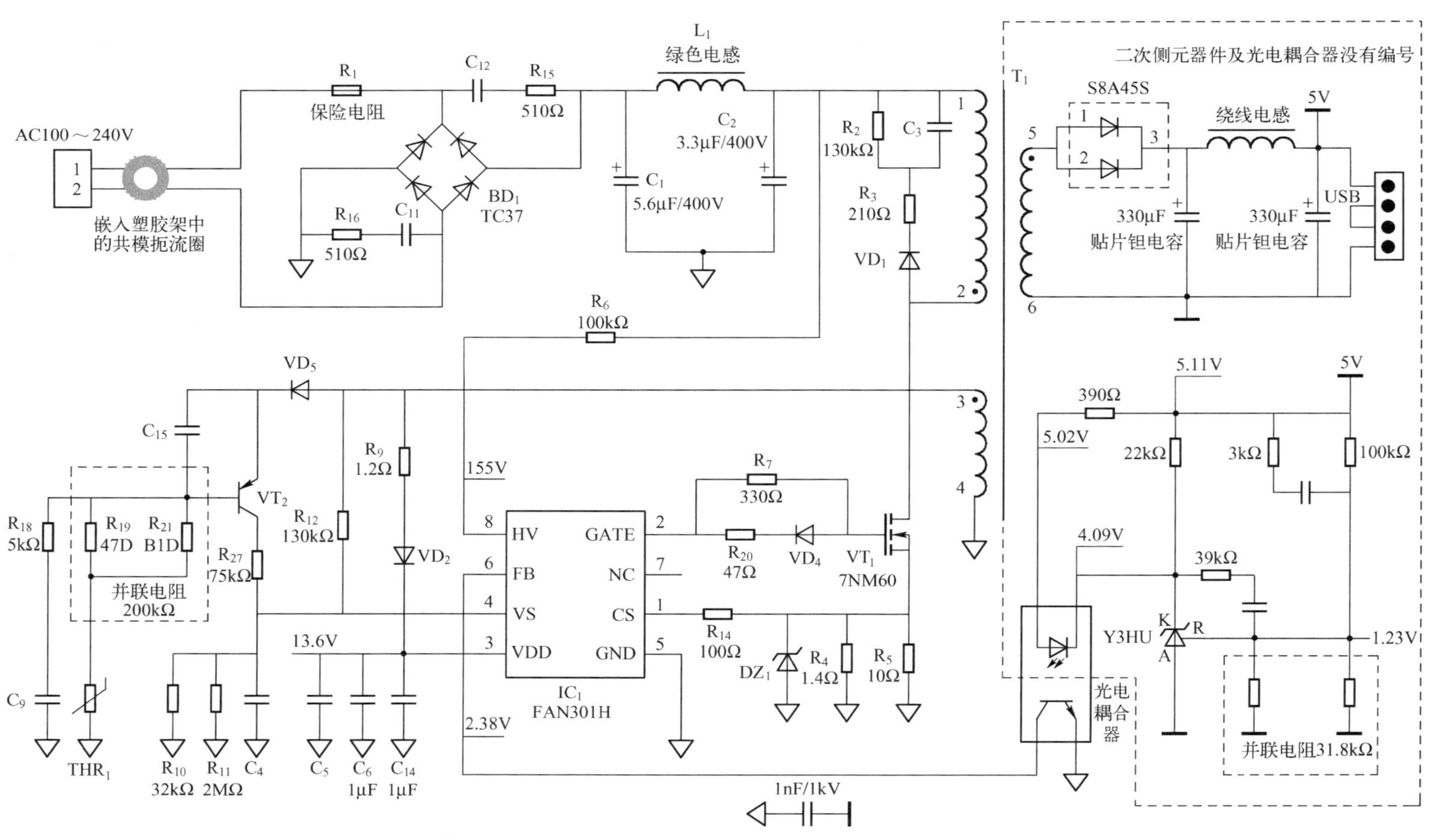

图4-17 苹果iPhone5/5C/5S充电器A1443的电路原理图（图中标注电压为实测值）

（3）温度保护

常温时，热敏电阻 THR_1 的阻值很大，与 $R_{19}//R_{21}$ 串联后阻值更大，因此 VT_2 的基极电流非常微弱，等效电阻很大，相当于开路。此时，电阻 R_{12} 与 $R_{10}//R_{11}$（阻值与 R_{10} 的阻值相近）分压（C_4 滤波）采样。

当充电器 A1443 的环境温度升高时，THR_1 的阻值减小，VT_2 基极电流增大，等效电阻减小，与 R_{27} 串联阻值不可忽略，相当于 R_{12} 增加一条并联支路。当辅助绕组为正极性电压时，控制器 V_S 端感测的电压升高。输出电流估算器（I_O Estimator）利用变压器一次侧电流（I_{DS}）和整流二极管放电时间（t_{DIS}）计算出输出电压（U_{CCR}）。此时，**开关电源转为恒流（CC）调节，输出电压下降，减小功率输出，遏制温度进一步上升。**

（4）工作波形

图 4-18 为空载和负载（给充电宝充电，电流约为 1A）时，FAN301H 的 2 脚与开关功率管 VT_1 漏极的电压波形。空载时，工作频率、占空比均很低，间歇性振荡；负载越重，工作频率越高；接近满载时，工作频率接近最高工作频率（85kHz），占空比也比较大。

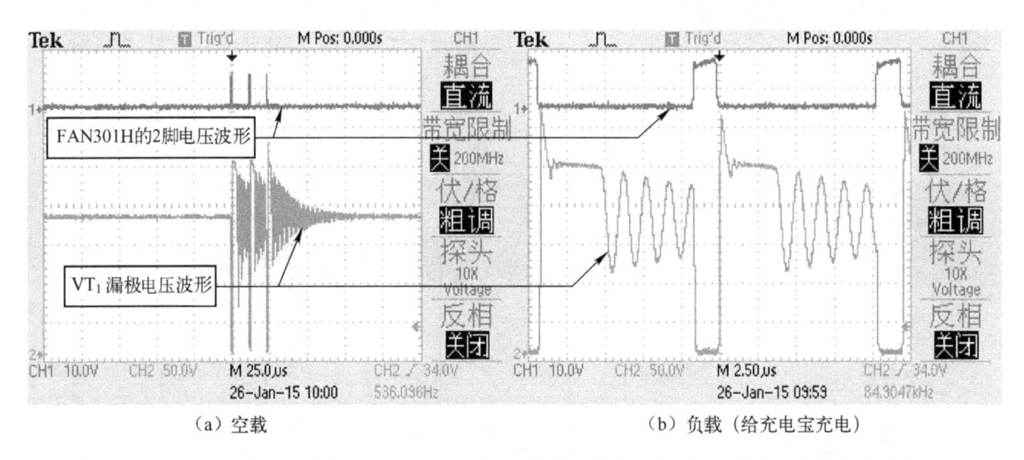

（a）空载　　（b）负载（给充电宝充电）

图 4-18　空载和负载时，FAN301H 的 2 脚与开关功率管 VT_1 漏极的电压波形

4.2.2　LED 广告牌开关电源

1. 电流模式控制器 UC284×A/UC384×A

UC3842 是美国 Unltmde 公司生产的一种性能优良的电流控制型脉宽调制芯片，具有引脚数量少、外围电路简单等特点，得到了广泛的应用。

UC284×A/UC384×A 是高性能固定频率电流模式控制器，专为 AC-DC 电源转换器应用而设计，提供了只需要最少外部元器件就能获得最佳性价比的解决方案，集成了可微调的振荡器、精确的占空比控制器、温度补偿和高增益误差放大器、电流取样比较器，具有大电流“图腾柱”式输出、输入欠压锁定、逐周期电流限制、可编程输出静区时间和单个脉冲测量锁存等功能。

UC×842A 具有 16V（通）和 10V（断）低压锁定门限：当 UC×842A 的 7 脚电压低于 10V 时，8 脚电压变为零，停止工作；若 7 脚电压逐渐升高，则保持锁定状态，直到高于

16V，8 脚电压变为 5V 时，解锁，恢复工作。

UC×843A 类同，是专门为低压应用而设计的，只是锁定门限电压不同，为 8.5V（通）和 7.6V（断）。

（1）封装形式和功能框图

UC284×A/UC384×A 有 DIP8 和 SOP14 两种封装形式，如图 4-19 所示，内部功能框图如图 4-20 所示。

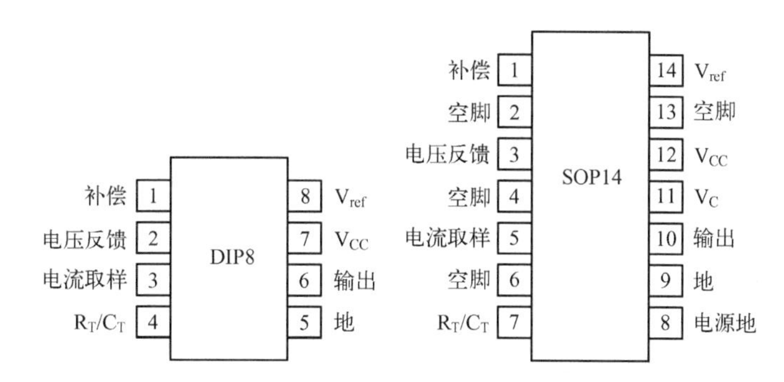

图 4-19　UC284×A/UC384×A 封装形式

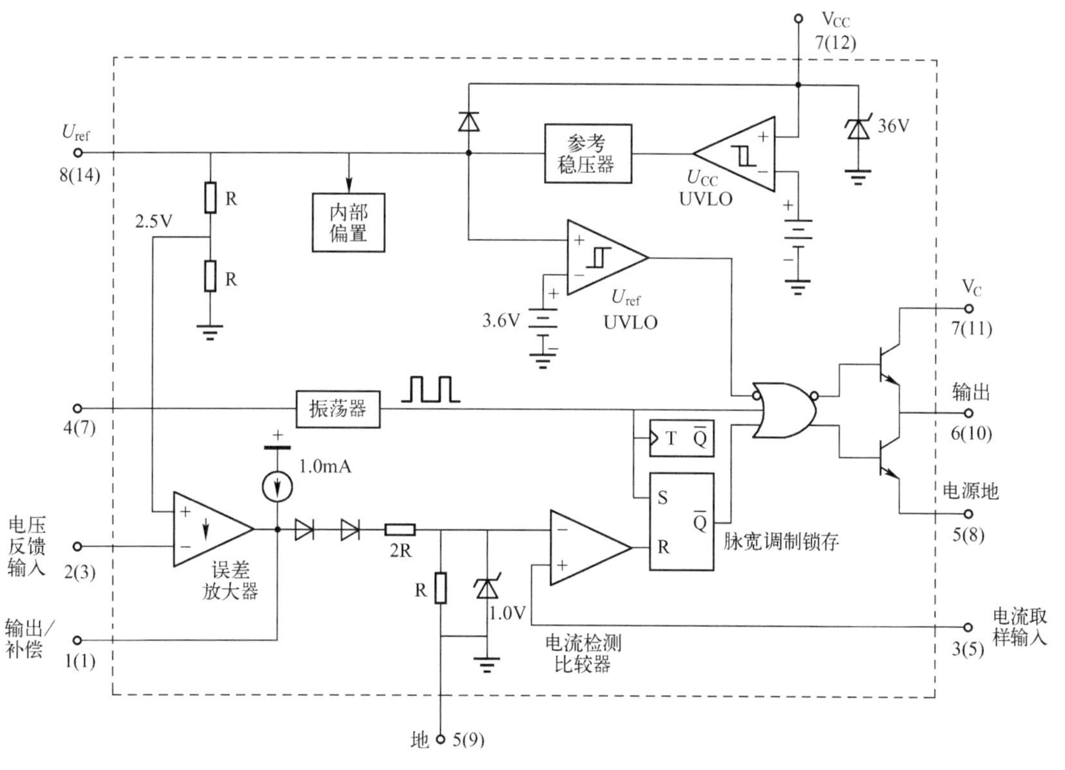

图 4-20　UC284×A/UC384×A 内部功能框图

（括号内、外分别为 8 脚和 14 脚封装的引脚号）

（2）引脚功能

UC284×A/UC384×A 各引脚功能见表 4-3。

表 4-3　UC284×A/ UC384×A 各引脚功能

引　脚		功　能	说　　明
8 引脚	14 引脚		
1	1	补偿	误差放大器的输出端，外接阻容元器件（到 2 脚）用于改善误差放大器的增益和频率特性。该端电压越低，输出 PWM 脉冲占空比越小
2	3	电压反馈	反馈电压输入端，该端电压与误差放大器同相端的 2.5V 基准电压进行比较，产生误差电压，从而控制脉冲宽度
3	5	电流取样	一个正比于开关功率管电流的电压送至该端，脉宽调制器使用该电压终止输出开关的导通
4	7	R_T/C_T	通过将 R_T连接至 Vref 和 C_T至地，使工作频率和最大输出占空比可调。$f≈1.8/(R_T×C_T)$，最高工作频率可达 500kHz
5	—	地	控制电路和电源的公共地（仅对 8 脚封装而言）
6	10	输出	图腾柱输出直接驱动开关功率管的栅极，拉电流和灌电流高达 1.0A
7	12	V_{CC}	内部控制电路的电源，具有欠、过压锁定功能，芯片功耗为 15mW
8	14	V_{ref}	内部基准 5V 电压输出，具有 50mA 负载能力
—	8	电源地	分离电源地（仅对 14 脚封装而言），用于减小控制电路中开关瞬态噪声的影响
—	11	V_C	输出高电平（V_{OH}）由加到 11 脚的电压设定。通过分离的电源地连接，可以减小控制电路中开关瞬态噪声的影响
—	9	地	控制电路地返回端（仅对 14 脚封装而言），并连回至电源
	2，4，6，13	空脚	没有内部连接（仅对 14 脚封装而言）

（3）最大额定值

UC284×A/UC384×A 的最大额定值见表 4-4。

表 4-4　UC284×A/ UC384×A 的最大额定值

额　定　值	符　　号	数　　值	单　　位
总电源和齐纳电流	$I_{CC}+I_Z$	30	mA
总输出拉电流或灌电流	I_O	1.0	A
输出功率（每周期电容性负载）	W	5.0	μJ
电源取样和电压反馈输入	U_{in}	−0.3～+5.5	V
误差放大器输出灌电流	I_O	10	mA
功耗和热特性（D 后缀，塑料封装；最大功耗@ T_A=25℃；结温至空气的热阻）	P_D	862	mW
	$R_{\theta JA}$	145	℃/W
功耗和热特性（N 后缀，塑料封装；最大功耗@ T_A=25℃；结温至空气的热阻）	P_D	1.25	W
	$R_{\theta JA}$	100	℃/W
工作结温	T_J	+150	℃
工作环境温度（UC3842A，UC3843A，UC2842A，UC2843A）	T_A	0～+70，−25～+85	℃
保存温度	T_{stg}	−65～+150	℃

2. 将 UC3842A 作为控制器的反激式开关电源

图 4-21 为由 UC3842A 构成的反激式开关电源。该开关电源是 LED 广告牌的电源，直流输出为 12V/5A。其电路板安装在一个金属盒子里，为了散热，还附带安装一个风扇。

（1）市电输入电路

市电由插座 CON_1 输入，F_1 是（T2. 5AH/250V）延时保险管；CX_1 用于滤除差模干扰；LF_1 与 CY_1、CY_2 用于滤除共模干扰；NTC 是热敏电阻，用于抑制开机瞬间的冲击电流。市电经 DB_1、C_1 和 C_2 整流滤波得到直流 300V 高压：一路经开关变压器 T_1 一次侧绕组加到开关功率管 VT_4 的 D 极；另一路经 R_2、R_{28} 限流、电解电容 C_3 滤波，加到 U_{11}（UC3842A）的供电端 7 脚，为 UC3842A 提供启动电压。

正常工作时，通过 R_2、R_{28} 的电流不满足工作需求。比如，AC220V 供电时，直流母线电压为 330V，若 UC3842A 供电端电压为 15V，则通过 R_8、R_{28} 的电流约为 3. 35mA，远低于额定工作电流 30mA。因此，需要辅助绕组为其提供正常工作电流。

（2）稳压控制电路

为了讲述如图 4-21 所示电路的工作原理，需要先把 UC3842A 及其相关元器件抽离出来，即稳压控制电路如图 4-22 所示。UC3842A 内部 5V 参考电压被两个等值电阻分压为 2. 5V 加到误差放大器的同相端，其反相端 2 脚接地。此时，误差放大器作为比较器使用，1 脚输出高电平。由于误差放大器输出电路结构的限制，因此输出的高电平总是比电源电压低，为此用 R_7 上拉 5V 电压，使 1 脚输出高电平接近 5V。

光电耦合器反馈信号接 UC3842A 的 1 脚，该脚电压越低，6 脚输出的 PWM 脉冲占空比越小。若输出电压升高，取样电压升高，TL431 导通增强，经光电耦合器反馈拉低 1 脚电压，则 6 脚输出的 PWM 脉冲占空比减小，抑制输出电压的升高，反之亦然。

实际上，UC3842A 的典型应用电路如图 4-23 所示。误差放大器的反相端与输出端接 RC 并联反馈电路，这时误差放大器作为一般运放使用。**光电耦合器的反馈信号接反相端，该脚电压越高，1 脚电压越低，6 脚输出的 PWM 脉冲占空比越小。**这种用法的最终结果与如图 4-22 所示的原理相同，优点是通过改变 RC 并联反馈电路的阻容参数，可以灵活调整放大器的增益和频率补偿，提高开关电源的稳定性。

图 4-21 中，二次侧整流二极管 VD_6 采用 TO-220AB 封装，与 C_{14}、R_{22} 组成吸收电路，抑制浪涌电压；C_6、C_7、C_8 与 L_1 组成 π 形滤波器，比单纯电容滤波效果好得多；R_{27} 与 LED 用于电源指示；R_{29} 作为假负载，可保证开关电源在无外接负载时能够工作（某些他激式开关电源没有负载就不工作，本例就是）；插座 CON_2 用于连接散热风扇；R_{24}、C_{15} 组成的阻容电路并联在 TL431 的参考端与调整端，用于频率补偿；输出电压由电阻 R_{25}、R_{26} 和 RP_1 取样，加到 TL431 的参考端，输出电压为

$$U_O = 2.5 \times \left(1 + \frac{R_{25}}{R_{26} + R_{RP_1}}\right)(\mathrm{V})$$

式中，2. 5V 是 TL431 的参考端电压。

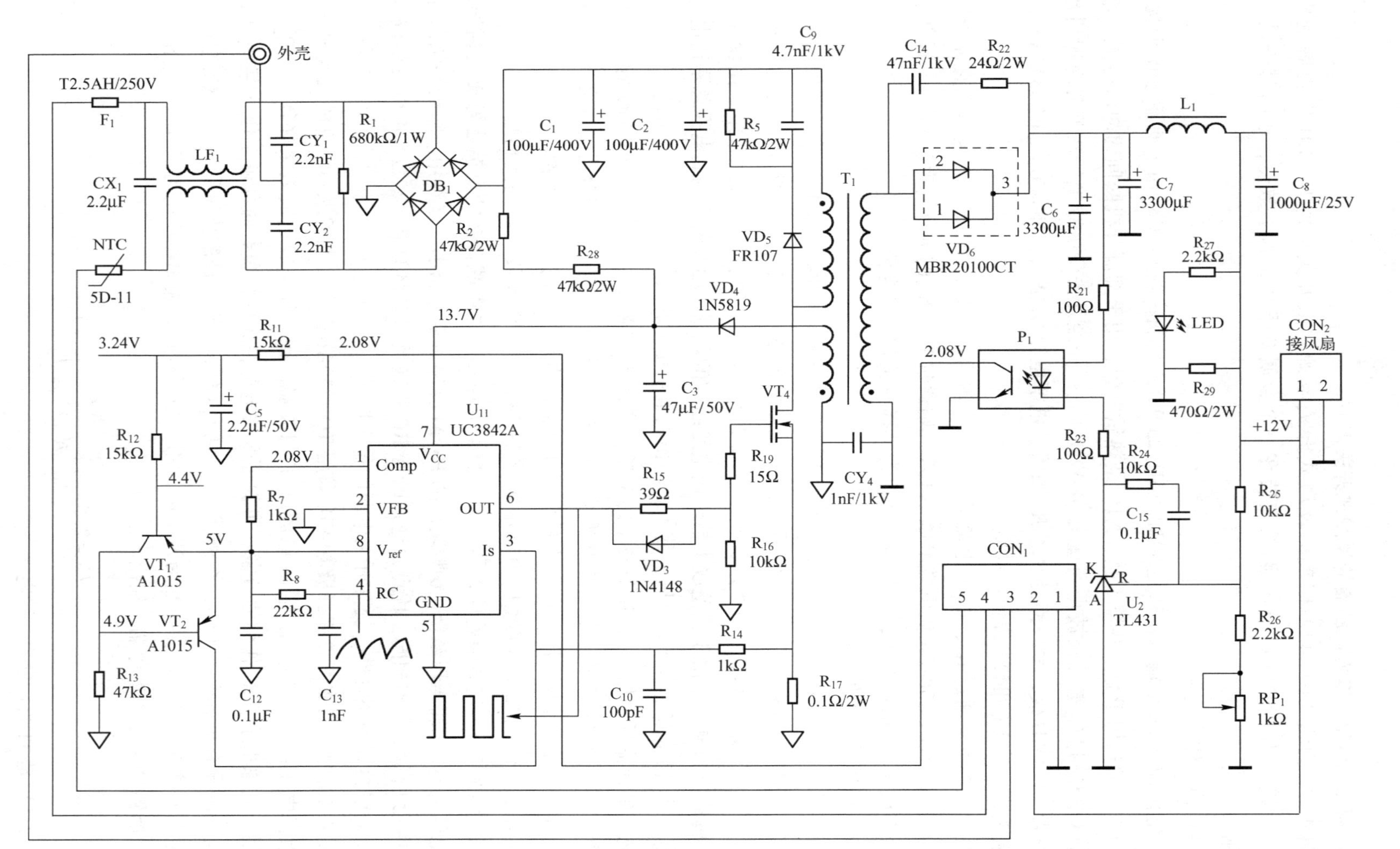

图4–21　由UC3842A构成的反激式开关电源

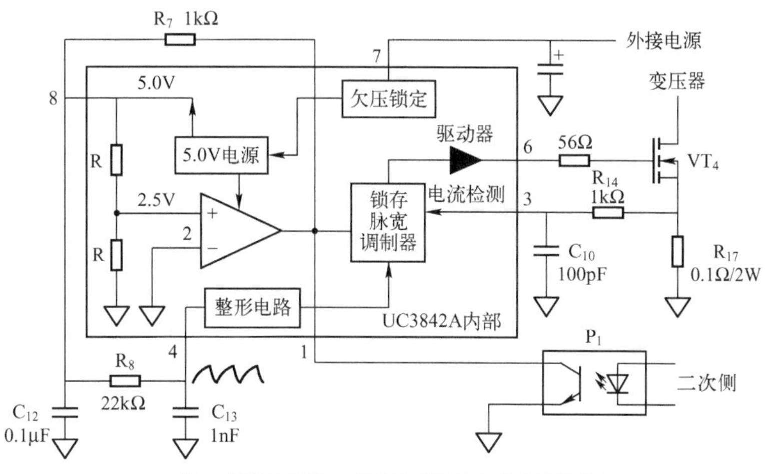

图 4-22　稳压控制电路

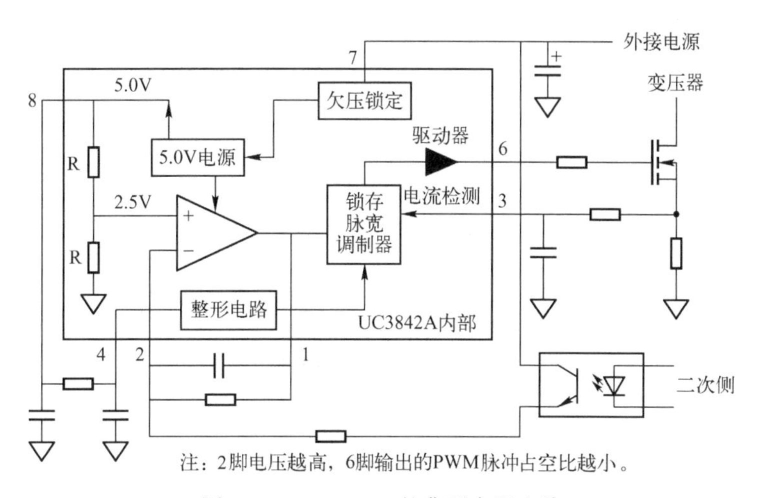

图 4-23　UC3842A 的典型应用电路

当 $R_{RP_1}=0$ 时

$$U_O=2.5\times\left(1+\frac{10}{2.2}\right)\approx 13.8(\mathrm{V})$$

当 $R_{RP_1}=1\mathrm{k}\Omega$ 时

$$U_O=2.5\times\left(1+\frac{10}{2.2+1}\right)\approx 10.3(\mathrm{V})$$

适当调节 RP_1 的阻值，可使输出电压等于 12V，这时

$$U_O=2.5\times\left(1+\frac{R_{25}}{R_{26}+R_{RP_1}}\right)=12(\mathrm{V})$$

解得 $R_{RP_1}=431.5\Omega$。

无外接负载和风扇电动机时，U_{11}（UC3842A）的 7 脚电压约为 10.7V，接近锁定门限电压10V。此时，由于二次侧只有假负载R_{29}（470Ω）和发光二极管LED用电，输出电流约为30mA，功率消耗很小，故占空比也很小，如图4-24所示。

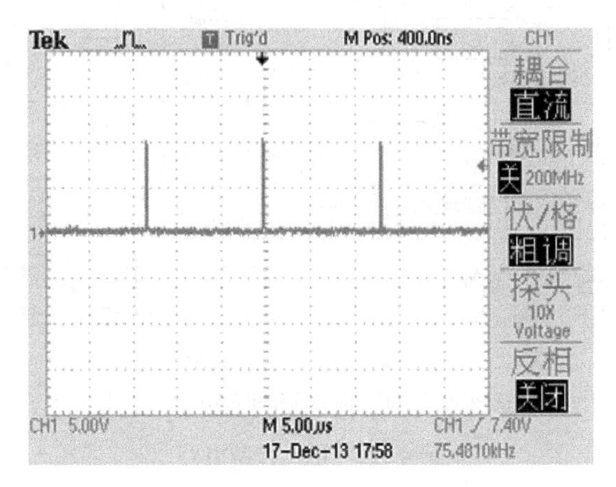

图4-24　空载时6脚输出的PWM脉冲

正常工作时，光电耦合器拉低UC3842A的1脚电压，电阻R_{11}、R_{12}给VT_1提供基偏置电流，VT_1饱和，VT_2截止，对UC3842A的3脚过流检测端无影响。图4-21中标注的6个节点电压数值为负载6Ω&2A时的状况，此时UC3842A的6脚输出PWM脉冲如图4-25所示（**PWM脉冲的频率约为75kHz，幅度为12.5V**）。

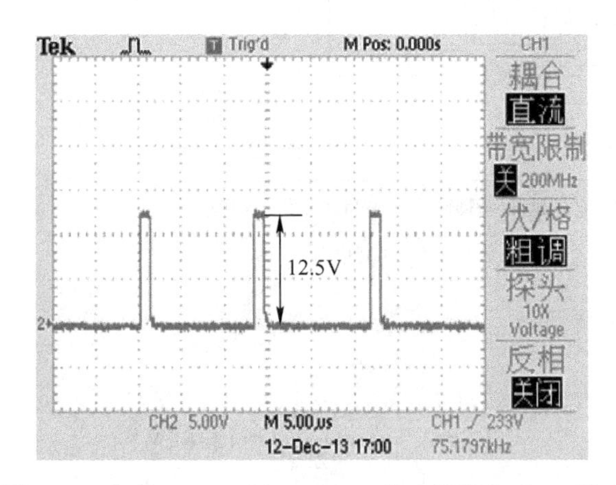

图4-25　负载6Ω&2A时UC3842A的6脚输出PWM脉冲

（3）过流保护

图4-21中，R_{17}（0.1Ω/2W）把电流信号转化为电压信号，经R_{14}、C_{10}滤波送到UC3842A的3脚，故3脚电压正比于开关功率管VT_4的漏极电流。若开关功率管VT_4的漏极峰值电流大于10A，则3脚电压高于1V（10A×0.1Ω），UC3842A启动电流检测保护，**6脚输出最低占空比脉冲**，具体工作过程请读者参考“短路保护”。

（4）短路保护

图 4-21 中，若输出短路，则光电耦合器 P_1 失控，UC3842A 的 1 脚为 5V，VT_1 截止，VT_2 饱和，5V 经 VT_2 送到 UC3842A 的 3 脚，UC3842A 启动电流检测保护，**6 脚输出最低占空比脉冲**，辅助绕组整流输出电压很低，无法满足所需工作电流，虽然直流母线经 R_2、R_{28} 给 UC3842A 供电，但电流太小，UC3842A 的 7 脚电压逐渐下降，一旦低于门限锁定 10V 电压，则欠压保护使 UC3842A 的 8 脚电压变为 0V，UC3842A 锁定。

UC3842A 锁定后，消耗电流极小，直流母线经 R_2、R_{28} 给 C_3 充电，UC3842A 的 7 脚电压逐渐升高，一旦高于门限开启 16V 电压，则欠压保护电路使 UC3842A 的 8 脚恢复 5V 电压，UC3842A 解锁。若输出短路仍然没有被解除，则光电耦合器 P_1 失控，UC3842A 的 3 脚为 5V，UC3842A 启动电流检测保护，**6 脚再次输出最低占空比脉冲，如此循环**。这种保护被称为“打嗝式”保护，如图 4-26 所示。

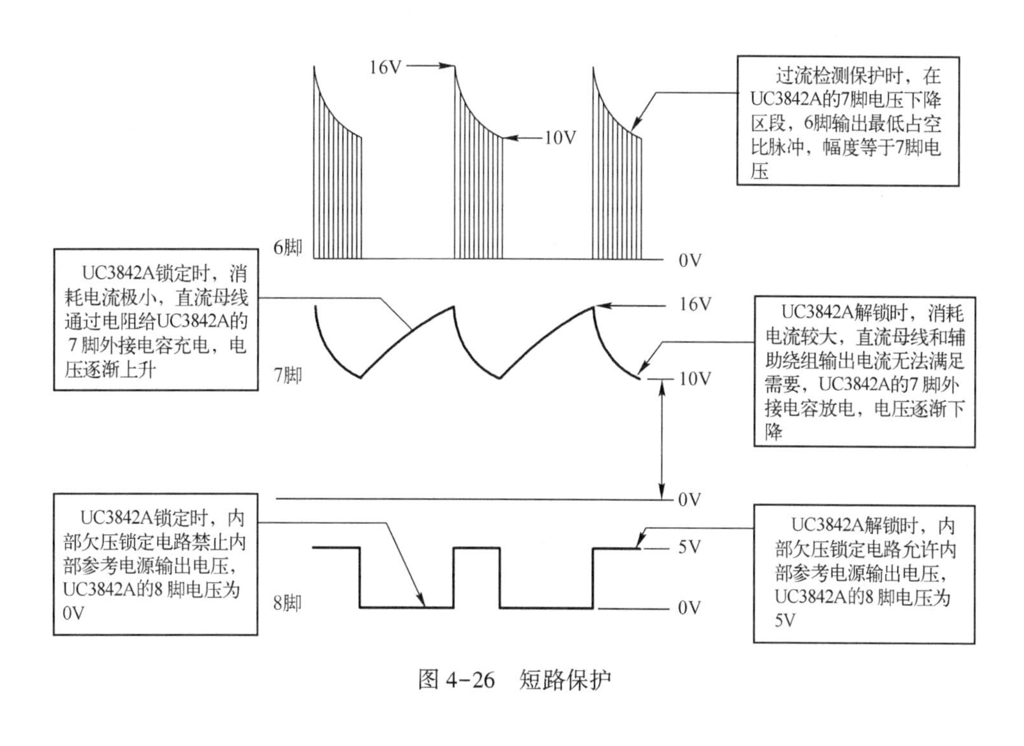

图 4-26　短路保护

在“打嗝式”保护过程中，电源向二次侧输出很小的能量，保护开关功率管及输出整流二极管不被损坏。

图 4-21 中其他元器件的作用如下：接在 UC3842A 的 4 脚与 8 脚之间的 R_8 和 4 脚与地之间的 C_{13} 组成 RC 振荡电路，产生锯齿波，经内部整形为方波，作为 UC3842A 的时钟和控制脉冲信号；R_5（47k/2W）、C_9（4.7nF/1kV）与 VD_5（FR107）组成 RCD 浪涌电压恢复电路；安规电容 CY_4 跨接在“热地”与“冷地”之间，抑制由变压器漏感引起的浪涌电流；VD_3 与 R_{15} 并联，在 UC3842A 输出负脉冲时快速泄放 VT_4 栅极电容蓄积的电荷，加速截止进程，减小开关损耗。

4.2.3 金伟立电动车充电器

图 4-27 为金伟立电动车充电器电路原理图。该充电器输出 48V&20AH，安装在一个塑料盒内，采用的开关控制器为 UC3842，为了散热，还附带安装一个风扇。

（1）市电输入电路

市电由 L、N 输入：F_1是（T1.5AH/250V）延时保险管；NTC_1是热敏电阻，8D-11 的含义为常温 25℃时电阻为 8Ω、直径为 11mm，用于遏制在开机瞬间对高压滤波电容的电流冲击。市电经 DB_1（RL107）、C_7整流滤波得到直流 300V 高压 HV（High Voltage）：一路经开关变压器 T_1主绕组加到开关功率管 VT_2的 D 极；另一路经 R_5限流、电解电容 C_5滤波，加到 U_1的供电端 7 脚，为 U_1（UC3842）提供启动电压。正常工作时，通过 R_5的电流不满足其工作需求，因此需要辅助绕组为其提供正常工作电流。

R_{15}、C_9和 VD_3组成 RCD 吸收电路，吸收开关功率管在关断瞬间出现的漏感尖峰电压，保护开关功率管能长期安全工作。

（2）稳压控制原理

图 4-27 采用 UC3842 的第一种工作模式，光电耦合器**反馈信号连接 UC3842 的 1 脚，1 脚电压越低，6 脚输出的 PWM 脉冲占空比越小**。若输出电压升高，取样电压升高，TL431 导通增强，经光电耦合器反馈拉低 1 脚电压，则 6 脚输出的 PW 脉冲 M 占空比减小，可抑制输出电压的升高；反之亦然。

二次侧 VD_6（HER604）是超快恢复二极管，正向平均电流可达 6A，反向耐压为 600V；C_{12}、R_{22}串联后再并联在 VD_6两端，可抑制 VD_6关断瞬间的浪涌电压；C_{14}（220μF/63V）用于单电容滤波；R_{29}用于断电时泄放 C_{14}残存的电荷；R_{30}串接在充电回路中，用作电流取样电阻。

电容 C_4跨接在 TL431 的参考端与调整端，用于频率补偿。输出电压经 R_2、R_3和 R_4串联分压取样，加到 TL431 的参考端。输出电压为

$$U_O = 2.5\times\left(1+\frac{R_2+R_3}{R_4}\right) = 2.5\times\left(1+\frac{4.7+36}{2.2}\right) = 48.75(\text{V})$$

式中，2.5V 是 TL431 的参考端电压。

肖特基二极管 VD_5从二次侧绕组中间某点引出，用于整流电压给光电耦合器中的发光二极管、U_2、LED 和风扇电动机供电。电解电容 C_{11}为滤波电容。R_{24}与稳压二极管 VD_7组成简单的并联稳压电路，为其他电路提供稳定的基准电压。R_{25}与单只红色发光二极管串联，用于电源指示。VD_9的作用不详。R_{33}与 R_{29}的作用类似，用于断电时泄放 C_{14}残存的电荷，但 R_{33}可以去掉。

（3）恒流充电

开始充电时，电池电压较低、充电电流很大，故电流采样电阻 R_{30}的压降也较大。因 R_{30}的右端经 R_{16}连接 U_{2B}的反相端（6 脚），根据集成运放的工作特性，一旦反相端接近或超过同相端（5 脚）电压，则输出端（7 脚）电压就会降低至比 LM358 供电电压（V_{CC}）1/2 还低。

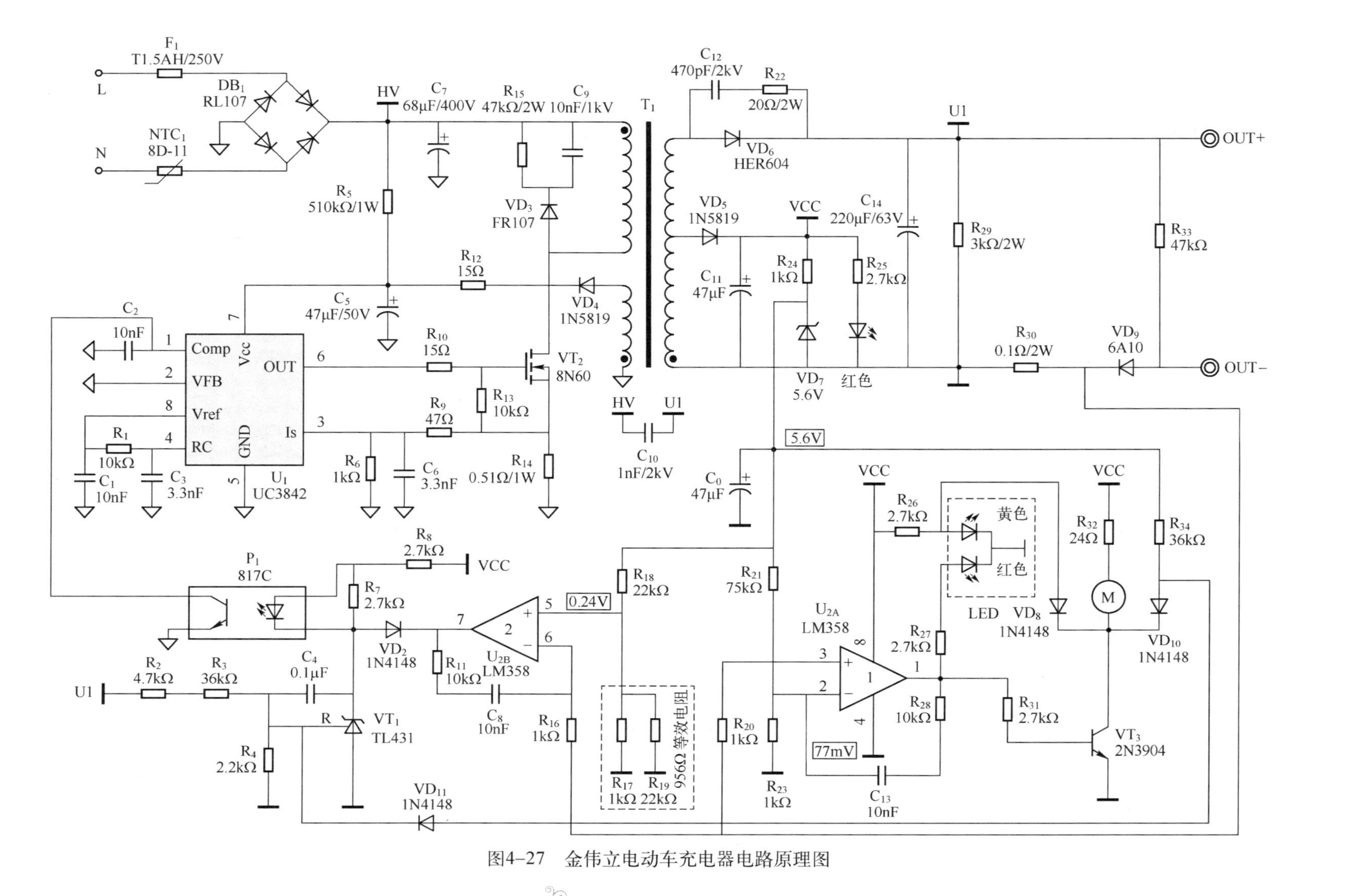

图4-27 金伟立电动车充电器电路原理图

由于同相端（5脚）是5.6V基准电压经R_{18}与R_{17}、R_{19}并联等效电阻串联分压，理论值为233mV$\left(=5.6\text{V}\times\frac{R_{17}//R_{19}}{R_{18}+R_{17}//R_{19}}\right)$，实测值约为0.24V。因此，一旦$R_{30}$的压降接近0.24V（充电电流约为2.4A），7脚输出电压较低，二极管VD_2导通，LM358取代TL431控制光电耦合器，遏制输出电流进一步增加。此时，若负载是纯电阻，则电阻愈小、输出电压愈低，输出电流基本保持不变，称这种工作方式为**恒流充电方式**。

经仔细分析发现，U_{2B}是误差放大器，可放大同相端（基准电压为0.24V）与反相端（电流采样电阻的压降）的误差信号。R_{11}与C_8串联，再并联在U_{2B}的输入端与反相输出端之间，起频率补偿的作用。**通过实验，将VD_2改为1kΩ的电阻，控制效果更好。**

U_{2A}的工作状况：同相端（3脚）经R_{20}连接R_{30}的右端，恒流充电时，R_{30}的压降较大，远高于反相端（2脚）——该脚电压是5.6V基准电压经R_{21}与R_{23}串联的分压，理论值约为74mV$\left(=5.6\text{V}\times\frac{R_{23}}{R_{21}+R_{23}}\right)$，实测值约为77mV，故输出端（1脚）为高电平：一路经R_{27}驱动红色充电指示灯亮；另一路经R_{31}驱动VT_3饱和导通，其集电极电压接近于0，相当于接地。

VT_3饱和导通时有3个控制效果：驱动风扇电动机全速转动（R_{32}是电动机的限速电阻）；钳位VD_8正极电压约0.7V，即黄色充电指示灯正极电压约为0.7V，由于发光二极管的导通压降远高于VD_8，故黄色充电指示灯不亮；钳位VD_{11}正极电压约为0.7V，TL431参考R端电压（约为2.5V）远高于0.7V，故VD_{11}反偏截止，TL431不受VD_{11}支路的影响。

（4）恒压充电

充电一段时间之后，电池电压升高，充电电流减小。当R_{30}的压降远低于0.24V时，U_{2B}的7脚输出电压较高，二极管VD_2反偏截止，TL431取代LM358控制光电耦合器，输出电压稳定在48V左右。用纯电阻负载模拟，负载为50Ω时，关键节点的电压如图4-28所示。

在电流采样电阻的压降大于80mV（约等于2脚的基准电压）时，U_{2A}保持与恒流充电相同的工作状态；接近并逐渐小于80mV时，U_{2A}电路将发生反转。

（5）接近充满时降压充电

当充电电流小到一定程度，U_{2A}同相端（3脚）电压降低逐渐接近并低于反相端（2脚），1脚输出电压逐渐下降，VT_3进入放大状态，其集电极电压升高。用纯电阻负载模拟，负载为75Ω时，关键节点的电压如图4-29所示。

VT_3从放大转到截止有3个控制效果：风扇电动机转速降低直至停止转动；VD_8正极电压升高，红、黄充电指示灯同时发光，由于它们封装在一起，因此表现为二者的混合色橙色，直至完全变成黄色；VD_{10}（连同VD_{11}）正极电压升高，VD_{11}逐渐从反偏截止、零偏置直至转为正偏导通。此时，5.6V基准电压经R_{34}、VD_{11}降压后，加到TL431参考端R，相当于一个附加反馈量，迫使输出电压降低到约45V。这是为铅酸电池的充电特性而设计的！若在快要充满电时仍然长时间维持较高的48V充电，则电池可能有爆炸的危险！

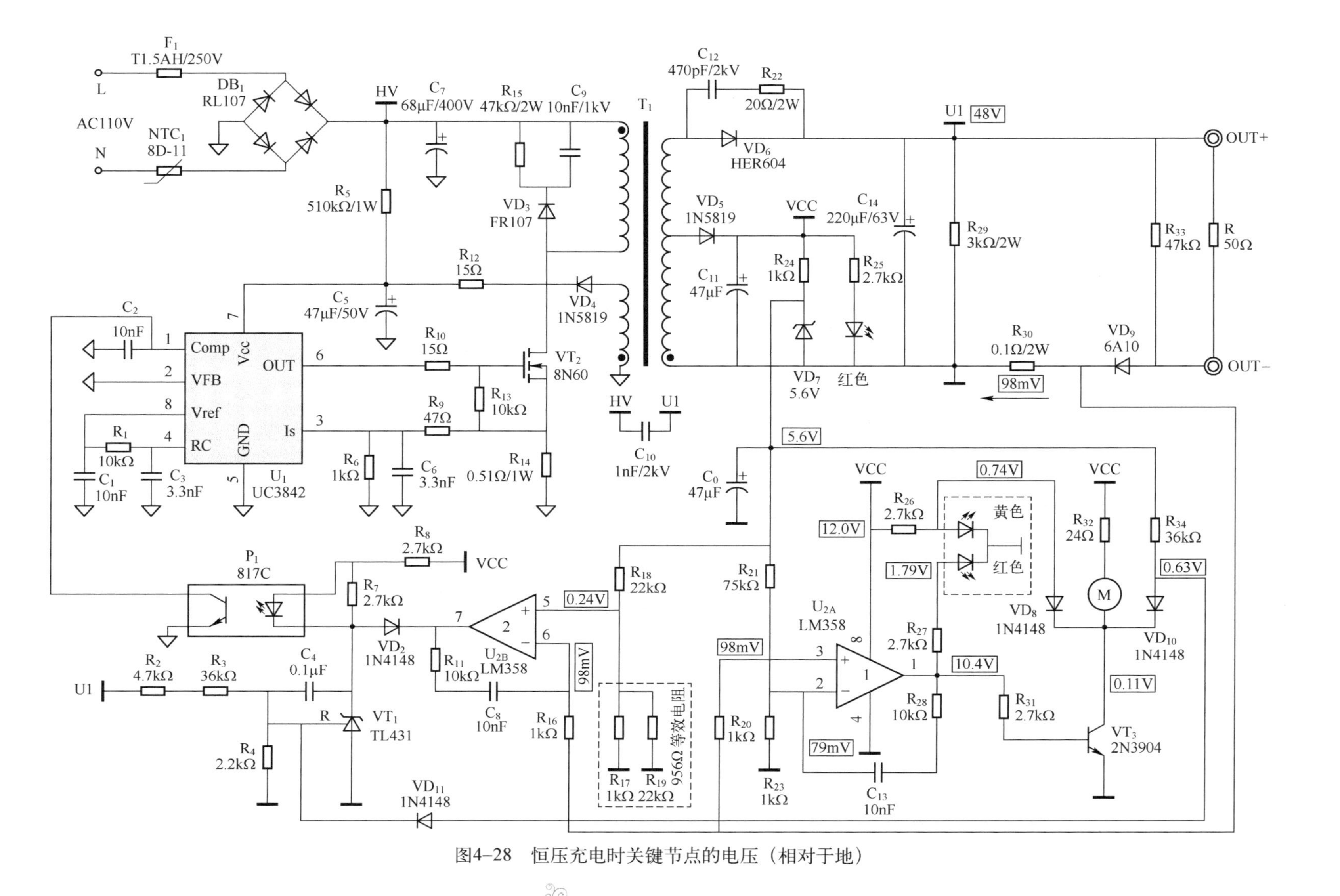

图4–28 恒压充电时关键节点的电压（相对于地）

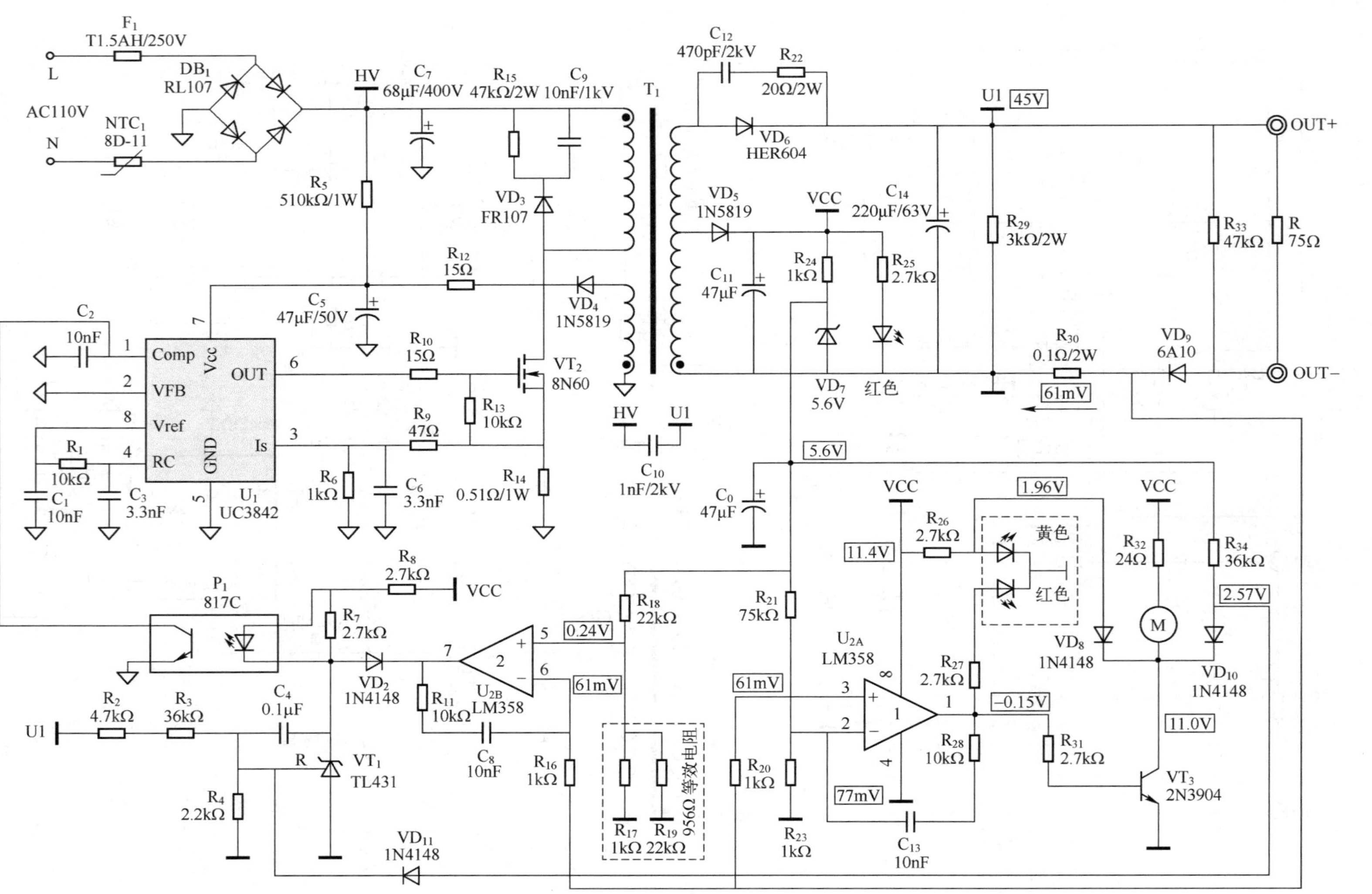

图4-29 快充满电时关键节点的电压（相对于地）

笔者做了这样一个试验：在 R_{34}两端并联一个等阻值（36kΩ）的电阻，则输出电压更低。这是因为 5.6V 基准电压经更小的电阻加到 VD_{11}正极，其正偏导通程度更厉害，附加的反馈量更大，所以才会把输出电压控制得更低一些（低几伏）。

本电路中，位于高、低压侧的 Y 电容（C_{10}，1nF/2kV）接在直流高压（HV）与直流低压（U1）之间，与接在热地与冷地之间的效果相同。

4.2.4 电流模式控制器 NCP1200

NCP1200 是安森美公司（Onsemi）出品的低功耗隔离型脉宽调制器。它代表了向密集型开关电源的大飞跃，成为替代 UC×84×的理想器件。由于 NCP1200 拥有专利 SMARTMOS（商标）的高电压集成电路技术，因此不需要外部启动电阻，仅由内部高压电流源直接提供启动电流。

NCP1200 采用电流模式控制，具有卓越的性能。当输出功率需要量减小时，电流设置降到给定值之下，NCP1200 自动进入跳频（Skip-cycle）工作模式，以便在轻负载条件下达到极好的效率。NCP1200 内部有一个过载保护电路，当电路发生过载时，停止输出脉冲，进入安全模式；当故障消除后，恢复并返回正常状态。此外，NCP1200 还具有迟滞功能的过热保护电路，使安全供电更为可靠。NCP1203 是 NCP1200 系列产品的典型代表。下面就以 NCP1203 为例进行介绍。

1. NCP1203 功能框图及引脚功能

图 4-30 为 NCP1203 内部功能框图。其内部集成有跳频比较器、40/60/100kHz 时钟、Q 触发器、过压和欠压稳压器等。由于 NCP1203 内置时钟发生器，所以无须外接 RC 元器

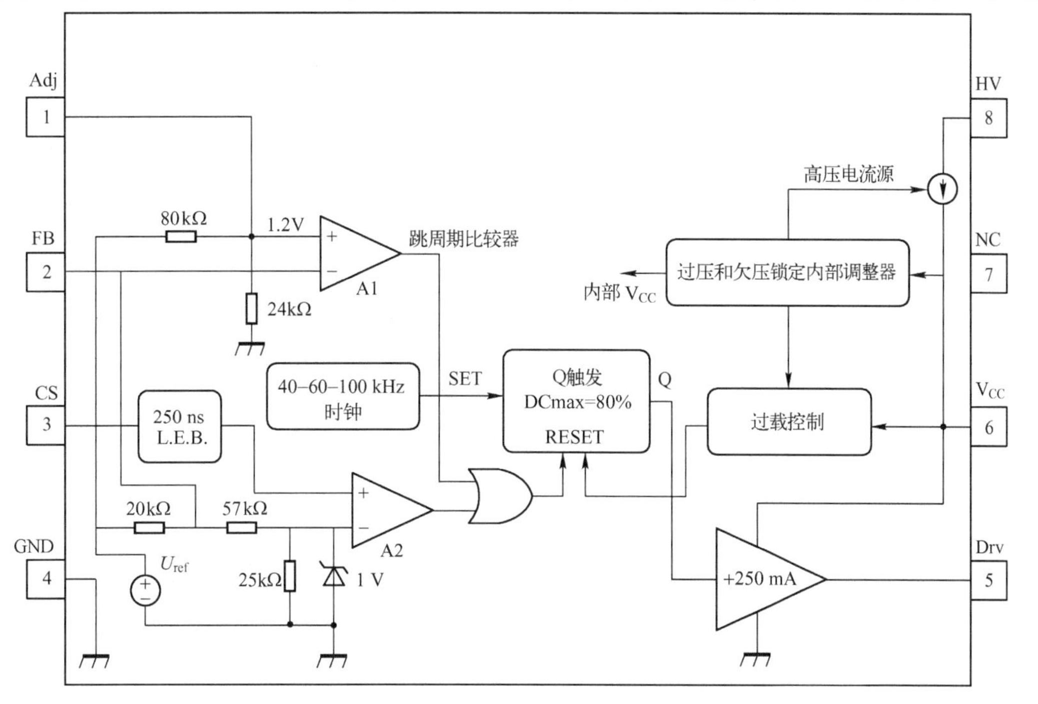

图 4-30　NCP1203 内部功能框图

件，工作频率可以在 40kHz、60kHz 或 100kHz 中选择。光电耦合器反馈信号接 2 脚，通过内部比较器及 Q 触发器产生系统要求的 PWM 脉冲，经驱动器（驱动电流为±250mA）控制开关功率管的通、断，稳定输出电压。

NCP1203 采用 DIP8 或 SOP8 封装，各引脚功能见表 4-5。

表 4-5　NCP1203 各引脚功能

引　脚	引脚名称	功　　能	说　　明
1	Adj	调整起跳峰值电流	用于调整开始跳周期的电平（短路到地，禁止跳周期发生）
2	FB	设置峰值电流选点	通过光电耦合器反馈到该脚，峰值电流选点依照输出功率的需要调整，当 FB 脚电压低于 V_{Pin1} 时，进入跳周期模式
3	CS	电流检测输入	检测开关功率管电流，并通过内部 L. E. B 送入比较器
4	GND	接地端	
5	Drv	驱动脉冲	输出脉冲驱动开关功率管
6	V_{CC}	电源端	
7	NC	空脚	
8	HV	直流高压	接外部高压直流母线，经内部高压电流源转换成工作电压 U_{CC}

2. NCP1203 额定值

NP1203 额定值见表 4-6。

表 4-6　NCP1203 额定值

额　定　值	符　　号	数　　值	单　　位
电源电压	V_{CC}，Drv	16	V
各脚供电电压（除了 5 脚 Drv，6 脚 V_{CC} 和 8 脚 HV）	—	-0. 3 ～+10	V
各脚最大输入电流（除了 6 脚 V_{CC} 和 8 脚 HV）	—	5. 0	mA
结温至空气的热阻，PDIP-8 封装	$R_{\theta JA}$	100	℃/W
结温至空气的热阻，SOIC 封装	$R_{\theta JA}$	178	℃/W
最高结温	T_{JMAX}	150	℃
热阻（结温至空气）	$R_{\theta JA}$	100	℃/W
停机温度	—	+170	℃
停机迟滞温度	—	+30	℃
保存温度	T_{stg}	-60 ～+150	℃
6 脚 V_{CC} 和 8 脚对地接 10μF 去耦时的最高电压	—	450	V

3. NCP1203 设计特点

NCP1203 适合用在交/直流适配器、电池充电器和带有很少外部元器件的大功率开关电源上，典型应用电路如图 4-31 所示。

（1）低待机功耗

NCP1203 具有符合美国能源之星（Energy Star）和欧洲蓝天使（Blue Angel）等待机能耗规定的低成本解决方案。在正常负载条件下，开关电源具有良好的转换效率，但在输出

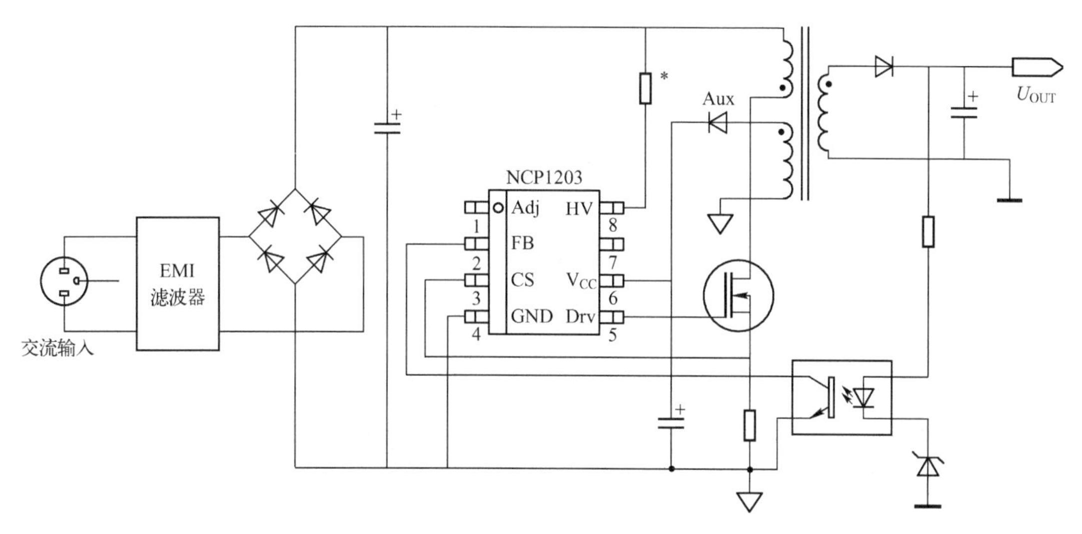

图 4-31　NCP1203 典型应用电路

功率减小时转换效率开始下降。这是因为负载较小时，若开关功率管连续通、断工作，其开关损耗可能接近或超过负载功率，则开关电源的转换效率很低，也很不经济。如果跳过一些不需要的开关周期方法（类似自激式开关电源的间隙振荡），就可以大大减小在轻负载时的功率消耗。

（2）采用辅助绕组供电

NCP1203 允许采用辅助绕组供电，则来自直流母线的总功率将明显降低。采用辅助绕组供电使 V_{CC}（6 脚）的电压持续保持在 12.8V 以上时内部高压电流源将自动断开，NCP1203 将完全由辅助绕组供电。必须确保辅助绕组电压不超过 16V（最大额定值），特别是在过冲瞬态情况下（如突然去掉负载），否则可致 NCP1203 损坏，因此应采用有效的过压保护（OVP）。

NCP1203 供电电源切换原理示意如图 4-32 所示。初始上电时，由直流母线经 HV（8 脚）送到 NCP1203 内部，通过高压电流源以 6mA 的电流向 V_{CC}（6 脚）外接电容充电，当充电电压达到 12.8V 时比较器输出低电平，关断高压电流源，此后 NCP1203 交由辅助绕组供电。

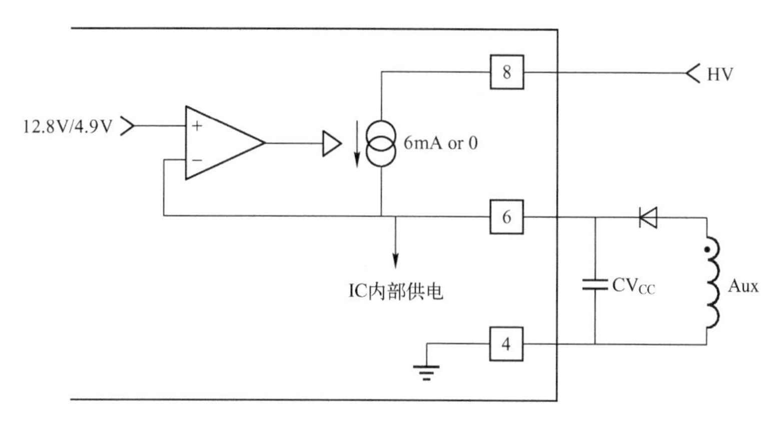

图 4-32　NCP1203 供电电源切换原理示意图

若电路发生故障，辅助绕组供电能力太弱，V_{CC}（6 脚）电压下降到 4.9V 时，比较器输出高电平，高压电流源重新开启，此后 NCP1203 交由直流母线供电。

由上述描述可知，NCP1203 高压电流源受滞回比较器控制，滞回比较器的高门限电压为 12.8V（关闭高压电流源），低门限电压为 4.9V（开启高压电流源）。

（3）工作时无音频噪声

NCP1203 在开关功率管通过较大峰值电流时连续输出 PWM 脉冲，不跳周期，在峰值电流降至设计最大限值的 1/3 以下时才发生跳周期，不会使变压器发生振鸣，因而选择便宜的变压器也不会出现噪声。

（4）短路保护

通过持续监视反馈信号线的状况，NCP1203 能检测到输出短路的情况，并立即将输出功率减小，对整个电路进行保护。一旦短路消失，NCP1203 立即恢复正常工作。因此，对于给定的应用，如恒定输出功率的电源，可以很方便地断开这个保护功能。

4. NCP1203 跳周期模式工作模式

参考如图 4-31 所示典型应用电路，根据负载大小，光电耦合器反馈到 FB（2 脚）施加一个对应峰值电流的电压。负载越轻（输出电压越高），FB 的电压越低；反之亦反。

当 FB 的电压低于 Adj（跳周期门限电压 1.2V，默认值①）时，3 脚检测开关功率管的最大值峰值电流为 $1.2\text{V}/R_{sense}$，当峰值电流降至设计最大限值的 1/3 以下，即 $350\text{mV}/R_{sense}$ 时，开始发生跳周期。**负载越轻**，消隐输出脉冲越少。

图 4-33 为轻负载时跳周期波形。

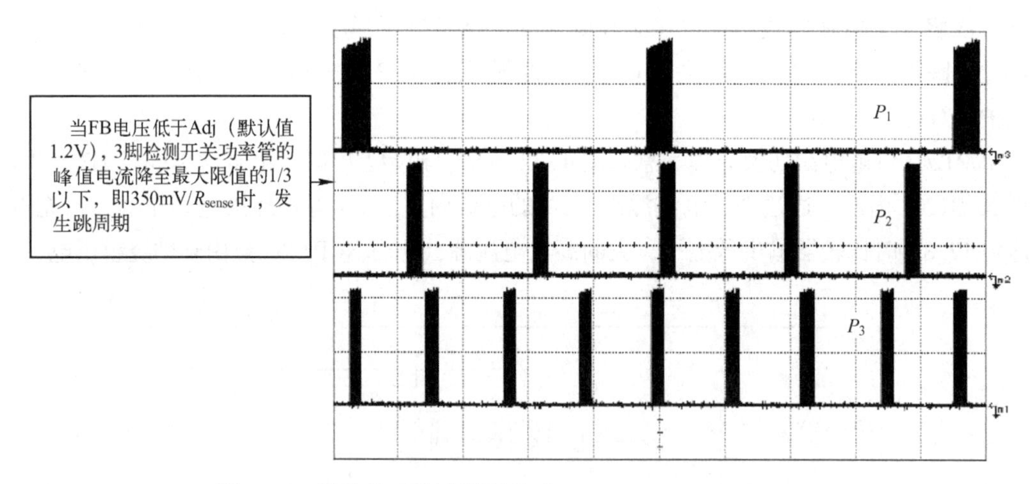

图 4-33　轻负载时跳周期波形（$X=5.0\mu\text{s/div}$，$P_1<P_2<P_3$）

用户可以灵活地改变此 1.2V，因为 NCP1203 的 1 脚在内部的接地电阻为 24kΩ，将 1 脚通过一个电阻接地，地相当于与 24kΩ 电阻并联，1 脚电压降低，发生跳周期时的峰值电

① 由 NCP1200 内部功能框图可见，Adj（1 脚）电压是参考电源 U_{ref} 通过 80kΩ 在 24kΩ 上的分压，无外接电路时，理论值为 1.15[5×24/(24+80)]V。

流减小；或者，简单地将一个电阻接至 V_{CC}（6 脚）提升 1 脚电平，可以提高发生跳周期时的峰值电流。

5. 过载短路保护

当电源工作在过载情况时，所有的输出都强制输出低电压，光电耦合器几乎没有电流流过，FB（2 脚）电压将达到 4.0V。**NCP1203 内部设有一个过载短路保护电路，当 FB 电压超过 4.0V[①]时将触发，强制输出低占空比 PWM 脉冲。**

由于在过载条件下各绕组输出电压较低，辅助绕组不能满足 NCP1203 的供电需求，V_{CC}（6 脚）外接电容上的电压将线性下降，当电压降到典型值 7.8V 时，过载情况仍然存在，为防止动态自供电（DSS）触发，NCP1203 会停止输出 PWM 脉冲，使电路进入待机状态，在此状态下，NCP1203 电流消耗典型值为 350μA。

若故障依旧，则电容继续放电到典型值 4.9V 时，NCP1203 接通高压电流源，以 6mA 的电流向 6 脚外接电容充电，当电压达到典型值 12.8V 时，NCP1203 开始工作。如果故障已消除，则电路将正常工作，否则将开始下一个故障周期。此种情形同样也可应用在输出短路光电耦合器无反馈的情况，当 FB（2 脚）电压达到最高值 4.0V 时触发保护，其过程和过载短路保护一样。在过载短路保护期间，Drv（5 脚）间歇性输出低占空比 PWM 脉冲，如图 4-34 所示。

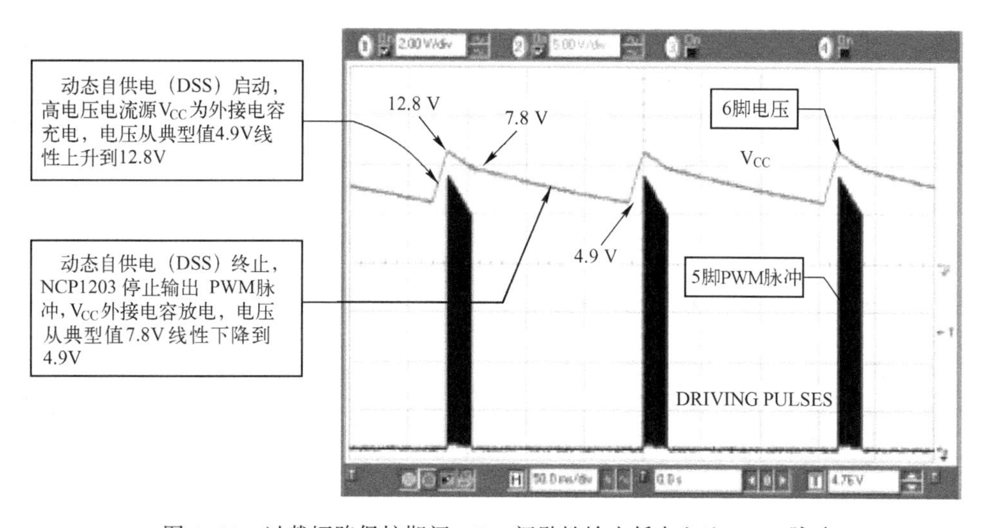

图 4-34　过载短路保护期间，Drv 间歇性输出低占空比 PWM 脉冲

NCP1203 的过载短路保护是靠检测 FB 电压来动作的。由于 FB 同时是反馈端，因此有时为了降低 NCP1203 反馈端放大器增益，会在 FB 对地接一个电阻，正是这个电阻，造成了在输出端短路时，FB 电压升不上去，对电路进行保护。

① 由 NCP1200 内部功能框图可知，FB（2 脚）电压是参考电源 U_{ref}通过 20kΩ 在 57kΩ+25kΩ 上的分压，无外接电路时，理论值为 4.0V=5×(57+25)/(20+57+25)V。

4.2.5 佳能打印机开关电源

佳能打印机开关电源均采用 NCP1200 系列控制器。NCP1200 的替代品有 DPA8E 和 203D6。本节将介绍以 NCP1200 系列控制器为核心构成的开关电源。

1. 佳能 ip1000 打印机开关电源

佳能 ip1000 打印机开关电源安装在一个塑料密封盒内，固定在打印机底部，采用的控制器型号是 NCP1200，电路原理图如图 4-35 所示。

开关电源输入采用的单级 EMI 抗干扰电路由 C_1 和 L_1 组成，能减小开关电源内的高频信号对电网的辐射干扰。市电经 VD_1～VD_4、C_2 整流滤波后得到 300V 直流电压，经开关变压器 T_1 一次侧绕组加到开关功率管 VT_1（K3728）的漏极，还经 VD_6 半波整流加到 NCP1200 的高压供电脚，通过内部高压电流源给 V_{CC} 外接电容 C_6 充电，当 C_6 两端电压达到目标值 12.8V 时开始工作，Drv（5 脚）输出 PWM 脉冲。

变压器二次侧绕组输出电压经 VD_{22}、C_{22} 整流滤波变为平滑的直流电压，其任何变化均将被电阻 R_{25}、VR_{21} 和 R_{26} 采样，经 TL431、光电耦合器 PC_1 反馈到 NCP1200 的 2 脚（FB）影响占空比。高压电容 C_{21} 并联在整流二极管 VD_{22} 两端，软化整流二极管的开关特性。ZD_{21} 并联在电源输出端，起过电压保护作用。正常工作时，输出电压 U_0 为

$$U_0 = 2.5\text{V}\times\left(1+\frac{R_{25}+R_{VR_{21}}}{R_{26}}\right) = 2.5\text{V}\times\left(1+\frac{15+R_{VR_{21}}}{2}\right)$$

适当调整 VR_{21} 的阻值，可以得到 24V 的输出电压。

采用 AC110V 供电时，NCP1200 各脚电压见表 4-7。

表 4-7 NCP1200 各脚电压

引脚	1	2	3	5	6	8
电压	420mV	空载时 500mV，重载时达 2.5V 以上，负载越重，电压越高	正比于开关功率管漏极电压	PWM 调制脉冲，幅度约等于 V_{CC}	在 10～12V 之间以类似锯齿波低频振荡，振幅不随负载改变	约 60V

（1）轻载跳频

Adj 电压的默认值约为 1.2V，本电路因 Adj 外接电阻 R_{12}（12kΩ）到地，R_{12} 与 NCP1200 内部 24kΩ 电阻并联（等效电阻 12kΩ//24kΩ=8kΩ，见图 4-30），故 Adj 是内部 U_{REF}（5.0V）通过 80kΩ 在 8kΩ 上的分压，理论值应为 454mV，因测量误差或元器件的分散性，表 4-7 中为 420mV，因此发生跳周期的峰值电流为 $420\text{mV}/(3\times R_1) = 420\text{mV}/(3\times 1.3\Omega)\approx 108\text{mA}$。

图 4-36 为空载时，5 脚输出的跳周期 PWM 脉冲波形。图 4-36（a）为脉冲串间隔为 1ms，频率为 1kHz，放大后如图 4-36（b）所示，一个脉冲串包含 5 个脉冲，脉冲间隔为 10μs，频率为 100kHz。

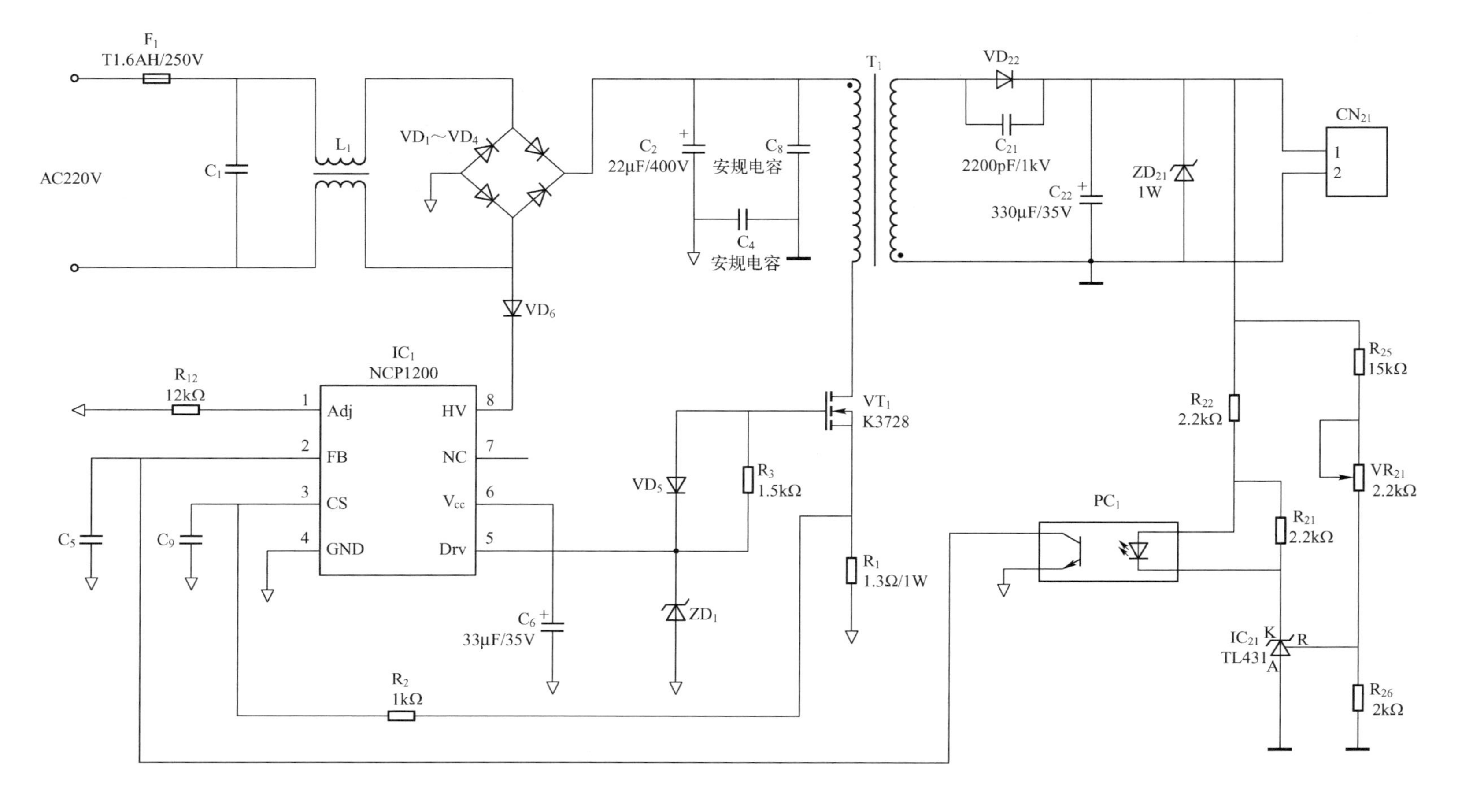

图4-35　佳能ip1000打印机开关电源电路原理图

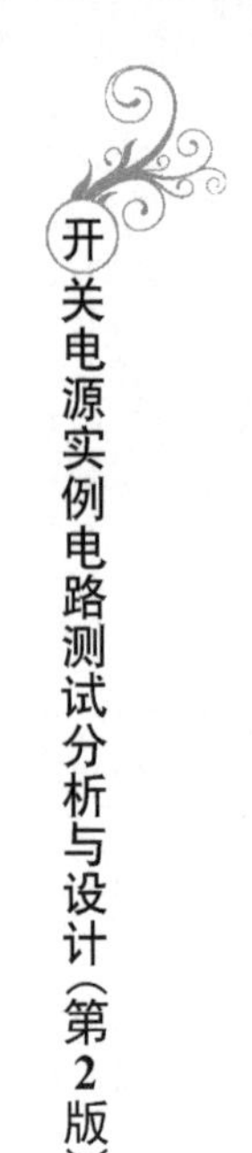

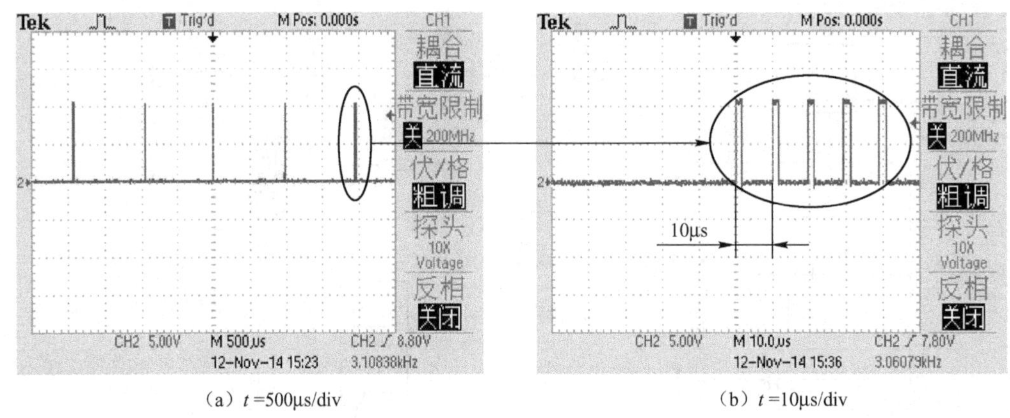

（a）t =500μs/div　　（b）t =10μs/div

图 4-36　空载时，5 脚输出的跳周期 PWM 脉冲波形

由于没有辅助绕组供电，NCP1200 完全靠 VD_6半波整流供电，输出为脉动直流，频率为 50Hz，经高压电流源给 V_{CC}外接电容 C_6 充电，所以 V_{CC}也相应发生脉动，如图 4-37 所示。V_{CC}在 10～12V 之间以类似锯齿波低频振荡，振幅不随负载改变，平均电压为 11V。如果设有辅助绕组，则当辅助绕组输出电压高于 12. 8V 时，NCP1200 将自动切换辅助绕组供电，V_{CC}波形比较平稳。

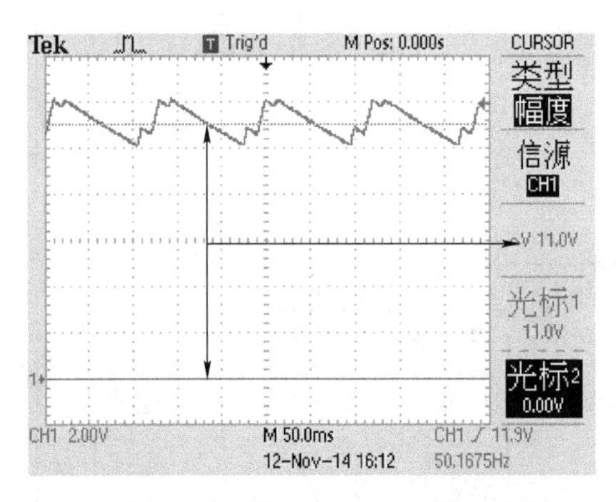

图 4-37　正常工作时，NCP1200 的 V_{CC}波形

（2）短路保护

当负载短路时，NCP1200 的 FB（2 脚）电压超过 4. 0V，强制 Drv（5 脚）输出低占空比 PWM 脉冲，V_{CC}外接电容上的电压线性下降，当电压降到 10. 6V（典型值为 7. 8V）时，若短路仍然存在，则 NCP1200 会停止输出 PWM 脉冲，电路进入锁定状态。

此后，NCP1200 因极低的电流消耗，V_{CC}外接电容上的电压逐渐下降，当电压下降到 5. 8V（**典型值为 4. 9V**）时，再次启动高压电流源对 V_{CC}外接电容充电，当电压到达 12. 2V（**典型值为 12. 8V**）时，又开始新的故障周期，如图 4-38 所示。

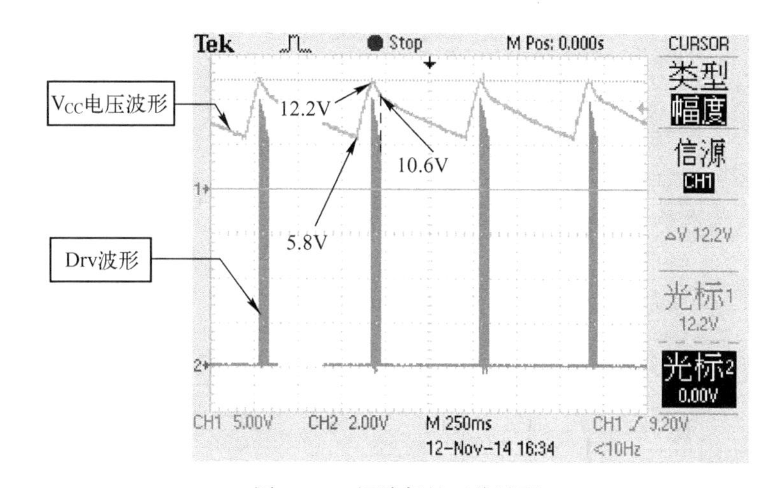

图 4-38　短路保护工作波形

（V_{CC}电压波形与如图 4-34 所示波形在转折点不一样，可能是由元器件参数的分散性或测量精度等因素导致的差异造成的）

本电路中有两个安规电容：C_4 在热地和冷地之间；C_8 在输入直流电源与冷地之间。

图 4-39 为佳能 ip1000 打印机开关电源电路板。

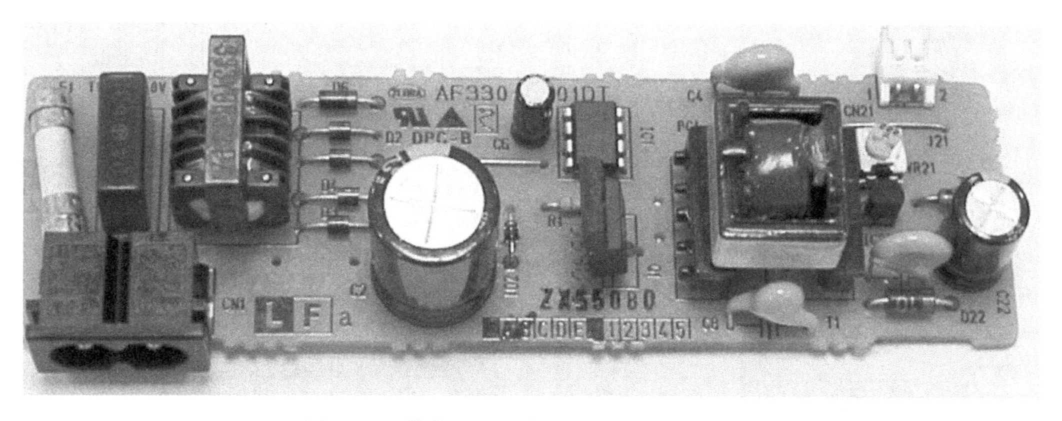

图 4-39　佳能 ip1000 打印机开关电源电路板

2. 佳能 MP258 打印机开关电源

佳能 MP258 打印机开关电源的型号为 PS-A243。该电源安装在一个塑料密封盒内，固定在打印机底部，采用的控制器型号是 1D10N10，其功能与 NCP1200 有一些区别。佳能 MP258 打印机开关电源电路原理图如图 4-40 所示。

（1）工作原理

开关电源输入采用的单级 EMI 抗干扰电路由 C_1 和 L_1组成，能减小开关电源内的高频信号对电网的辐射干扰。R_{1A}、R_{1B}是 C_1 的放电电阻。市电经 RC_1、C_2 整流滤波后得到 300V 直流电压。该电压分为两路：一路经 R_2 加到 IC_1（1D10N10）的 8 脚，为 IC_1提供启动电

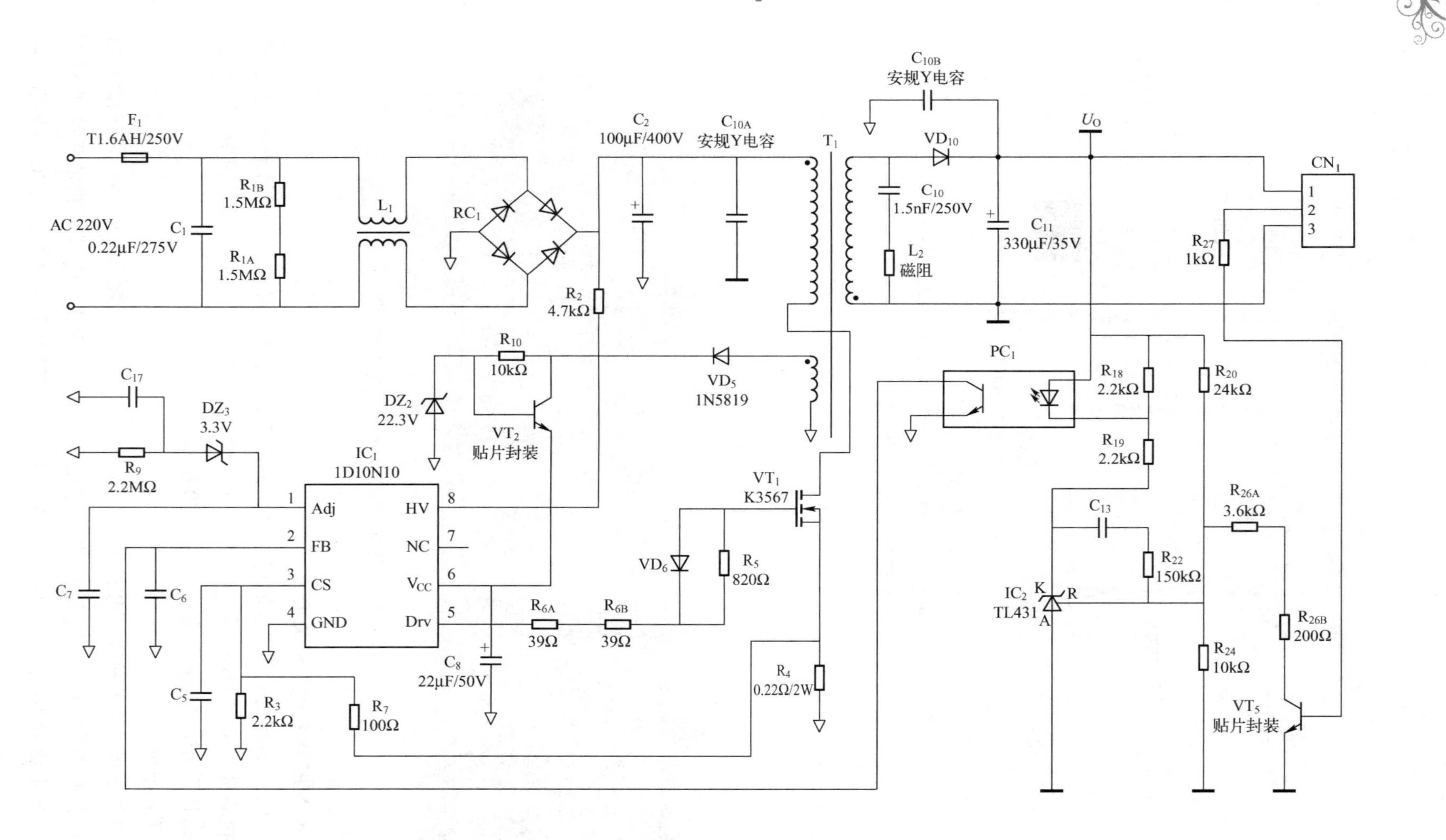

图4-40　佳能MP258打印机开关电源电路原理图
（小容量电容是贴片电容，参数不详）

压；另一路经开关变压器 T_1 一次侧绕组加到 VT_1（K3567）的漏极。IC_1 输出 PWM 脉冲控制 VT_1 的通、断。

变压器二次侧输出电压经 VD_{10}、C_{11} 整流滤波后变为直流电压，通过接插件 CN_1 送到主板。输出电压的任何变化都将被电阻 R_{20} 和 R_{24} 采样（VT_5 饱和时，R_{26A} 和 R_{26B} 也参与），经 TL431、光电耦合器 PC_1 反馈到 IC_1 的 2 脚（FB）影响占空比。高压电容 C_{10} 与磁阻 L_2 串联后，跨接在二次侧绕组两端，吸收二极管截止瞬间的尖峰电压，对二极管起一定的保护作用。

① 待机模式。

当 CN_1 的 2 脚输入（来自主板 CPU）为低电平时，VT_5 截止，R_{26A} 和 R_{26B} 开路，输出电压较低，设备处于**待机模式**。输出电压为

$$U_0=2.5\times\left(1+\frac{R_{20}}{R_{24}}\right)=2.5\times\left(1+\frac{24}{10}\right)=8.5(\mathrm{V})$$

AC110V 供电时，在待机模式下，IG_1 各脚电压见表 4-8。

表 4-8　待机模式下，IC_1 各脚电压

引脚	1	2	3	5	6	8
电压	4.65V	空载时约为 0.63V，重载时为 1.25V 以上，负载越重，电压越高	正比于开关功率管漏极电压	PWM 调制脉冲，振幅约等于 6 脚电压	空载时约为 13.6V，重载时为 16.5V 以上，负载越重，电压越高	约 165V

由表 4-8 可知，IC_1 的 Adj 电压为 4.65V，远高于 NCP1200 默认值 1.2V，V_{CC} 电压也可以超过 16V。可见，控制器 1D10N10 与 NCP1200 有诸多不同。

由变压器 T_1 同名端可知，辅助绕组与一次侧绕组同极性，待机模式工作时占空比小，VD_5 输出电压较低，稳压管 DZ_2 不能被击穿，R_{10} 为 VT_2 提供偏置，VT_2 处于放大状态。忽略 R_{10} 压降，VT_2 发射极输出电压始终比 VD_5 整流电压低约 0.6V，且随 VD_5 整流电压的变化而变化。

在**待机模式**，某种相对较重负载下，MOS 管栅极（S）与漏极（D）波形如图 4-41 所示，开关频率约为 60.4kHz，轻载时，开关频率会主动降低，且发生跳周期，空载时尤甚。

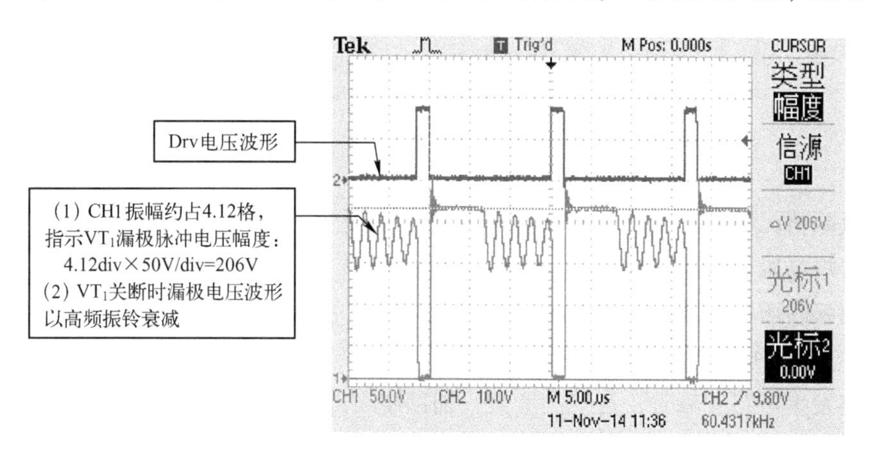

图 4-41　待机模式较重负载时的工作波形

② 打印模式。

当CN_1的2脚输入（来自主板CPU）为高电平时，VT_5饱和，R_{26A}和R_{26B}串联后再与R_{24}并联，输出电压较高，设备处于**打印模式**。输出电压为

$$U_O=2.5\times\left[1+\frac{R_{20}}{(R_{26A}+R_{26B})//R_{24}}\right]=2.5\times\left[1+\frac{24}{(3.6+0.2)//10}\right]\approx24.3(\mathrm{V})$$

AC110V供电时，在打印模式下，IC_1各脚电压见表4-9。

表4-9　打印模式下，IC_1各脚电压

引用	1	2	3	5	6	8
电压	4.65V	空载时为0.75V，重载时为2.15以上，负载越重，电压越高	正比于开关功率管漏极电压	PWM调制脉冲，振幅约等于V_{CC}	21.7V	约165V

由表4-9可知，IC_1的Adj电压仍然是4.65V，V_{CC}电压上升到21.7V且基本保持不变。这是因为在打印模式，VD_5输出电压较高，DZ_2被击穿，R_{10}与DZ_2稳定VT_2基极电压为22.3V，故发射极电压为21.7V。

在**打印模式**，某种相对较重负载下，MOS管栅极（S）与漏极（D）波形如图4-42所示，开关频率约为60.4kHz，占空比大约为30%，轻载时，开关频率会主动降低，且发生跳周期，空载时尤甚。

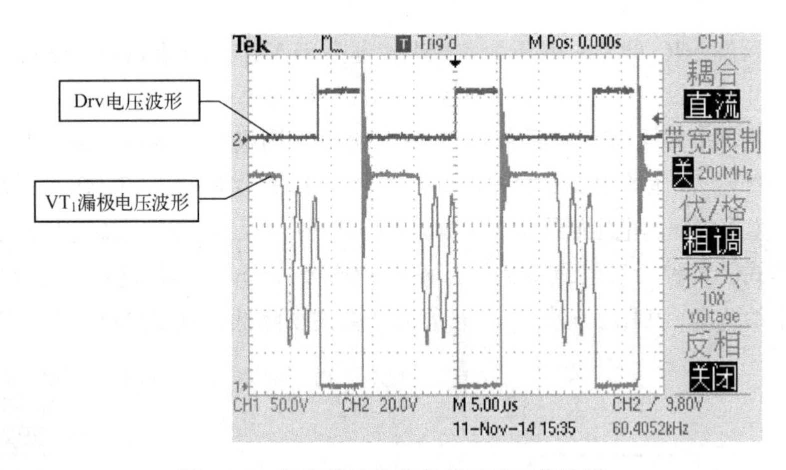

图4-42　打印模式较重负载时的工作波形

在重负载情况下，由于没有RCD吸收电路，因此在开关功率管截止瞬间，由变压器漏感引起的尖峰电压非常高。AC110V供电时尚且如此，**AC220V供电时将更为严重，故必须选用漏—源极耐压达八九百伏以上的开关功率管。**

（2）短路保护

当电路发生短路故障时，占空比增大，辅助绕组经VD_5整流电压可达60V，但因DZ_2可稳定VT_2基极电压，故VT_2发射极电压仍然维持21.7V。此时，IC_1的Adj电压经历2s上升到8.7V并持续1s，IC_1启动短路保护，V_{CC}输出低电平。

这期间IC_1功率消耗极小，虽然辅助绕组没有电压输出，但直流母线经R_2提供0.5mA左右的电流，维持锁定状态。Adj、V_{CC}电压分别为8.7V和21.7V，即使故障被解除也不能使它们发生改变，只能断开电源约1min，C_2存储的电荷放完，再接通电源才能恢复正常工作。

为了研究短路故障时Adj电压上升到8.7V启动短路保护，笔者使开关电源带负载正常工作，在Adj与“热地”之间施加可调电压，当电压上升到8.7V时，Drv输出电压立即变为低电平，当电压下降到7.9V时，Drv输出低电平立即变为PWM脉冲。

也就是说，当Adj电压上升到8.7V时，IC_1启动短路保护，当Adj电压下降到7.9V时，短路保护解除。显然，可调电压把开关电源“欺骗”了，因为负载根本没有改变，说明IC_1短路保护门限电压为8.7V，短路解除门限电压为7.9V，如图4-43所示。

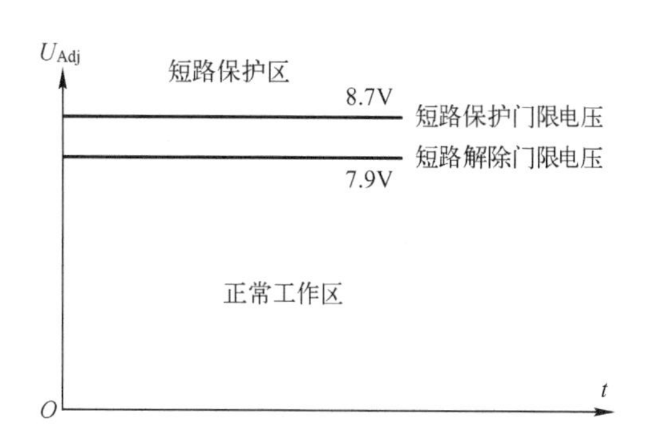

图4-43　Adj短路保护门限电压和短路解除门限电压

笔者还进一步深入实验：在Adj施加7.9V（或以下）电压，让IC_1正常工作，而故意把输出端短路。由于IC_1被“欺骗”——Adj电压不能升高到8.7V启动保护，因此Drv一直输出PWM脉冲控制VT_1的通、断，约几秒后，整流二极管就因发热而冒烟了。

在正常工作时，Adj电压恒为4.65V，DZ_3被击穿，但因R_9阻值太大，DZ_3击穿压降小于额定电压3.3V（实测约为2.8V）。若把DZ_3短路，则当负载短路时，Adj电压快速上升到7.8V后再也无法升高，IC_1不能启动短路保护。这说明，由于DZ_3的存在，垫高了负载短路时Adj所能上升的电压，IC_1能启动短路保护动作。可见，集成控制器1D10N10与NCP1200有许多不同之处。

图4-44为佳能MP258打印机开关电源电路板。

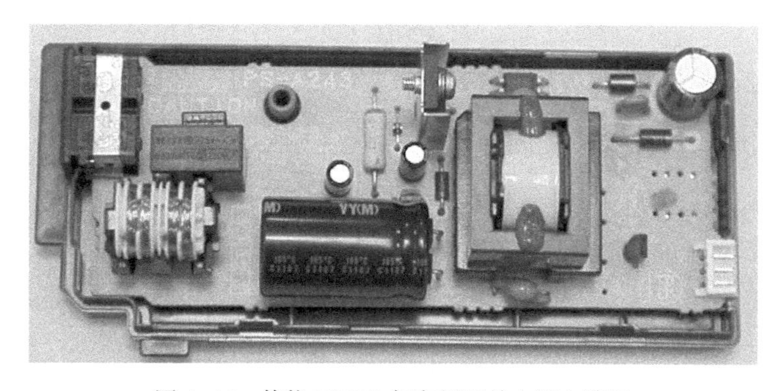

图4-44　佳能MP258打印机开关电源电路板

3. 佳能ip1880打印机开关电源

佳能ip1880打印机开关电源的型号为EADP-17DP。该电源安装在一个塑料密封盒内，固定在打印机底部，采用的控制器型号为DAP8E。其功能与NCP1200有一些区别。佳能ip1880打印机开关电源电路原理图如图4-45所示。

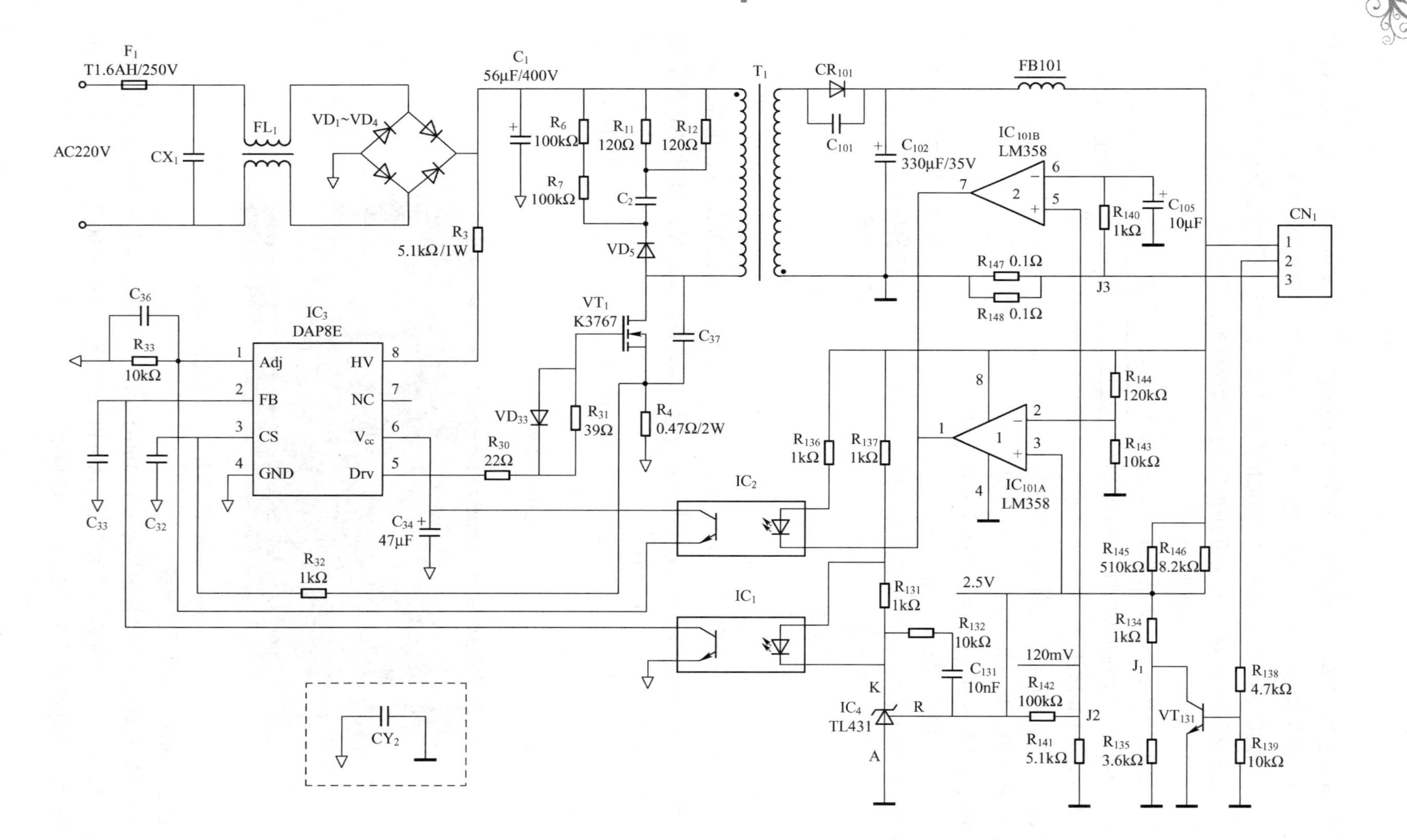

图4-45 佳能ip1880打印机开关电源电路原理图

(1) 工作原理

开关电源输入采用的单级 EMI 抗干扰电路由 CX_1 和 FL_1 组成，能减小开关电源内的高频信号对电网的辐射干扰。市电经 VD_1～VD_4、C_2 整流滤波后得到 300V 直流电压。该电压分为两路：一路经 R_3 加到 IC_3（DAP8E）的 8 脚，为 IC_3 提供工作电压；另一路经开关变压器 T_1 一次侧绕组加到 VT_1（K3767）的漏极。上电后，直流母线通过高压电流源为 V_{CC} 的外接电容 C_{34} 充电，当 C_{34} 两端电压上升到 12.8V 时，IC_3 开始工作。

① 待机模式。

待机模式时，插件 CN_1 的 2 脚输入（来自主板 CPU）电压为零，VT_{131} 截止，R_{134} 与 R_{135}、R_{141} 与 R_{142} 分别串联后再并联，为了描述方便，这里把它们的等效电阻记为 $R_下$，把 R_{145} 与 R_{146} 并联后的等效电阻记为 $R_上$。输出电压经 $R_上$、$R_下$ 采样，TL431、光电耦合器 IC_1 反馈到 IC_3 的 FB，决定 IC_3 的 Drv 输出 PWM 脉冲的占空比，这时的输出电压为

$$U_O=2.5\times\left(1+\frac{R_上}{R_下}\right)$$

式中，2.5V 是 TL431 的参考端电压。

按照图中元器件参数，可以计算出 $R_上=R_{145}//R_{146}\approx 8\text{k}\Omega$，$R_下=(R_{134}+R_{135})//(R_{141}+R_{142})\approx 4.41\text{k}\Omega$，则

$$U_O=2.5\times\left(1+\frac{8}{4.41}\right)\approx 7(\text{V})$$

实测值为 7.2V。

AC110V 供电时，在待机模式下，IC_3 各脚电压见表 4-10。

表 4-10 在待机模式下，IC_3 各脚电压

引脚	1	2	3	5	6	8
电压	545mV	空载时为 280mV，重载时为 600mV 以上，负载越重，电压越高	正比于开关功率管漏极电压	PWM 调制脉冲，幅度约等于 V_{CC}	在 10～12V 之间以类似锯齿波低频振荡，振幅不随负载改变	约 165V

由表 4-10 可知，待机模式下，光电耦合器 IC_2 无反馈，IC_3 的 Adj 电压为 545mV，远低于 NCP1200 的默认值 1.2V，这是因为 IC_3 的 Adj 对地外接 10kΩ 电阻。IC_3 的 FB 电压及变动范围也与 NCP1200 有较大区别。

在**待机模式**，某种相对较重负载下，MOS 管栅极（S）与漏极（D）波形如图 4-46 所示，开关频率约为 74.3kHz，轻载时，开关频率会主动降低，且发生跳周期，空载时尤甚。

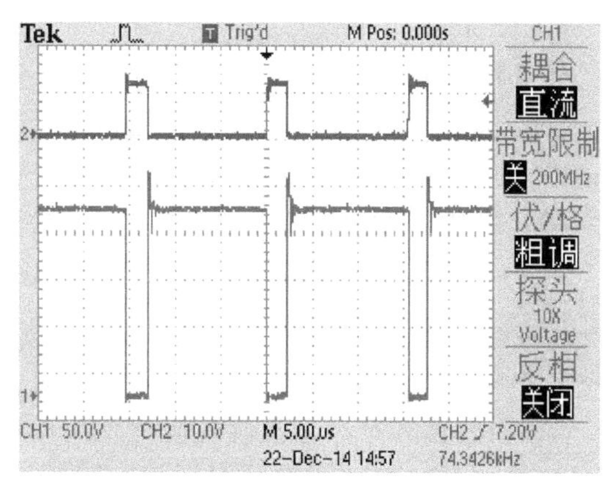

图 4-46 待机模式较重负载时的工作波形

② 打印模式。

打印模式时，插件 CN_1 的 2 脚输入

（来自主板 CPU）电压为高电平，VT_{131}导通，此时 J_1点相当于接地，R_{135}被短路，把 R_{134}与（R_{141}+R_{142}）并联后的等效电阻记为 $R'_{下}$，这时的输出电压为

$$U_0=2.5\times\left(1+\frac{R_{上}}{R'_{下}}\right)$$

式中，2.5V 是 TL431 的参考端电压。

按照图中元器件参数，$R_{上}\approx 8k\Omega$，$R'_{下}=R_{134}//(R_{141}+R_{142})\approx 1k\Omega$，则

$$U_0=2.5\times\left(1+\frac{8}{1}\right)\approx 22.5(V)$$

实测值为 24V。

AC110V 供电时，在打印模式下，IC_3 各脚电压见表 4-11。

表 4-11　在打印模式下，IC_3 各脚电压

引脚	1	2	3	5	6	8
电压	650mV	空载时为 490mV，重载时为 1.0V 以上，负载越重，电压越高	正比于开关功率管漏极电压	PWM 调制脉冲，幅度约等于 V_{CC}	在 10～12V 之间以类似锯齿波低频振荡，振幅不随负载改变	约 165V

在打印模式，某种相对较重负载下，MOS 管栅极（S）与漏极（D）波形如图 4-47 所示，开关频率约为 72.9kHz，占空比约为 40%，轻载时，开关频率会主动降低，且发生跳周期，空载时尤甚。

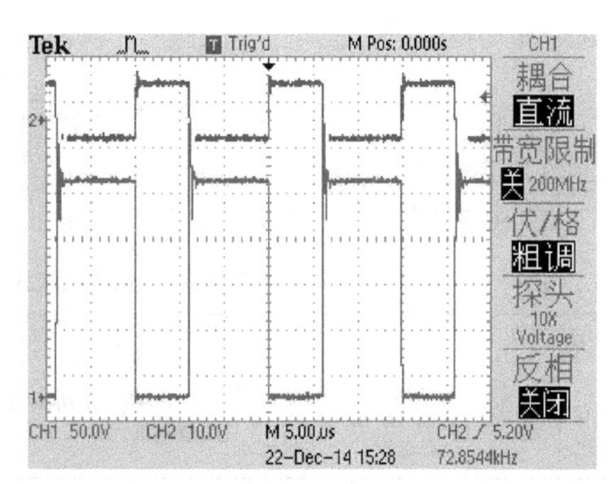

图 4-47　打印模式较重负载时的工作波形

（2）过压保护

当打印模式正常工作时，输出电压为 24V，经 R_{143}与 R_{144}分压，加到 IC_{101A}的 2 脚电压约为 1.85V[$24\times R_{143}/(R_{143}+R_{144})$]，低于 IC_{101A}的 3 脚电压 2.5V（来自 TL431 参考端），IC_{101A}的 1 脚输出高电平，光电耦合器 IC_2无反馈作用。

光电耦合器 IC_1失控，输出电压异常，当电压超过 32.5V（$2.5\times(1+R_{144}/R_{143})$）时，$IC_{101A}$的 2 脚电压高于 2.5V，1 脚输出低电平，经光电耦合器 IC_2反馈，抬高 IC_3 的 Adj 电压，IC_3 的 Drv 输出低电平。

（3）过电流保护

当打印模式正常工作时，TL431 参考端电压 2.5V 经 R_{141}和 R_{142}分压加到 IC_{101B}的 5 脚，5 脚电压约为 120mV[$2.5\times R_{141}/(R_{141}+R_{142})$]，反相输入端电压低于同相输入端电压，7 脚输出高电平，光电耦合器 IC_2无反馈作用。

若负载电流异常，当输出电流大于 2.4A，并联电阻 R_{147}、R_{148}两端的压降大于 120mV［$2.4A\times R_{147}//R_{148}=2.4A\times 0.05\Omega$］时，7 脚输出低电平，此时 IC_{101B}控制作用同上面介绍过的 IC_{101A} “过电压保护”。

可见，过电压保护和过电流保护都是通过光电耦合器 IC_2 拉抬 IC_3 的 Adj 电压，IC_3 的 Drv 输出低电平。一旦发生过电压或过电流保护，则 IC_3 的 V_{CC} 电压从正常工作时的小幅度波动（如图 4-48 所示）变成大幅度波动（见图 4-49）。

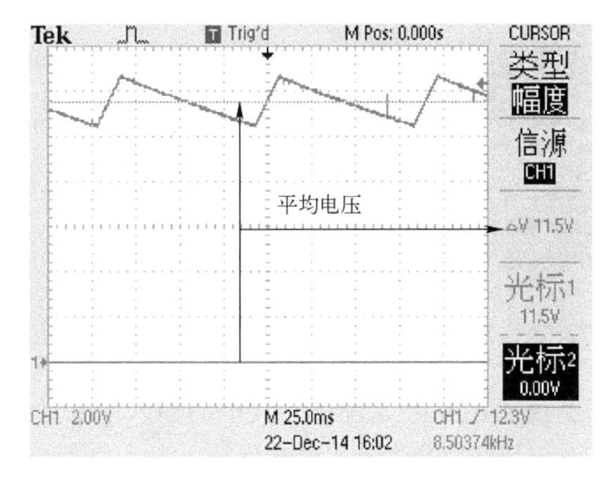

图 4-48　正常工作时 IC_3 的 6 脚电压波形

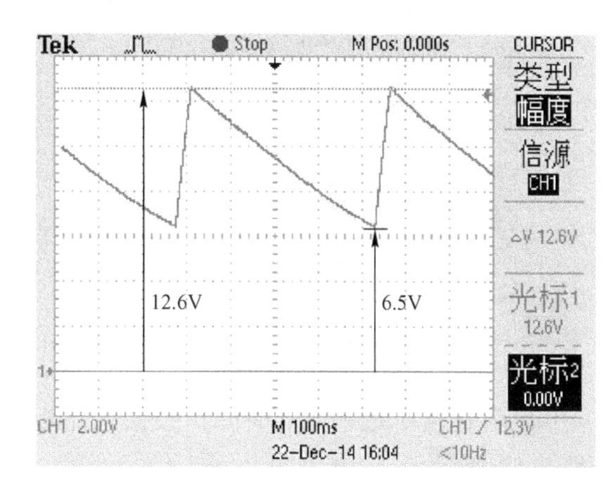

图 4-49　过压或过流保护时 IC_3 的 6 脚电压波形

DAP8E 内部有一个过载保护电路，当电路发生过载时，停止输出脉冲，进入安全模式；DAP8E 处于锁死状态时，进入极低功耗，高压电流源间歇为其供电：当 V_{CC} 电压高于 12. 6V 时，DSS 自供电断开，V_{CC} 外接电容的电压缓慢下降，一旦下降到 6. 5V，DSS 自供电启动，高压电流源给 V_{CC} 外接电容充电，当电压升高到 12. 6V 时，DSS 自供电断开。若故障解除不能恢复正常，则只有断开电源约 1min，等直流母线电压下降到 10V 以下，重新上电，DAP8E 才能返回至正常工作状态（笔者经验之谈）。

图 4-50 为佳能 ip1880 打印机开关电源电路板。

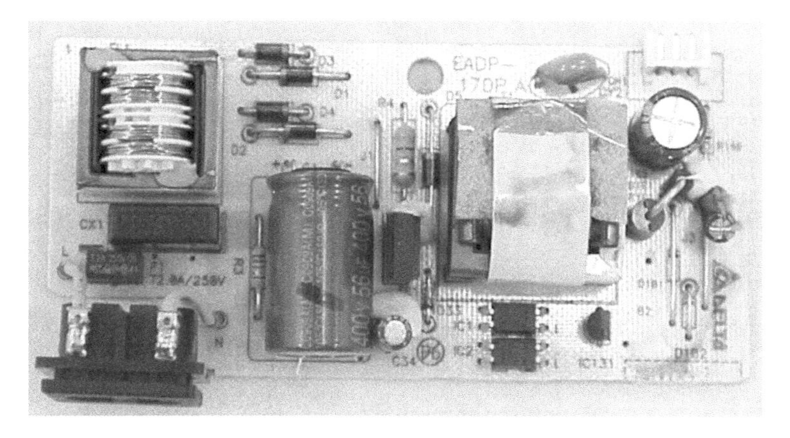

图 4-50　佳能 ip1880 打印机开关电源电路板

4. 2. 6　中国台湾明纬开关电源（12V&12. 5A）

图 4-51 为中国台湾明纬开关电源（12V&12. 5A）实物图，主要用于工控行业，如交换机、机器人、电力控制、自动售货机、ATM，以及医疗行业的心电监护仪等。

图 4-51　中国台湾明纬开关电源（12V&12. 5A）实物图

笔者花费了近一天的时间，根据电路板实物图反绘出电路原理图，其中的输入电路如图 4-52 所示。

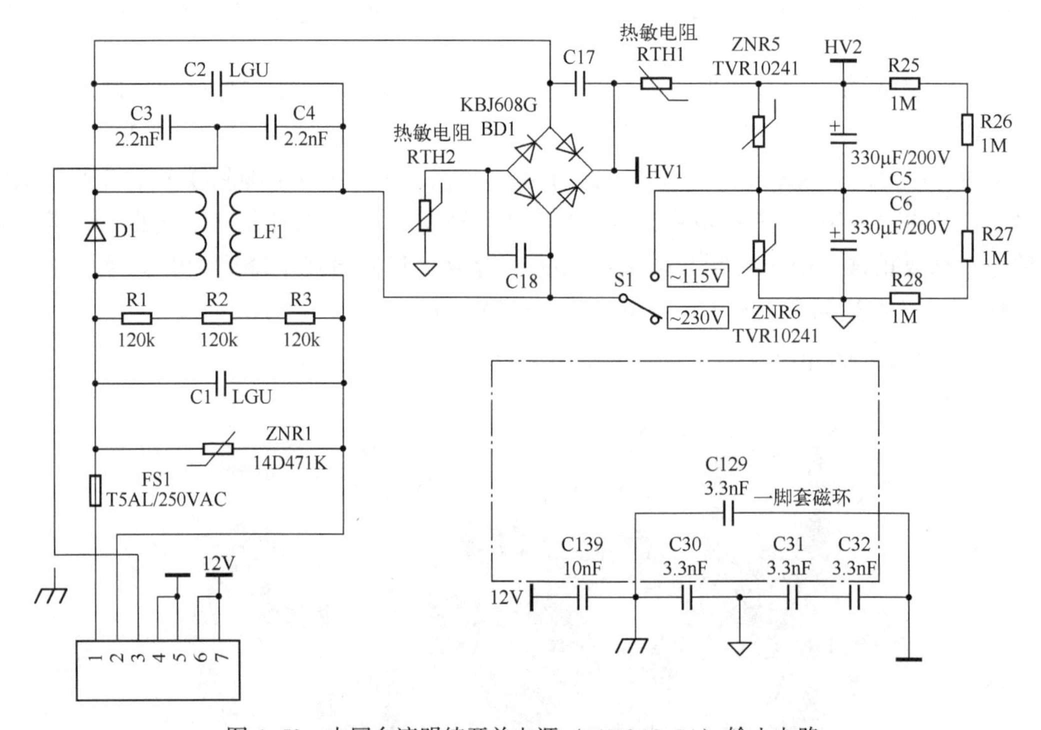

图 4-52　中国台湾明纬开关电源（12V&12. 5A）输入电路

1. 电磁干扰抑制电路与整流滤波电路

电源相线经延时型保险管 FS1 输入；ZNR1 是压敏电阻，可防止雷击闪电产生短时浪涌电压进入后级电路；C1、C2、C3、C4 和 LF1 组成差模干扰和共模干扰低通滤波器，用于抑制开关电源与电网之间存在的或大或小的电磁干扰；R1 ～ R3 是差模电容和共模电容的放电电阻，用于防止电击；跨接在 LF1 单侧的二极管 D1 作用未知；BD1 与 C5、C6 组成桥式整流滤波电路；C17、C18 并联在整流桥 BD1 对臂二极管两端，用于保护；负温度系数的热敏电阻 RTH1、RTH2 分别串接在整流桥 BD1 输出的正极与负极，分开散热。

该电路具有输入 AC220/AC110 制式切换功能：当输入电压为 AC110V 时，拨动开关置于 AC115V；当输入电压为 AC220V 时，拨动开关置于 AC230V。如此，才能保证直流高压 HV1、HV2 均为 300V 左右；否则，会出现过压或欠压的情况。各种可能的组合对应关系见表 4-12。

表 4-12　输入电压制式与拨动开关的组合关系

电压制式	拨动开关（位置）	
	AC115V	AC230V
AC110	HV1、HV2≈300V	HV1、HV2≈150V（欠压）
AC220	HV1、HV2≈600V（过压）	HV1、HV2≈300V

笔者在测试电路时，不慎把拨动开关置于 AC115V 接入市电（过压），压敏电阻 ZNR5、ZNR6 即刻炸毁，同时也造成家里的漏电保护开关跳闸。

右下侧虚线框内的电容都是安规 Y 电容，接在热地、冷地、大地和低压直流输出 12V 之间，用于抑制共模干扰。其中，C129 尤为特别，一个脚套装磁环，能加强抑制干扰的效果。

下面分析表 4-12 电压制式与拨动开关两种正确组合下的整流滤波工作原理。

当输入电压为 AC220V、拨动开关置于 AC230V 时，整流桥 BD1 对输入电压桥式整流；在零、相线电压极性相对高低两种情况下，电流流通路径如图 4-53 所示，高压滤波电容 C5、C6 充电电压分别约为 150V，二者串联叠加电压约为 300V。

当输入电压为 AC110V、拨动开关置于 AC115V 时，整流桥 BD1 对输入电压全波整流；在零、相线电压极性相对高低两种情况下，电流流通路径如图 4-54 所示，高压滤波电容 C5、C6 分时充电，电压仍然分别约为 150V，二者串联叠加电压也约为 300V。

2. 电源启动及变换电路

图 4-55 为功率变换及稳压电路。电源管理芯片 U1 采用 SOP-8 封装的 MW03A，第 7 脚是空脚。据说这个芯片是安森美公司生产的，具有“抖频”功能，目前网上没有查到相关资料。

整流桥 BD1 输出的直流高压 HV1 经瞬态抑制器 TVS1、电阻 R21～R23 加到 U1 的 8 脚（HV），U1 启动，由 5 脚（Drv）输出 PWM 脉冲信号，控制 MOS 管 Q1 的通、断。Q1 的源极与“热地”之间接有 2 个并联、参数均为 0.27Ω/2W 的电流采样电阻（R14、R15），用于分开散热。采样电压经 R51、C51 滤波后，送至 U1 的电流检测端 3 脚（CS）。

变压器辅助绕组的感应电压经 D3 整流、R20 隔离，由电容 C50、C55 滤波后，为 U1 供电，维持其连续工作。R5、R6 串联与 C9 和 D5 构成 RCD 吸收电路，遏制在 Q1 关断瞬间 T1 一次侧绕组产生的漏感尖峰脉冲，保护开关管免受高压击穿。

3. 稳压控制电路

二次侧输出电压经两个共阴极双二极管 Q100 和 Q101 整流，电容 C105～C107、C109、C112（为了简洁，只画一个符号代表）与电感 L110、电容 C110 和 C111（为了简洁，只画一个符号代表）组成 π 型滤波后，产生平滑的+12V 电压。电阻 R100/R102（为了简洁，只画一个符号代表）和电容 C100/C102（为了简洁，只画一个符号代表）构成两组 RC 吸收网络，分别抑制 Q100 和 Q101 截止时的尖峰电压脉冲，保护两个共阴极整流管。

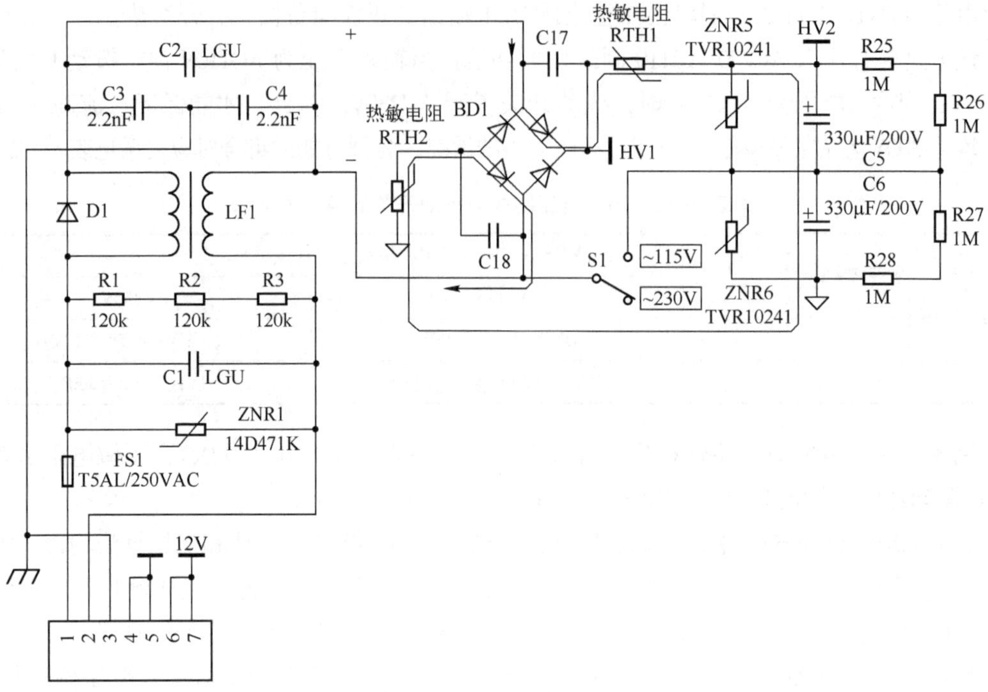

（a）相线电压高于零线电压

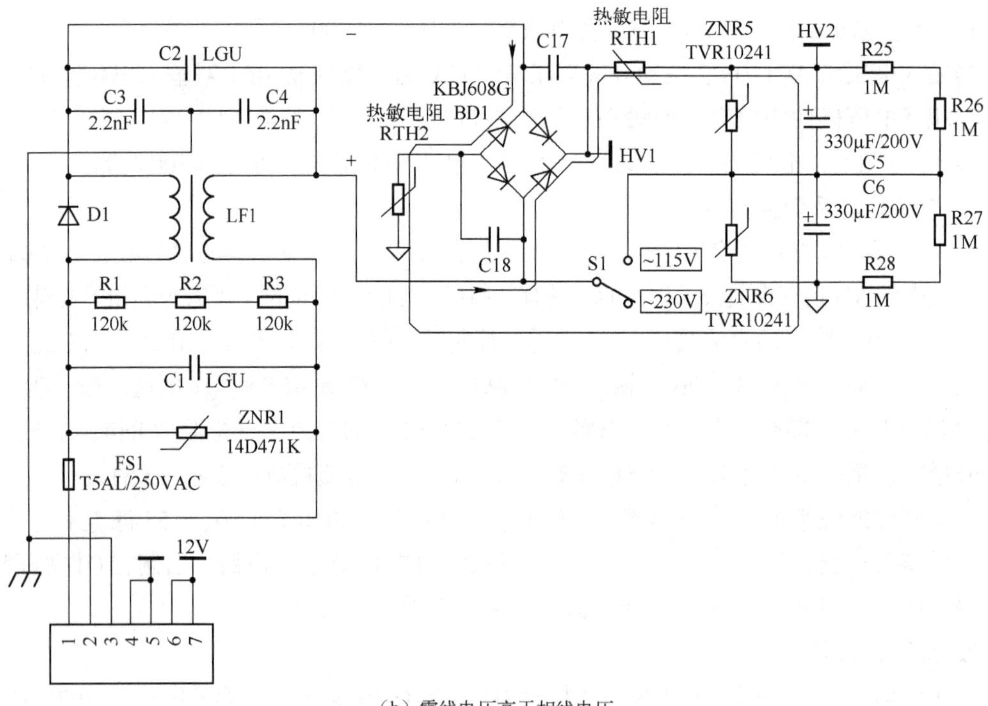

（b）零线电压高于相线电压

图 4-53　输入电压为 AC220V、拨动开关置于 AC230V 时的整流滤波

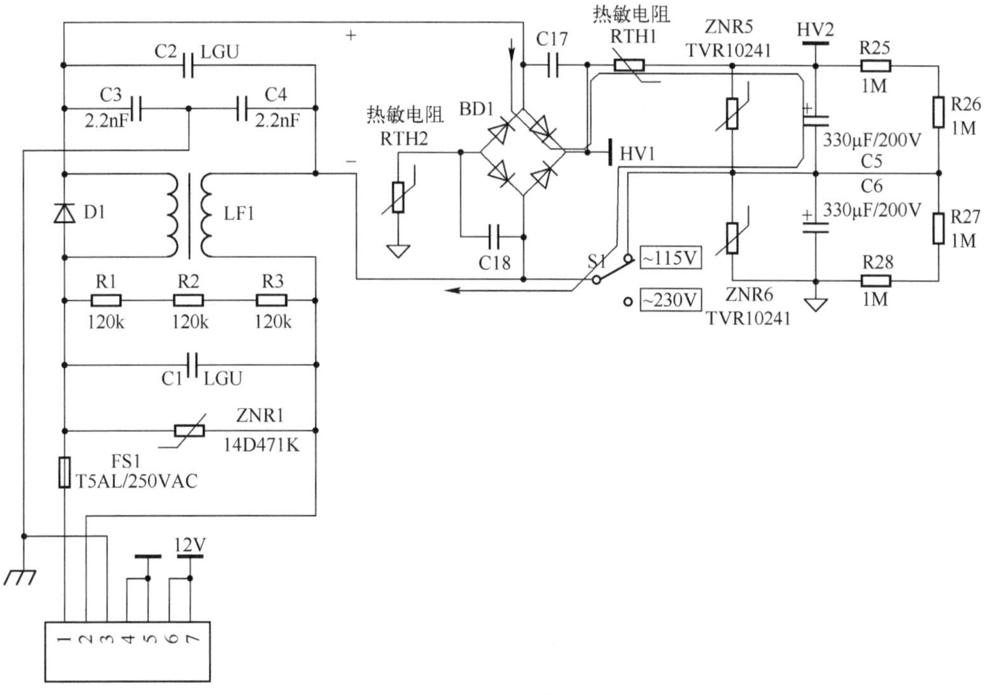

（a）相线电压高于零线电压

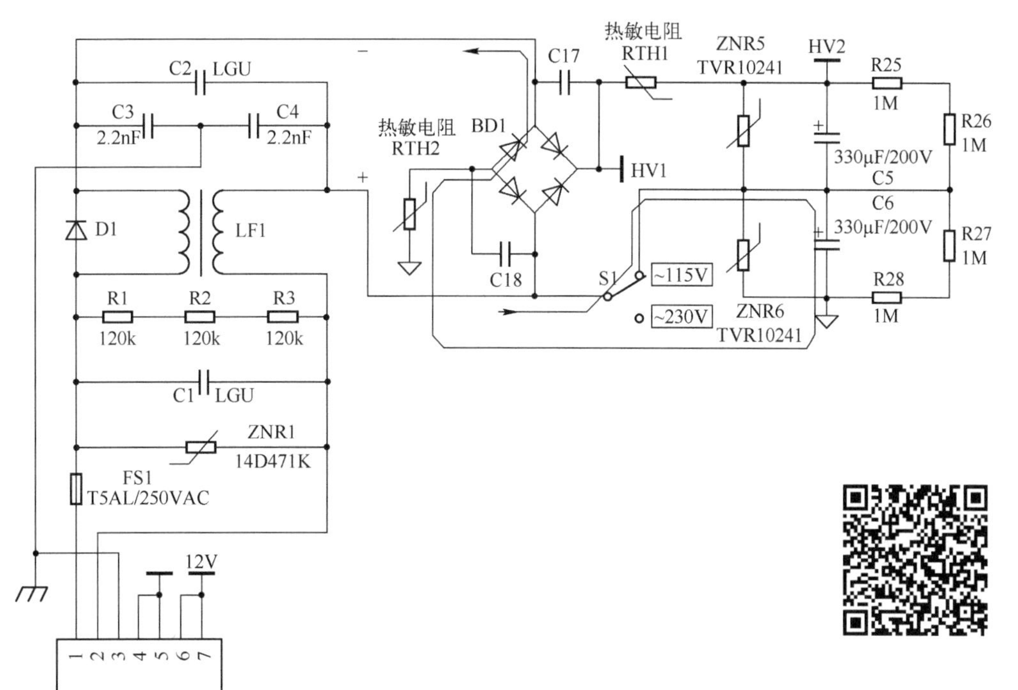

（b）零线电压高于相线电压

图 4-54　输入电压为 AC110V、拨动开关置于 AC115V 时的整流滤波

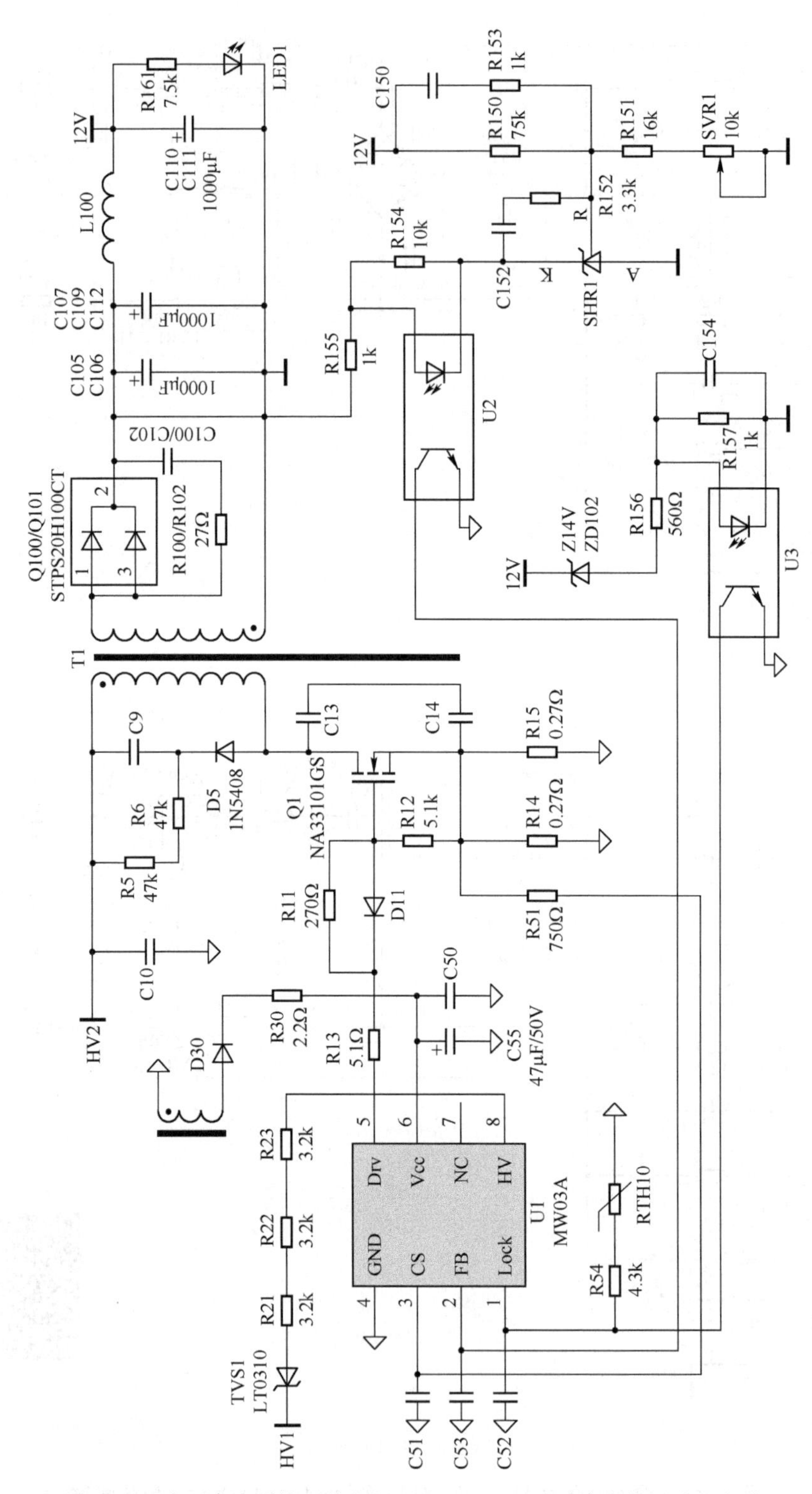

图 4-55　中国台湾明纬开关电源（12V&12.5A）功率变换及稳压电路

发光二极管 LED1 用于电源指示，R161 是发光二极管的限流电阻。

U1 和 SHR1（类同 TL431）及其外围元器件采样输出电压，反馈到 U1 的 2 脚（FB），与 U1 内部误差放大器、脉宽控制电路共同构成输出稳压控制电路。输出电压由 R150、R151 和 SVR1 的参数决定，即

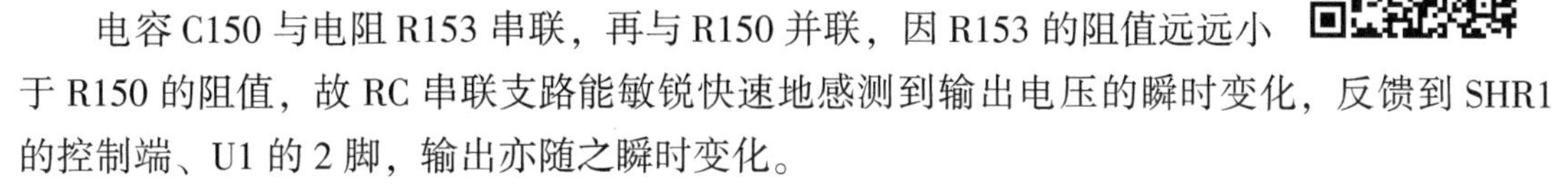

$$U_0=2.5\text{V}\times\left(1+\frac{R_{150}}{R_{151}+R_{\text{SVR}_1}}\right)=2.5\text{V}\times\left(1+\frac{75}{16+R_{\text{SVR}_1}}\right)$$

调节 SVR1 的参数，可微调输出电压。

电容 C150 与电阻 R153 串联，再与 R150 并联，因 R153 的阻值远远小于 R150 的阻值，故 RC 串联支路能敏锐快速地感测到输出电压的瞬时变化，反馈到 SHR1 的控制端、U1 的 2 脚，输出亦随之瞬时变化。

4. 过压与过热保护电路

过压保护电路主要由稳压二极管 ZD102、电阻 R156 、R157 和 U3 组成。当输出电压超过 15V 时，ZD102 被击穿，U3 内部二极管发光，内部三极管拉低 U1 的 1 脚（Lock），U1 的 5 脚（Drv）输出低电平。此时，输出无电压、无反馈，电路仍然保持锁定状态。

过热保护电路由电阻 R54 和负温度系数电阻 RTH10 组成，因为二者串联，接 U1 的 1 脚（Lock），所以虽然控制的结果是一样的，但控制的原因不同：过热保护的原因是电源长时间、大电流工作，导致变压器温升过高，而 RTH10 靠近变压器，高温导致 RTH10 阻值减小，拉低 U1 的 1 脚（Lock）电压，5 脚（Drv）输出低电平，实现过热保护。

4.2.7 深圳明纬开关电源（24V&4A）

图 4-56 为深圳明纬开关电源（24V&4A）电路板实物图，主要用于工控行业，如交换机、机器人、电力控制、自动售货机、ATM 和电梯控制柜等。

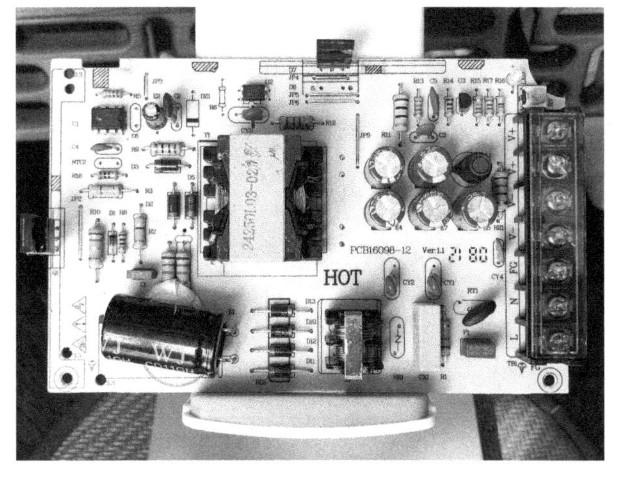

图 4-56 深圳明纬开关电源（24V&4A）电路板实物图

笔者花费了半天时间，根据电路板实物图反绘出电路原理图，如图 4-57 所示。

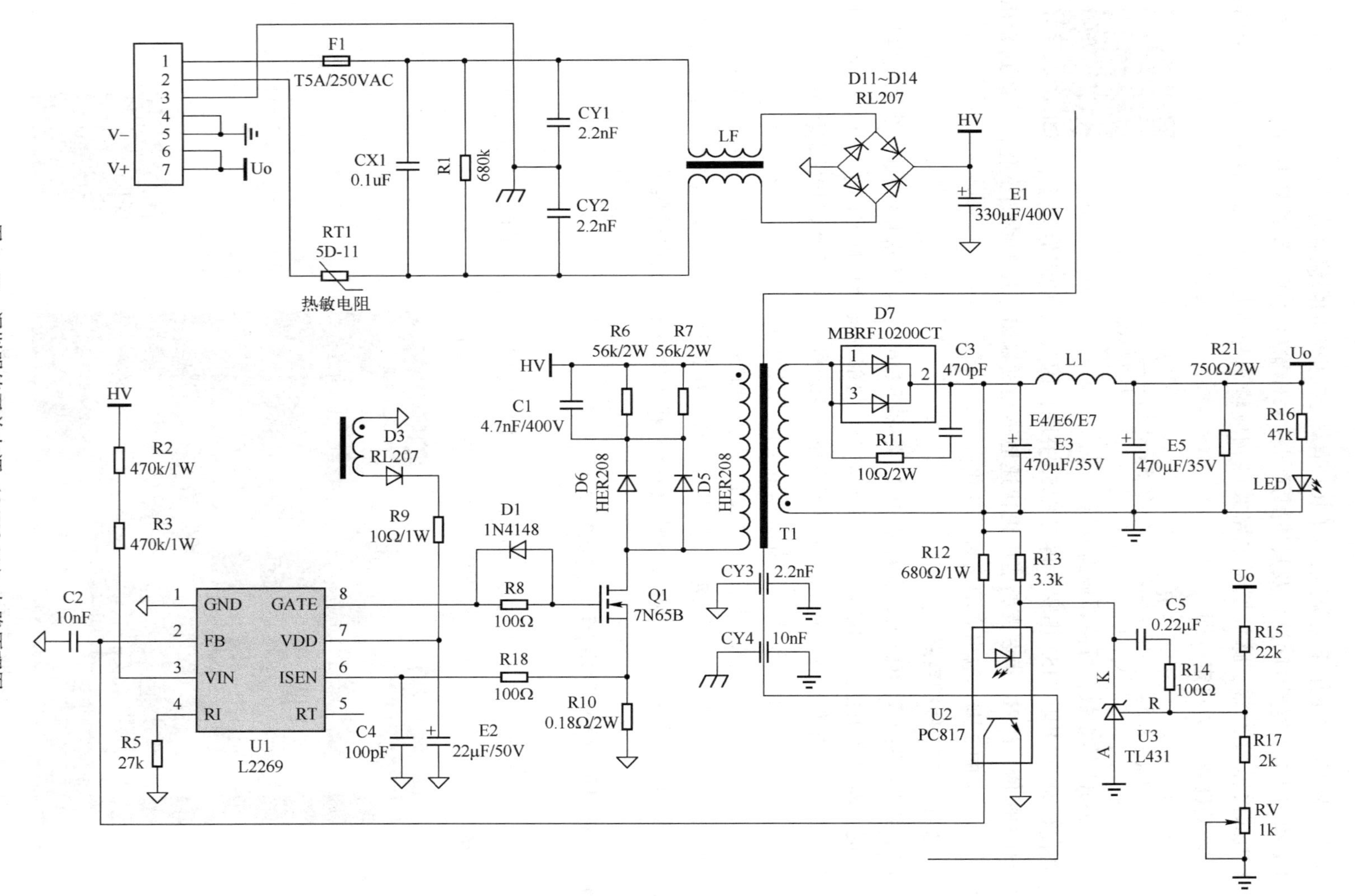

图4-57 深圳明纬开关电源（24V&4A）电路原理图

1. 电磁干扰抑制电路与整流滤波电路

电源相线经延时型保险管 F1 输入；CX1、CY1、CY2 和 LF 组成差模干扰和共模干扰低通滤波器，用于抑制开关电源与电网之间存在的或大或小的电磁干扰；R1 是差模电容与共模串联电容的放电电阻，用于防止电击；负温度系数热敏电阻 RT1 在常温 25℃时的电阻为 5Ω，直径为 11mm；D11～D14 和 E1 组成桥式整流滤波电路。

2. 电源启动及变换电路

直流高压 HV1 经电阻 R2、R3 加到 U1 的 3 脚（VIN），U1 启动，由 8 脚（GATE）输出 PWM 脉冲信号，控制 MOS 管 Q1 的通、断。变压器辅助绕组感应电压经 D3 整流、R9 限流、C2 滤波为 U1 供电，维持正常工作。R6、R7 并联，D5、D6 并联与 C1 构成 RCD 吸收电路，消除在开关管关断瞬间由 T1 一次侧绕组产生的漏感尖峰脉冲，保护开关管 Q1 免受高压击穿。

3. 稳压控制电路

二次侧输出电压经共阴极双二极管 D7 整流，电容 E3、E4、E6、E7（为了简洁，只画一个符号代表）与电感 L1、电容 E5 组成 π 型滤波后，产生平滑的输出电压。电阻 R11 和电容 C3 构成 RC 吸收网络，抑制 D1 截止时的尖峰电压脉冲，保护整流管。发光二极管 LED 用于电源指示。R16 是发光二极管的限流电阻。

U2 和 TL431 及其外围元器件采样输出电压，反馈到 U1 的 2 脚（FB），与 U1 内部误差放大器、脉宽控制电路共同构成输出稳压控制电路。输出电压由 R15、R17 和 RV 的参数决定，即

$$U_0=2.5\text{V}\times\left(1+\frac{R_{15}}{R_{17}+R_{\text{RV}}}\right)=2.5\text{V}\times\left(1+\frac{22}{2+R_{\text{RV}}}\right)$$

调节 RV 的参数，可微调输出电压。

4.2.8 DELL 笔记本电脑适配器

图 4-58 为 DELL 笔记本电脑 PA-12 Family 系列 HA65NS2-00 型电源适配器，版本号为 REVA01，输入：100 ～ 240VAC （50/60Hz），输出：19.5VDC&3.34A，额定输出功率为 65W。Latitude、lnsipron 系列笔记本电脑均可使用该电源适配器。

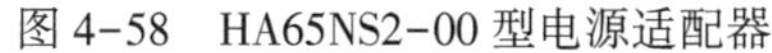

图 4-58　HA65NS2-00 型电源适配器

图 4-59 为电源适配器内部。

（a）带金属屏蔽罩

（b）正面元器件布局

图 4-59　电源适配器内部

图 4-60 为根据电路板绘出的电路原理图，贴片电容未标注容量，电阻 R_{12}和 R_{18}阻值为实测值。

1. 电路组成与主要元器件作用

（1）电磁干扰抑制电路与整流滤波电路

L_1、R_{1A}、R_{1B}、C_{X1}、L_2 组成差模和共模低通滤波器，用来抑制开关电源产生的电磁干扰；BD_1和 C_1 组成桥式整流滤波电路，为电源转换电路提供平滑的直流电源（直流高压）。

（2）电源启动及转换

IC_1采用 SOP-8 封装，顶部有两行标记：一行为 1D07N25；另一行为 5528，是富士电机公司的产品 FA5528，典型工作电流为 1.4mA，额定工作频率为 60kHz，轻载时可自动降低工作频率。

市电经 VD_2半波整流、R_1 限流，加到 IC_1的 HV（8 脚），为 IC_1提供启动电压。IC_1启动后，IC_1的 5 脚 Drv 输出 PWM 脉冲控制开关功率管 VT_1 的通、断。此后，高压电流源关闭，改由辅助电源供电——R_7、VD_3、R_8、C_3 和 C_{10}组成辅助电源，R_4 是 C_3 与 C_{10}的放电电阻。

R_{5A}～R_{5D}、C_5 和 VD_1构成 RCD 吸收电路，用来消除开关功率管导通与关断时，变压器一次侧绕组产生的高压尖峰脉冲，保护开关功率管 VT_1。

（3）稳压控制电路

二次侧绕组的输出电压经共阴极双肖特基二极管 VD_{31A}、$C_{21A/B/C}$整流滤波后，产生平滑

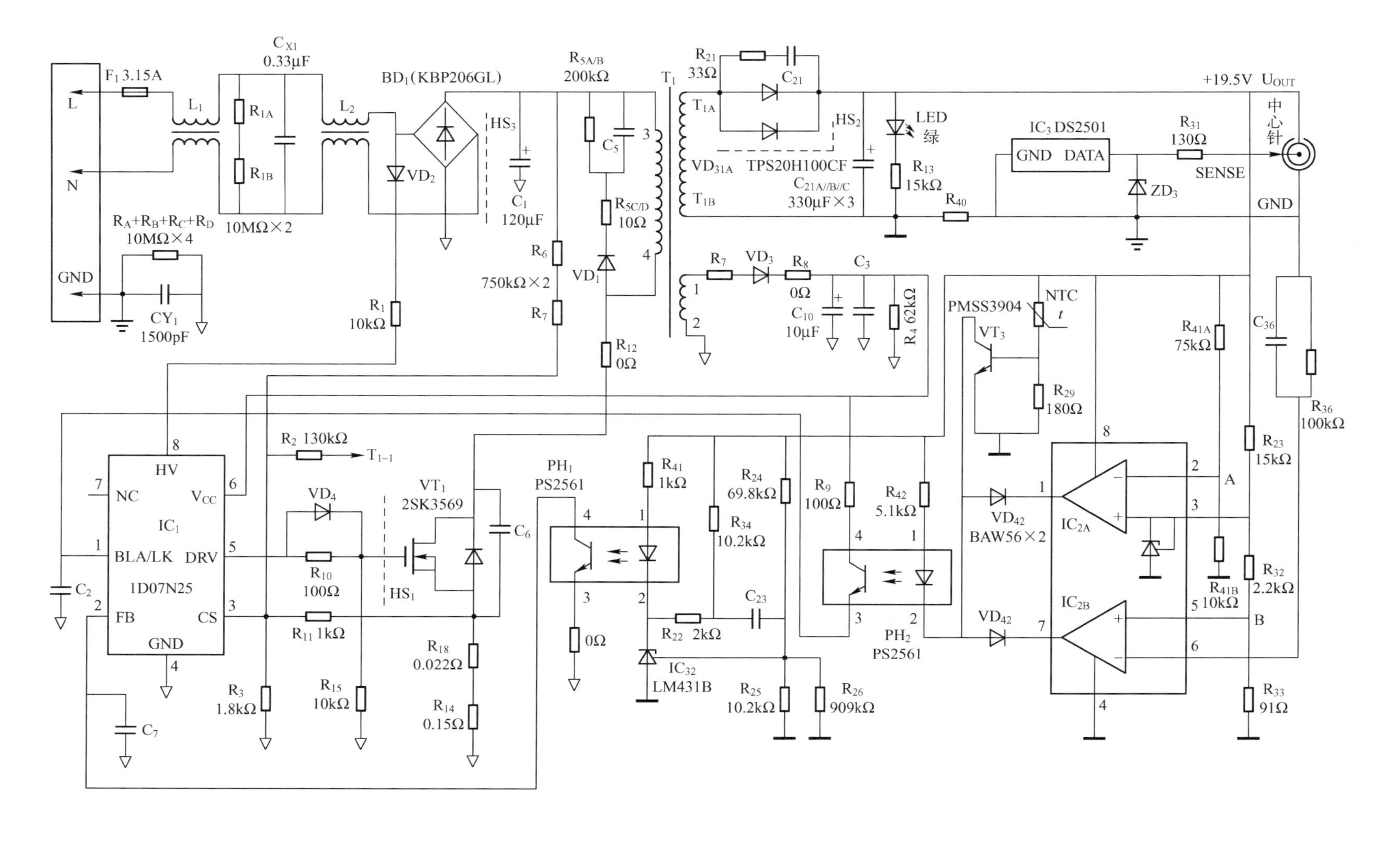

图4-60 HA65NS2-00型电源适配器电路原理图

的+19.5V 电压。电阻 R_{21} 和电容 C_{21} 构成 RC 吸收网络，抑制 VD_{31A} 截止时的尖峰脉冲，保护整流器件。绿色发光二极管 LED 用于电源指示。R_{13} 是 LED 的限流电阻。

线性光电耦合器 PH_1（PS2561）和 IC_{32}（LM431M）及其外围元器件与 IC_1 内部误差放大器、脉宽控制电路共同构成输出电压稳压控制电路。根据 LM431M（同 TL431）的工作原理，输出电压由电阻 R_{24}、R_{25} 和 R_{26} 设定，即

$$U_{\text{OUT}}=U_{\text{ref}}\times\left(1+\frac{R_{24}}{R_{25}//R_{26}}\right)=2.5\times\left(1+\frac{69.8}{10.2//909}\right)\approx 19.8(\text{V})$$

固定 R_{24} 和 R_{25}，调整 R_{26} 即可调节输出电压：增大 R_{26} 输出电压降低；减小 R_{26} 输出电压增高。

图 4-61 为 AC110 供电，空载时，开关功率管 VT_1 漏极（D）电压波形，此时跳周期工作，脉冲频率约为 3.2kHz，输出电压约为 19.7V。

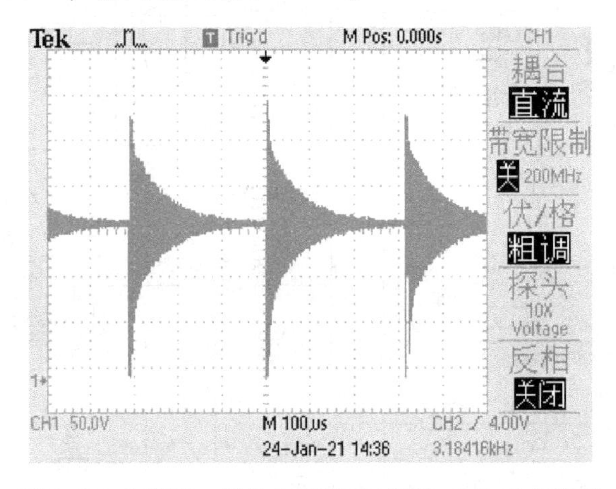

图 4-61　空载时，开关功率管 VT_1 漏极（D）电压波形

图 4-62 为 AC110 供电，充电时，开关功率管 VT_1 漏极（D）的电压波形，此时按最高频率工作，输出电压约为 19.5V。

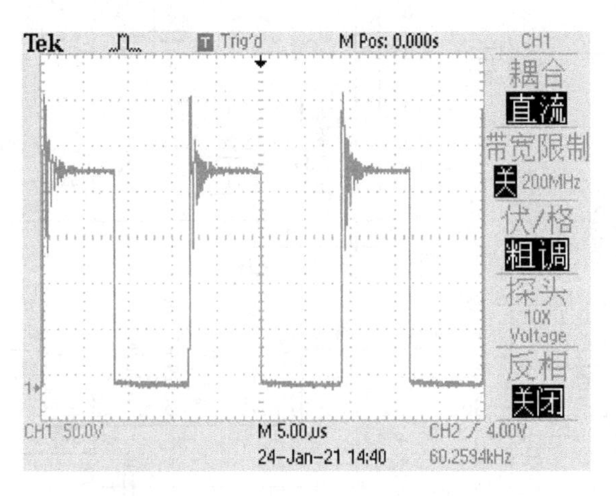

图 4-62　充电时，VT_1 漏极（D）的电压波形

（4）输出保护电路

HA65NS2-00 电源适配器具有完善的输出保护功能：VT_3、NTC 电阻、R_{29}组成输出整流过热检测电路；IC_{2A}、内部 2.5V 参考电压及外围元器件组成输出过电压检测电路；IC_{2B}及其外围元器件和电流取样电阻 R_{40}组成输出过流检测电路。

IC_{2A}、IC_{2B}的输出通过共阳极双开关二极管 VD_{42}与 VT_3 输出汇集到一起，组成“线与”电路。当某一路输出变低时，通过光电耦合器 PH_2反馈，拉高 IC_1的 1 脚电压，关闭 IC_1 输出。IC_1 芯片保护电路具有闩锁功能，故障被解除后，不能自动恢复工作，只能断开交流市电，再重新连接市电后，才可以恢复工作。

① 输出整流过热保护。

当输出整流元器件温度过高时，其散热片近旁的负温度系数电阻 NTC 阻值减小，VT_3饱和导通，通过 PH_2控制 IC_1关闭输出。

② 输出过电压保护。

IC_{2A}、内部 2.5V 参考电压及外围元器件构成单门限比较器（比较器的门限电平为 2.5V），当输出电压升高，R_{41A}和 R_{41B}组成的分压器中点电压大于 2.5V 时，输出由高电平变为低电平，即

$$\frac{R_{41B}}{R_{41A}+R_{41A}}\times U_{OUT}>2.5V$$

将图中有关电阻数据代入不等式，得 $U_{OUT}>21.25V$。也就是说，当输出电压超过 21.25V 时，电路启动过电压保护，阻止电压进一步升高。

③ 过电流保护。

电阻 R_{40}（阻值约为 30mΩ）串在输出充电电路中，检测输出电流的大小，经 R_{36}、C_{36}送到 IC_{2B}的反相端；R_{32}和 R_{33}对 IC_2内部 2.5V 精密参考电压分压 104mV[$2.5V\times R_{33}/(R_{32}+R_{33})$] 送到 IC_{2B}的同相端。因此，IC_{2B}构成一个单门限比较器，门限电平为 104mV。当 R_{40}的压降大于 104mV（约合流过 3.5A 的电流）时，比较器输出由高电平变为低电平，电路启动过电流保护，降低输出电压。

图 4-63 为 AC220 供电，在输出端并联 12.5Ω 电阻充电时，开关功率管 VT_1栅极（G）电压波形，幅度约为 20.8V，占空比约为 25%。采样电阻 R_{40}两端压降约为 101mV，折合输出电流 3.33A（101mV/30mΩ），接近**过电流保护**的极限电流。此时，输出电压仍约为 19.5V。

2. ID 信息存储电路

DELL 笔记本电脑电源适配器输出接口比较特殊，其外壁是负极，内壁是正极，中间有一根小针与适配器内的 DS2501 相连。

DS2501 是 ID 信息存储芯片，采用 TO-92 封装，有 3 个引脚，第 3 脚为空脚。

图 4-64 为接通电源瞬间，DS2501 的输出波形。

早期电源适配器 ID 信息存储芯片直接与中间针相连，长达 2m 的输出线未使用屏蔽线，在电气上相当一根天线，外界杂散电磁信号常常导致 DS2501 莫名其妙的损坏。HA65NS2-

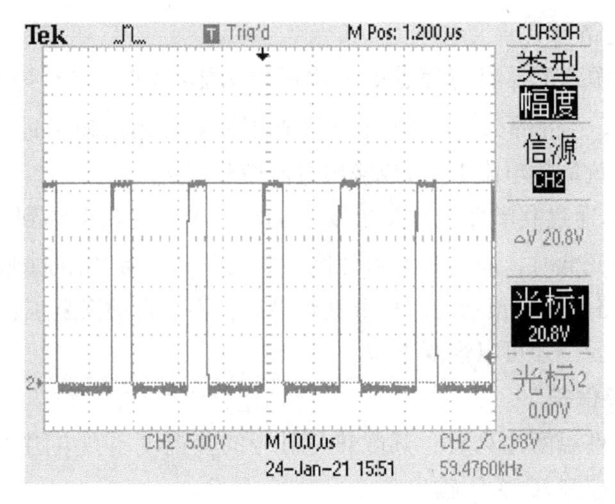

图 4-63　开关功率管 VT_1 栅极（G）电压波形

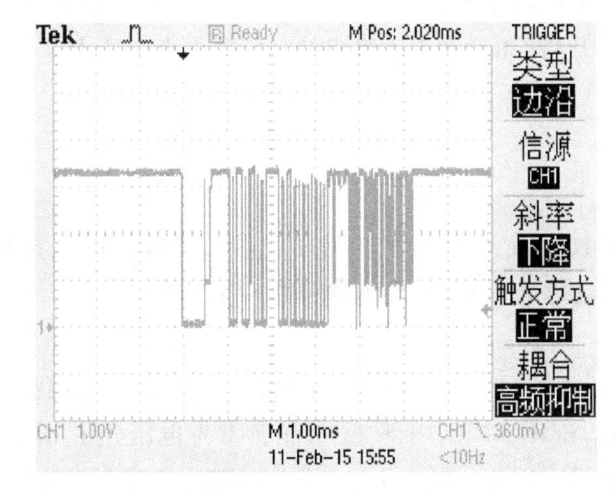

图 4-64　接通电源瞬间，DS2501 的输出波形

00 REVA01 电源适配器针对这一问题做了改进：①新增 ZD_3 和 R_{31} 两个保护元器件；②输出线改用三芯同轴线。

另外，由于部分适配器输出接口导线焊接位置不当，因此在使用过程中易造成+19.5V 导线碰到中间针，致使 DS2501 损坏。如果 DS2501 损坏，则 DELL 笔记本电脑屏幕将显示 The AC power adapter type cannot be determined 等信息，按 F3 键可以进入系统，CPU 降频使用，电池不能充电。

3. 版本号为 REV：C 电路变化

电路“进化”到版本 C 时改变了许多地方，如图 4-65 所示，取消了过压保护电路，适配器型号为 PA-1650-05D2，输出电压、电流均未改变。

图 4-65 中，虚线框部分是由 IC_{2A} 与外围元器件组成的反馈稳压电

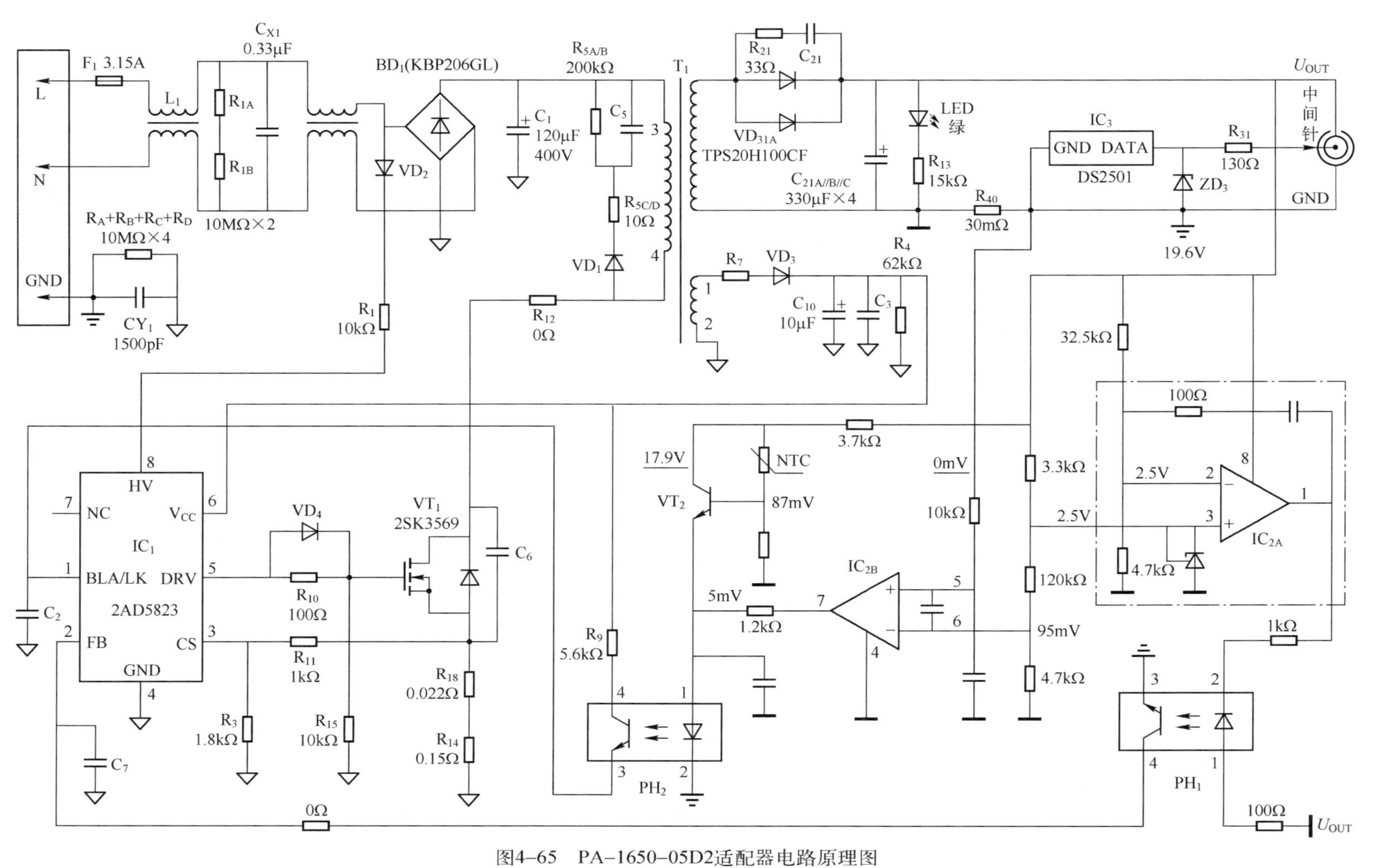

图4-65 PA-1650-05D2适配器电路原理图

路，输出电压经 32.5kΩ 与 4.7kΩ 电阻串联取样，加到 IC_{2A} 的 2 脚，因 IC_{2A} 的 3 脚是 2.5V 基准电压，所以在 IC_{2A} 线性工作时，两输入端相当于虚短。正常工作时，IC_{2A} 的 2 脚取样电压也为 2.5V，于是可求出输出电压为

$$U_0 = 2.5\text{V} \times \left(1+\frac{32.5}{4.7}\right) \approx 19.8\ (\text{V})$$

过电流保护和过电压保护与图 4-60 类似，不过在图 4-60 中对 PH_2 控制是低电平有效，而在图 4-65 中是高电压有效，控制的结果都是通过 PH_2 反馈，拉抬 IC_1 的 1 脚电压，使其进入保护状态。IC_1（2AD5823）**具有闩锁功能，故障被解除后，不能自动恢复工作，只能断开电源，重新连接市电后才能恢复工作。**

4.3 脉宽调制型控制器 TL494 和半桥式开关电源

目前，市场上有许多 LED 广告显示屏的驱动电源需要几十至几百瓦的功率，单端反激式开关电源难以满足要求。半桥式开关电源的输出功率可达几十至上百瓦，是驱动 LED 广告显示屏的最佳选择。本节将介绍以 TL494 集成控制器为核心构成的 LED 驱动电源。

4.3.1 脉宽调制型控制器 TL494

TL494 是一种固定频率的脉宽调制型控制器，包含开关电源所需的全部控制功能，广泛应用于单端正激（双管）式、半桥式、全桥式开关电源，具有推挽/单端输出、最高工作频率为 300kHz、内部基准电压为 5V、输入电压小于或等于 41V 等特点。

1. TL494 功能框图

TL494 有 SO-16 和 DIP-16 两种封装形式，以适应不同场合的要求，引脚配置和内部等效电路框图如图 4-66 所示。

由内部等效电路框图可知，TL494 由锯齿波振荡器、比较器、误差放大器、D 触发器、5V 基准电压源等构成。

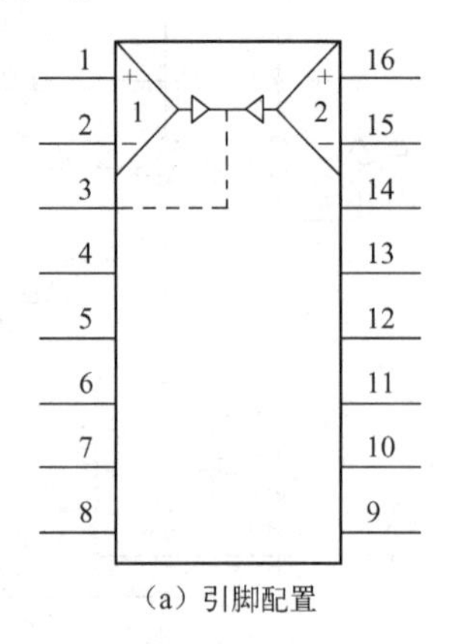

（a）引脚配置

图 4-66　TL494 引脚配置和内部等效电路框图

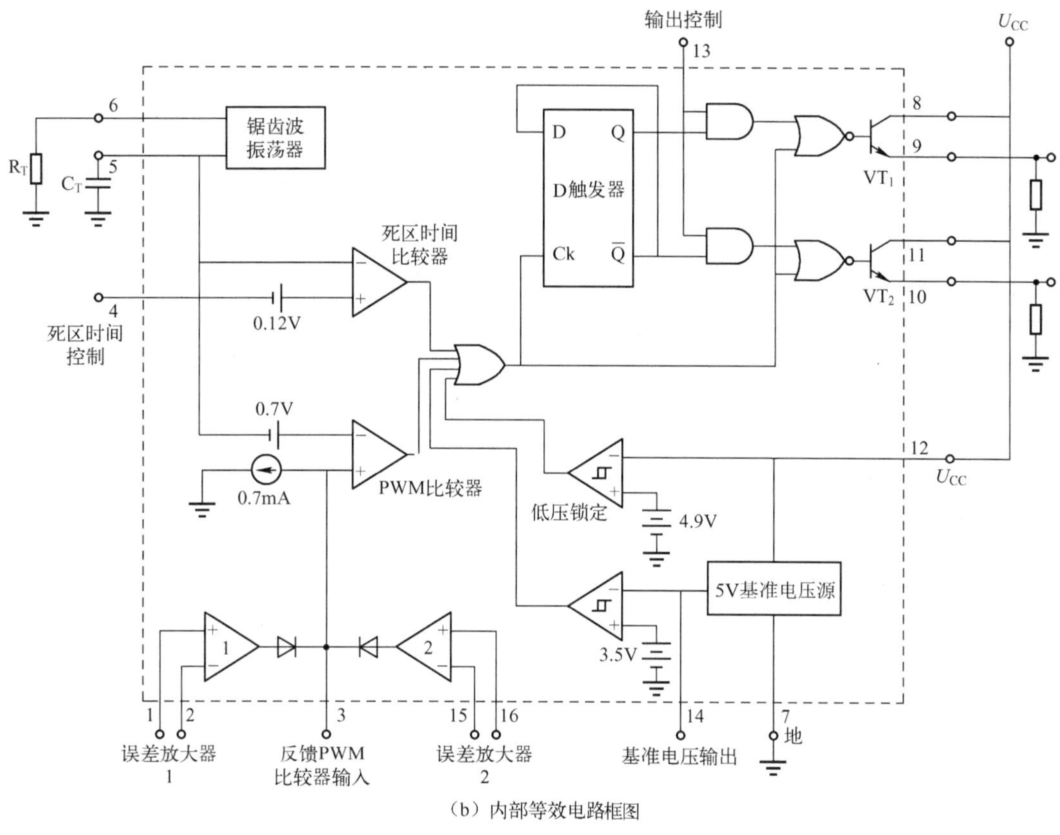

（b）内部等效电路框图

图 4-66　TL494 引脚配置和内部等效电路框图（续）

2. 引脚功能

TL494 采用 DIP16 封装时，各引脚功能说明见表 4-13。

表 4-13　TL494 各引脚功能说明

引　脚	引 脚 名 称	功　　能	说　　明
1	$1INV_+$	同相输入	误差放大器 1 的输入端，最高输入电压不超过 V_{CC}+0. 3V
2	$1INV_-$	反相输入	
3	FB/IN_{CON}	反馈	误差放大器 1、2 的输出端，接反馈 PWM 比较器输入。当任一放大器输出电压升高时，反馈 PWM 比较器输出脉宽减小。同时还有外接引出端，以便在 2、15 引脚间接入 RC 频率校正电路，稳定误差放大器的增益，防止高频自激
4	CON_{DT}	死区时间控制	当外加电压小于 3V 时，开关功率管导通时间与外加电压成反比，电压越低，导通时间越长；若电压超过 3V，则开关功率管截止
5	C_T	OSC 外接电容	锯齿波振荡器外接定时电容端
6	R_T	OSC 外接电阻	锯齿波振荡器外接定时电阻端
7	GND	地	共地端
8、11	C_1、C_2	两路驱动放大器的集电极开路输出端	当通过外接负载电阻引出输出脉冲时，为两路时序不同的倒相输出，脉冲极性为负极性，适合驱动 P 型双极型开关功率管或 P 沟道 MOSFET 管（此时两管发射极接共地）
9、10	E_1、E_2	两路驱动放大器的发射极开路输出端	当 8、11 脚接 V_{CC}，9、10 脚接发射极负载电阻到地时，输出为两路正极性图腾柱输出脉冲，适合驱动 N 型双极型开关功率管或 N 沟道 MOSFET 管

续表

引 脚	引脚名称	功 能	说 明
12	V_{CC}	供电端	供电范围适应 8～40V
13	CON_{OUT}	输出模式控制端	接 5V 时，为双端推挽输出，用于驱动各种推挽开关电路；接地时，为两路同相位驱动脉冲输出，8、11 脚和 9、10 脚可直接并联；双端输出时，最大驱动电流为 2×200mA；并联运用时，最大驱动电流为 400mA
14	V_{ref}	5V 基准电压输出	输出 5V±0.25V 的基准电压，最大负载电流为 10mA，用作误差检测基准电压和控制模式的控制电压
15	$2INV_-$	反相输入	误差放大器 2 的输入端，最高输入电压不超过 U_{CC}+0.3V
16	$2INV_+$	同相输入	

① 基准电压（5V）由 14 脚输出，除误差放大器外，所有的片内电路均由该电压供电。此外，该电压还用于控制死区范围和软启动电路的供电。基准电压在 0～70℃范围内的总变化率小于 1%。

② 外接定时电阻 R_T（6 脚）和定时电容 C_T（5 脚），锯齿波振荡器自激振荡产生锯齿波。C_T电容充电到 3V 时开始放电，放电到零时完成一个周期。锯齿波振荡频率为

$$f \approx \frac{1.1}{R_T C_T} \ (\text{kHz})$$

C_T选 4700pF～10μF，R_T选 1.8～500kΩ，频率可调范围为几百赫至 300 千赫。

③ 14 脚（V_{ref}）输出 5V 经 R_{73}（120kΩ）、R_{72}（12kΩ）分压约为 0.5V 加到 4 脚。5 脚电压（锯齿波）与 4 脚的 0.5V 电压比较，当 5 脚电压低于 0.5V 时，内部的 VT_1、VT_2 截止，限制输出脉冲宽度增大。

为了实现软启动，电路还做了特殊设计，如图 4-67 所示。在基准电压 V_{ref}与死区时间控制端之间接入电容 C_{39}，在电源接通瞬间，5V 通过 C_{39}加到 4 脚，开关功率管截止。随着 C_{39}逐渐充电，4 脚电位不断降低，开关功率管的导通时间缓慢增加完成软启动。当正常工作时，死区时间控制端的电压为 R_{73}和 R_{72}对 5V 分压，为了保证负载较重时能有足够的占空比，R_{73}的阻值要远远大于 R_{72}的阻值。

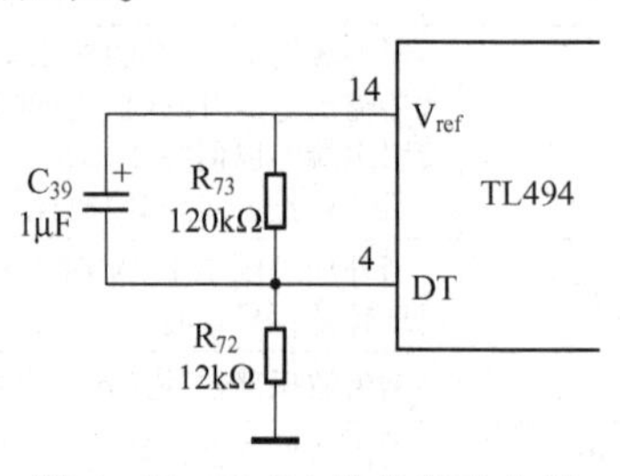

图 4-67　TL494 的软启动电路

4.3.2　半桥式开关电源

图 4-68 为半桥式开关电源电路原理图。其核心元器件是 TL494 集成控制器。下面就来分析它的工作原理。

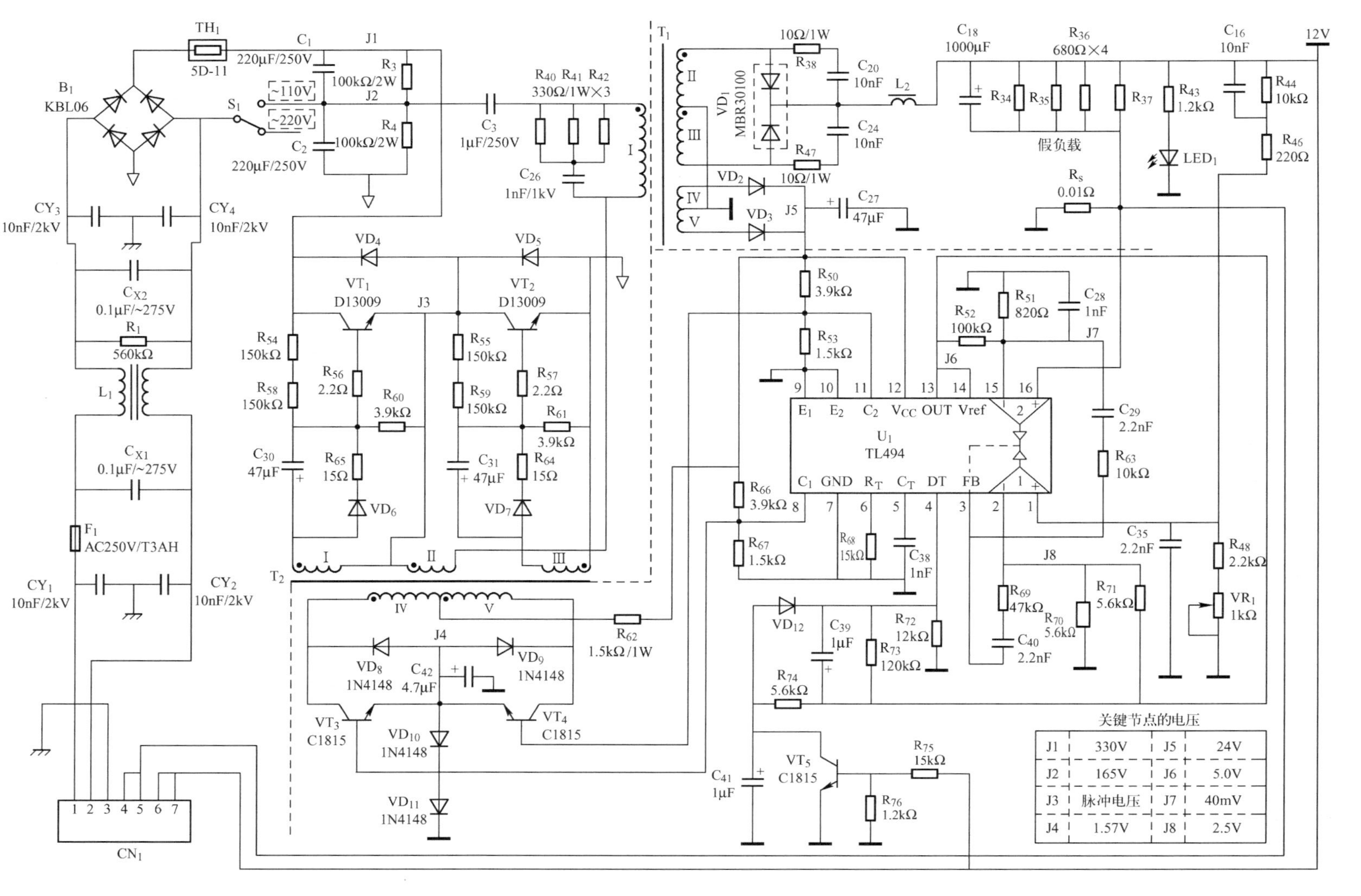

关键节点的电压

J1	330V	J5	24V
J2	165V	J6	5.0V
J3	脉冲电压	J7	40mV
J4	1.57V	J8	2.5V

图4-68 半桥式开关电源电路原理图

1. 市电输入及转换

前面已经介绍了多个开关电源的市电输入及转换电路，为了简单起见，在此就不再详细描述，其中各个元器件的功能与作用见表 4-14。

表 4-14　半桥式开关电源市电输入及转换电路中元器件的功能与作用

名　称	编　号	参　数	功能与作用
保险管	F_1	AC 250V/T3AH（延时型）	防止严重故障引起火灾
Y 电容	CY_1、CY_2、CY_3、CY_4	10nF/2kV	高频陶瓷电容，抑制共模干扰信号
X 电容	C_{X1}、C_{X2}	0.1μF/AC275V	金属化（聚丙烯）薄膜电容，抑制差模干扰信号
共模扼流圈	L_1	—	抑制共模干扰信号
热敏电阻	TH_1	5D-11	减小开机浪涌电流对滤波电容、整流二极管的冲击
放电电阻	R_1	560kΩ	给安规电容放电，防止电源线拔插时电源线插头长时间带电
	R_3、R_4	100kΩ/2W	给滤波电容放电，防止电源线拔插时电源线插头长时间带电
整流桥堆	B_1	KBL06	把交流电转换为脉动直流电
滤波电容	C_1、C_2	220μF/250V	把脉动直流电平滑为纹波较小的直流电
转换开关	S_1	～110V	双半波整流叠加成全波
		～220V	桥式整流

负载较轻时，整流滤波电压约为 330V，由于 C_1、C_2 容量相同，因此两者之间的节点电压约为 165V。电路中，其他关键节点的电压见图 4-68 右下角。

如果把半桥式开关电源主要参与能量的转换通路抽离出来，则可以简化为如图 4-69 所示电路。

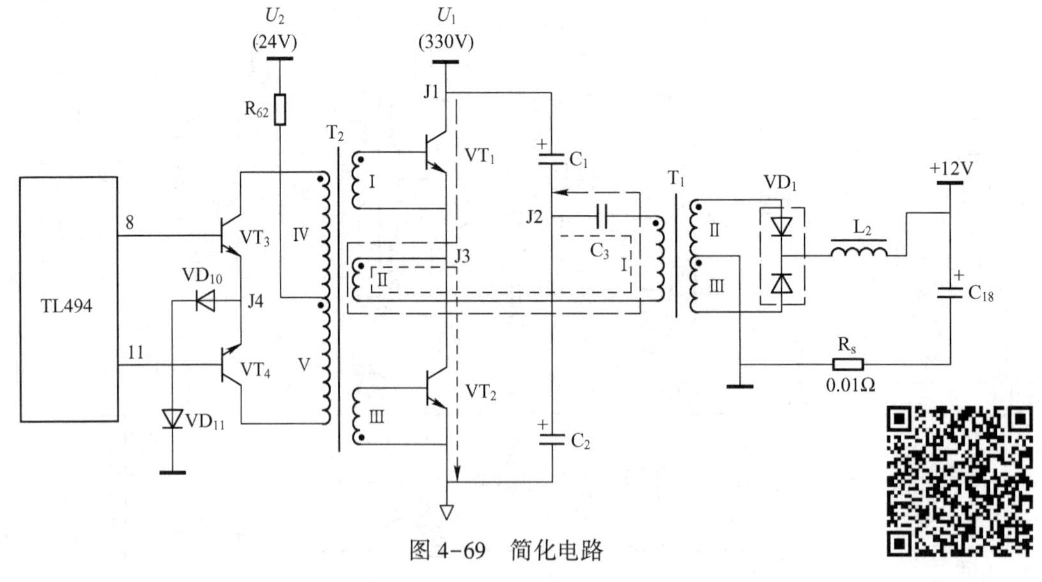

图 4-69　简化电路

刚上电时，VT_1 在基极偏置电阻（R_{54}、R_{58}）作用下导通，输入电压 U_1（节点 J1）通过 VT_1、变压器 T_2-Ⅱ、变压器 T_1-Ⅰ和 C_3 到 $U_1/2$（节点 J2）。因为 T_2-Ⅱ电流从上至下，

故 T_2－Ⅰ感应正极性脉冲加速 VT_1 导通，T_2－Ⅲ感应负极性脉冲维持 VT_2 截止。

当 C_3 充电到一定限度时，充电电流减小，T_2－Ⅱ自感电压极性反转，T_2－Ⅰ感应负极性脉冲使 VT_1 截止，T_2－Ⅲ绕组感应正极性脉冲使 VT_2 导通。此时，电压 $U_1/2$ 通过 C_3、变压器 T_1－Ⅰ、变压器 T_2－Ⅱ和 VT_2 到地。因为 T_2－Ⅱ电流从下至上，故 T_2－Ⅰ感应负极性脉冲维持 VT_1 截止，T_2－Ⅲ感应正极性脉冲加速 VT_1 导通。

由此可见，变压器 T_1参与能量转换，变压器 T_2起相位控制作用。由于 T_2－Ⅱ匝数很少（只有几匝），因此 C_3 与变压器 T_1－Ⅰ组成 LC 振荡电路，在 U_1—$U_1/2$ 和 $U_1/2$—地之间自由振荡（读者可参考图 1-18）。

变压器 T_1-Ⅳ、Ⅴ绕组整流输出的直流电压供给 U_1（TL494），由 8、11 脚输出互补调制脉冲控制 VT_3、VT_4 的通、断，变压器 T_2-Ⅳ、Ⅴ轮流通过电流，耦合到变压器 T_2－Ⅰ、Ⅲ控制 VT_1、VT_2 的通、断。TL494 的 8、11 脚输出电压波形如图 4-70 所示。

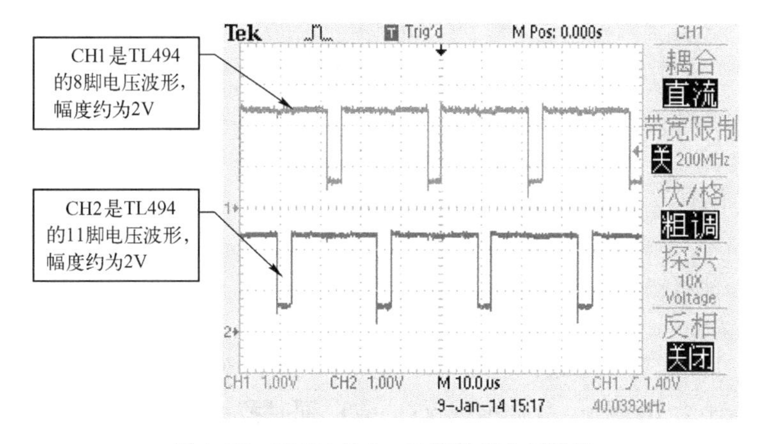

图 4-70　TL494 的 8、11 脚输出电压波形

变压器 T_2-Ⅳ、Ⅴ绕组中间抽头通过限流电阻 R_{62} 接 TL494 的供电电源 24V。TL494 的 8、11 脚输出 PWM 脉冲控制 VT_3、VT_4 的通、断及 T_2-Ⅳ、Ⅴ绕组产生方波脉冲。为了保证 VT_3、VT_4 输出脉冲高、低状态的可靠性，8、11 脚都有上拉电阻（R_{50}、R_{66}）和下拉电阻（R_{53}、R_{67}）。VT_3 基极和集电极的脉冲电压波形如图 4-71 所示。

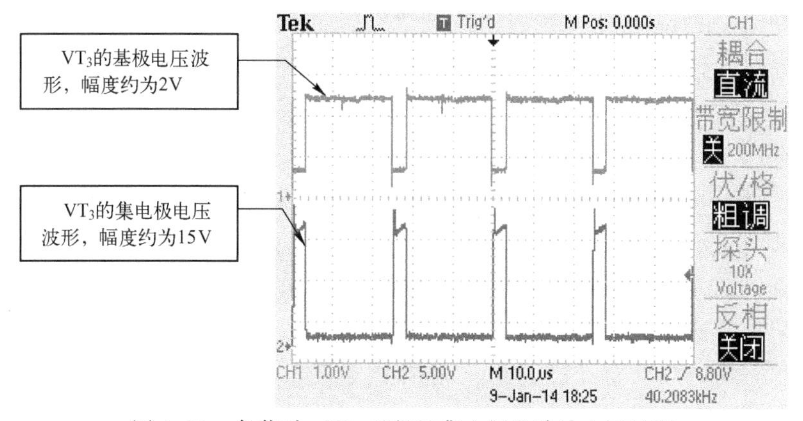

图 4-71　负载时，VT_3 基极和集电极的脉冲电压波形

电路中，VD_8、VD_9并联在 VT_3、VT_4 的集电极与发射极之间，在 VT_3、VT_4 截止瞬间吸收感性负载的反激电压，起保护作用。VD_{10}与 VD_{11}串联在 VT_3、VT_4 发射极与地之间，并由 C_{42}滤波，用于抬高发射极电位，即只有 TL494 的 8、11 脚输出脉冲电压足够高时（3 个 PN 结电压以上），VT_3、VT_4 才能导通，避免误动作。

T_2-Ⅳ、Ⅴ绕组经 VT_3、VT_4 放大后的脉冲电压耦合给 T_2-Ⅰ、Ⅲ绕组，经开关功率管 VT_1、VT_2 基极电路（结构有点复杂，原理从略），使 VT_1、VT_2 从刚上电时的主动式互补导通，变为在 TL494 控制下的被动式互补导通。VT_2 基极和集电极的电压波形如图 4-72 所示。

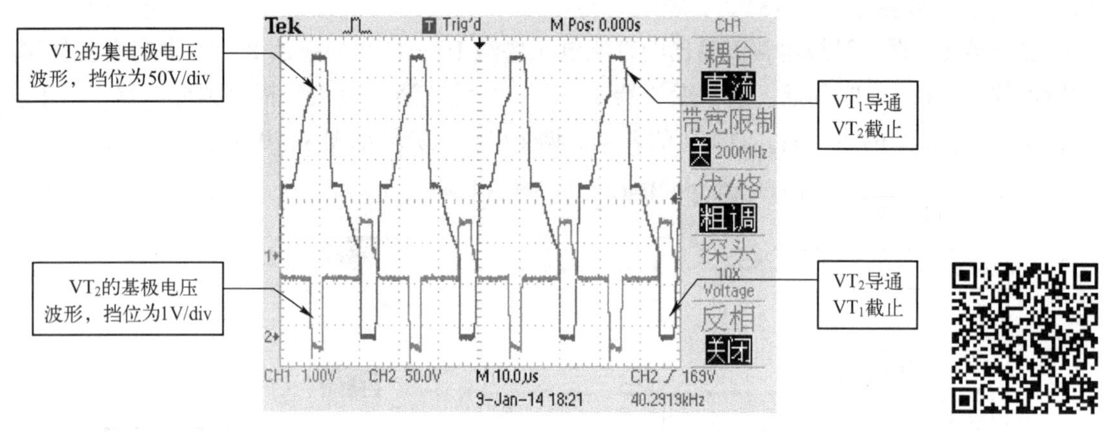

图 4-72　负载时，VT_2 基极和集电极的电压波形

虽然开关功率管 VT_1、VT_2 互补导通，但导通时间并非“无缝对接”（当然，也不允许出现，因为那意味着占空比为 100%），故会出现 VT_1、VT_2 同时截止的状况。此时，T_1-Ⅰ残余能量经 C_{26}和 R_{40}～R_{42}释放。

2. 时钟振荡电路

TL494 的 5、6 脚外接定时电容 C_{38}和定时电阻 R_{68}构成时钟振动器，5 脚为锯齿波，与 8、11 脚的脉冲波形对应，如图 4-73 所示。由图可知，5 脚锯齿波电压最大值为 3V，一旦达到该值，则定时电容进入放电周期，一直放电到零后，再次进入充电周期。

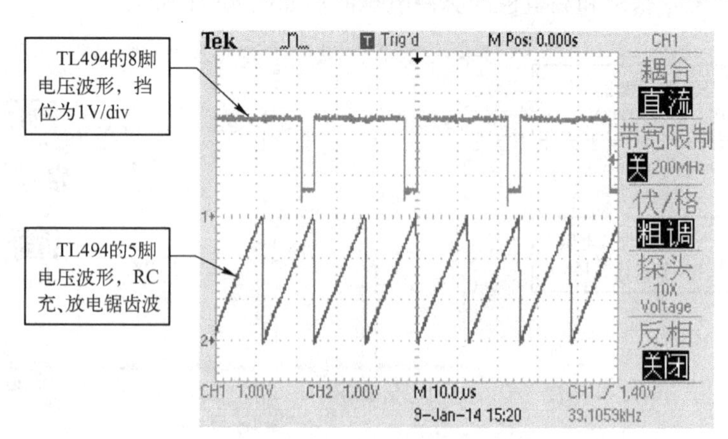

图 4-73　正常工作时，TL494 的 5、8 脚电压波形

必须指出，虽然减小 R_{68} 或 C_{38} 可以提高工作频率，但工作频率是开关电源的重要参数，不能随心所欲地提高。

3. 稳压电路

变压器 T_1 二次侧绕组Ⅳ、Ⅴ是 TL494 的供电绕组，经 VD_2、VD_3 和 C_{27} 整流滤波后给 TL494 供电（12 脚），电压为 24V。TL494 内部产生的基准电压（5V）由 14 脚输出；13 脚电压经 R_{70}（5.6kΩ）、R_{71}（5.6kΩ）分压加到误差放大器 1 的反相输入端；2 脚电压为 2.5V，经 R_{52}（100kΩ）、R_{51}（820Ω）分压加到误差放大器 2 的反相输入端，15 脚电压为 40mV。

输出电压经采样电阻（R_{44}、R_{46}、R_{48} 和 VR_1）分压、C_{35} 滤波，加到 TL494 误差放大器 1 的同相输入端（1 脚）。正常工作时，电路要维持 1、2 脚电压基本相等，即 1 脚电压也为 2.5V。若由于某种原因引起输出电压升高，1 脚电压随之升高，则误差放大器 1 的输出电压上升，TL494 输出脉冲占空比减小，从而稳定输出电压。

适当调整 VR_1 的阻值，可使输出电压等于 12V，即

$$U_O=2.5\times\left(1+\frac{R_{44}+R_{46}}{R_{48}+R_{VR_1}}\right)=2.5\times\left(1+\frac{10+0.22}{2.2+R_{VR_1}}\right)\ (\mathrm{V})$$

式中，2.5V 为 TL494 的 2 脚电压。

电路中，R_{69} 与 C_{40}、R_{63} 与 C_{29} 串联分别跨接在误差放大器的反相端与输出端之间，稳定误差放大器的增益，防止高频自激。

4. 软启动保护

刚上电工作时，TL494 的 14 脚输出基准电压 5V，经 C_{39} 耦合加到死区时间控制端（4 脚），4 脚电压可短时间为 5V，8、11 脚输出低电平。一旦 C_{39} 充电结束，则基准电压经 R_{72} 与 R_{73} 分压加到 4 脚，电压约为 0.5V，TL494 正常工作。根据 TL494 的技术资料可知，当 4 脚电压为 0.5V 时，输出调制脉冲的最大占空比 D_{max} 约为 40%。正常工作时，VT_5 饱和导通，死区时间控制端不受影响。

若+12V 短路，即使过流保护失效，因 VT_5 无偏压而截止，14 脚 5V 经 R_{74}、VD_{12} 与 R_{72} 串联（R_{72} 太大不考虑），使 4 脚电压保持约为 3V$\left(R_{72}\times\frac{4.4V}{R_{72}+R_{74}}\right)$，禁止 8、11 脚输出脉冲，从而起保护作用。

5. 短路保护

若+12V 不慎短路，则 VT_5 截止，基准电压（5V）经 R_{74}、VD_{12} 和 R_{72} 分压加到 4 脚，电压约为 3V（读者可自己计算得出），TL494 的 8、11 脚输出占空比很小的调制脉冲，如图 4-74 所示。这时，工作频率很低，占空比很小，整流输出的电压很低，避免整流管损坏。另外，TL494 的供电电压也显著降低，只有 8V，接近维持正常工作的电压下限 7V。

需要指出，即使解除短路故障，由于输出的电压很低，VT_5 保持截止，4 脚电压约为 3V，短路保护仍然维持。

6. 过电流保护

基准电压 5V 经 R_{52}（100kΩ）、R_{51}（820Ω）加到误差放大器 2 的反相输入端（15 脚），15 脚分压为 40mV；误差放大器 2 的同相输入端（16 脚）接电流采样电阻 R_S。R_S 是负载到地的必经之路，因此 R_S 采样电压正比于负载电流。若由于某种原因致使输出电流过大，则 R_S 压降增大，误差放大器 2 的同相输入端升高，一旦前者高于 40mV(4A×0.01Ω)，则误差

放大器 2 输出高电压，迫使输出脉冲占空比下降，从而起到保护作用。

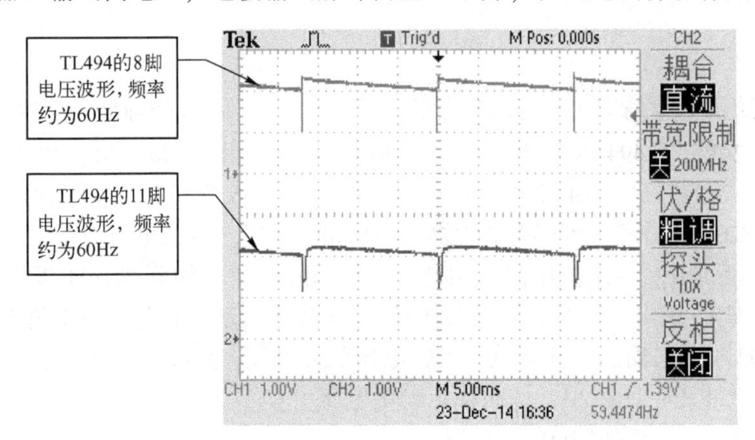

图 4-74　短路时，TL494 的 8、11 脚输出电压波形

半桥式开关电源电路板如图 4-75 所示。

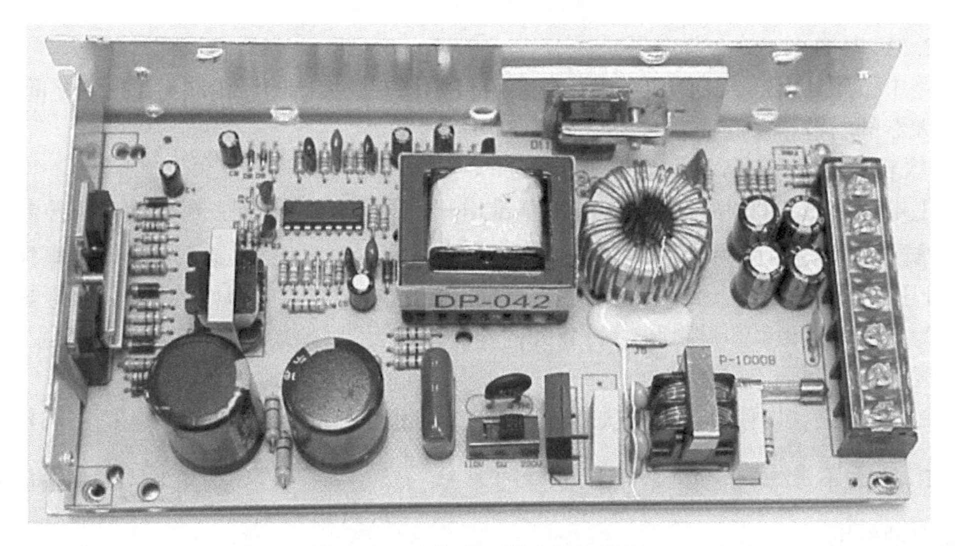

图 4-75　半桥式开关电源电路板

4.4　反激式开关电源有关问题的探讨

参考如图 4-3 所示反激式开关电源基本电路：t_{ON}期间，开关功率管 VT 导通，等效电路如图 4-76（a）所示，各绕组感应电压极性如图中标注；t_{OFF}期间，开关功率管 VT 关断，等效电路如图 4-76（b）所示。

1. 变压器的匝比

反激式开关电源的开关功率管从开到关或从关到开转换都比自激式开关电源迅速。图 4-77 为佳能 MP258 打印机开关电源在 AC110 供电时变压器二次侧绕组的电压波形。

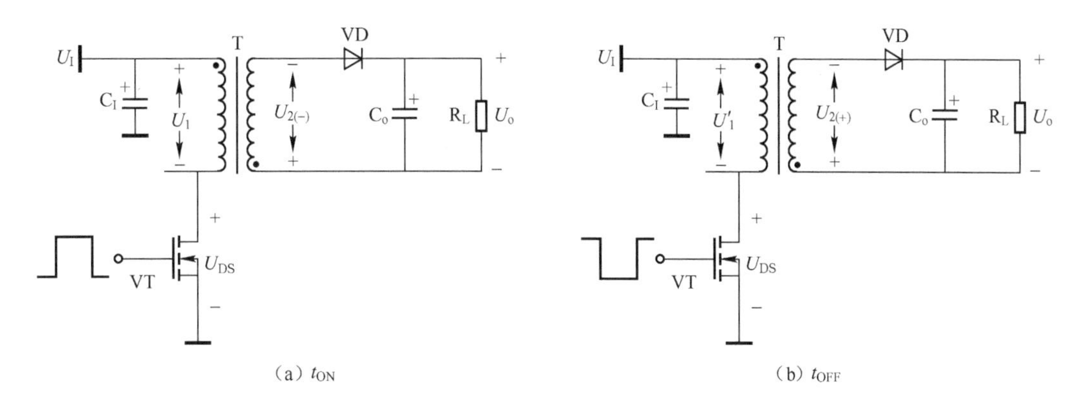

图 4-76　反激式开关电源的等效电路

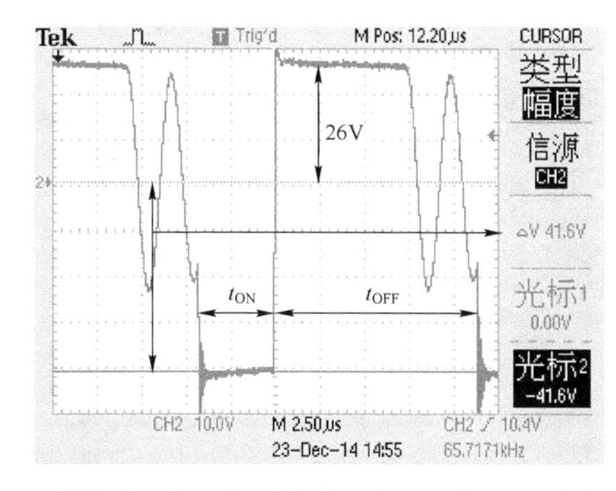

图 4-77　AC110 供电时，变压器二次侧绕组的电压波形（工作频率约为 65kHz）

参考图 4-76（a），当开关功率管导通时，变压器一次侧绕组因有电流流过而发生自感，**自感电动势等于输入整流滤波电压**，二次侧绕组因互感作用产生**负脉冲电压**。这期间，一次侧绕组是主动绕组，二次侧绕组是被动绕组。

启用数字示波器**幅度**功能，测量二次侧绕组负脉冲电压 $U_{2(-)}$ 为 41.6V。若忽略一次侧绕组因有电流流过而引起的损耗，则**一、二次侧绕组的匝比等于它们的电压之比**，即

$$N=U_1/U_{2(-)}$$

式中，$N=N_1/N_2$（N_1、N_2 分别是一、二次侧绕组的匝数）；U_1 等于输入电压为 AC110V 时的整流滤波电压，实测电压为 160V。因此，变压器一、二次侧绕组的匝比 N 为

$$N=U_1/U_{2(-)}=160/41.6\approx3.8$$

2. 开关功率管截止时一次侧绕组感应电压和漏极电压

当开关功率管截止时，二次侧绕组因有电流流过而发生自感，**自感电动势等于整流元器件导通压降与输出直流电压的叠加**；一次侧绕组会因互感作用产生负脉冲电压，也称二次侧绕组向一次侧绕组的反激电压。这期间，一次侧绕组是被动绕组，二次侧绕组是主动绕组。**变压器一、二次侧绕组的匝比仍然等于它们的电压之比**，即

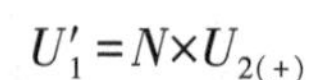

$$U_1' = N \times U_{2(+)}$$

式中，U_1' 是一次侧绕组感应负脉冲电压；$U_{2(+)}$ 是二次侧绕组自感正脉冲电压。

根据如图 4-77 所示波形可知，二次侧绕组自感正脉冲电压 $U_{2(+)}$ 为 26V，故 U_1' 为

$$U_1' = 3.8 \times 26 \approx 99\text{V}$$

考虑到当前电源电压为 160V，当开关功率管截止时，其漏极电压 U_{DS} 是电源电压与一次侧绕组自感电动势的叠加，即

$$U_{DS} = U_1 + U_1' = 160 + 99 = 259(\text{V})$$

注：该电压不含漏感尖峰电压。

AC110 供电时，开关功率管漏极电压波形如图 4-78 所示。

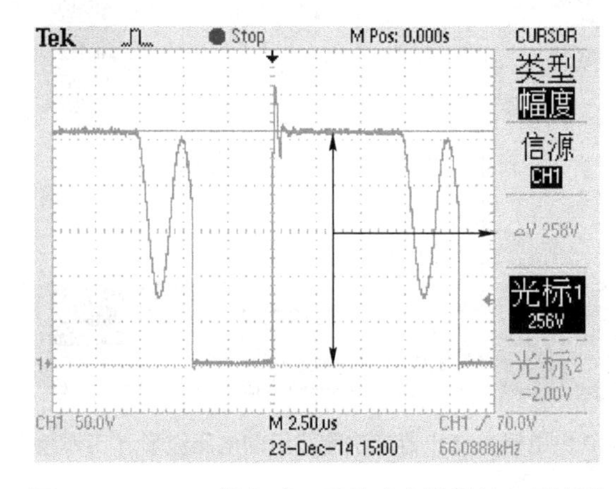

图 4-78　AC110 供电时，开关功率管漏极电压波形

3. 占空比

自激式开关电源工作在临界模式（BCM），他激式开关电源中的反激式开关电源有三种工作模式，当工作在临界模式（BCM）和连续模式（CCM）时，占空比为

$$D = \frac{t_{ON}}{T} = \frac{1}{\dfrac{U_1}{N \times U_{2(+)}} + 1} \times 100\%$$

把 $U_1 = 160\text{V}$、$U_{2(+)} = 26\text{V}$ 代入后，得

$$D = \frac{1}{\dfrac{160}{3.8 \times 26} + 1} \times 100\% \approx 38.2\%$$

一般来说，U_1 变化不大，N 是变压器的固有参数，$U_{2(+)}$ 是电路设计要求的输出电压。因此，一旦这 3 个参数确定，则开关电源的占空比也就基本固定了，即使负载发生变化，占空比的改变也不大。

图 4-79 为电源电压不变、负载加重时的电压波形。二次侧绕组正脉冲电压 $U_{2(+)}$ 基本不变，负脉冲电压 $U_{2(-)}$ 减小到 38.8V。

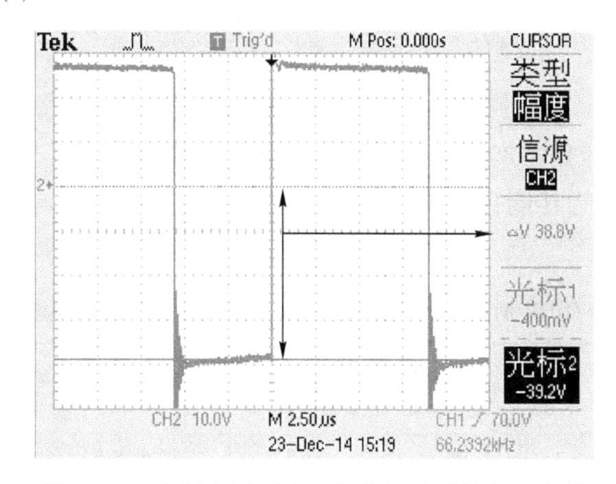

图 4-79　电源电压不变、负载加重时的电压波形

占空比为

$$D=\frac{U_{2(+)}}{U_{2(-)}+U_{2(+)}}\times100\%=\frac{26}{38.8+26}\times100\%\approx40.1\%$$

计算结果表明，即使输入电压不变，负载加重时，占空比会略有增大。关于“为什么负载加重时 $U_{2(-)}$ 减小”，请读者查看第 3 章 3.3 节中两个计算占空比的公式。

4. AC110V 和 AC220V 供电工作对比

若供电改为 AC220V，则整流滤波后的直流电压加倍，即 $U_1=320$V。因此，开关功率管导通时，二次侧绕组感应的负脉冲电压 $U_{2(-)}$ 为

$$U_{2(-)}=U_1/N=320/3.8\approx84.2(\text{V})$$

AC220 供电时，二次侧绕组负脉冲电压波形如图 4-80 所示。

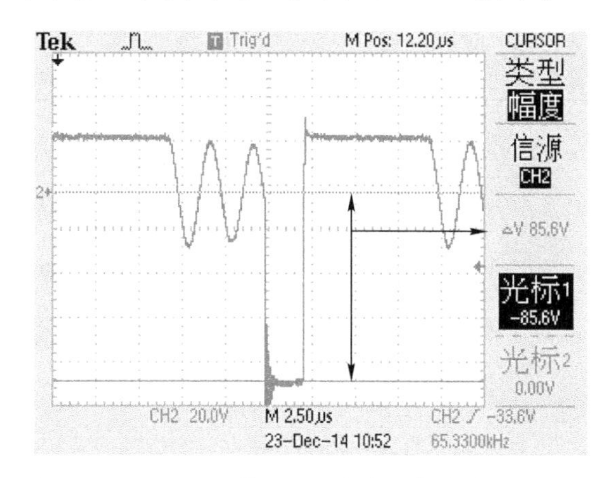

图 4-80　AC220V 供电，二次侧绕组负脉冲电压波形

根据如图 4-80 所示波形的数据得

$$D=\frac{U_{2(+)}}{U_{2(-)}+U_{2(+)}}\times100\%=\frac{26}{84.2+26}\times100\%\approx23.6\%$$

另一方面，由于稳压电路的控制输出电压不变，也就是说，开关功率管截止时二次侧绕组自感产生的正脉冲电压也基本不变，因此一次侧绕组感应电压不变，均为 $U_1'=N\times U_{2(+)}=3.8\times26\approx99\text{V}$。表 4-15 为佳能打印机 MP258 开关电源在 AC110V 与 AC220V 供电时的工作状况。

表 4-15　佳能打印机 MP258 开关电源在 AC110V 与 AC220V 供电时的工作状况

项　目		供电电压		说　明
		AC110V	AC220V	
整流滤波电压 U_1		160V	320V	整理滤波电压与供电电压成正比
t_{ON}	一次侧绕组自感电动势	160V	320V	一次侧绕组因有电流流过，是主动绕组，因自感产生电动势
	二次侧绕组感应电动势 $U_{2(-)}=U_1/N$	160/3.8=42V	320/3.8=84V	二次侧绕组无电流流过，是被动绕组，由互感产生电动势
	开关功率管漏—源极之间的电压	几伏左右		随开关功率管型号及电流 I_{DS} 大小而异
t_{OFF}	二次侧绕组自感电动势 $U_{2(+)}=U_O+U_F$	$U_O=24.5\text{V}$，$U_F=1.5\text{V}$ $U_{2(+)}=24.5+1.5=26\text{V}$		二次侧绕组因有电流流过，是主动绕组，因自感产生电动势
	一次侧绕组感应电动势 $U_1'=N\times U_{2(+)}$	$3.8\times26\approx99\text{V}$		一次侧绕组无电流流过，是被动绕组，由互感产生电动势
	开关功率管漏—源极之间电压 $U_{DS}=U_1\times\left(1+\frac{U_{2(+)}}{U_{2(-)}}\right)$ 或 $U_{DS}=U_1\times\frac{1}{1-D}$	259V	419V	开关功率管截止时漏—源极之间的电压与电源电压不成正比关系
占空比 $D=\frac{1}{\frac{U_1}{N\times U_{2(+)}}+1}\times100\%$ 或 $D=\frac{U_{2(+)}}{U_{2(-)}+U_{2(+)}}$		38.2%	23.6%	占空比与电源电压不成反比关系

第 5 章

非隔离型 DC-DC 转换器

前两章介绍的内容都是 AC-DC 转换器，其输入、输出通过变压器一、二次侧绕组耦合，属于隔离型转换器。在低压电源转换电路中，还有一大门类是其输入、输出共地的非隔离型转换器，包括 Buck、Boost 和 Buck-Boost 转换器。它们都由专用集成电路控制，属于他激式开关电源。

5.1 Buck 转换器

5.1.1 Buck 转换器基础

Buck 转换器也称降压型 DC-DC 转换器，国外称其为 Step-down Converter，广泛用于电气设备中。例如，苹果 iPhone5 手机 A6 的处理器有 1.0V 、1.2V 、1.8V 和 3.0V 四种供电电压，它们均由锂电池转换而成；在有些打印机开关电源中只有一种二三十伏电压输出，而主控板上 CPU 等控制电路的工作电压只有 5V，因此，这就需要用降压型 DC-DC 转换器来实现。

1. Buck 转换器的工作原理

在第 1 章中介绍过 Buck 转换器的模型电路，若把其中的开关 S 改为受 PWM 脉冲控制的开关功率管，就得到接近实用的电路形式，如图 5-1 所示。

开关功率管 VT 与直流输入电压 U_I 串联，通过 VT 硬开通和硬关断，在 VT 发射极产生方波脉冲电压。采用恒频控制方式，占空比可调，VT 导通时间为 t_{ON}。VT 导通时，其发射极电压为 U_I，电流通过电感 L 输出。当 VT 关断时，电感 L 产生反电动势，VT 发射极电压迅速下降到零，并变负值直至被二极管 VD（也称续流二极管）钳位在-0.7V。

设此刻二极管 VD 压降也为零，则 VT 发射极电压为方波脉冲，t_{ON}时段时电压为 U_I（等于 VD 的反向电压 U_{VD}），其余时段时电压为零。该方波脉冲电压的平均值为 $U_I \times t_{ON}/T$。

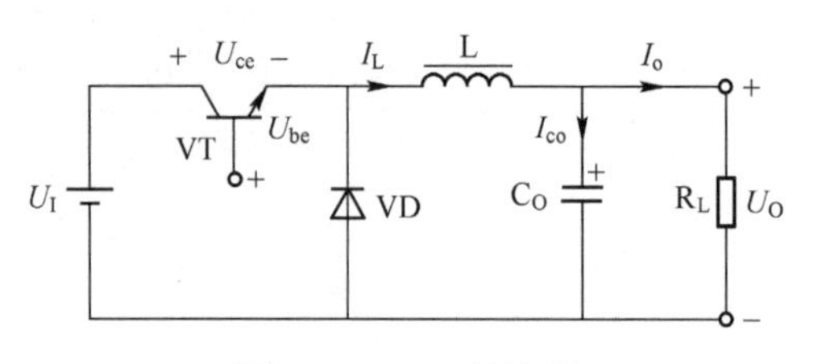

图 5-1　Buck 转换器

LC_O 滤波器连接在 VT 发射极和输出之间，使输出 U_O 为 $U_I \times t_{ON}/T$ 的无尖峰直流电压。

要想完全精确地了解 Buck 转换器的工作特点，有必要先了解整个电路的电压和电流的波形、幅值和通、断时间。下面将详细分析一个周期的工作波形，如图 5-2 所示，即从 VT 完全导通后开始分析。为便于分析，假设所有元器件都是理想的，而且电路稳定工作，输入电压和输出电压恒定。

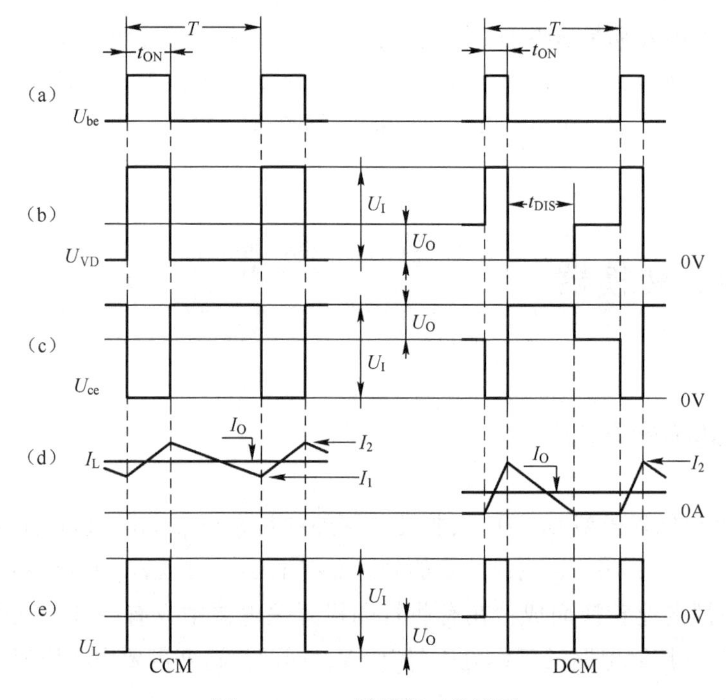

图 5-2　Buck 转换器工作波形

当 VT 导通时，其发射极电压等于 U_I，电感 L 承受的电压为(U_I-U_O)，如图 5-2（e）所示。由于电感上的电压恒定，所以流过电感的电流线性上升，斜率为 $di/dt=(U_I-U_O)/L$。此时，电感电流的波形为加在阶跃波顶部的一个斜坡，如图 5-2（d）所示 CCM 下的上升段。

当 VT 关断时，VT 发射极电压迅速下降到零，这是因为电感电流不能突变，电感产生反电动势以维持原来建立的电流，若未接二极管 VD，则 VT 发射极电压会变得很负，以保持电感 L 上的电流方向不变。此时 VD 导通，将电感 L 左端电压钳位在比地电位低一个二极管的导通压降。电感 L 上的电压极性反相，流过电感和二极管的电流线性下降，当 VT 关断过程结束时，电流下降到初始值。

详细的描述如下：当 VT 关断时，电流 I_2（关断前流过 VT、L、输出电容 C_0 和负载）流向二极管 VD、L、输出电容 C_0 和负载，电感 L 上的电压极性反相，幅值为 U_0，电流以 $di/dt=U_0/L$ 的斜率线性下降，波形是下降的阶梯斜坡。在稳定运行状态下，VT 关断时间结束时，电感 L 中的电流下降到 I_1，并仍然流过二极管 VD、L、输出电容 C_0 和负载。

此时，VT 再一次导通，电流逐渐取代二极管 VD 的正向电流。当 VT 中的电流上升到 I_1 时，二极管 VD 的电流降到零并关断，VT 发射极电压近似上升到 U_I，使 VD 反偏截止。因为 VT 是硬开通，过程非常快，一般小于 1μs，电感 L 中的电流是 VT 导通时的电流（见图 5-2（d）CCM 下的上升段）和 VT 关断时 VD 的电流（见图 5-2（d）CCM 下的下降段）之和。该电流包括直流分量和以输出电流 I_0 为中点的三角波电流分量(I_2-I_1)。因此，可以推断图 5-2（d）中 CCM 下斜坡中点的电流值就是直流输出电流 I_0。随着 I_0 的改变，图 5-2（b）DCM 下和图 5-2（c）DCM 下的斜坡中点也会变化，但斜坡的斜率不变。VT 导通时，电感 L 的斜坡斜率始终为$(U_I-U_0)/L$；VT 关断时，电感 L 的斜坡斜率始终为 U_0/L。

因为电感 L 电流的峰—峰值与输出电流平均值无关，所以当 I_0 减小使图 5-2（d）中 CCM 下的电流纹波谷值到零时（此时的输出电流被称为临界电流），电路特性将发生很大的变化。

2. Buck 转换器的输出电压

上面介绍的工作原理是电感电流在整个周期内不为零，即 Buck 转换器工作在 CCM，根据“伏·秒相等”原则，此时的输出电压为

$$U_0=\frac{t_{ON}}{T}\times U_I=D\times U_I \tag{5-1}$$

如果把电感 L 的电感量减小或缩短 VT 的导通时间，则在一定条件时会出现如图 5-2（d）所示 DCM 下的电感 L 电流 I_L 降到零。电感 L 电流降为零时相当于导线，二极管 VD 承受的反向电压 U_{VD}等于 U_0，VT 的 U_{ce}等于(U_I-U_0)。根据“伏·秒相等”原则，输出电压 U_0 为

$$U_0=\frac{t_{ON}}{t_{ON}+t_{DIS}}\times U_I \tag{5-2}$$

式中，t_{DIS}是电感 L 电流不为零的时间，$t_{DIS}\leqslant t_{OFF}$。

在电感 L 电流断续工作模式下，Buck 转换器的占空比与负载电流有关，输出电压还可以有另一种表达式，即

$$U_0=\frac{2\times D}{D+\sqrt{D^2+(8L/R_LT)}}\times U_I \tag{5-3}$$[①]

因为控制环路要控制输出电压稳定，因此负载电阻 R_L 与负载电流成反比关系。假设

① 参考《Switching Power Supply Design》（Third Edition）（美）Abraham I. Pressman。

U_O、U_I、L 和 T 恒定，为了控制输出电压恒定，占空比 D 必须随着负载电流的变化而变化，不再如式（5-1）一样与负载电流无关了。因为在连续工作模式，电路改变输出电流是通过改变 VT 和 VD 阶梯斜波的阶梯值实现的。这可在 VT 导通期间基本不变的条件下实现。

5.1.2　Buck 转换器的应用

1. 由 A6628SEDT 构成的 Buck 转换器

在第 3 章曾介绍过爱普生 B161B 喷墨打印机开关电源的工作原理，其输出电压只有 36V 一种。该电压在主控板上被 Buck 转换器转换为 5V。其控制 IC 型号为 A6628SEDT，如图 5-3 所示。

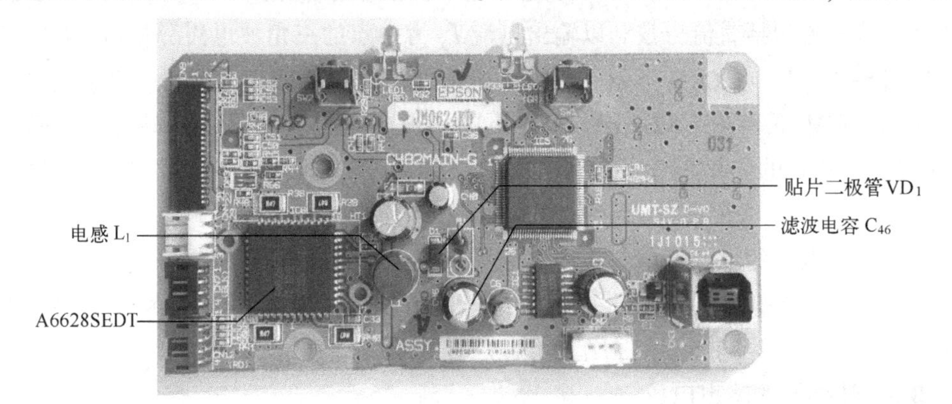

图 5-3　爱普生 B161B 喷墨打印机主控板

A6628SEDT 为 PLCC 44 脚封装，主要功能是驱动打印机上的电动机，降压型 DC-DC 转换只是它的一项次要功能。由 A6628SEDT 构成的 Buck 转换器电路原理图如图 5-4 所示。为了便于测试和研究，笔者用可调稳压电源作为 Buck 转换器输入电源，并把可调稳压电源的电压设为 25V。

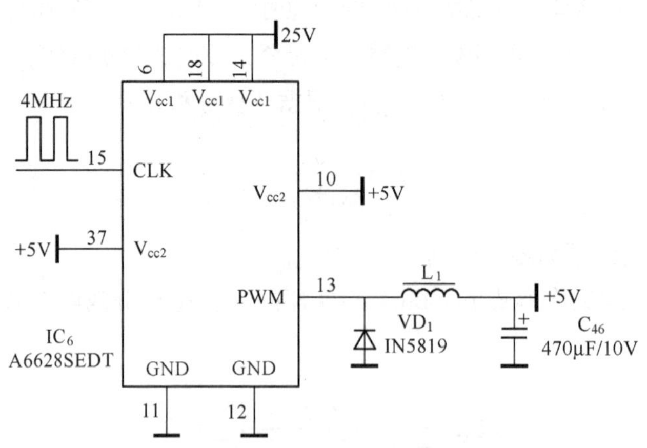

图 5-4　由 A6628SEDT 构成的 Buck 转换器电路原理图

由图 5-5 可知，由 A6628SEDT 构成的 Buck 转换器由二极管 VD_1、电感 L_1 和电容 C_{46} 组成。IC_6（A6628SEDT）13 脚输出的 PWM 脉冲经电感 L_1 和电容 C_{46} 滤波变成平滑的直流电，

反馈到 A6628SEDT 内部，调节 PWM 脉冲的占空比，稳定 5V 输出电压，工作波形如图 5-5 所示。

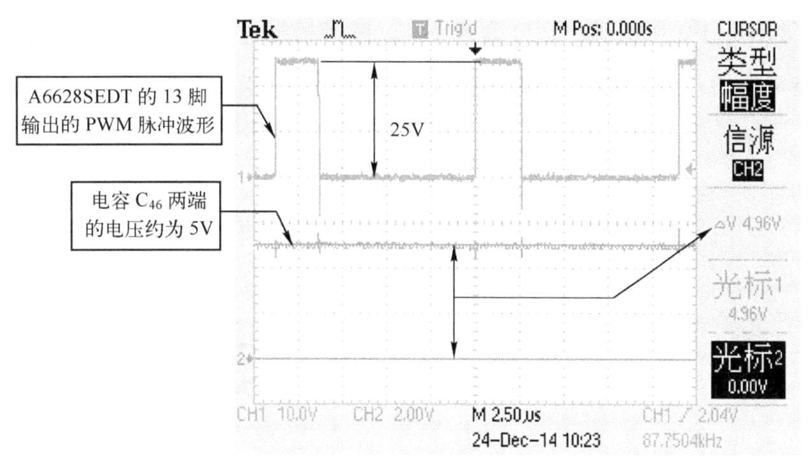

图 5-5　由 A6628SEDT 构成 Buck 转换器的工作波形

由图 5-5 可见，A6628SEDT 的 13 脚 PWM 脉冲频率约为 87.7kHz，高电平等于 25V，低电平为零（考虑到二极管的正向导通降压，实际电压约为-0.4V）。滤波电容 C_{46} 两端电压约为 5V。

启用数字示波器的时间功能，测量 PWM 正脉冲宽度为 2.5μs，如图 5-6 所示。由于 Buck 转换器工作在 CCM，频率约为 87.7kHz，折算周期 $T=11.4\mu s$，则占空比 $D=2.5\mu s/11.4\mu s\approx21.9\%$，因此输出电压为

$$U_0=D\times U_I=21.9\%\times25=5.475(\text{V})$$

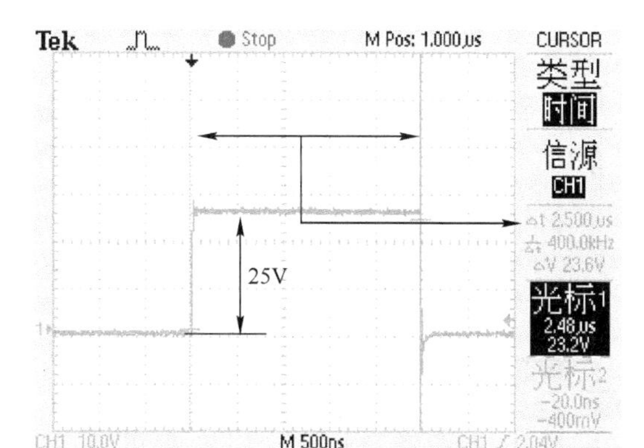

图 5-6　25V 供电时 PWM 正脉冲宽度为 2.5μs

该电压高于实际电压 5V，为什么呢？因为推导式（5-1）时默认二极管为理想元器件（压降为零），若考虑二极管的实际压降，则由式（5-1）计算的数值应该是输出电压与二极管正向压降之和。为了尽量减小二极管的导通压降，在实际工程中常采用高速、低压降的肖特基二极管，如在中小功率转换器中常采用 1N5819。

若输入电压下降，而负载和输出电压均保持不变，则占空比必然增大。比如，把A6628SEDT的供电电压降为15V，则其13脚输出的PWM脉冲如图5-7所示。此时的工作频率约为71.8kHz，PWM正脉冲宽度为5.1μs。读者根据这两个参数计算出占空比和理论上的输出电压，会发现占空比有较大增加，但理论上输出电压基本不变。

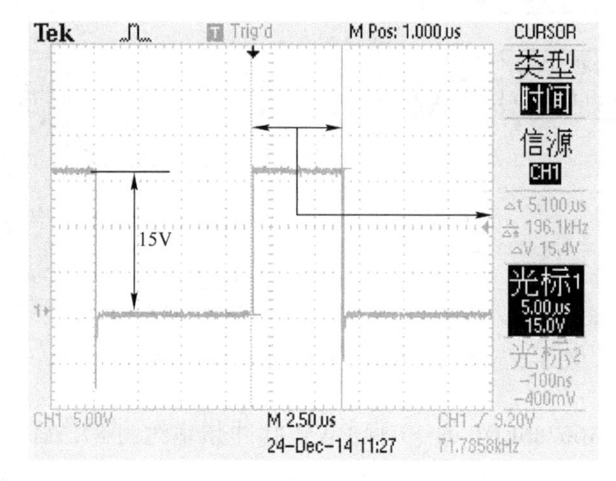

图5-7　15V供电时PWM正脉冲宽度为5.1μs

由于负载不变，A6628SEDT工作频率随输入电压下降而下降，因此所组成的电路不是固定工作频率输出的Buck转换器。

2. 由JRC2360构成的Buck转换器

在第3章讲述爱普生LQ-300K打印机开关电源时，其输出侧有一个由JRC2360构成的Buck转换器，把这部分电路抽离出来，如图5-8所示。

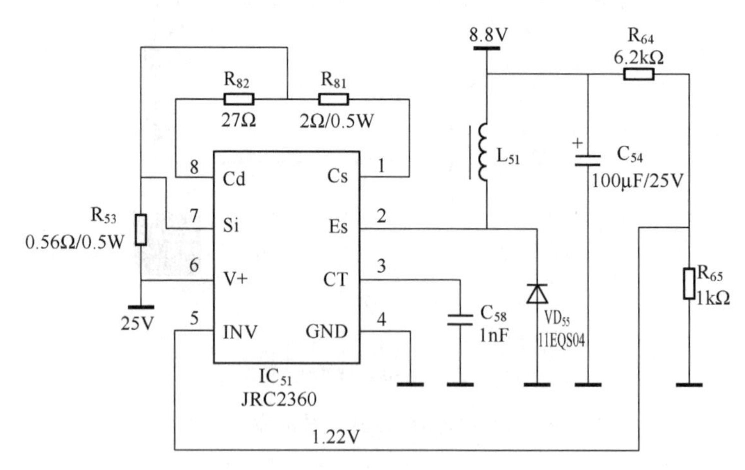

图5-8　由JRC2360构成的Buck转换器电路原理图

为了方便研究和测试，笔者采用可调稳压电源作为Buck转换器的输入电源，并把可调稳压电源的电压设为25V。由于R_{53}、R_{81}和R_{82}阻值都比较小，所以JRC2360的1脚、6脚、7脚和8脚电压均约为25V。JRC2360的3脚为内部时钟振荡器外接电容端，输出近似为锯齿波。

JRC2360 的 2 脚（Es）输出 PWM 脉冲，经电感 L_{51} 和电容 C_{54} 平滑、二极管 VD_{55} 续流输出约为 8.8V 电压供负载使用，同时经 R_{64}、R_{65} 分压反馈到 JRC2360 的 5 脚，经内部比较放大，产生调制信号控制 PWM 脉冲的占空比，稳定 8.8V 输出电压，工作波形如图 5-9 所示。

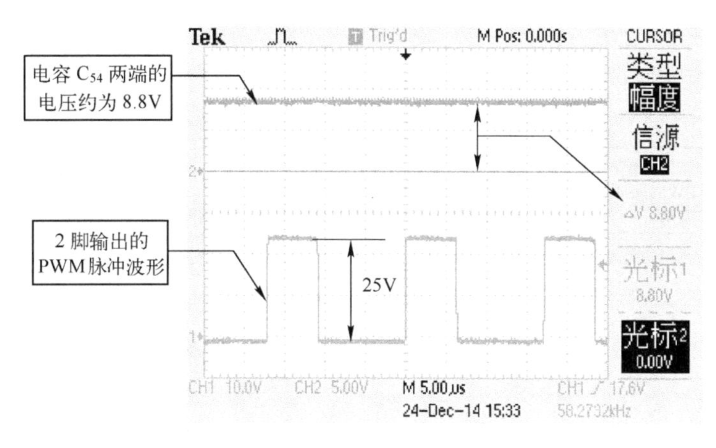

图 5-9　JRC2360 的工作波形

启用数字示波器的时间功能，在某负载下测量的 PWM 正脉冲宽度为 6.6μs，如图 5-10 所示。由于工作频率约为 58.3kHz，折算成周期约为 17.2μs，故占空比 $D=6.6\mu s/17.2\mu s\approx 38.4\%$，输出电压为

$$U_O=D\times U_I\approx 38.4\%\times 25=9.6(V)$$

由式（5-1）计算得出的数值是输出电压与二极管正向压降之和，若考虑二极管正向压降约为 0.8V，则输出电压约为 8.8V。

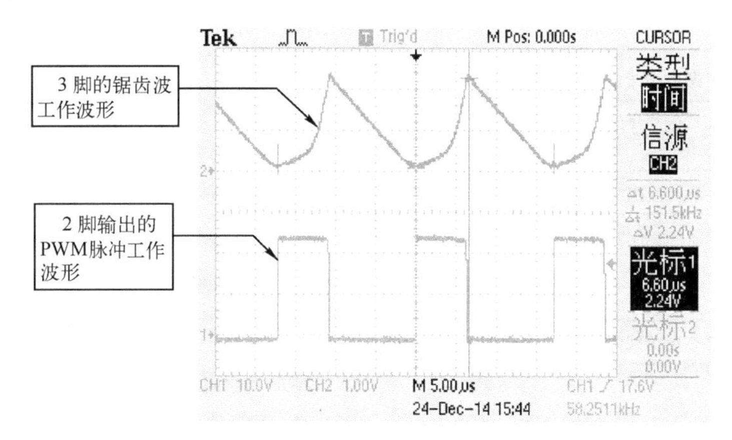

图 5-10　JRC2360 的 2、3 脚工作波形

（3 脚的锯齿波与 PWM 脉冲同步）

当负载减轻时，JRC2360 以降频的方式维持输出电压的稳定，如图 5-11 所示。这时工作频率约为 33.5kHz，折算成周期约为 30μs，占空比 $D=12\mu s/30\mu s=40\%$，输出电

压为

$$U_0 = D \times U_I = 40\% \times 25 = 10\ (V)$$

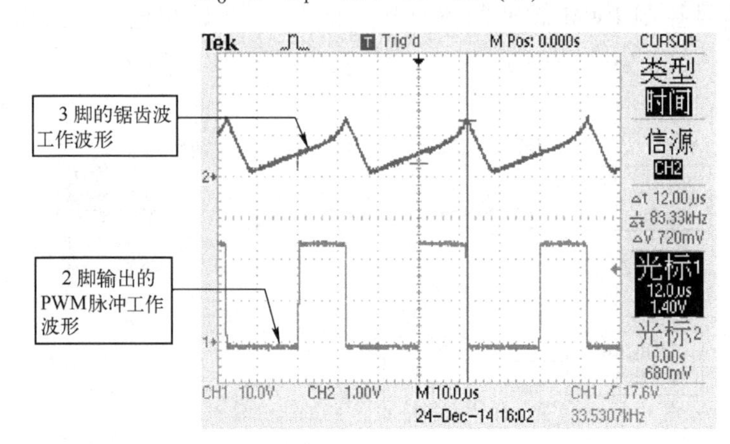

图 5-11　负载减轻时 JRC2360 的工作波形

实际上，当 Buck 转换器工作在 CCM 时，输出电压由 $U_0 = D \times U_I$ 决定，当输入电压不变而负载减轻时，JRC2360 以降频方式减小输出电流，保持输出电压恒定。因此，如图 5-11 所示波形的占空比应该与如图 5-10 所示波形的占空比相同，只是因为 JRC2360 在不同工作频率下的效率及测量与计算的误差导致不同。

若负载进一步减轻，则 JRC2360 不但继续降低工作频率，而且电感电流不连续，即电路进入 DCM，如图 5-12 所示。此时，工作频率降到约为 5.8kHz，开关功率管导通时间与电感电流连续时间均明显变短，电感电流降到零并持续为零的时间变长。电感电流为零时相当于导线，JRC2360 的 2 脚电压等于输出电压 8.8V。

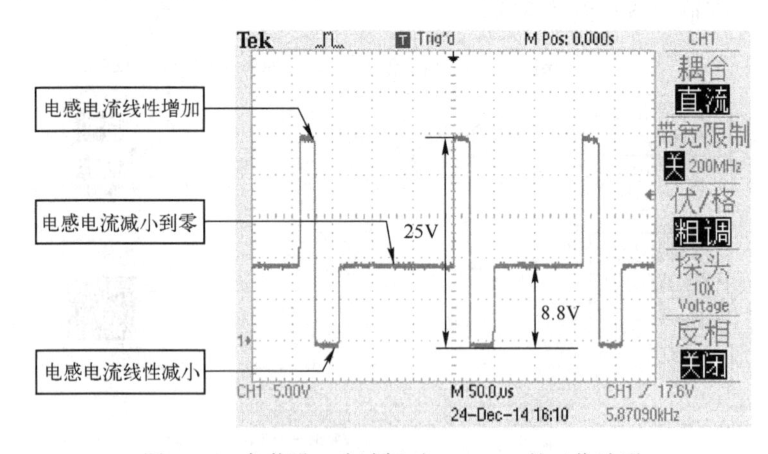

图 5-12　负载进一步减轻时 JRC2360 的工作波形

3. 由 AN8789 构成的 Buck 转换器

AN8789 是日本松下公司出品的便携式 CD 播放机驱动器，内含专为便携式 CD 播放机开发的 4 ch H 桥式电动机驱动 Buck 转换器，采用 QFP-44 封装，适用于小型化的装置。其主要特点如下。

① 内置 4 ch H 桥式驱动器，可以通过外接元器件对负载驱动电压进行 PWM 控制。

② 经内置 Buck 转换器控制电路。

③ 带有用于复位输出的反转输出端子。

④ 可以对充电电池和干电池的空载检测电平进行切换。

⑤ 采用稳流充电方式，可以通过外接电阻对电流值进行调节。

⑥ 内置充电用的开关功率管和独立的热控断电路。

图 5-13 为由 AN8789 构成的 Buck 转换器。BATT（设为 V_{CC}）接电池正极（经 1N4001 连接外接电源适配器）。TB（37 脚）信号是 AN8789 的 37 脚输出的 PWM 脉冲，其占空比由主轴、滑动、寻迹和聚焦 4 组伺服系统的输出电压控制，哪一组输出电压高（表示负载重），就取样该组电压，与内部基准电压比较，控制输出 PWM 脉冲的占空比。转换后的输出电压通过 AN8789 的 36 脚（Vc）返回，作为 4 ch H 桥式电动机驱动的电源。

根据如图 5-13 所示电路，当 TB（37 脚）为高电平时，VT_1关断，电感 L_1 反激电压左负右正，续流二极管 VD_1导通；当 TB（37 脚）为低电平时，VT_1导通，电感 L_1 反激电压左正右负，续流二极管 VD_1截止。VD_1（1N5819）是肖特基二极管；L_1 是储能电感；C_1 是输出电压的滤波电容；R_1 是开关功率管 VT_1的驱动限流电阻。为了保证 VT_1有足够的输出电流，R_1 的取值比较小，有的甚至短路。

图 5-14 为 AN8789 的 37 脚内部电路。TB（37 脚）为低电平，实际上是其内部互补输出对管中 PNP 管关断、NPN 管导通。如果 R_1 短路，则 BATT 电压经 VT_1发射结、TB（37 脚）、内部 NPN 管及其发射极的 50Ω 电阻到地。假设 AN8789 内部 NPN 管的发射极是直接到地的，则当内部 NPN 管饱和导通时，TB（37 脚）相当于接地，此时 BATT 电压经 VT_1发射结到地，VT_1和内部 NPN 管均有可能被烧毁——这种恶劣情况是绝不允许出现的！因此，在设计集成电路时，内部 NPN 管的发射极设置了一个几十欧姆的电阻，即使 VT_1基极的电阻短路，也能保证内外晶体管安全工作。

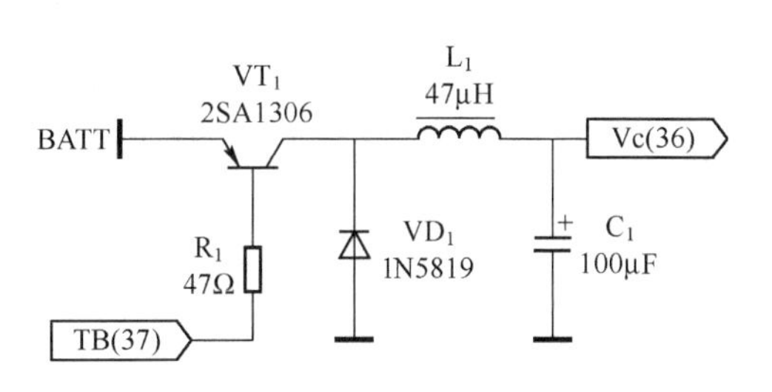

图 5-13　由 AN8789 构成的 Buck 转换器

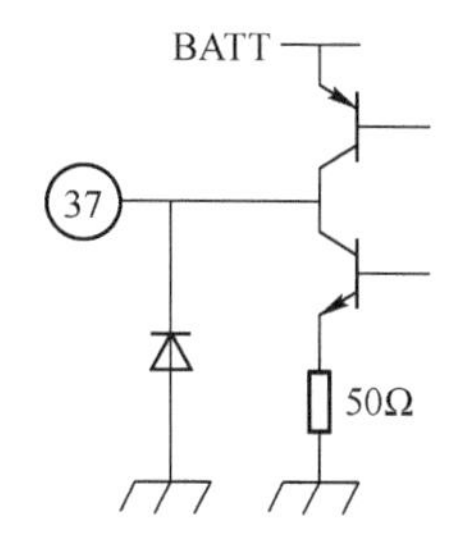

图 5-14　AN8789 的 37 脚内部电路（局部）

图 5-15 为 VT_1集电极与 V_C（36 脚）的电压波形。当电源电压较高时（如 BATT = 5.5V），输出信号的占空比较小［见图 5-15（a）］；当电源电压较低时（如 BATT = 1.8V），输出信号的占空比较大［见图 5-15（b）］。

图 5-16 为 TB（37 脚）与 VT_1 集电极的电压波形。由图可知，两信号均包含较多的杂波。因为负载是寻迹线圈、聚焦线圈、主轴电动机和滑动电动机，随机性波动，且无须稳压，故杂波较多，频率也不固定。

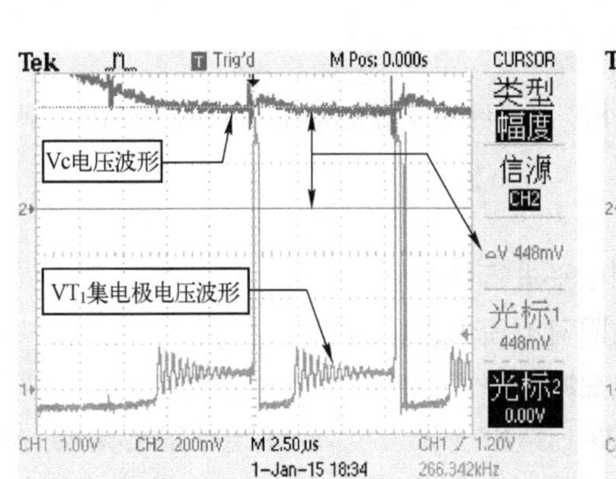

（a）BATT=5.5V

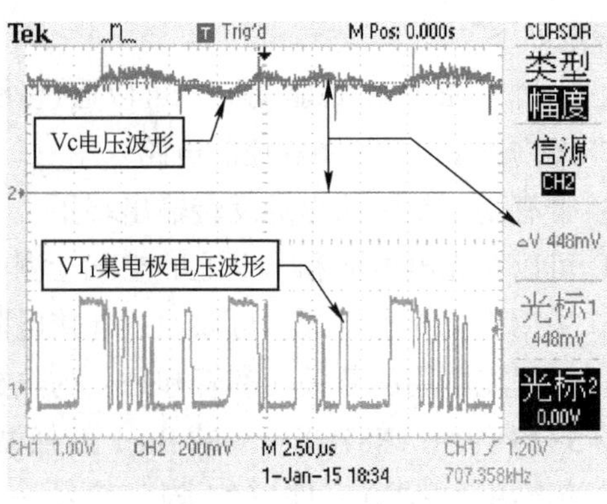

（b）BATT=1.8V

图 5-15　VT_1 集电极与 Vc（36 脚）的电压波形

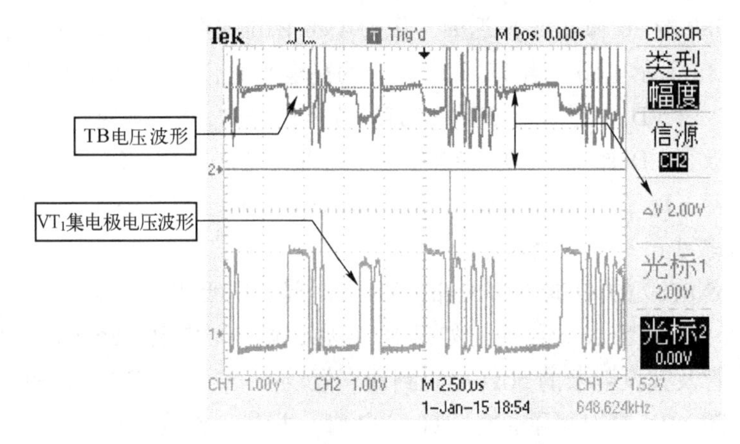

图 5-16　TB 与 VT_1 集电极的电压波形

4. 中山好美智能车库 LED 驱动电源（降压型 DC-DC 变换器）

图 5-17 是中山好美塑胶电子公司出品的智能车库 LED 驱动电源，俗称吸顶灯，采用微波感应、渐变亮灯模式。这只是电源的部分电路，关于雷达感应部分的电路，因与开关电源无关，且涉及商业秘密，故在此略去。

图中，CN1 接市电；F1 是延时保险管；RV1 是压敏电阻，7D471K 的含义是直径为 7mm、动作电压为 470V±10%；CX1 是安规 X 电容，用于抑制差模干扰；高压二极管 D1～D4 的型号是 M7，用于构成桥式整流电路；C1 是 CBB 电容，用于高压滤波，由于容量较小，故负载较重时，直流高压 HV 的纹波比较大。

HV 分成两路：一路经电阻 R3、R4 送到电源管理芯片 U1（NEW3A）的 1 脚（VDD），为 U1 提供启动电压；另一路送到 Q1 的 D 极。开始上电时，一旦 U1 的 1 脚电压升到 7V 左右，3 脚（Drv）立即输出 PWM 脉冲驱动 Q1 的通、断。

Q1 导通时，电感 T1 励磁、磁通量增加，自感电动势的极性为“左正右负”，续流二极管 D6 截止，通过电感 T1 的电流线性增加，HV 经 Q1、R5（可忽略不计）一方面给负载供

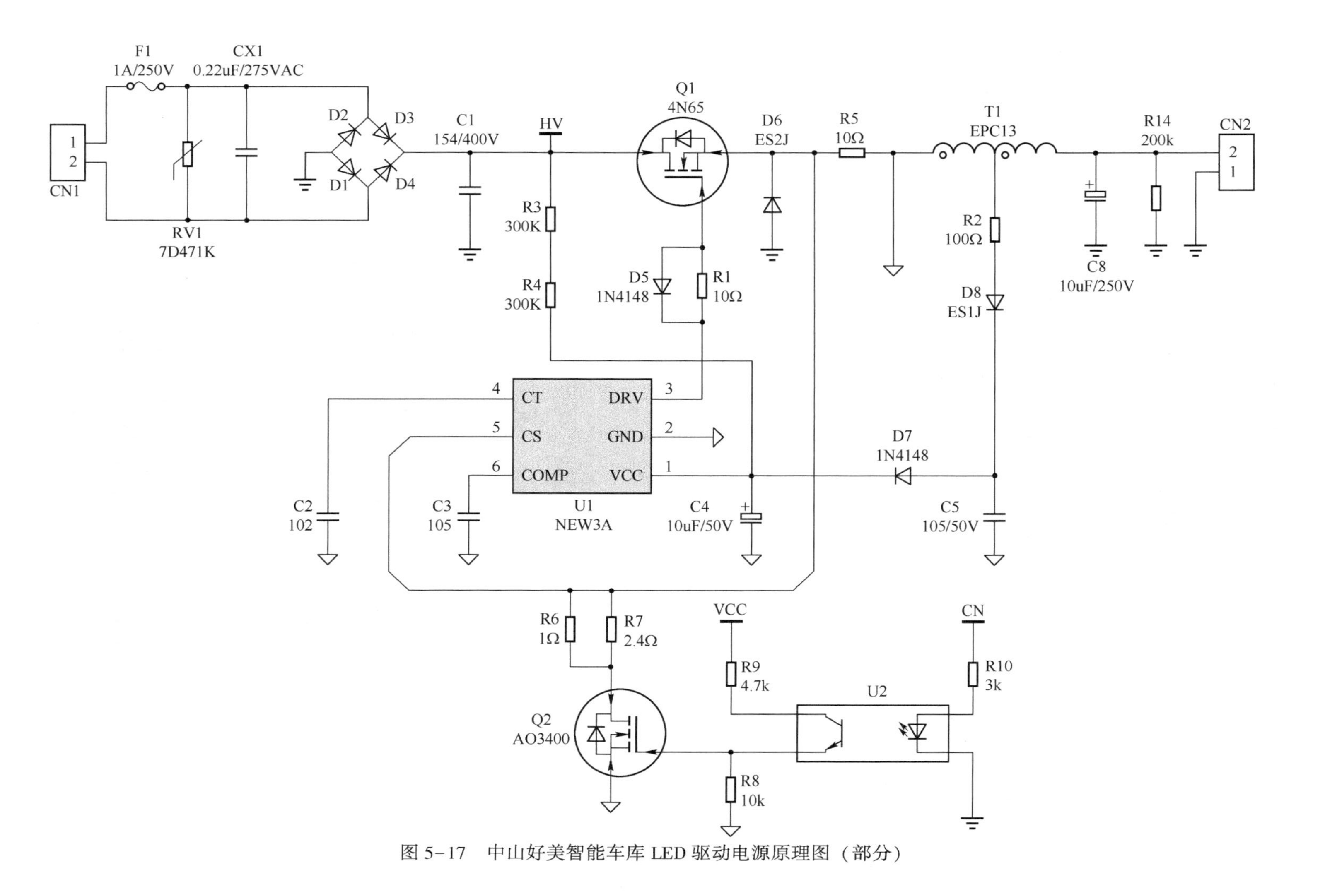

图 5-17　中山好美智能车库 LED 驱动电源原理图（部分）

电，另一方面也给 C8 充电。Q1 截止时，电感 T1 消磁、磁通量减小，自感电动势的极性为“左负右正”，续流二极管 D6 导通，通过电感 T1 的电流也线性减小，电感 T1 与 C8 同时给负载供电。因此，从工作过程和原理上看，它与降压型 DC-DC 变换器完全相同，读者可参考图 5-1。

一旦 Q1 连续地通、断，由 R2 从 T1 引出的部分绕组，经 D8 整流、C5 滤波和 D7 隔离送到 U1 的 1 脚接续供电，则启动电阻 R3、R4 也失去了作用。

需要指出的是，该电源有两种地。其中，⏚是电源地，也是负载地；▽是 U1 供电的参考地，相对于⏚的电压会随着 Q1 通、断状态的转换而忽高忽低。

该电源所用负载是 LED 矩阵，故需要恒流驱动。为了便于生产测试，公司专门设计了一款 LED 矩阵灯板，如图 5-18 所示。

该电源具有两种亮度控制功能。刚上电时，雷达控制电路输出 CN 为高电平，经光耦 U2 控制，加到 Q2 的 G 极为高电平，Q2 导通，电阻 R6、R7 并联（阻值小于 1Ω）接▽，即电流采样电阻 R5 右端，于是 R5～R7 并联，需要较大的电流（经并联电阻转化为电压）才能使 U1 的电流检测端 CS 达到内部设定的控制电平。约 1min 后，雷达没有感测到人或车辆移动，CN 变为低电平，光耦 U2 关断，R6、R7 下端悬空，电流采样电阻只有 R5，故只需要较小的电流（经 R5 转化为电压）就能使 CS 达到内部设定的控制电平。这就是所谓的两种亮度控制机制。

当雷达再次感测到人或车辆移动时，CN 会按一定的占空比输出脉冲信号，控制电阻 R6、R7 与 R5 并联的频次与时长，让人感觉灯有一个逐渐变亮的过程，而不是让人难受的亮度突变。

（a）实物图

图 5-18　中山好美智能车库 LED 矩阵灯板

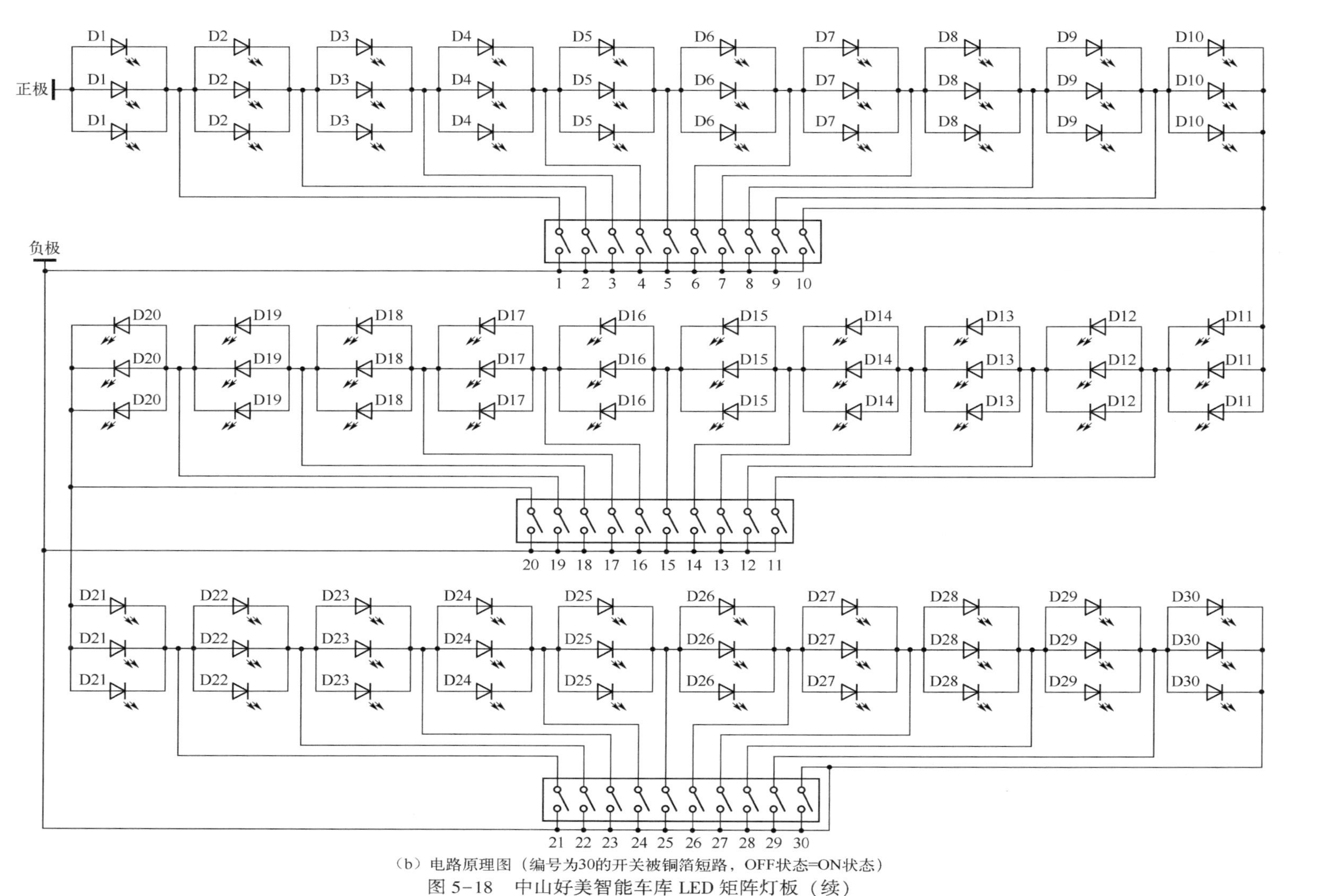

（b）电路原理图（编号为30的开关被铜箔短路，OFF状态=ON状态）

图 5-18　中山好美智能车库 LED 矩阵灯板（续）

由于C1容量很小，大电流输出时，两端电压波动较大，如图5-19（a）所示，故Q1源极（S）在每个脉动里高频开关脉冲的幅度变化很大，占空比会随电压忽高忽低地剧烈变化，以维持输出电流恒定。显然，这不利于用示波器测量和观察占空比的大小。为此，可以考虑在C1两端并联大容量电解电容，比如并联47μF电容，大电流输出时，HV电压波形如图5-19（b）所示。由于HV波动幅度很小，因此Q1源极（S）在每个脉动里高频开关脉冲的幅度变化很小，占空比变化也很小，容易测量比较稳定的占空比。

话说回来，C1容量小也是可以正常工作的，以上测试时，在C1两端并联大容量电解电容，纯粹是为了方便观察波形的临时措施。

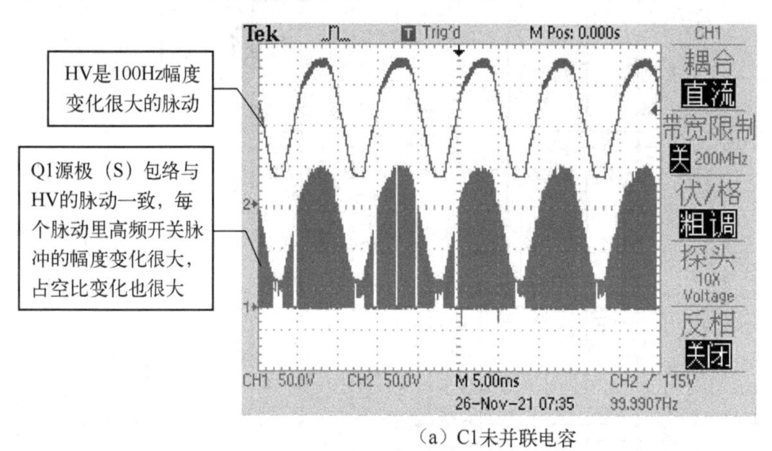

（a）C1未并联电容

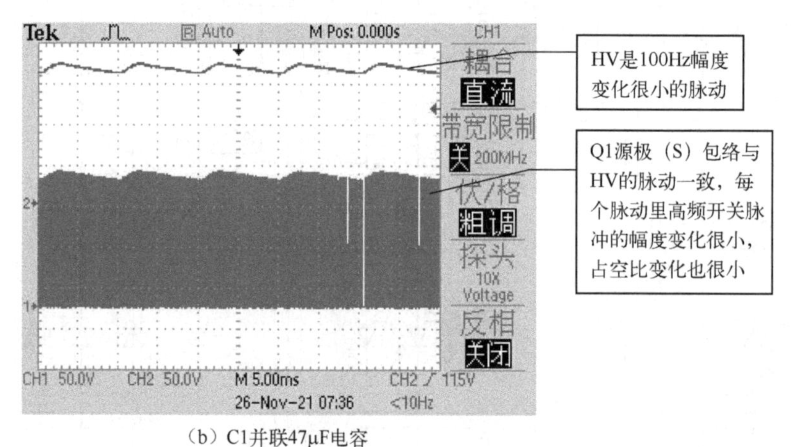

（b）C1并联47μF电容

图5-19　大电流输出时C1上端（HV）与Q1源极（S）波形（相对于⏚）

具体操作是这样的：把C1去掉，换成47μF/400V电解电容（C1容量相对于47μF可以忽略不计，是否并联C1都没什么关系），将R6、R7下端接▽，R5、R6、R7并联——让其保持最高亮度不变，带上如图5-18所示的LED矩阵灯板，测试波形如图5-20所示。

虽然该电源是恒流输出，但仍然遵从降压型DC-DC变换器的电压变比规律，即$M=D$。详细内容敬请参考二维码中的视频。

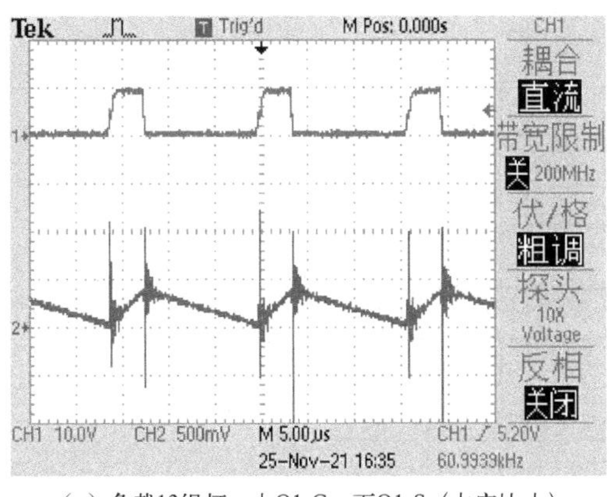

（a）负载13组灯，上Q1-G，下Q1-S（占空比小）

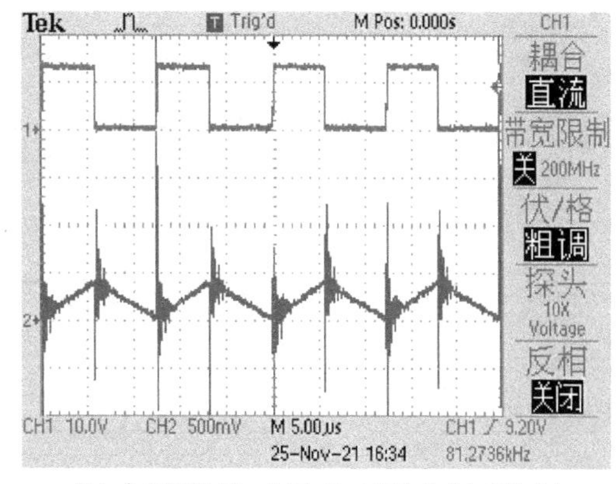

（b）负载30组灯，上Q1-G，下Q1-S（占空比大）

图 5-20　中山好美智能车库 LED 驱动电源实测波形（供电电压为 AC110V，以⏚为参考地）

5.2　Boost 转换器

5.2.1　Boost 转换器基础

Boost 转换器也称升压型 DC-DC 转换器，国外称其为 Step-up Converter，广泛用于电气设备，如便携式 CD 播放机主电源电路中、智能手机 LCD 背景灯供电电路中等。升压型 DC-DC 转换器可将电压升高到某一固定电压。

1. Boost 转换器的工作原理

在第 1 章中介绍过 Boost 转换器的模型电路，若把其中的开关 S 改为受 PWM 脉冲控制的开关功率管，就得到接近实用的电路形式，如图 5-21 所示。

当开关功率管 VT 闭合时，加在电感 L 两端的电压为 U_I，二极管 VD 因承受反压而截止，电感 L 反激电压左正右负，电感 L 电流线性上升，电源给电容 C_O 放电并给负载供电。当开关功率管断开时，电感 L 电流不能突变，反激电压左负右正，二极管 VD 因承受正压而导通，电感 L 电流线性下降，电源给电容 C_O 充电并给负载供电。

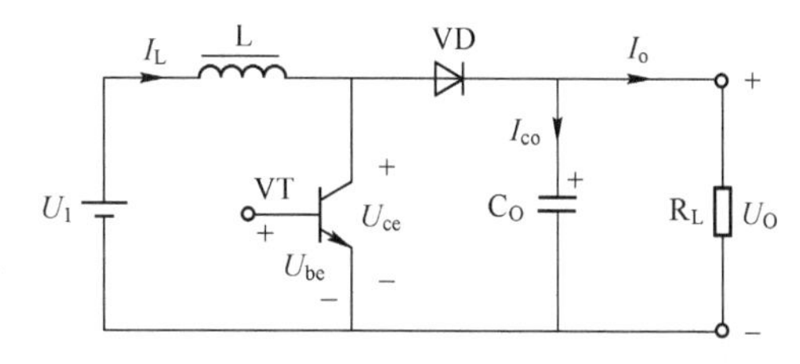

图 5-21　Boost 转换器

图 5-22 为 Boost 转换器的工作波形。当开关功率管 VT 和二极管 VD 分别关断时，VT 的 U_{ce}、VD 承受的反向电压 U_{VD} 均为 U_O。

2. Boost 转换器的输出电压

在 t_{ON} 期间，电感 L 由电压 U_I 励磁，储存能量，磁通量增加；在 t_{OFF} 期间，电压 (U_O-U_I) 与开关功率管导通时方向相反，加到电感 L 上消磁，释放能量，磁通量减小。根据“伏 · 秒相等”原则，有如下等式成立，即

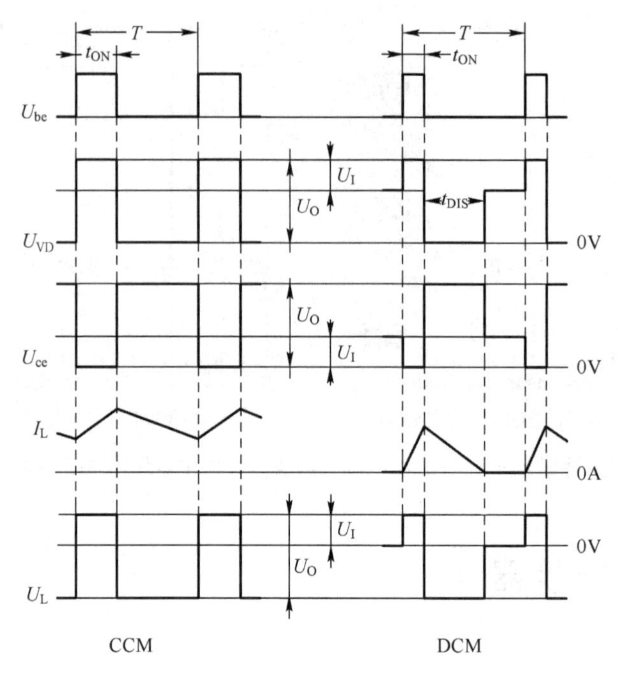

图 5-22　Boost 转换器的工作波形

$$U_I \times t_{ON} = (U_O - U_I) U \times t_{OFF}$$

考虑到 $t_{OFF} = T - t_{ON}$，上式可以转化为

$$U_O = \frac{1}{1-D} \times U_I \tag{5-4}$$

在整个通、断周期，电感电流 I_L 始终没有降到零，这种工作模式被称为 CCM。在 CCM 状态下，如果把电感 L 的电感量减小或缩短 VT 导通时间，则在一定条件下会出现电感电流 I_L 降到零的 DCM 状态。电感在电流降为零期间相当于导线，这期间 VD 承受的反向电压 U_{VD}等于($U_O - U_I$)，VT 的 U_{ce}等于 U_I。根据“伏 · 秒相等”原则，输出电压 U_O 为

$$U_O = \frac{t_{ON} + t_{DIS}}{t_{DIS}} \times U_I \tag{5-5}$$

式中，t_{DIS}是电感电流不为零的时间，$t_{DIS} \leqslant t_{OFF}$。

从上面的工作状况可以看出，Boost 转换器是先储能再释放能量。电源 U_I 在开关功率管导通期间，把能量先储存在电感中，由电容 C_O 放电；当开关功率管关断时，储存在电感中的磁场能释放，给电容 C_O 充电并给负载供电。根据电流的流向，可以看出输出电压为正电压。

5.2.2　Boost 转换器的应用之一

AN8789 除了能构成前面已经介绍过的 Buck 转换器，还能构成 Boost 转换器①，如

① 原稿由笔者发表在 2003 年《电子产品世界》第 15、17 期，但内容有删改。

图 5-23 所示。BATT（设为 U_{CC}）接电池正极（经 1N4001 连接外接电源适配器）。OTU（5）是 AN8789 的 5 脚输出的 PWM 脉宽调制信号。T_1 是高频变压器。VT_1、VT_2 是互补导通的开关功率管。它们是 Boost 转换器参与能量转换的主要元器件。

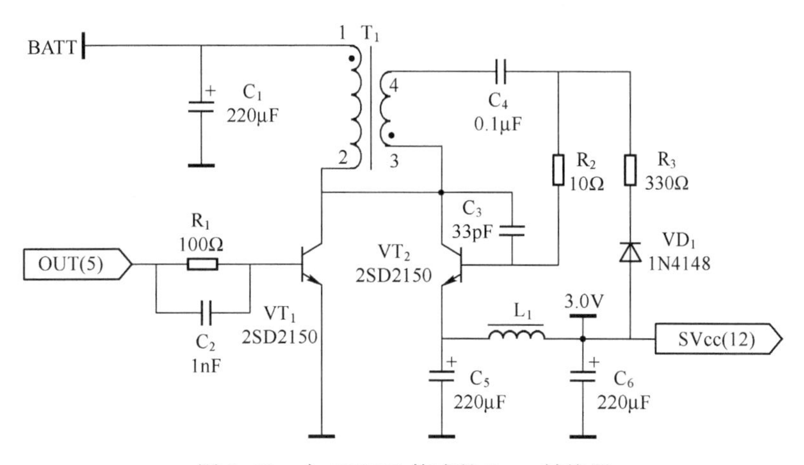

图 5-23　由 AN8789 构成的 Boost 转换器

为了稳定输出电压，3.0V 电压通过 SVcc（12）脚回送到 AN8789 内部与基准电压进行比较并放大，控制脉宽调制器输出占空比与负载电路相适应的 PWM 脉冲，稳定输出 3.0V 电压。

图 5-24 为 OUT（5）脚和 VT_1 集电极（也是 VT_2 集电极）的电压波形。

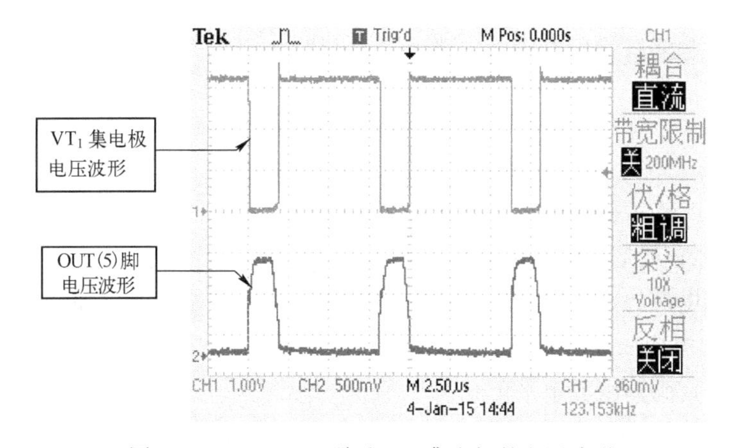

图 5-24　OUT（5）脚和 VT_1 集电极的电压波形

（1）OUT（5）脚输出高电平

OUT（5）脚输出高电平时，VT_1 导通，把 VT_1 视为短路后的等效电路如图 5-25 所示。

在 OUT（5）脚输出高电平期间，VT_1 饱和导通，其集电极相当于接地，变压器 T_1 一次侧绕组（1、2 端）励磁、储能。根据同名端可知，变压器 T_1 一次侧绕组的电压上正下负，二次侧绕组的电压上负下正，各端子电压梯度（一）见表 5-1。

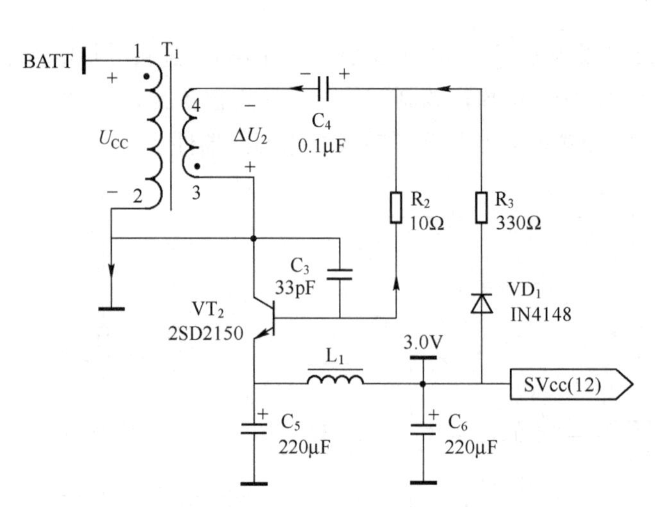

图 5-25　OUT（5）脚输出高电平时的等效电路

表 5-1　变压器各端子电压梯度（一）

变压器端子	电 压 梯 度	对 地 电 压
1	高	电源电压 U_{CC}
2、3	中	约为 0
4	低	ΔU_2（二次侧绕组感应电压）

变压器 T_1二次侧绕组（3、4 端）感应电压 ΔU_2 与电源电压 U_{CC}及变压器一、二次侧绕组匝比有关。当 VT_1导通时，变压器 T_1的 2、3 端电压为 0，一次侧绕组激励产生的感应电压等于 U_{CC}，二次侧绕组感生电压 ΔU_2 为

$$\Delta U_2=-N\times U_{CC} \tag{5-6}$$

式中，N 是二次侧绕组与一次侧绕组的匝比，$N=N_2/N_1$。

图 5-26 为 VT_1集电极与变压器 4 端的电压波形。其中，变压器 4 端电压波形位于基准零电平以下的 1.32V 就是 ΔU_2（$-N\times V_{CC}$，不包括过冲谐波尖峰电压）。

这期间，4 端电压的负脉冲经 C_4（0.1μF）、R_2（10Ω）加到 VT_2基极，VT_2关断，二极管 VD_1导通，输出电压 3.0V 经 VD_1、R_3 给 C_4 充电。C_4 电压左负右正，逐渐升高。

（2）OUT（5）脚输出低电平

OUT（5）脚输出低电平时，VT_1关断，把 VT_1略去后的等效电路如图 5-27 所示。

这期间，VT_1关断，变压器 T_1一、二次侧绕组电压极性均反转。根据同名端可知，一次侧绕组电压上负下正，二次侧绕组电压上正下负，各端子电压梯度（二）见表 5-2。

表 5-2　变压器各端子电压梯度（二）

变压器端子	电 压 梯 度	对 地 电 压
1	低	电源电压 U_{CC}
2、3	中	$U_{CC}+\Delta U_1$
4	高	$U_{CC}+\Delta U_1+\Delta U_2'$

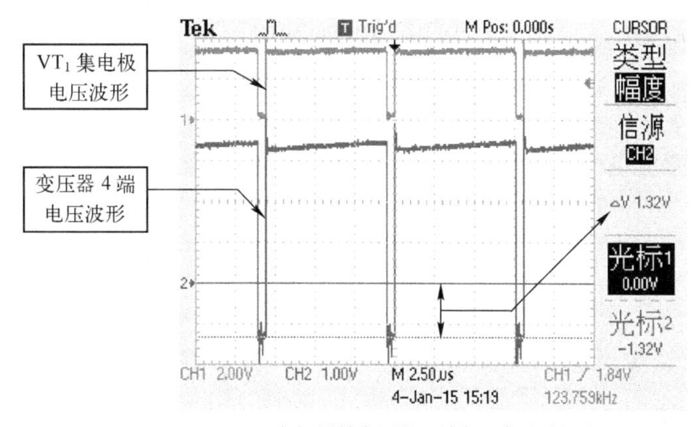

（a）测量变压器 4 端电压负脉冲幅度

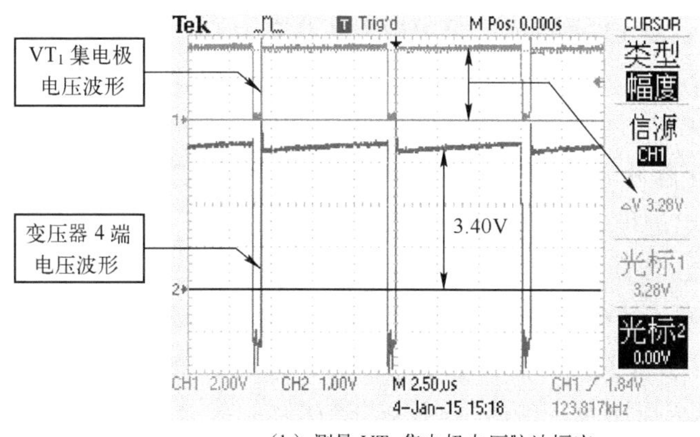

（b）测量 VT_1 集电极电压脉冲幅度

图 5-26　VT_1集电极与变压器 4 端的电压波形

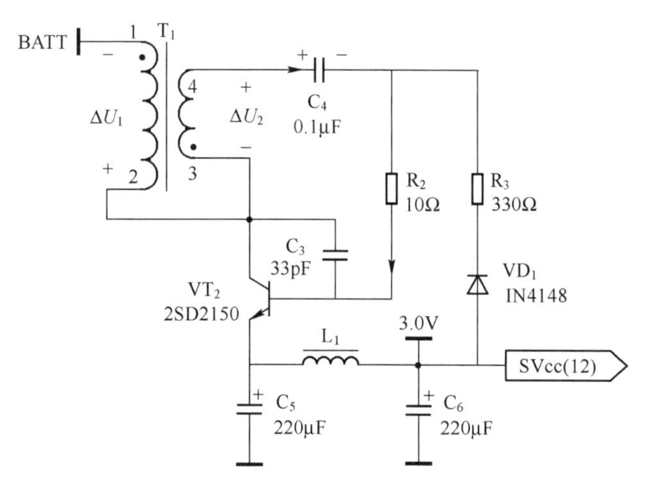

图 5-27　OUT（5）脚输出低电平时的等效电路

表 5-2 中，ΔU_1、$\Delta U_2'$ 分别为变压器一、二侧绕组的感应电压。ΔU_1、$\Delta U_2'$ 与哪些参数有关呢？大家知道，变压器 2、3 端电压遵循 Boost 转换器的规律，输出电压为

$$U_{2,3}=U_{\mathrm{CC}}\times\frac{1}{1-D} \tag{5-7}$$

将该值减去电源电压 U_{CC} 就是一次侧绕组的感应电压 ΔU_1，即

$$\Delta U_1 = U_{2,3} - U_{CC} = U_{CC} \times \frac{D}{1-D} \tag{5-8}$$

二次侧绕组的感应电压 $\Delta U_2'$ 可通过一次侧绕组的感应电压 ΔU_1 与匝比 N 计算得到，即

$$\Delta U_2' = N \times \Delta U_1 = U_{CC} \times \frac{ND}{1-D} \tag{5-9}$$

因此，变压器 4 端电压为

$$U_4 = U_{2.3} + \Delta U_2' = U_{CC} \times \frac{1}{1-D} + U_{CC} \times \frac{ND}{1-D} = U_{CC} \times \frac{1+ND}{1-D} \tag{5-10}$$

所以可以这样理解如图 5-26 所示电压波形：当 VT_1 导通时，集电极电压为零，变压器 4 端电压为 $-N \times U_{CC}$；当 VT_1 关断时，集电极电压跳变为 $U_{2.3} = U_{CC} \times \frac{1}{1-D}$，变压器 4 端电压跳变为 $U_4 = U_{CC} \times \frac{1+ND}{1-D}$。

这期间，4 端正脉冲电压经 C_4、R_2 加到 VT_2 的基极，VT_2 导通，VD_1 截止，C_4 放电，电压左正右负，随充电进程逐渐降低。

（3）测试分析，计算验证

关掉测量变压器 4 端电压的 CH2 通道，放大 CH1 通道波形，启用数字示波器的时间功能，如图 5-28 所示，开关功率管 VT_1 的导通时间 t_{ON} 为 590ns。由于 PWM 脉冲的工作频率为 123.8kHz，折算成周期为 8.07μs，则占空比 D 为

$$D = \frac{t_{ON}}{T} = \frac{0.59}{8.08} \approx 7.4\%$$

此时，测量电源电压 U_{CC} 为 3.0V。根据式（5-7）得

$$U_{2.3} = U_{CC} \times \frac{1}{1-D} = 3.0 \times \frac{1}{1-0.074} \approx 3.24\text{V}$$

读者从如图 5-26（b）所示电压波形基本可以得到该结论，理论推导计算值（3.24V）和实际测量值（3.28V）差别很小。

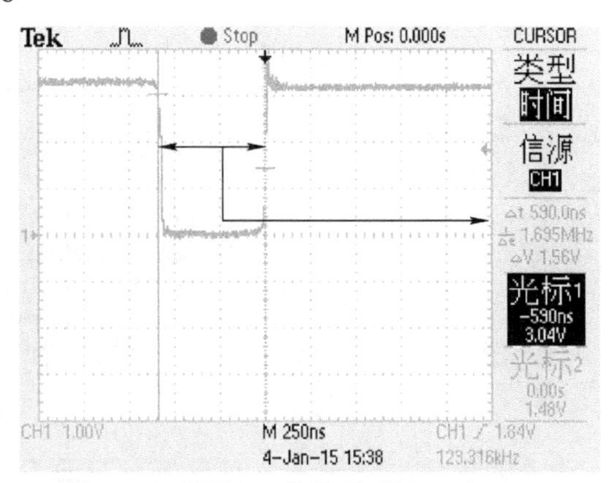

图 5-28　测量 VT_1 的导通时间 t_{ON} 为 590ns

由图 5-26（a）还知，VT_1 导通时，变压器二次侧绕组的感应电压 $\Delta U_2 \approx -1.32\text{V}$，因此二次侧绕组与一次侧绕组的匝比 N 为

$$N = \frac{|\Delta U_2|}{U_{CC}} = \frac{1.32}{3} = 0.44$$

根据式（5-10）得

$$U_4 = U_{CC} \times \frac{1+ND}{1-D} = 3.0 \times \frac{1+0.44 \times 0.074}{1-0.074} \approx 3.35(\text{V})$$

读者可以从如图 5-26（b）所示电压波形得到该结论，理论推导计算值（3.35V）和

实际测量值（3.40V）误差很小。

实际测试还发现，当负载不变而电源电压降低时，占空比增大。当电源电压降低约为 3.0V 以下时，$U_{2.3}$基本不变，因为系统要稳定输出 3V 电压，必须自适应调整占空比，使$U_{2.3}$略高于 3.0V（因为 VT_2导通时也约有 0.2V 的压降）。

图 5-29 为两种不同电压供电时 VT_1集电极的电压波形。由图可知，供电电压越低，VT_1导通时间越长，占空比越大。

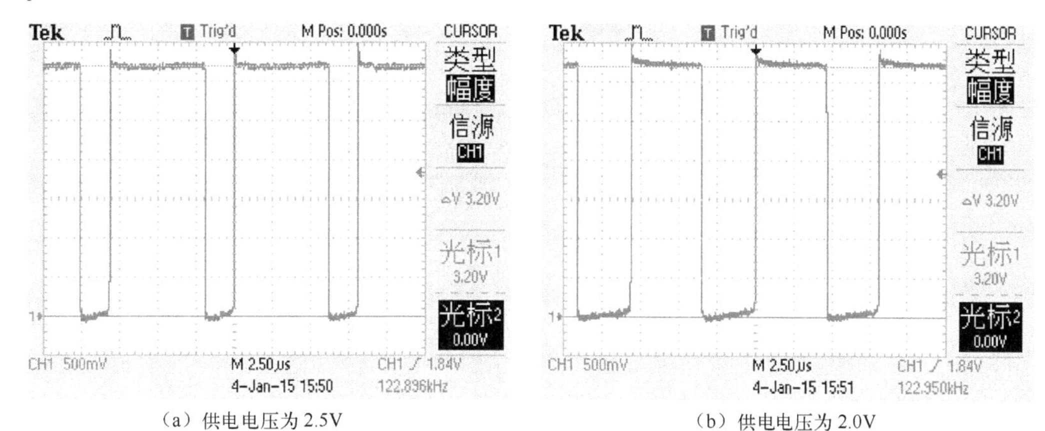

（a）供电电压为 2.5V　　（b）供电电压为 2.0V

图 5-29　两种不同电压供电时 VT_1集电极的电压波形

由 $U_{2.3}=U_{CC}\times\frac{1}{1-D}$可知，若减小 U_{CC}而 $U_{2.3}$基本不变，则占空比 D 一定要增大，直到 D 增大到设计时的极限值。图 5-30 为供电电压降到约为 1.6V 且系统临近崩溃时 VT_1集电极的电压波形。

若把 VD_1去掉，把 R_3（330Ω）改为 1kΩ 的电阻（有些公司的设计电路就是这样的），实践测试后发现占空比增大，这是因为 R_3 的阻值为 1kΩ 时，C_4 的充电时间常数过大，在 VT_1导通期间，C_4 充电两端的电压不足。在 VT_1关断期间，C_4 不能向 VT_2基极提供足够的驱动电流，并且由于 VD_1隔离，C_4 还会通过 R_3 向输出电压 3.0V 放电，进一步削弱了 VT_2基极的驱动电流，特别是在低电压供电时。在系统供电电压没有变化、负载一定的情况下，占空比增大，说明功耗增大了，即被 VT_2转化为热损耗，系统提前崩溃。

做以上分析时是以电池供电来描述的，实际上，便携式 CD 播放机还可以外接适配器供电，这时电压远高于 2 节电池的电压（3V 左右）。比如，当外接适配器输出 5V，经 1N4001 降压后约为 4.4V 时，VT_1集电极的电压脉冲幅度较高、占空比较小，如图 5-31 所示。

由图 5-31 可知，VT_1集电极的电压脉冲幅度达到 4.48V，由于 AN8789 有反馈稳压电路控制，因此输出仍为稳定的 3.0V。因为此时 VT_2集电极与发射极的压差超过 0.2V（小开关功率管的饱和压降），VT_2处于放大状态。可见，由 AN8789 构成的 Boost 转换器只有在输入电压较低时“成立”，如 3V 以下，VT_1、VT_2才互补饱和导通。当输入电压高于 3V 时，VT_1虽然是在饱和导通与关断之间转换，但在 VT_1关断期间，VT_2处于放大状态，以维持输出电压的稳定。

与 AN8789 具有相似功能的集成电路还有 AN8819、MM1538 和 BA5901，它们都可以构成 Buck 转换器和 Boost 转换器。为了让读者有一个整体概念，现把由 MM1538 构成的便携式 CD 播放机电路展示于此，如图 5-32 所示。

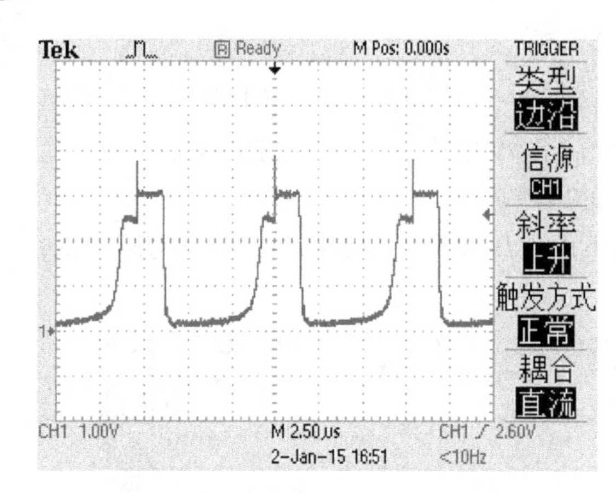

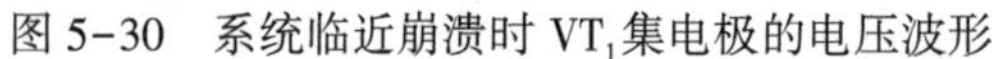

图 5-30 系统临近崩溃时 VT_1集电极的电压波形

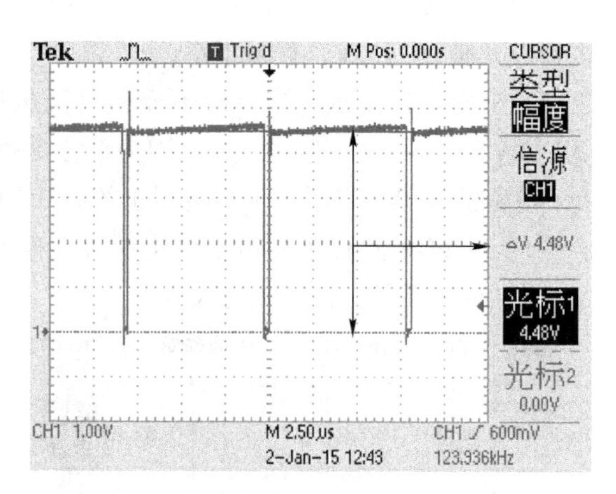

图 5-31 适配器供电时，VT_1集电极的电压波形

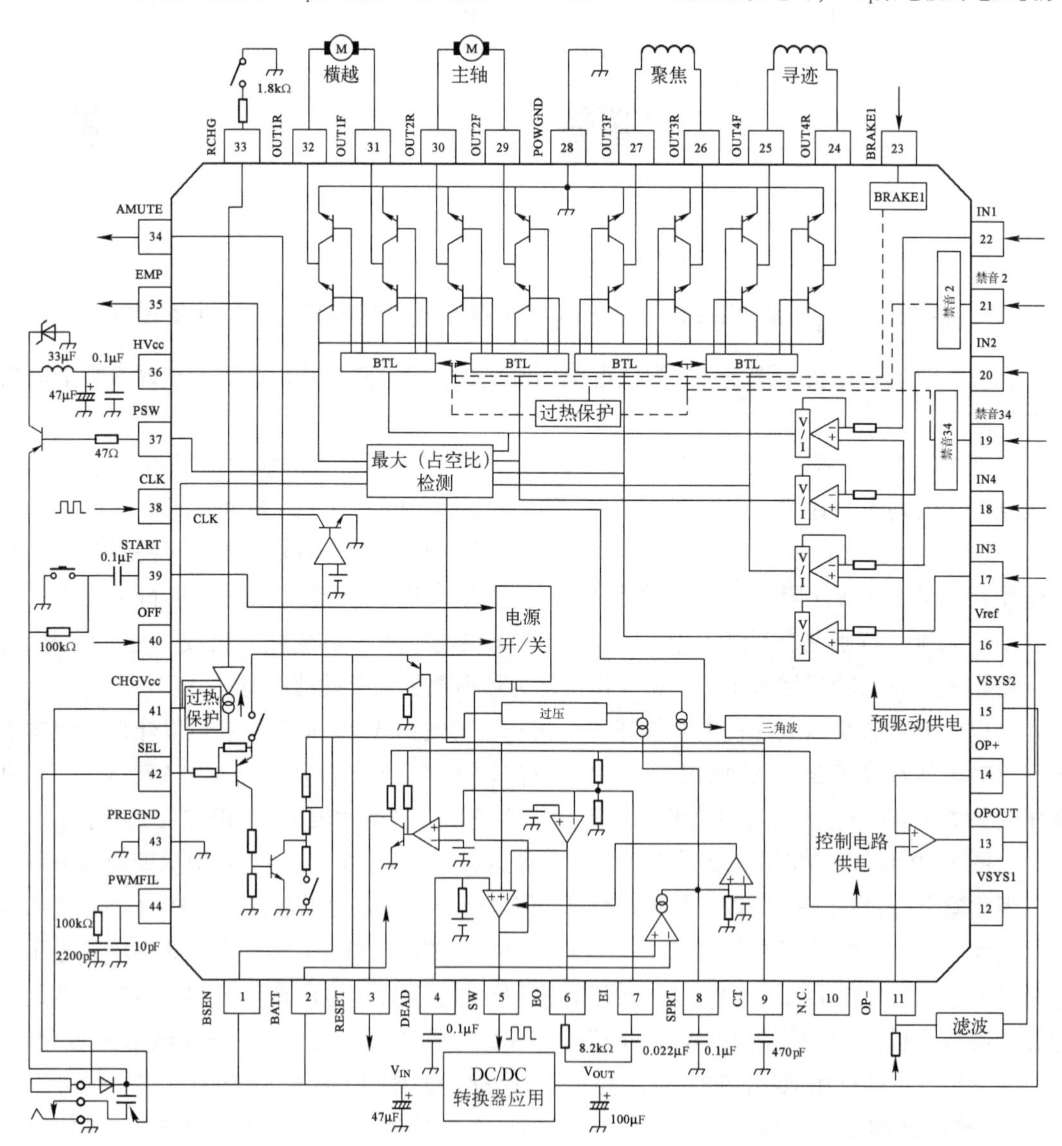

图 5-32 由 MM1538 构成的便携式 CD 播放机电路（伺服及电源转换部分）

5.2.3 Boost 转换器的应用之二

图 5-33 为等离子电视机（带功率因数校正）的正激式开关电源电路板实物图。

图 5-33 等离子电视机（带功率因数校正）的正激式开关电源电路板实物图

笔者断断续续地花费了一周时间，根据电路板实物图反绘出电路原理图，分别如图 5-34、图 5-35 所示。由于元器件众多，且贴片电容、贴片电阻周围没有任何标注，故这里的元器件序号是绘图软件随机自动赋予的。

图中标注的电压值是在市电输入、负载为 100W 时测得的。先看图 5-34 左侧虚线框内的电路，对照图 2-17 所示电路，很容易发现二者有许多相同之处。需要指出的是，前者高压滤波电容 C4 容量很小，而后者对应位置 C107 的容量却比较大。

图 5-34 所示电路比较复杂，仔细研究会发现，从实现的功能与作用来看，可以简化为图 5-36 所示电路。对照图 5-21 所示电路，很容易发现二者有许多相同之处。T1 的 1-2 绕组是储能电感，用于能量变换，3-4 绕组用作辅助供电（参见图 5-34）。

虽然该电源是恒压输出控制，但仍然遵从升压型 DC-DC 变换器的电压变比规律，即 $M=\dfrac{1}{1-D}$。详细内容敬请参考二维码中的视频。

需要指出的是，该电路市电输入整流滤波的⏚，与能量变换 MOS 管 TR3 源极的▽之间跨接两个 0.2Ω/0.5W 的电阻，便于电路发生故障时拆除该处线路，跨接其他地方检修。

下面分析该电路如何实现稳压。

与稳压有关的电路如图 5-37 所示，输出电压 HV2 经 R39、R38、R37、R36、R33、R28 与 R31、VR1 串联分压，经 R22 加到 U1 内部运放反相。

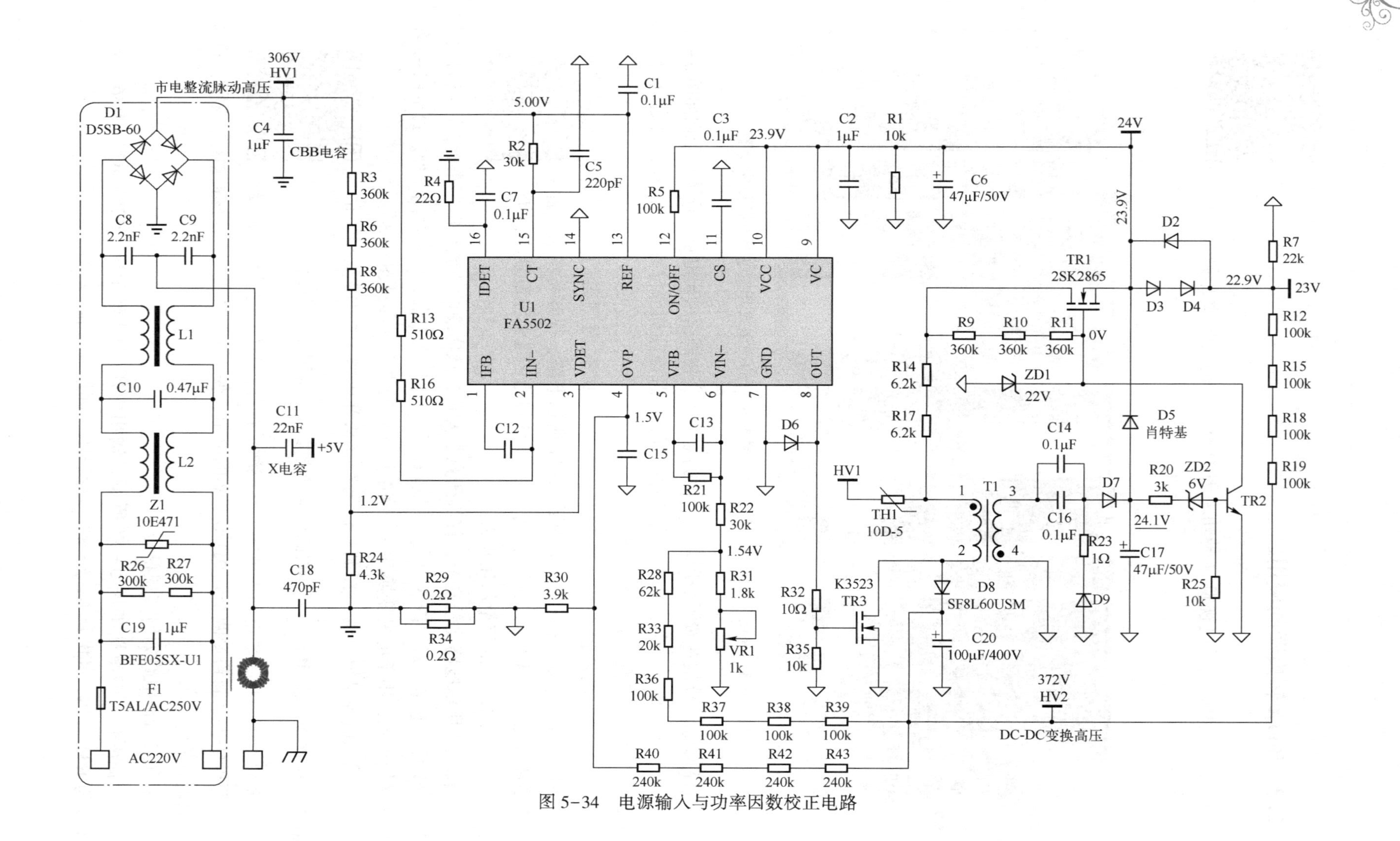

图 5-34　电源输入与功率因数校正电路

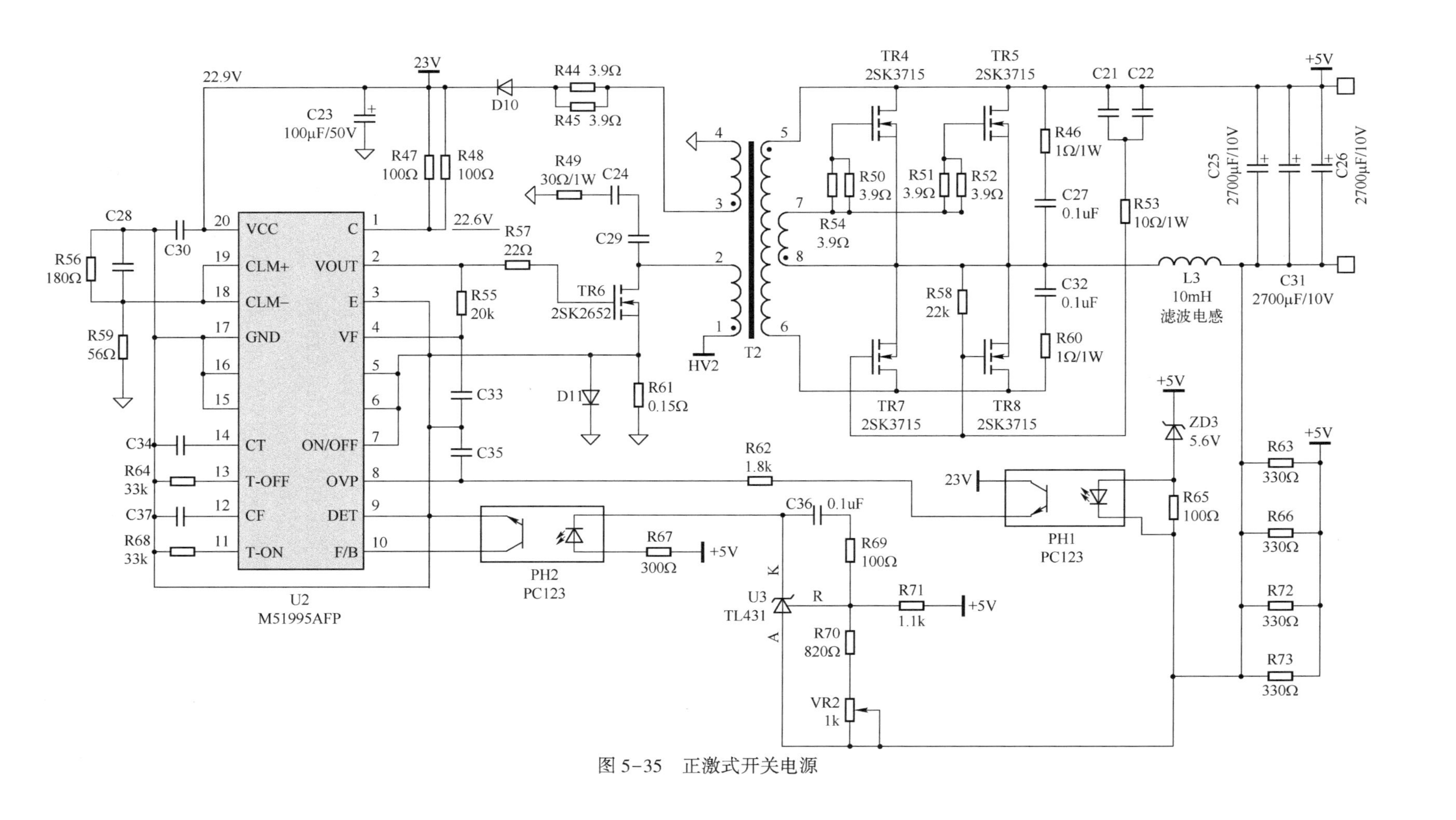

图 5-35 正激式开关电源

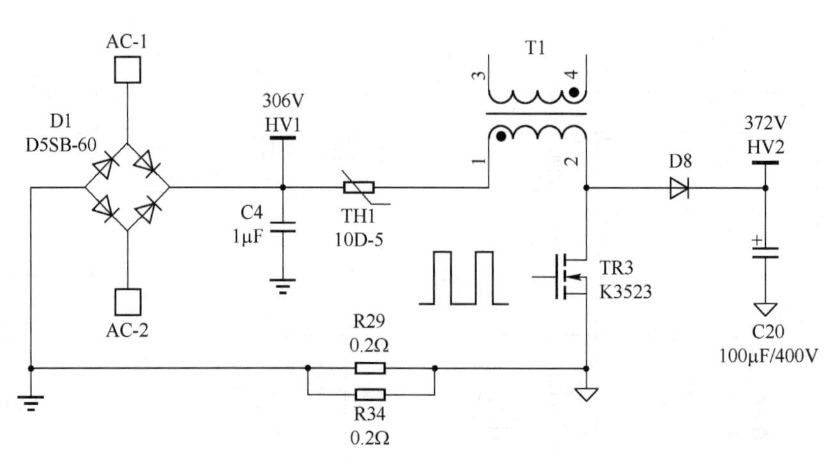

图 5-36　简化电路（标注电压为空载测试）

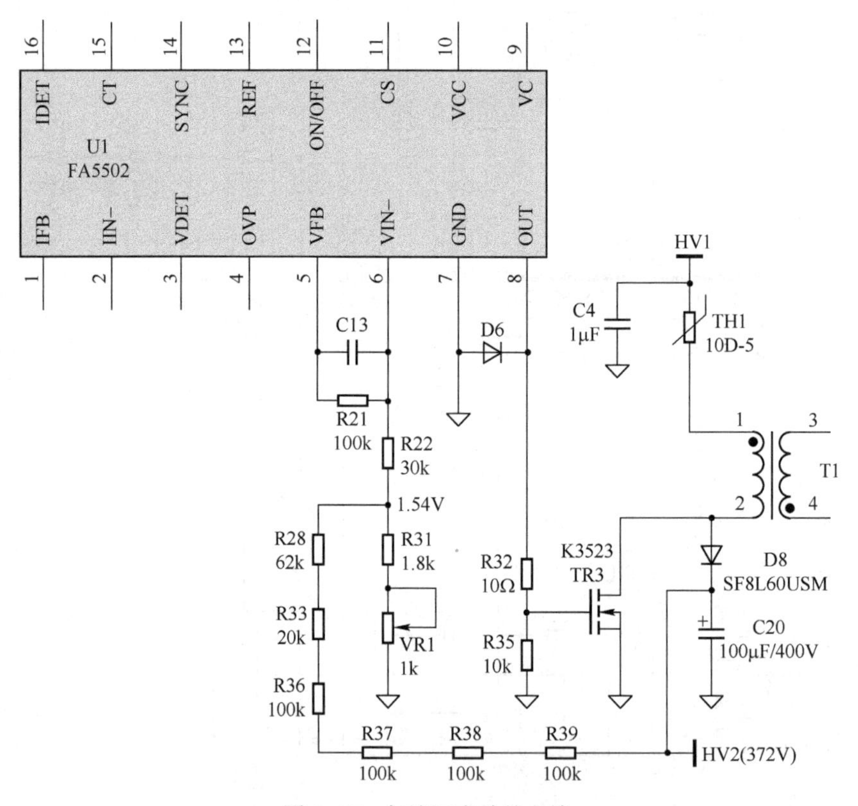

图 5-37　与稳压有关的电路

图 5-38 为反馈稳压等效电路。结合图 5-37 所示电路可以看出，R 是 R39、R38、R37、R36、R33、R28 的串联等效电阻；R21 是反馈电阻，R22 是输入电阻，与 FA5502 内部的集成运放组成反相比例放大器，二者之比就是运放的电压放大倍数（为负值）；C13 与 R21 并联用于衰减高频信号，防止自激振荡。

因集成运放输入端相当于“虚断”，R22 无电流流过，R 与 R31、VR1 串联分压即为输入电压，根据集成运放两个输入端“虚短”的理论假设——两个输入端电压基本相等，即

串联分压就等于同相端电压，故 HV2 的电压表达式为

$$\mathrm{HV2}=1.55\mathrm{V}\times\left(1+\frac{R}{R_{31}+R_{\mathrm{VR_1}}}\right)$$

调节 VR1 的参数，HV2 随之改变，但需要注意，不能超过高压滤波电容 C20 的耐压值。

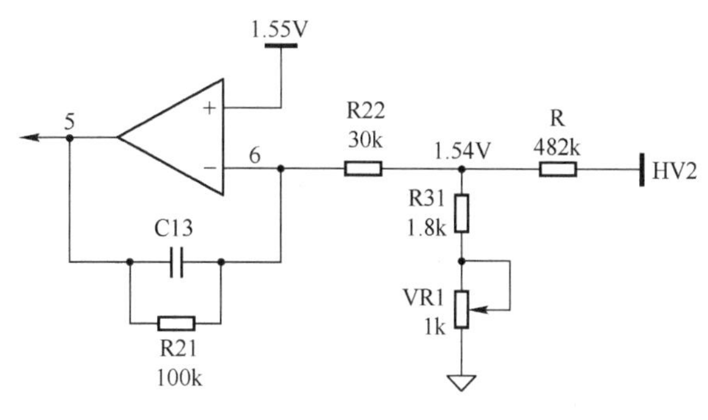

图 5-38　反馈稳压等效电路

此外，如图 5-35 所示正激式开关电源的工作原理比较复杂，且与本节的 Boost 转换器毫无联系，在此从略。有兴趣的读者可以扫描观看二维码中的视频。

第6章

单片集成式开关电源

20 世纪 80 年代，国外出现了中、小功率开关电源集成化的趋势，就是将开关电源的一些主要功能模块全部集成到一块芯片中，制成开关电源单片集成电路，又称**单片集成式开关电源**。这种单片集成式开关电源被誉为顶级开关电源，具有单片集成化、最简单的外围电路、最优良的性能指标、能完全实现电气隔离等特点，为小型、高效开关电源的推广应用和普及创造了良好的条件。

本章主要讲述**单片集成式开关电源**的反激式类型，与变压器耦合型他激式开关电源的特点及工作原理基本相同。

6.1 单片集成式开关电源的概述

6.1.1 单片集成式开关电源的主要类型

单片集成式开关电源模块集成度很高，一般集成有控制电压源、能隙基准电压源、脉冲振荡器、并联调整器/误差放大器、PWM 控制器、脉冲驱动器、MOSFET、过电流保护电路、过热保护电路、复位和关断/自动重启高压电流源等。

图 6-1 为单片集成式开关电源模块 TOPSwitch-Ⅱ系列的 TOP221 ～ TOP227 内部功能框图。图中除了上述所说的各种功能模块，还有 RS 触发器和逻辑门电路。

TOP221 ～ TOP227 通过输入整流滤波电路，可以适配 85 ～ 265V、50 ～ 60Hz 的交流电，构成各种通用的开关电源或电源模块。由于单片集成式开关电源的价格完全可与线性稳压电源竞争，而前者的高效率、小型化、轻型化等优点是后者无法比拟的，所以线性电源有日益被取代之势。正因为单片集成式开关电源具有最简单的外围电路、最佳的性能指标、无工频变压器、能实现电气隔离等显著优点，因此现已成为各类电子设备的主流稳压电源。

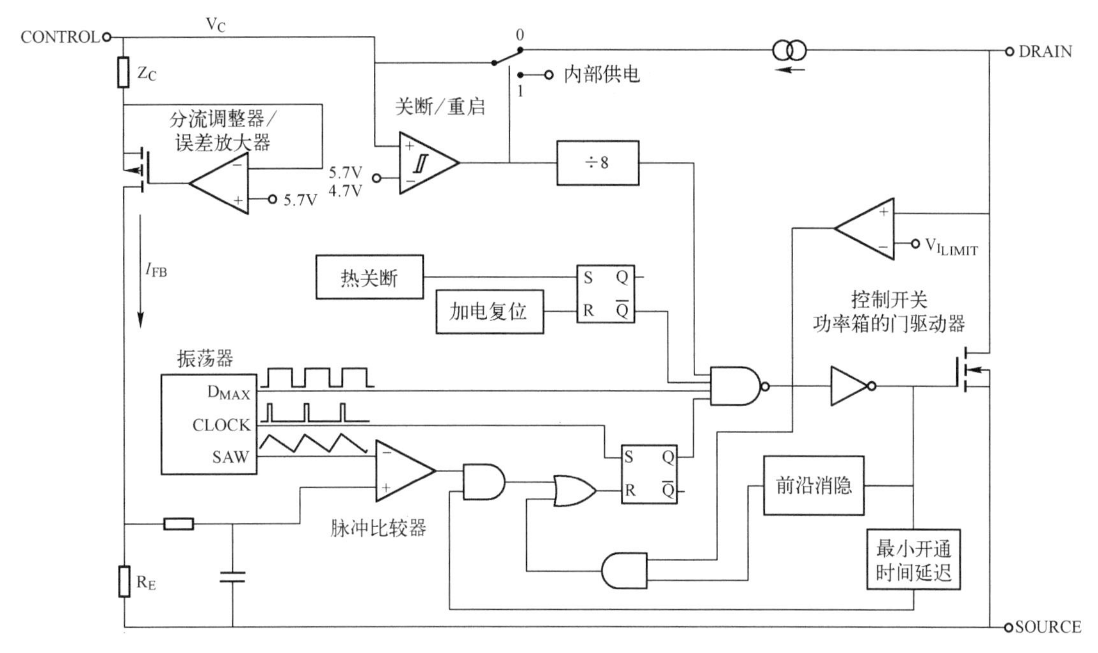

图 6-1　TOP221 ～ TOP227 内部功能框图

表 6-1 列出了 TOP221 ～ TOP227 的订货编码、封装和不同电压等级下的输出功率。

表 6-1　TOP221 ～ TOP227 的订货编码、封装和不同电压等级下的输出功率

TO-220（Y）封装			8L PDIP（P）或 8L SMD（G）封装		
订货编码	单一电压输入 100/115/230 VAC ±15%	宽电压输入 85 ～ 265 VAC	订货编码	单一电压输入 100/115/230 VAC ±15%	宽电压输入 85 ～ 265 VAC
TOP221Y	12W	7W	TOP221P 或 TOP221G	9W	6W
TOP222Y	25W	15W			
TOP223Y	50W	30W	TOP222P 或 TOP222G	15W	10W
TOP224Y	75W	45W			
TOP225Y	100W	60W	TOP223P 或 TOP223G	25W	15W
TOP226Y	125W	75W			
TOP227Y	150W	90W	TOP224P 或 TOP224G	30W	20W

TOPSwitch-Ⅱ封装如图 6-2 所示。

单片集成式开关电源最少有三个引出端，多的有七个引出端或八个引出端等。比如，Power Integrations 公司出品的 TOPSwitch、TOPSwitch-Ⅱ有三个引出端，TinySwitch 有四个引出端；Fairchild 公司出品的 1M0880、Motorola 公司出品的 MC33374P 等有五个引出端。

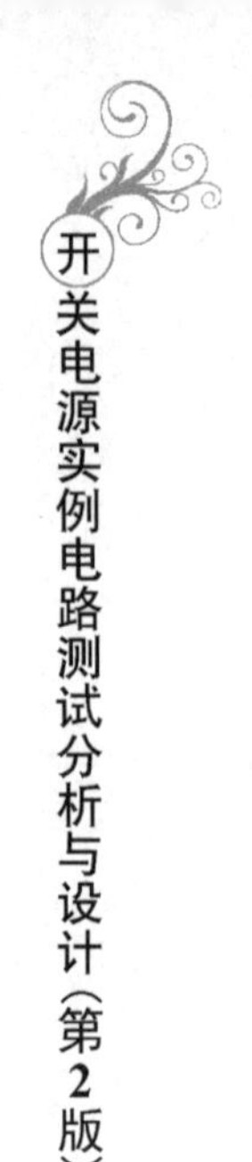

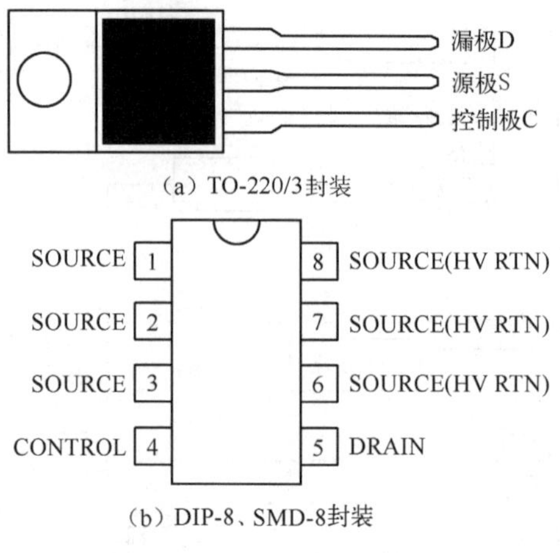

图 6-2　TOPSwitch-Ⅱ封装

6.1.2　单片集成式开关电源的工作原理

图 6-3 为由 TOPSwitch 构成的开关电源基本电路，属于单端反激式转换电路。

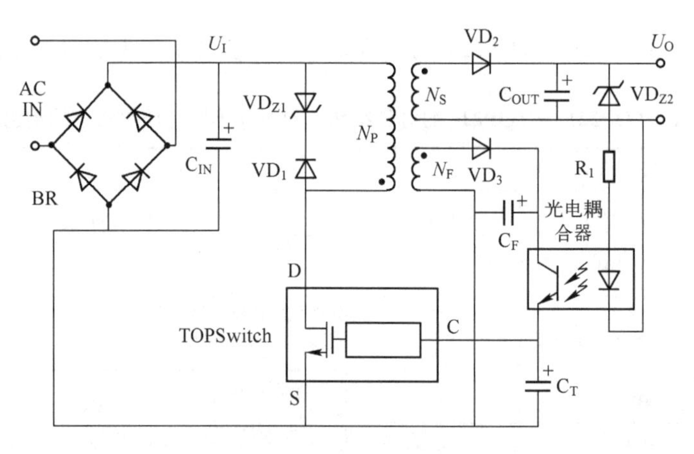

图 6-3　由 TOPSwitch 构成的开关电源基本电路

图中，BR 是整流桥；C_{IN}是输入端滤波电容。交流电压经整流滤波后，得到直流高压 U_I，经过 N_P 加至 TOPSwitch 漏极。由于在 TOPSwitch 关断时刻变压器漏感会产生尖峰电压，叠加在直流高压 U_I 和感应电压 U_{OR}上，可使 TOPSwitch 的漏极电压超过 700V，损坏 TOPS-witch 芯片。为此，在 N_P 两端必须增加漏极钳位保护电路。钳位保护电路由瞬态电压抑制器或稳压管 VD_{Z1}、阻塞二极管 VD_1组成。VD_1应采用超快恢复二极管 SRD。VD_2是二次侧绕组整流管。C_{OUT}是输出端滤波电容。

变压器起能量存储、隔离输出和电压转换的作用，其一次侧绕组 N_P 的极性（同名端用黑点标识）与二次侧绕组 N_S、反馈绕组 N_F 极性相反。因此，当 TOPSwitch 导通时，电能就以磁场能量的形式存储在 N_P 中，此时 VD_2 截止。当 TOPSwitch 关断时，VD_2 导通，N_S 能量传输给负载。这就是反激式开关电源的特点。

图 6-3 采用配稳压管的光耦反馈电路。二次侧绕组 N_F 经过 VD_3、C_F 整流滤波后，反馈电压经光电耦合器中的光敏三极管向 TOPSwitch 控制端提供偏压。C_T 是控制端（C 端）旁路电容。设稳压管 VD_{Z2}的稳定电压为 U_{Z2}，忽略限流电阻 R_1 压降（若阻值较大，则不可忽略），光电耦合器中发光二极管的正向压降 U_F 为 1V，输出电压 $U_O=U_{Z2}+1$。

当由于某种原因使交流电压升高或负载电流减小时，输出电压 U_O 升高，因 U_{Z2}基本不变，故 R_1 电流增大，通过光电耦合器反馈使 TOPSwitch 的控制端电压升高。由于 TOPSwitch 的控制端电压越高，输出脉冲占空比越小，因此 D 减小，输出电压 U_O 降低，维持系统平衡。

6.2 单片集成式开关电源的应用

6.2.1 西普尔电动车充电器

1. 电路结构

西普尔电动车充电器（型号为 TAD037CBC）电路原理图如图 6-4 所示。该电路主要由电源输入电路、启动电路、开关功率管保护电路、主开关电路、次级整流滤波电路、充电电路、辅助供电电路、电池防反接电路和反馈稳压电路等组成。

① 电源输入电路：由保险管 FU_1、压敏电阻 YM_1、共模扼流圈 LF_1、差模干扰抑制电容 C_{X1}、高压整流桥堆 DB_1、NTC 电阻 RT_1和高压滤波电容 C_2组成。

② 启动电路：由电阻 R_1 和 R_2组成。

③ 主开关电路：由 TOP271EG（具体为内部开关功率管）承担。

④ 开关功率管保护电路：由 R_5、C_5 和 VD_2组成高压吸收保护电路，保护 TOP271EG 内部的高压开关功率管。

⑤ 次级整流滤波电路：由 VD_4与 C_8组成。

⑥ 充电电路：由单向可控硅 VT_1承担。

⑦ 电池防反接电路：由 VT_2、VT_3、VD_6以及电阻 R_{25}、R_{26}、R_{28}和 R_{31} 组成。

⑧ 辅助供电电路：主要由 VD_3、C_7整流滤波及 VT_3组成。

反馈稳压电路涉及的元器件比较多，将在工作原理描述中详细介绍。

2. 关键元器件

TOP271EG 是 TOPSwitch-JX 系列产品之一，内含开关功率管，特别适合高性价比的电源。

TOPSwitch-JX 集成式开关控制器的应用电路如图 6-5 所示。电路中有关元器件的作用同图 6-3。

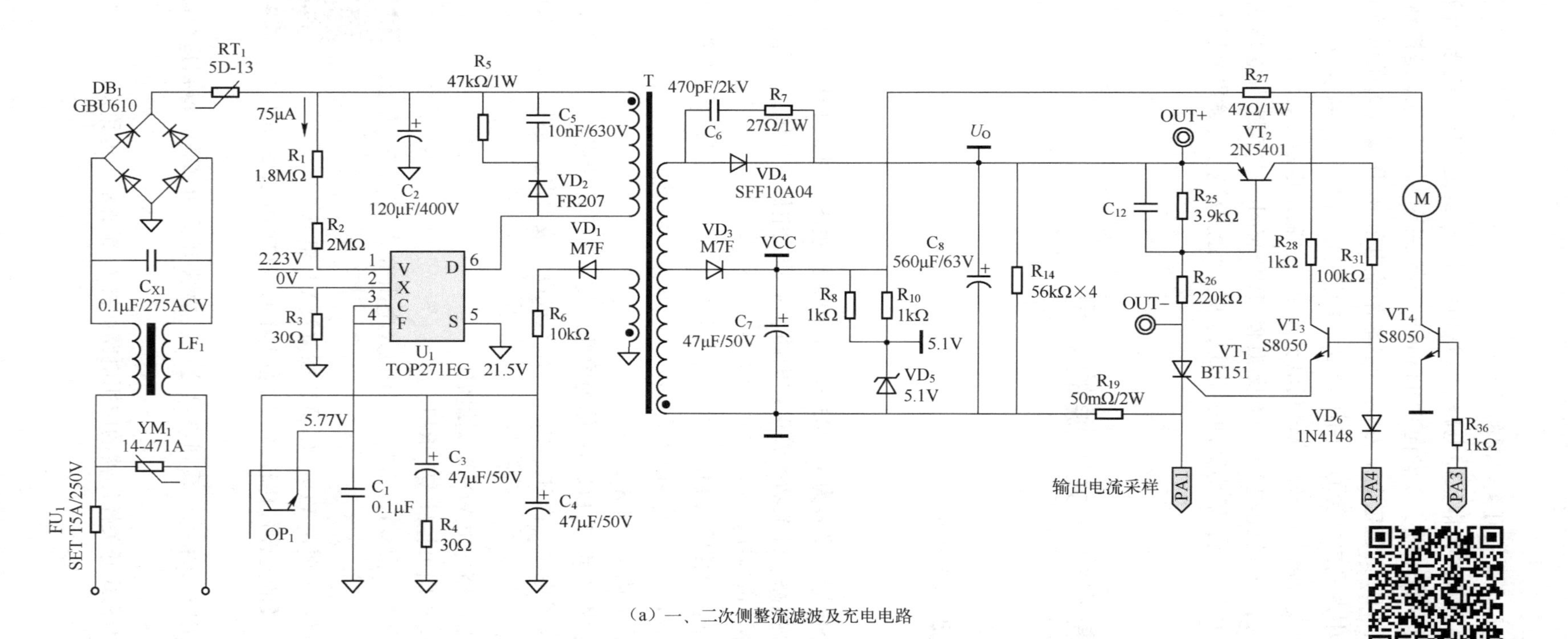

（a）一、二次侧整流滤波及充电电路

图 6–4　西普尔电动车充电器（型号为TAD037CBC）电路原理图

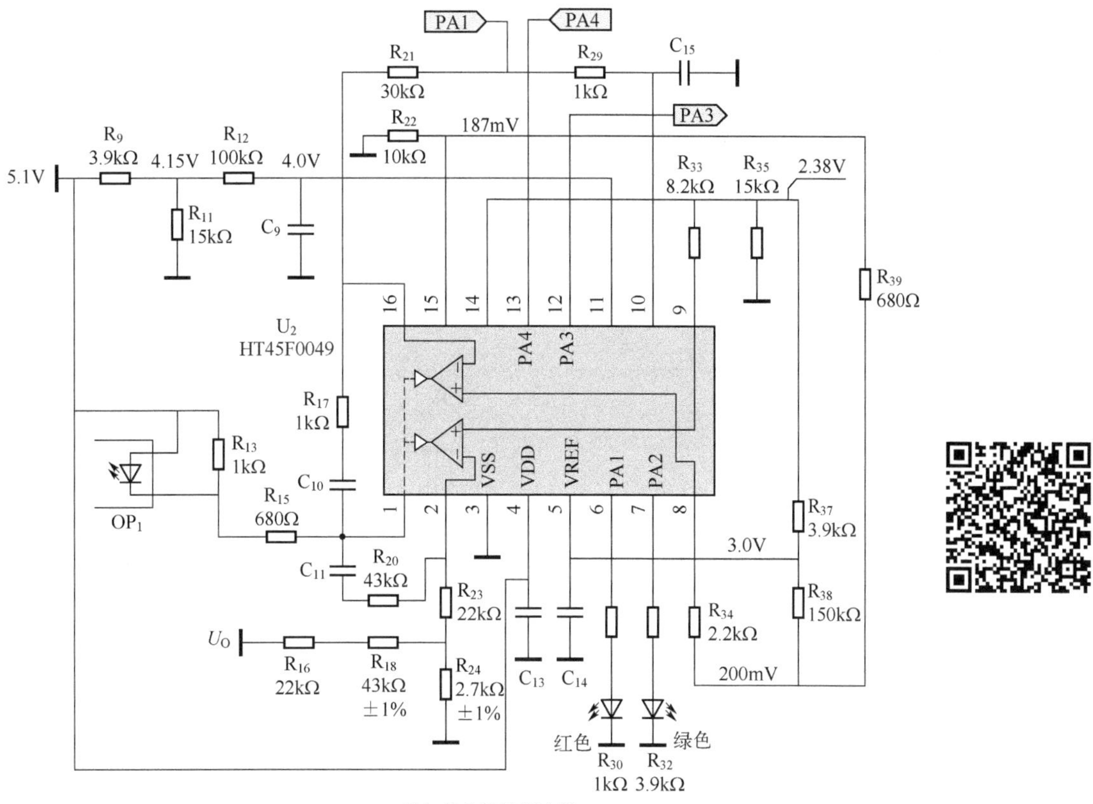

（b）单片机控制电路

图 6-4　西普尔电动车充电器（型号为 TAD037CBC）电路原理图（续）
（元器件编号由软件生成，并非电路板上的实际编号，凡未标注容量的电容皆为贴片封装。PA1、PA3 和 PA4 分别相连）

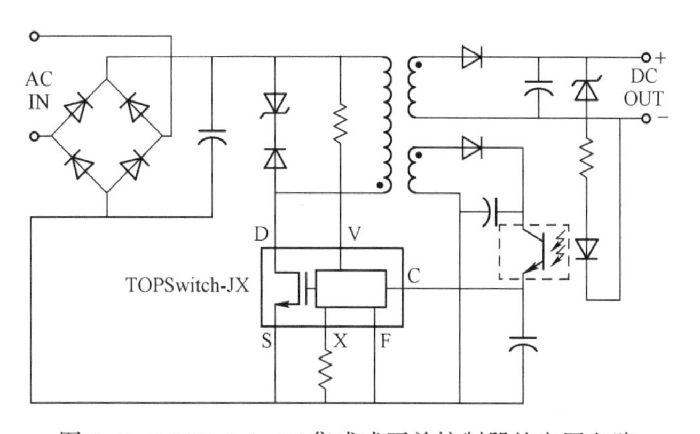

图 6-5　TOPSwitch-JX 集成式开关控制器的应用电路

TOPSwitch-JX 集成式开关控制器的内部功能框图如图 6-6 所示。

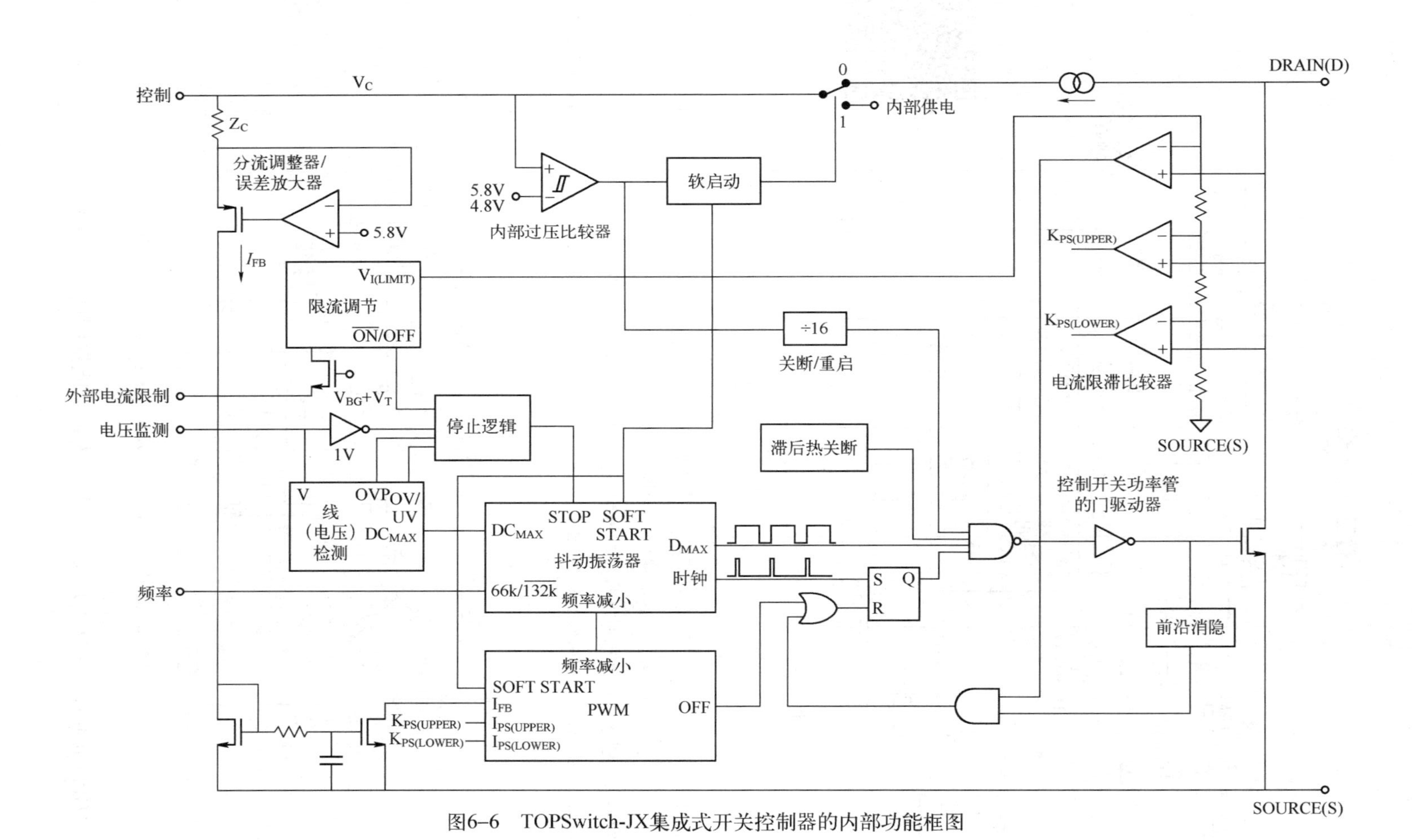

图6–6 TOPSwitch-JX集成式开关控制器的内部功能框图

TOPSwitch-JX 集成式开关控制器的封装形式如图 6-7 所示。

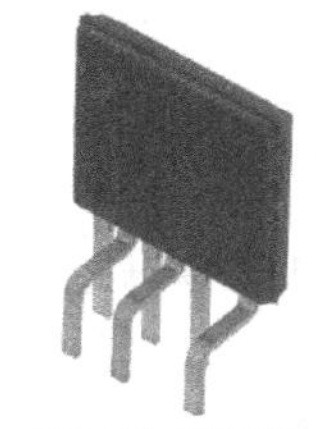

eSIP-7C（E封装）　　eSOP-12B（K封装）　　eDIP-12B（V封装）

图 6-7　TOPSwitch-JX 集成式开关控制器的封装形式

表 6-2 列出 TOPSwitch-JX 集成式开关控制器输出功率一览表。

表 6-2　TOPSwitch-JX 集成式开关控制器输出功率一览表

产　品	230 VAC±15%		85～265 VAC	
	适配器	开放式框架	适配器	开放式框架
TOP264VG	21W	34W	12W	22.5W
TOP264KG	30W	49W	16W	30W
TOP265VG	22.5W	36W	15W	25W
TOP265KG	33W	53W	20W	34W
TOP266VG	24W	39W	17W	28.5W
TOP266KG	36W	58W	23W	39W
TOP267VG	27.5W	44W	19W	32W
TOP267KG	40W	65W	26W	45W
TOP268VG	30W	48W	21.5W	36W
TOP268KG	46W	73W	30W	50W
TOP269VG	32W	51W	22.5W	37.5W
TOP269KG	50W	81W	33W	55W
TOP270VG	34W	55W	24.5W	41W
TOP270KG	56W	91W	36W	60W
TOP271VG	36W	59W	26W	43W
TOP271KG	63W	102W	40W	66W

产　品	230 VAC±15%		85～265 VAC	
	适配器	开放式框架	适配器	开放式框架
TOP264EG/VG	30W	62W	20W	43W
TOP265EG/VG	40W	81W	26W	57W
TOP266EG/VG	60W	119W	40W	86W
TOP267EG/VG	85W	137W	55W	103W
TOP268EG/VG	105W	148W	70W	112W
TOP269EG/VG	128W	162W	80W	120W
TOP270EG/VG	147W	190W	93W	140W
TOP271EG/VG	177W	244W	118W	177W

3. 工作原理

西普尔电动车充电器的工作原理与前述类似，在此不再赘述，只给出几个典型电路供读者参考。

电池充电电流方向与路径如图 6-8 所示。电池反接 VT_2 截止，不能充电的工作原理电路如图 6-9 所示。恒流充电模拟电路如图 6-10 所示。降压充电模拟电路如图 6-11 所示。

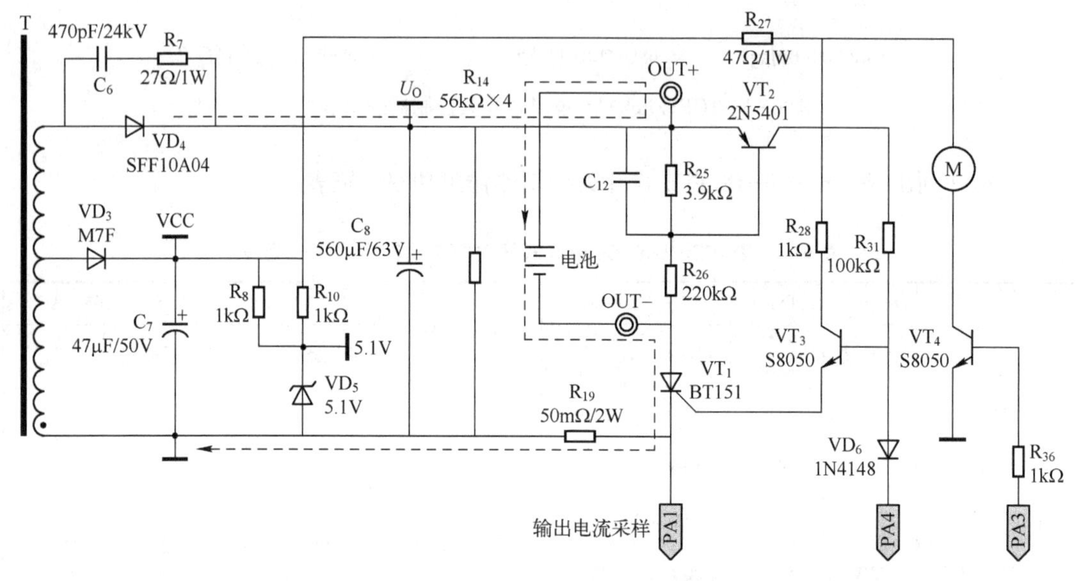

图 6-8　电池充电电流方向与路径

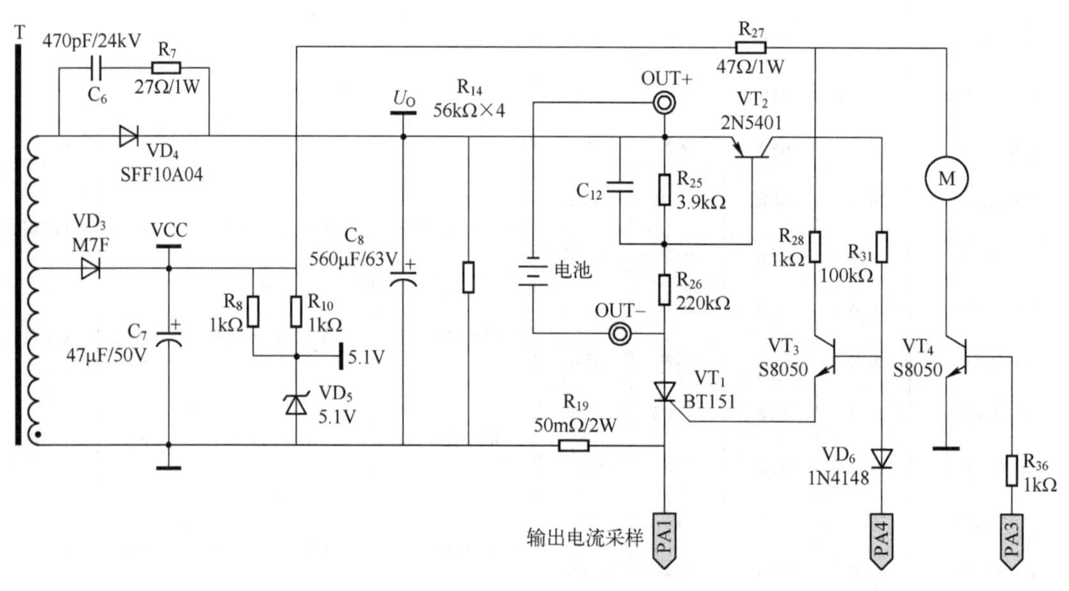

图 6-9　电池反接 VT_2 截止，不能充电的工作原理电路

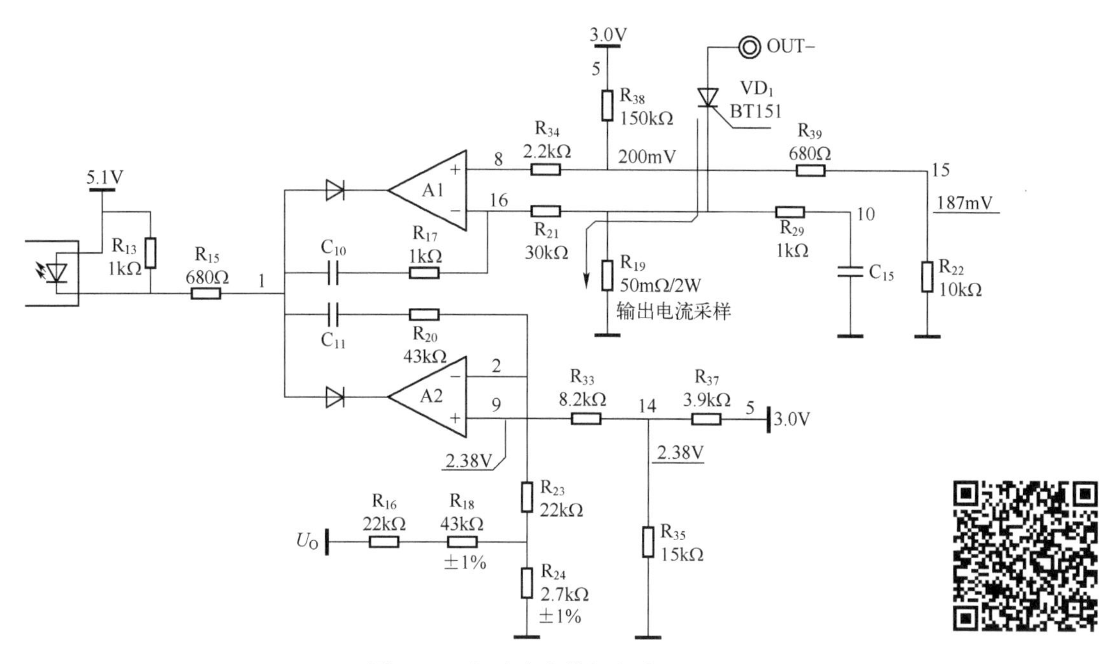

图 6-10　恒流充电模拟电路

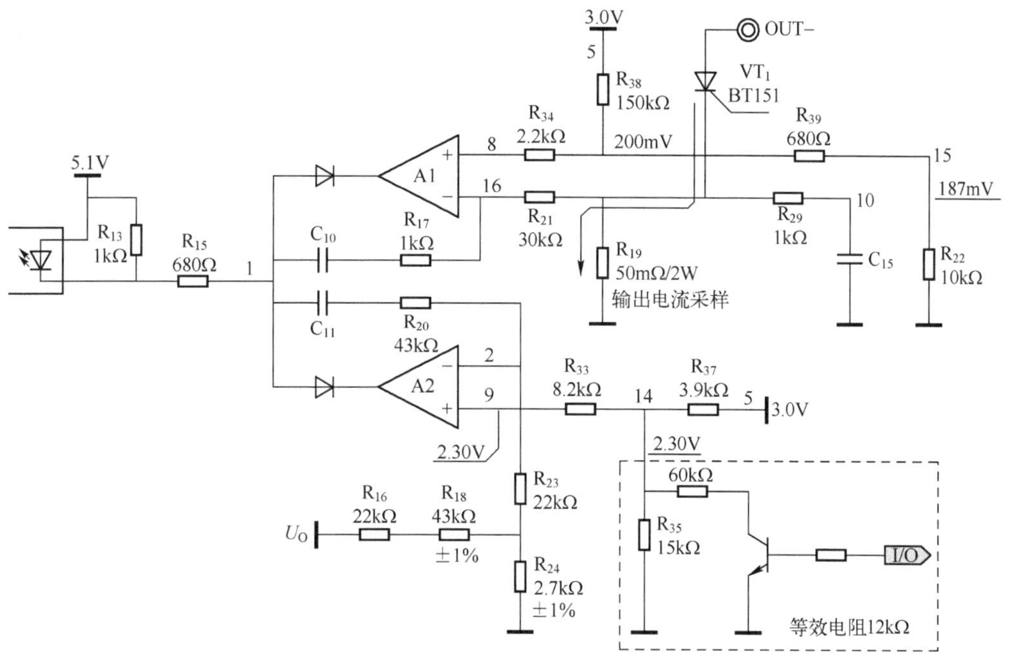

图 6-11　降压充电模拟电路

6.2.2　机床稳压电源

1. 电路结构

图 6-12 为机床稳压电源电路原理图，额定输出 24V&2.5A。由变压器 T 的一、二次侧

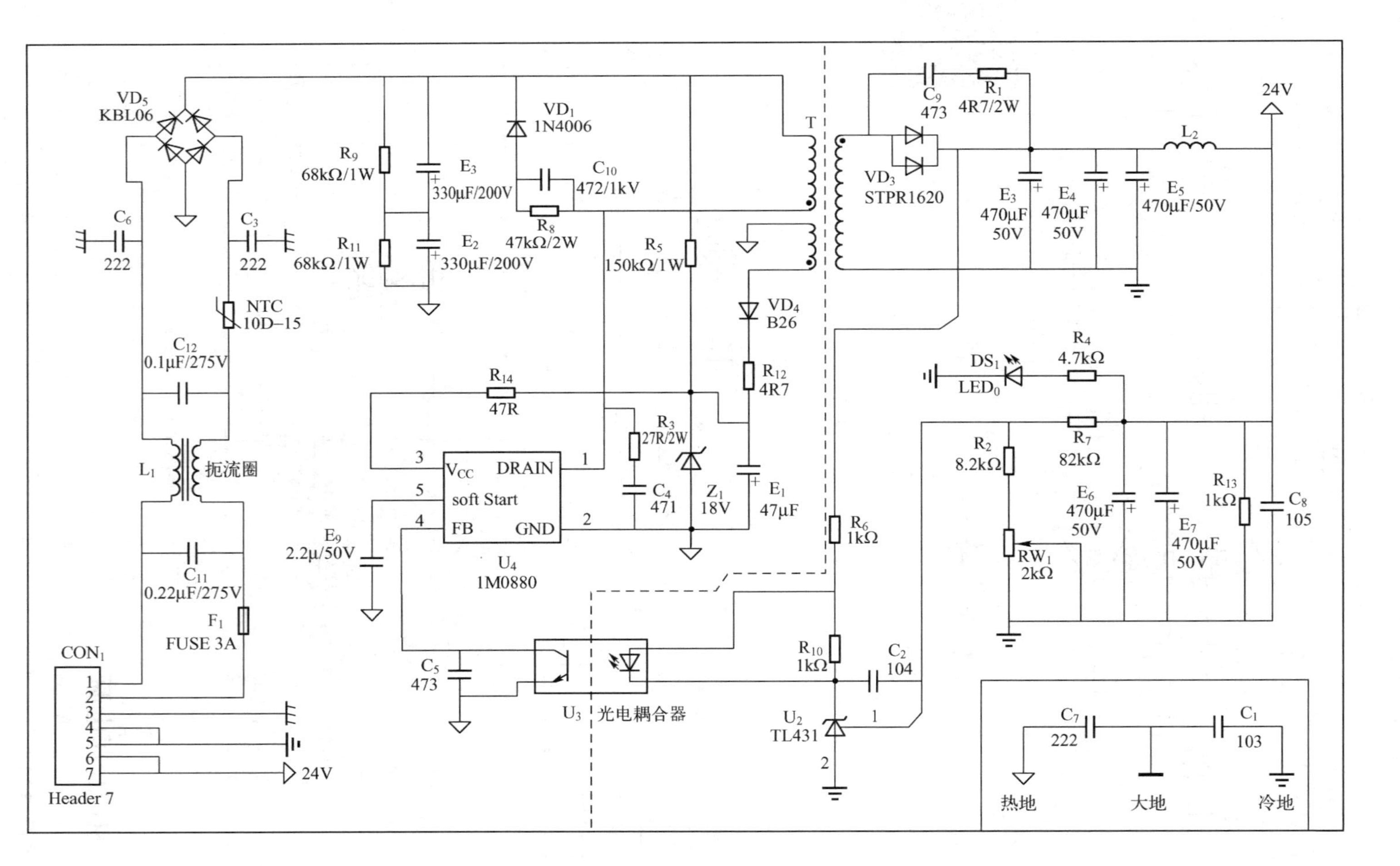

图6-12　机床稳压电源电路原理图

绕组同名符号可以看出，该电路是典型的反激转换型，也叫回扫变压器型开关电源。该电路从功能上大致可以分为电源输入电路、启动电路、主开关电路、保护电路、二次侧绕组整流滤波电路和反馈稳压电路等。

① 电源输入电路：由保险管 F_1、差模电容 C_{11}与 C_{12}、共模扼流圈 L_1、NTC、共模电容 C_3 与 C_6、整流堆 VD_5、高压滤波电容 E_2 和 E_3 组成。

② 启动电路：由电阻 R_5、R_{14}，滤波电容 E_1 和稳压二极管 Z_1 组成。

③ 主开关电路：由 1M0880 承担。

④ 保护电路：由 VD_1、C_{10}和 R_8 组成高压吸收保护电路，由 C_4 和 R_3 组成开关功率管保护电路，由 C_9 和 R_1 组成二极管开关保护电路。

⑤ 二次侧绕组整流滤波电路和反馈稳压电路元器件比较多，在原理描述中再进行详细介绍。

2. 关键元器件

（1）集成式开关电源模块 1M0880

1M0880 的全称是 KA1M0880B，是 Fairchild 公司出品的固定频率开关电源模块，内部功能框图如图 6-13 所示，有兴趣的读者可以在网上搜索下载完整的资料阅读。

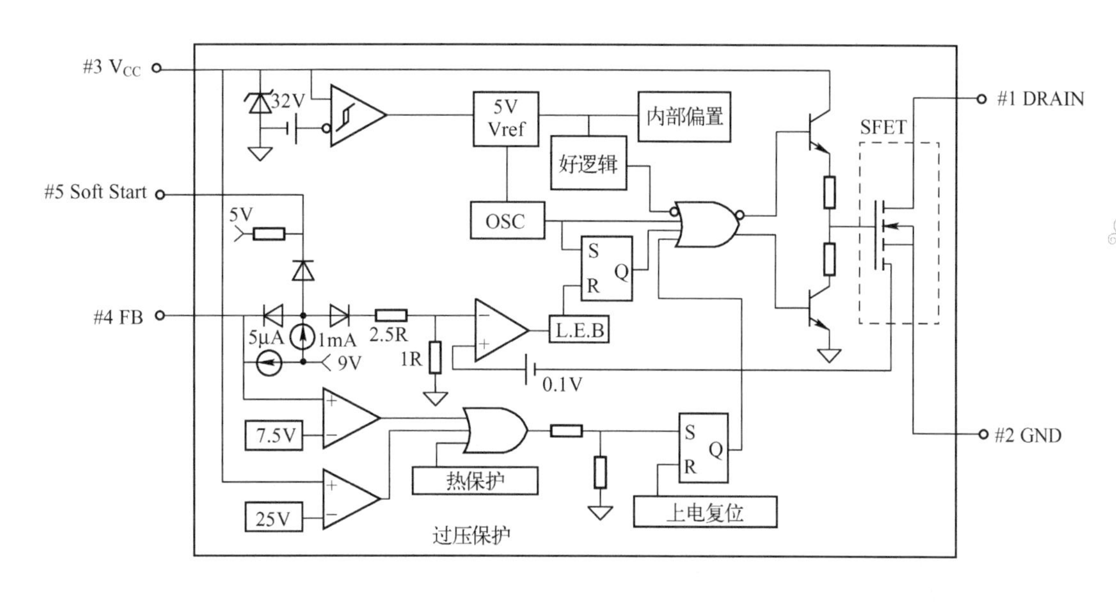

图 6-13　1M0880 内部功能框图

1M0880 是逐周期过电流限制（Pulse by Pulse over current limiting）集成式开关电源模块，具有过载、过电压保护功能、欠压锁定、软启动、内部温度关断等优良特性。

图 6-14 为 1M01880 的 TO-3P-5L 封装。

（2）快恢复双阳极整流二极管 STPR1620

图 6-15 为快恢复双阳极整流二极管 STPR1620 的电路图形符号及参数，最大反向耐压达 200V。

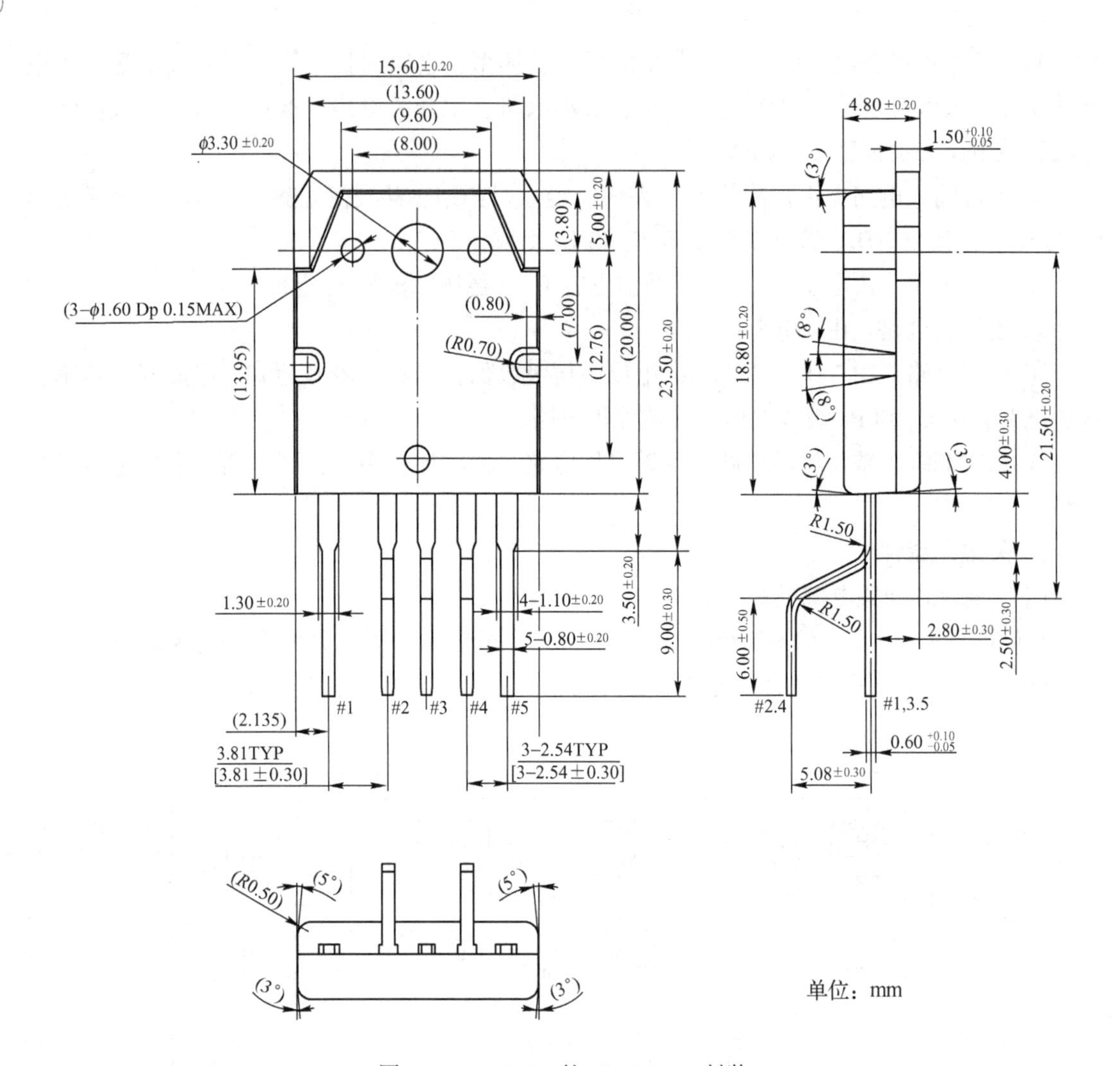

图 6-14　1M0880 的 TO-3P-5L 封装

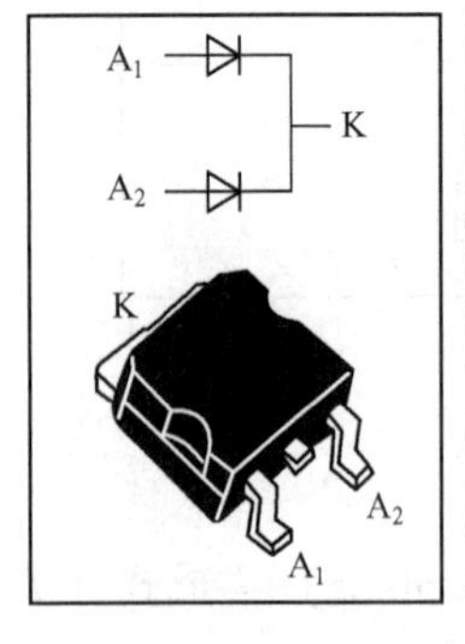

符号	参数	数值	单位
U_{RRM}	重复施加的最大峰值反向电压	200	V
$I_{F(RMS)}$	正向方根电流	20	A
$I_{F(AV)}$	正向平均电流	8	A
I_{FSM}	重复施加的正向浪涌电流	80	A
T_{stg}	储存温度范围	−65～+150	℃
T_j	最大结温	150	℃

图 6-15　STPR1620 的电路图形符号及参数

3. 工作原理

机床稳压电源电路的工作原理与前述相似，在此不再赘述。

图 6-16 为两种负载情况下，1M0880 的 1 脚电压波形。此时输出电压约为 22.8V。可

见，1M0880 是固定频率（约为 65kHz）的开关电源模块，负载越重，内部开关功率管的导通时间越长，即占空比越大。

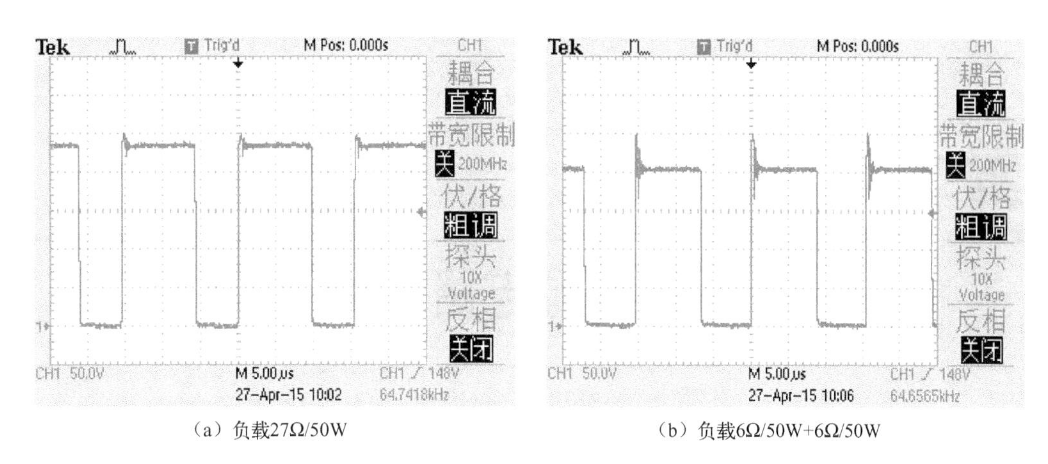

（a）负载27Ω/50W　　　（b）负载6Ω/50W+6Ω/50W

图 6-16　1M0880 的 1 脚电压波形

图 6-17 为机床稳压电源电路板和不锈钢散热壳。

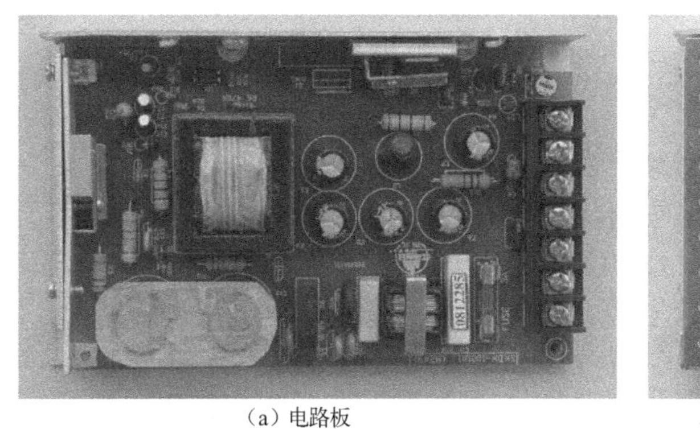

（a）电路板

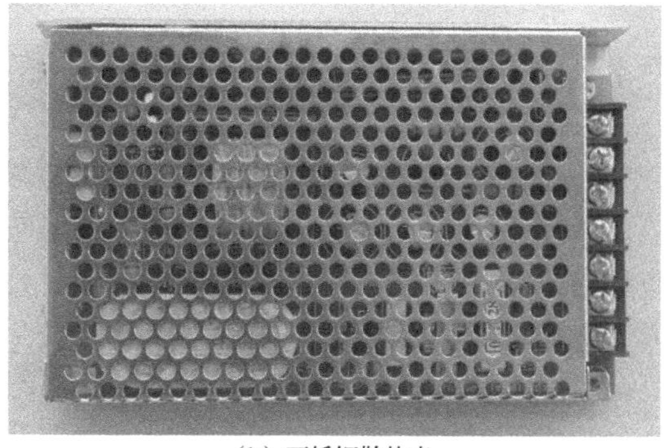

（b）不锈钢散热壳

图 6-17　机床稳压电源电路板和不锈钢散热壳

第 7 章

开关电源电路设计

7.1 自激式开关电源设计

7.1.1 基本计算

1. 基本电路

图 7-1（a）为自激式开关电源的基本电路，也称 RCC 电路（阻尼振荡转换器），广泛应用在 50W 以下的开关电源中，有自励式振荡电路，结构简单，由输入电压和输出电流改变工作频率。

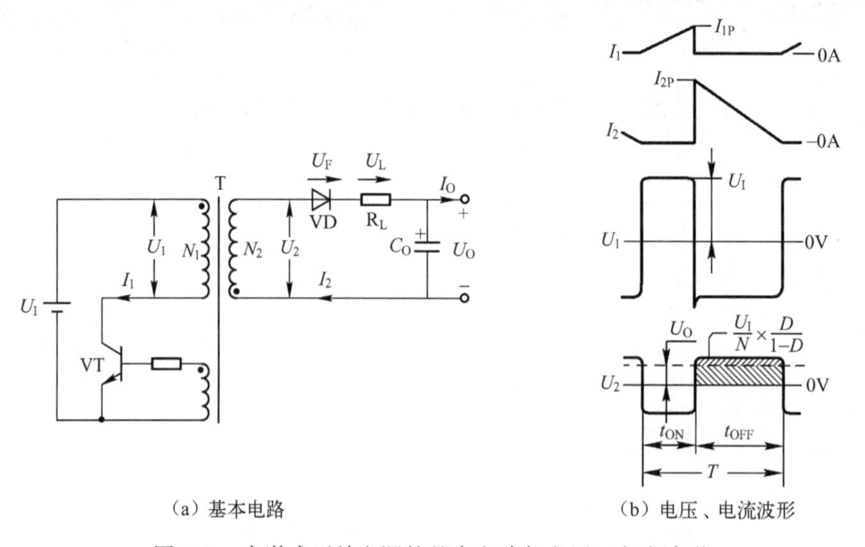

（a）基本电路　　（b）电压、电流波形

图 7-1　自激式开关电源的基本电路与电压、电流波形

自激式开关电源的电压和电流波形如图 7-1（b）所示。在 VT 导通（t_{ON}）期间，变压器 T 一次侧绕组从输入侧蓄积能量；在 VT 截止（t_{OFF}）期间，变压器 T 蓄积的能量释放给负载。t_{OFF}结束时，变压器一次侧绕组感应电动势 u_1 自由振荡返回到零。VT 基极连接的辅助绕组也称正反馈绕组，由其因互感产生的正反馈信号控制 VT 的通、断，即所谓自激振荡。**自激式开关电源属于反激式开关电源。**

图 7-2 为自激式开关电源分时等效电路。L_1、L_2 分别为变压器一、二次侧绕组。图 7-2（a）中，在 t_{ON}期间，开关功率管 VT 导通，变压器一次侧绕组两端所加电压为 U_I，二次侧滤波电容 C_0 放电，电压降低，供给负载输出电流 I_0。这期间，变压器一次侧绕组从输入电源 U_I 吸收能量、励磁，整流二极管 VD 中无电流，变压器一、二次侧绕组无相互作用。图 7-2（b）中，在 t_{OFF}期间，开关功率管 VT 截止，变压器一次侧绕组中没有电流，故图中未画出。这期间，一次侧绕组吸收的能量耦合到二次侧，整流二极管 VD 导通，一边给电容 C_0 充电、电压升高，一边给负载供电，变压器一次侧绕组释能，电感消磁。

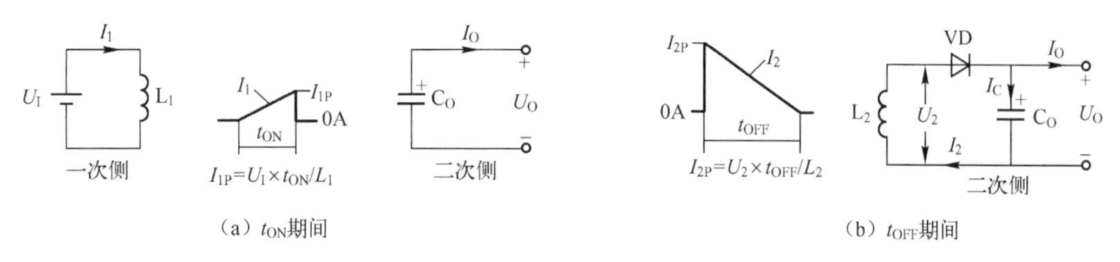

图 7-2　自激式开关电源分时等效电路

2. 计算公式

在从 t_{ON}转到 t_{OFF}的瞬间，变压器一、二次侧绕组安匝相等原理仍然成立。若变压器一次侧的能量全部传递给二次侧，则

$$N_1 \times I_{1P} = N_2 \times I_{2P} \tag{7-1}$$

式中，I_{1P}、I_{2P}分别为一、二次侧绕组的峰值电流。

设变压器一、二次侧绕组的匝比 N 为

$$N = N_1 / N_2 \tag{7-2}$$

式中，N_1、N_2 分别为变压器一、二次侧绕组的匝数。一般来说，N_1 要远远大于 N_2，又

$$\frac{1}{2} \times I_{1P}^2 \times L_1 = \frac{1}{2} \times I_{2P}^2 \times L_2$$

式中，L_1、L_2 分别为变压器一、二次侧绕组的电感量，则一、二次侧绕组的电感量之比与绕组匝数平方成正比，即

$$N^2 = \left(\frac{N_1}{N_2}\right)^2 = \frac{L_1}{L_2} \tag{7-3}$$

（1）一次侧绕组电流峰值的计算公式

一次侧输入功率可表示为

$$P_I = I_1 \times U_I \tag{7-4}$$

式中，I_1 是一次侧绕组电流的平均值。

二次侧的输出功率可表示为

$$P_2 = P_I \times \eta \quad (7-5)$$

式中，η 是变压器转换效率。

一次侧绕组三角波电流的平均值 I_1 与峰值 I_{1P} 的关系为

$$I_1 = I_{1P} \times \frac{t_{ON}}{2 \times T} \quad (7-6)$$

联立式（7-4）～式（7-6），得

$$I_{1P} = \frac{2 \times P_2 \times T}{\eta \times U_I \times t_{ON}} \quad (7-7)$$

根据“伏秒相等”原理，有

$$N = \frac{U_I}{U_2} \times \frac{t_{ON}}{T - t_{ON}} \quad (7-8)$$

代入式（7-7），得到 I_{1P} 的另一种表达式为

$$I_{1P} = \frac{2 \times P_2}{\eta} \times \left(\frac{1}{N \times U_2} + \frac{1}{U_I} \right) \quad (7-9)$$

（2）一次侧绕组电感量的计算公式

开关功率管 VT 导通时，一次侧绕组被输入电压 U_I 励磁，励磁电流在 t_{ON} 结束时达到峰值 I_{1P}，故一次侧绕组的电感量 L_1 为

$$L_1 = t_{ON} \times \frac{U_I}{I_{1P}} \quad (7-10)$$

（3）工作周期的计算公式

将式（7-10）变形为

$$U_I = I_{1P} \times \frac{L_1}{t_{ON}}$$

代入式（7-7），整理得

$$T = \frac{L_1 \times I_{1P}^2 \times \eta}{2 \times P_2} \quad (7-11)$$

当多路输出时，如图 7-3 所示，输出功率可以表示为所有输出的总和，即

$$P_2 = U_2 \times I_{O1} + U_3 \times I_{O2} \quad (7-12)$$

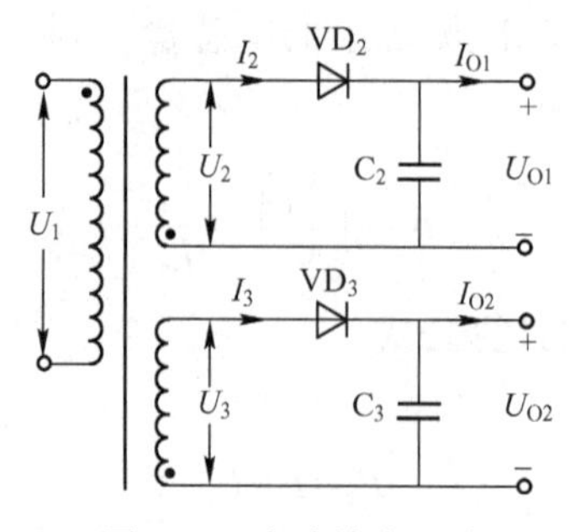

图 7-3　多路输出电路

3. 开关功率管电压、电流与占空比的关系

开关功率管的集电极电流 I_C 就是 I_1，根据式（7-7）可知

$$I_C \propto \frac{1}{D} \tag{7-13}$$

式（7-13）表明，开关功率管的集电极电流 I_C 与占空比 D 成反比。

由第3章式（3-8）可知，在 t_{OFF} 期间，开关功率管集电极与发射极之间所加电压 U_{CE} 为

$$U_{CE}=U_I+N\times U_2=U_I\times\frac{1}{1-D}\propto\frac{1}{1-D} \tag{7-14}$$

式（7-14）表明，开关功率管集电极与发射极之间所加电压 U_{CE} 与（$1-D$）成反比。

如图7-4所示，改变 D 时，I_C 与 U_{CE} 相对值改变。D 较大时，I_C 较小，但因 U_{CE} 较高，所以务必选用高耐压开关功率管。D 较小时，U_{CE} 也较低，I_C 较大，当 $D=0.5$ 时，I_C 和 U_{CE} 都比较合适。工程上，一般是在电压最低时，D 选0.3～0.5进行参数设计。图7-5为开关功率管集电极与发射极之间的电压波形。

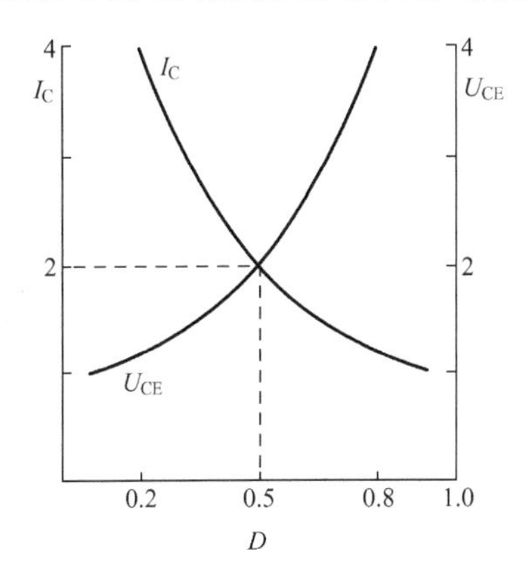

图7-4 开关功率管集电极 I_C 和 U_{CE} 与 D 之间的关系

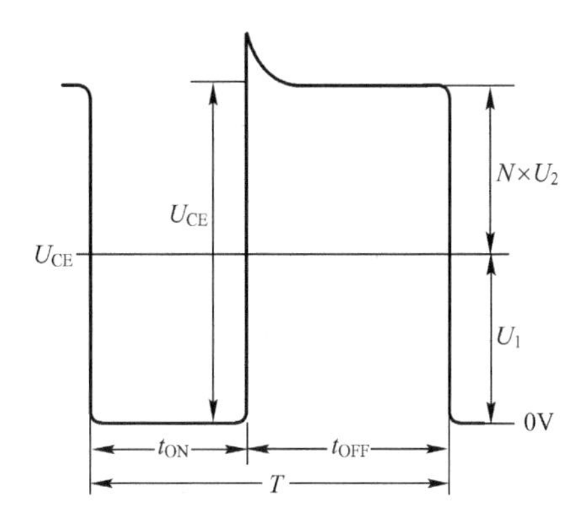

图7-5 开关功率管集电极与发射极之间的电压波形

7.1.2 技术指标

自激式开关电源的技术指标见表7-1。

表7-1 自激式开关电源的技术指标

指　标	参　数	说　明
输入电压	单相交流220V	
输入电压变动范围	160～235VAC	
输入频率	50Hz	
输出电压	U_{O1}=5V@5A	二次侧绕组1
	U_{O2}=12V@0.5A	二次侧绕组2
输出功率	31W	
变压器转换效率	η=85%	

7.1.3 占空比与工作频率的选定

自激式开关电源负载最重时的工作频率最低，占空比最大。此处选定最低工作频率为50kHz（周期 T 为20μs），占空比为50%。需要指出的是，自激式开关电源工作频率太低时噪声较大，较高时开关损耗增大。

7.1.4 直流输入电压 U_I 的确定

直流输入电压 U_I 的最小值采用由输入回路计算的电压值 U_{Imin}。如交流输入电压的变动范围为160～235V，则取 $U_I=200$～360V，即 $U_{Imin}=200V$，$U_{Imax}=360V$。

7.1.5 一次侧绕组峰值电流、匝比及一次侧绕组电感量的确定

对于自激式开关电源，当输入电压最低（$U_{Imin}=200V$）时，输出电流 I_O 以**过电流**设定点的电流，即 I_O 的1.2倍进行计算，这时一次侧绕组峰值电流最大，工作电压最低。

1. 一次侧绕组最大峰值电流 I_{1Pmax}

设变压器转换效率 η 为0.85，二次侧绕组1输出二极管 VD_2 导通电压 U_{F1} 为0.65V，线路压降 U_{L1} 为0.35V。由于 $U_{O1}=5V$，则二次侧绕组1的输出电压 U_2 为

$$U_2=U_{O1}+U_{F1}+U_{L1}=5+0.65+0.35=6.0(\mathrm{V})$$

同理，二次侧绕组2的输出电压 U_3 为

$$U_3=U_{O2}+U_{F2}+U_{L2}=12+0.7+0.3=13(\mathrm{V})$$

式中，VD_3 导通电压 U_{F2} 取0.7V，线路压降 U_{L2} 取0.3V。

输出为5V的**过电流**设定点的输出电流为5A×1.2，则变压器的最大输出功率 P_{2max} 为

$$P_{2max}=U_2\times I_{O1}\times 1.2+U_3\times I_{O2}=6\times 5\times 1.2+13\times 0.5=42.5(\mathrm{W})$$

根据式（7-7），得

$$I_{1Pmax}=\frac{2\times P_{2max}\times T}{\eta\times U_{Imin}\times t_{ONmax}}=\frac{2\times 42.5\times 20}{0.85\times 200\times 10}=1.0(\mathrm{A})$$

式中，$T=\frac{1}{f}=\frac{1}{50\times 10^3}=20\mu s$，$t_{ONmax}=D_{max}\times T=50\%\times 20=10(\mu s)$。

2. 变压器的匝比

根据式（7-8），一次侧绕组与二次侧绕组1的匝比 N_{12} 为

$$N_{12}=\frac{U_{Imin}}{U_2}\times\frac{t_{ONmax}}{T-t_{ONmax}}=\frac{200}{6}\times\frac{10}{20-10}\approx 33.3$$

3. 一次侧绕组电感量 L_1

根据式（7-10）得

$$L_1 = t_{\mathrm{ONmax}} \times \frac{U_{\mathrm{Imin}}}{I_{\mathrm{1Pmax}}} = 10 \times \frac{200}{1} = 2(\mathrm{mH})$$

设计思路说明：

① 由主功率输出绕组的电流检测点（1.2 倍）计算最大输出功率 P_{2max}；

② 根据最大输出功率 P_{2max} 和约定的周期、占空比，计算一次侧绕组最大峰值电流 I_{1Pmax}、电感量 L_1 及一次侧绕组与主功率输出绕组的匝比 N_{12}。

7.1.6 磁芯的选用及匝数 N_1、N_2、N_3 的确定

根据变压器参数选用合适的磁芯，如果不合适，再重新选用，反复多次，直到合适为止。这里选用 TDK 的 EEC28L 磁芯，如图 7-6 所示。

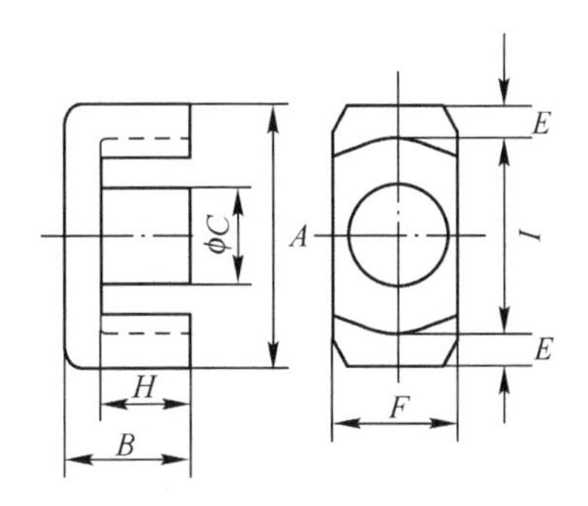

图 7-6　磁芯横截面积尺寸标注

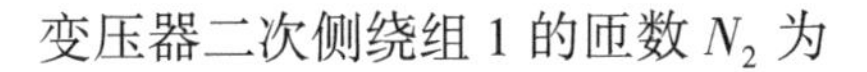

变压器二次侧绕组 1 的匝数 N_2 为

$$N_2 > \frac{I_{\mathrm{1Pmax}} \times L_1}{N_{12} \times B_{\mathrm{m}} \times S} \times 10^4$$

式中，L_1 为一次侧绕组电感量（2000μH）；B_{m} 为磁芯最大磁通密度（3000GS）；S 为磁芯的实际有效横截面积（81.4mm^2）。

代入有关参数，得

$$N_2 > \frac{1 \times 2 \times 10^3}{33.3 \times 3000 \times 81.4} \times 10^4 \approx 2.46(\text{匝})$$

取整数 $N_2 = 3$ 匝。

一次侧绕组的匝数 N_1 为

$$N_1 = N_2 \times N_{12} = 3 \times 33.3 = 100(\text{匝})$$

同理，二次侧绕组 2 的匝数 N_3 为

$$N_3 = N_2 \times U_3 / U_2 = 3 \times 13/6 = 6.5(\text{匝})$$

取整数 $N_3 = 7$ 匝。

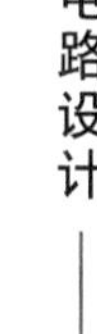

设计思路说明：

① 根据磁芯有效横截面积 S、最大磁通密度 B_m、一次侧绕组最大峰值电流 I_{1Pmax} 及电感量 L_1，确定主功率输出绕组的最低匝数 N_2；

② 根据输入、输出电压数值，一次侧绕组与主功率输出绕组的匝比，确定一次侧绕组及其他绕组的匝数。

7.1.7 变压器设计

1. 变压器绕组中的电流

(1) 一次侧绕组中的峰值电流①

当输入电压为最低（$U_{Imin}=200V$），I_{O1} 和 I_{O2} 为额定输出电流时，额定输出功率 P_2 为

$$P_2=U_2\times I_{O1}+U_3\times I_{O2}=6\times5+13\times0.5=36.5(W)$$

根据式（7-7），得

$$I_{1P}=\frac{2\times P_2\times T}{\eta\times U_{Imin}\times t_{ONmax}}=\frac{2\times36.5\times20}{0.85\times200\times10}\approx0.86(A)$$

一次侧绕组中的电流波形如图 7-7 所示，有效值 I_{1rms} 为

$$I_{1rms}=I_{1P}\times\sqrt{D_{max}/3}=0.86\times\sqrt{1/6}\approx0.35(A)$$

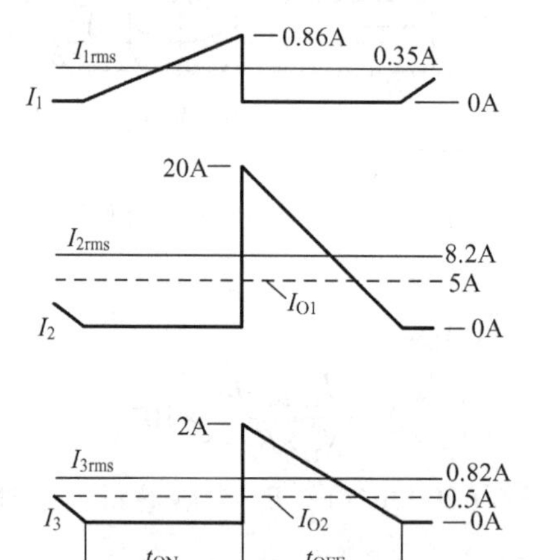

图 7-7 一次侧绕组中的电流波形

(2) 二次侧绕组 1 中的电流

根据输出电流平均值 I_{O1}（5A，见 7.1.2 技术指标），求解二次侧绕组 1 中的峰值电流 I_{2P} 为

① 设计变压器时，主功率输出绕组不采用过电流设定点的最大峰值电流 I_{1Pmax}（1A），作为计算依据可以采用额定输出功率时的峰值电流 I_{1P}（0.86A）。

$$I_{2P}=I_{O1}\times 2/(1-D_{max})=5\times 4=20(A)$$

二次侧绕组 1 中的电流有效值 I_{2rms} 为

$$I_{2rms}=I_{2P}\times\sqrt{(1-D_{max})/3}=20\times\sqrt{1/6}\approx 8.2(A)$$

（3）二次侧绕组 2 中的电流

根据输出电流平均值 I_{O2}（0.5A，见 7.1.2 技术指标），求解二次侧绕组 2 中的峰值电流 I_{3P} 为

$$I_{3P}=I_{O2}\times 2/(1-D_{max})=0.5\times 4=2.0(A)$$

二次侧绕组 2 中的电流有效值 I_{3rms} 为

$$I_{3rms}=I_{3P}\times\sqrt{(1-D_{max})/3}=2\times\sqrt{1/6}\approx 0.82(A)$$

顺便提一下，图 7-7 中，虚线代表电流的平均值。

设计思路说明：

① 根据占空比 D、变压器转换效率 η 及额定输出功率 P_2，确定一次侧绕组峰值电流 I_{1P}，计算电流的有效值；

② 根据二次侧绕组输出电流平均值（技术指标中的参数），计算电流的有效值。

阅读资料

一、三角波电流的峰值与平均值之间的关系

电流平均值的计算方法是先在一个周期 T 内积分，再除以 T，单位为 A。图 7-8 为自激式开关电源变压器一、二次侧绕组周期性三角波电流示意图。一次侧绕组中的电流的峰值 I_{1P}和平均值 I_1 之间有内在的数量关系，推导如下。

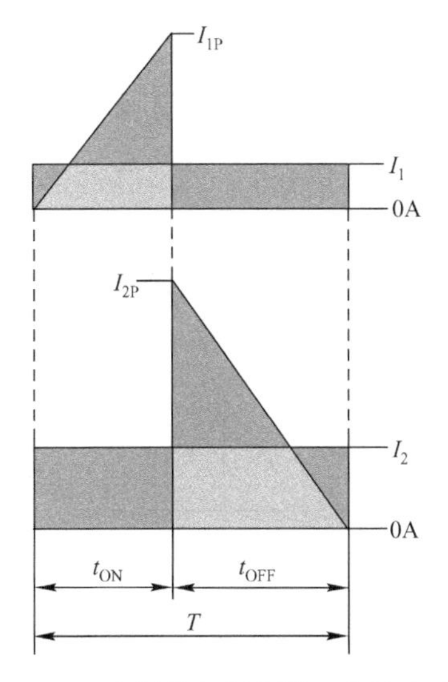

图 7-8　一、二次侧绕组周期性三角波电流示意图

设电流的时间函数为 $I_1(t)=kt$，其中，$k=I_{1P}/t_{ON}$，则有

$$t=0\text{ 时},I_1(0)=0$$

$$t=t_{ON}\text{时},I_1(t_{ON})=I_{1P}$$

于是，$I_1(t)=kt$ 可以表示为

$$I_1(t)=I_{1P}\times t/t_{ON}$$

因此，峰值为 I_{1P}三角波电流的平均值 I_1 为

$$I_1=\frac{1}{T}\times\int_0^{t_{ON}}\frac{I_{1P}}{t_{ON}}\times t\mathrm{d}t=\frac{1}{2T}\times\frac{I_{1P}}{t_{ON}}\times t^2\Big|_0^{t_{ON}}=I_{1P}\times\frac{D}{2}$$

式中，$D=t_{ON}/T$。

一次侧绕组电流的峰值 I_{1P}和平均值 I_1 之间可以这样理解：电流的峰值 I_{1P}与 t_{ON}包围的三角形“等积变形”整个周期 T 的矩形，矩形的纵向高就是平均值 I_1。图 7-8 中，两个深灰色大三角的面积等于两个深灰色小三角与两个深灰色矩形面积之和，两个浅灰色梯形是公共面积。

二次侧绕组中电流的峰值 I_{2P}和平均值 I_2 之间也有类似的关系，二次侧绕组电流的过程时间为 t_{OFF}，故需要把式中的 D 换成 $1-D$，即

$$I_2=I_{2P}\times\frac{1-D}{2}$$

二、三角波电流的峰值与有效值之间的关系

有效值也称均方根值或方均根值，计算方法是先平方，然后在一个周期 T 内积分、除以 T、开方，符号为 rms。比如，幅度为 100V、占空比为 0.5 的方波信号，按平均值计算电压为 50V，按方均根值计算电压为 $50\sqrt{2}$V。

这是为什么呢？举一个例子：有一组 100V 的电池组，每次供电 10min 之后停 10min，也就是说占空比为 0.5。如果电池组带动的是 10Ω 电阻，则供电时的 10min 产生 10A 的电流和 1000W 的功率，停电时的 10min 电流和功率均为零，20min 周期内的平均功率为 500W，相当于 $50\sqrt{2}$V 的直流电向 10Ω 电阻供电所产生的功率，50V 直流电压向 10Ω 电阻供电只能产生 250W 的功率。对于电动机和变压器而言，只要均方根电流不超过额定电流，即使在一定时间内过载，也不会烧坏。

图 7-9 为自激式开关电源一次侧绕组周期性三角波电流示意图。

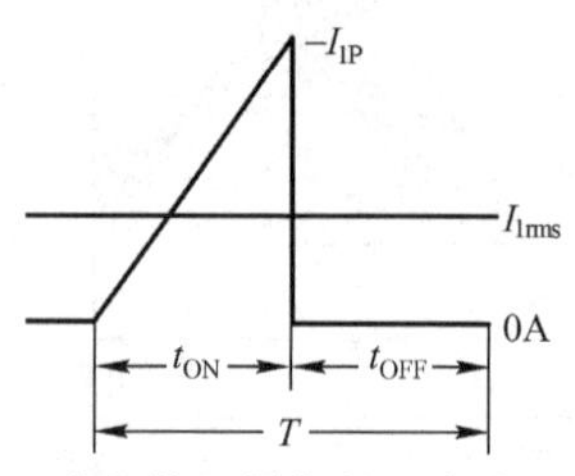

图 7-9　一次侧绕组周期性三角波电流示意图

图中电流的峰值 I_{1P}与有效值 I_{1rms}之间的内在数量关系推导如下：

设三角波电流的时间函数为 $I_1(t)=I_{1P}\times t/t_{ON}$，则电流峰值 I_{1P} 的三角波电流有效值

I_{1rms}为

$$I_{1rms}=\sqrt{\frac{1}{T}\times\int_0^{t_{ON}}\left(\frac{I_{1P}}{t_{ON}}\times t\right)^2 dt}=\sqrt{\frac{1}{3T}\times\left(\frac{I_{1P}}{t_{ON}}\right)^2\times t^3\Big|_0^{t_{ON}}}=I_{1P}\times\sqrt{\frac{D}{3}}$$

式中，$D=t_{ON}/T$。

二次侧绕组电流的峰值I_{2P}和有效值I_{2rms}之间也有类似的关系，因二次侧绕组电流过程时间为t_{OFF}，故需要把式中的D换成$1-D$，即

$$I_{2rms}=I_{2P}\times\sqrt{\frac{1-D}{3}}$$

（4）辅助绕组中的电流

自激式开关电源有给开关功率管供电的辅助绕组，假设输入电压最低时，开关功率管基极电路需要12V电压U_B，据此求得

$$N_B=N_1\times\frac{U_B}{U_{Imin}}=100\times\frac{12}{200}=6(\text{匝})$$

即N_B选为6匝。

开关功率管的基极电流峰值I_{BP}为

$$I_{BP}=I_{1P}/h_{FE}=1/10=100(\text{mA})$$

式中，$h_{FE}=10$，因为高压开关功率管的电流放大系数比较小。

开关功率管基极电流与一次侧绕组同相，因电流过程时间为t_{ON}，故有效值I_{Brms}为

$$I_{Brms}=I_{BP}\times\sqrt{\frac{D}{3}}=100\times\sqrt{1/6}\approx 40(\text{mA})$$

2. 变压器漆包线规格的确定

设计变压器时应注意以下几点：

① 输入电压最大或主开关功率管导通时间最长（占空比在0.5以下）时，磁通不能饱和；

② 一、二次侧绕组之间耦合良好，漏感应小；

③ 应符合各种安全规格，有必要的绝缘和足够的耐压；

④ 对于高频工作的变压器，趋肤效应导线电阻增大，需要减小电流密度，频率与电阻的关系如图7-10所示。

铜导线有一定的电流通过时会发热，线径越细，电流越大，发热越严重，特别是多股线叠绕时，发热更是设计时需要关注的事情。这里引入**电流密度**的概念。**电流密度**是指单位横截面积通过的电流，国际单位是安培/平方米，表达式为$J_d=I_{rms}/S$。J_d由变压器的允许温度、磁芯温度特性及所使用绝缘材料的最高使用温度决定。根据工程设计经验，一般来说，变压器较小时选用较大的电流密度，而较大时选用较小的电流密度。

自然风冷与强迫风冷有很大不同：自然风冷时电流密度J_d选为2～4A/mm^2、强迫风冷时选为3～5A/mm^{2}较适宜。这里电流密度以$J_d=3.5$A/mm^{2}进行设计，先计算一次侧绕组所用漆包线的横截面积S为

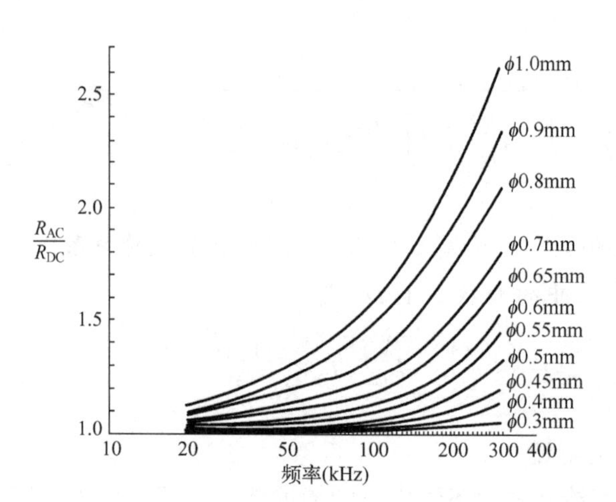

图 7-10　频率与电阻的关系

$$S=I_{1rms}/J_d=0.35/3.5=0.1(mm^2)$$

若选用内径为 ϕ0.4mm 的漆包线，则横截面积 S 为

$$S=\pi\times\left(\frac{d}{2}\right)^2=3.14\times\left(\frac{0.4}{2}\right)^2\approx0.1257(mm^2)$$

因此，实际的电流密度 J_d 为

$$J_d=I_{1rms}/S=0.35/0.1257\approx2.78(A/mm^2)$$

同理，二次侧绕组 5V 输出绕组用 ϕ0.8mm×5，电流密度为 3.26A/mm^2；二次侧绕组 12V 输出绕组用 ϕ0.4mm×2，电流密度为 3.26A/mm^2。绕组的空间根据使用的磁芯与线圈骨架进行计算，如图 7-11（a）所示。

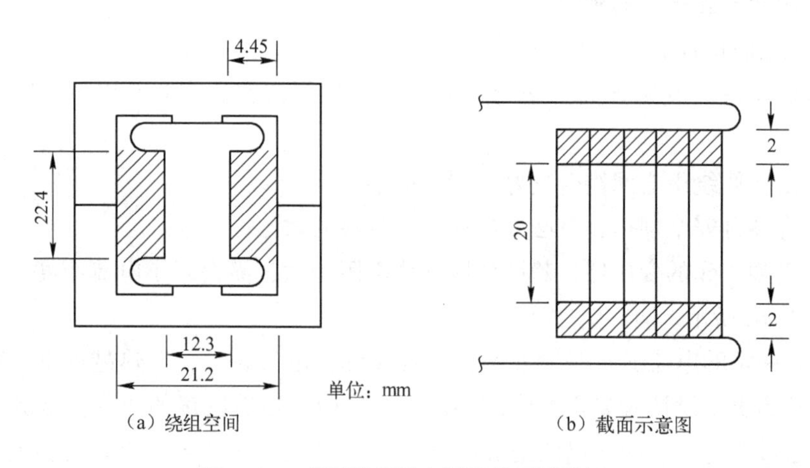

（a）绕组空间　　（b）截面示意图

图 7-11　变压器绕组空间及截面示意图

3. 变压器的绕制方法

变压器的绕制方法对漏感有较大影响。绕制线圈的方法要保证一、二次侧绕组间耦合良好。确保一、二次侧绕组的绝缘是保证安全的重要措施。各国对安全规格、绝缘材料的

厚度与绝缘距离都有明细的规定。

一、二次侧绕组采用交互重叠绕制，使磁耦合最佳。在 UL（美国）、CSA（加拿大）的安全规格要求中，一般会在线圈骨架两端垫 2mm 厚的绝缘条，消除一、二次侧绕组的表面距离。为此，实际绕组空间高度为 24.2−2×2≈20(mm)。一、二次侧绕组间叠入 3 层绝缘条，耐压可达 1250V。根据绕组空间，可计算绕几层绕组。

对于一次侧绕组，每层匝数为

$$20/d-1=20/0.456-1=42.9(\text{匝})$$

取 43 匝。式中，d 为漆包线外径。

层数为

$$N_1/43=100/43\approx 2.33$$

取 3 层。

因此，一次侧绕组绕 3 层，第 3 层的匝数较少，剩余空间可以考虑绕屏蔽线圈。

7.1.8 极限工作参数

（1）最低输入电压（$U_{\text{Imin}}=200\text{V}$）

当输入电压 $U_{\text{Imin}}=200\text{V}$ 时，输出为 5V 过流检测点时的电流为 5A×1.2，变压器的最大输出功率为 $P_{2\max}$。

根据式（7-7），有

$$P_{2\max}=\frac{D}{2}\times U_{\text{Imin}}\times I_{1\text{Pmax}}\times\eta=\frac{0.5}{2}\times 200\times 1\times 0.85=42.5(\text{W})$$

此时，电源的输入功率也为最大，即

$$P_{\text{Imax}}=P_{2\max}/\eta=42.5/0.85=50(\text{W})$$

根据式（7-10），有

$$t_{\text{ONmax}}=I_{1\text{Pmax}}\times L_1/U_{\text{Imin}}=1\times 2/200=10(\mu\text{s})$$

根据式（7-11），有

$$T_{\max}=\frac{L_1\times I_{1\text{Pmax}}^2\times\eta}{2\times P_{2\max}}=\frac{2\times 1^2\times 0.85}{2\times 42.5}=20(\mu\text{s})$$

因此，$f_{\min}=1/T_{\max}\approx 50\text{kHz}$，$D_{\max}=t_{\text{ONmax}}/T_{\max}=10/20=50\%$。

（2）最高输入电压（$U_{\text{Imax}}=360\text{V}$）

$$P_2=U_2\times I_{\text{O1}}+U_3\times I_{\text{O2}}=6\times 5+13\times 0.5=36.5(\text{W})$$

此时，电源的输入功率 P_{I} 为

$$P_{\text{I}}=P_2/\eta=36.5/0.85\approx 43(\text{W})$$

根据式（7-9），有

$$I_{1\text{Pmin}}=\frac{2\times P_2}{\eta}\times\left(\frac{1}{N\times U_2}+\frac{1}{U_{\text{Imax}}}\right)=\frac{2\times 36.5}{0.85}\times\left(\frac{3}{100\times 6}+\frac{1}{360}\right)\approx 0.67(\text{A})$$

根据式（7-10），有

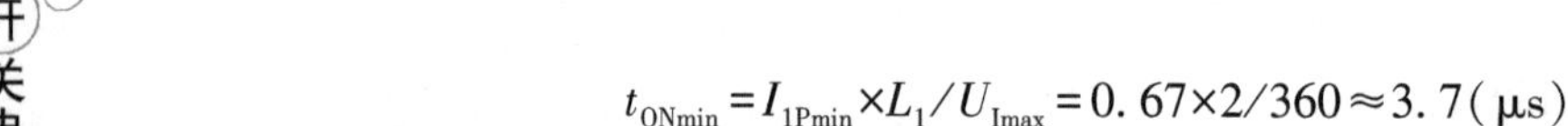

$$t_{\text{ONmin}}=I_{\text{1Pmin}}\times L_1/U_{\text{Imax}}=0.67\times2/360\approx3.7(\mu\text{s})$$

根据式（7-11），有

$$T_{\min}=\frac{L_1\times I_{\text{1Pmin}}^2\times\eta}{2\times P_2}=\frac{2\times0.67^2\times0.85}{2\times36.5}\approx10.5(\mu\text{s})$$

因此，$f_{\max}=1/T_{\min}\approx95.2\text{kHz}$，$D_{\min}=t_{\text{ONmin}}/T_{\min}=3.7\mu\text{s}/10.5\mu\text{s}\approx35.2\%$。

自激式开关电源极限工作参数见表 7-2。

表 7-2　自激式开关电源极限工作参数

参　数	输入电压 $U_{\text{Imin}}=200\text{V}$	输入电压 $U_{\text{Imax}}=360\text{V}$
输入总功率 P_1	50W	43W
输出总功率 P_2	42.5W（包含二极管功耗）	36.5W（包含二极管功耗）
一次侧绕组峰值电流 I_{1P}	1.0A	0.67A
频率 f	50kHz	95.2kHz
周期 T	20μs	10.5μs
开关功率管导通时间 t_{ON}	10μs	3.7μs
占空比 D	50%	35.2%

由式（3-11），可得

当 $U_{\text{Imin}}=200\text{V}$ 时，$D_{\max}=\dfrac{1}{\dfrac{U_{\text{Imin}}}{N\times U_2}+1}\times100\%=\dfrac{1}{\dfrac{200\times3}{100\times6}+1}\times100\%=50\%$

当 $U_{\text{Imax}}=360\text{V}$ 时，$D_{\min}=\dfrac{1}{\dfrac{U_{\text{Imax}}}{N\times U_2}+1}\times100\%=\dfrac{1}{\dfrac{360\times3}{100\times6}+1}\times100\%\approx35.7\%$

计算结果与表 7-2 中的占空比相差无几。

7.1.9　开关功率管的选用

在不考虑浪涌电压时，开关功率管 U_{CE} 波形见图 7-5，但实际波形如图 7-12 所示。U_{1r}是由开关功率管从导通到截止时变压器漏磁通由一次侧绕组传递到二次侧绕组的能量而形成的电压。漏磁通的计算非常复杂，设计时采用

$$U_{\text{1r}}\approx0.5N\times U_2 \tag{7-15}$$

由于 $N\times U_2=200\text{V}$，故 $U_{\text{1r}}=100\text{V}$。

图 7-13 为一次侧绕组的恢复电路与吸收电路。恢复电路的电阻取 33kΩ，需根据工作时的 U_{CE}波形进行适当调整，使 $U_{\text{1r}}=100\text{V}$。$U_{\text{1s}}$是由一次侧绕组形成的浪涌电压，$U_{\text{1s}}=30\text{V}$，可以考虑在开关功率管 c、e 两端并联 RC 吸收电路限制电压峰值。

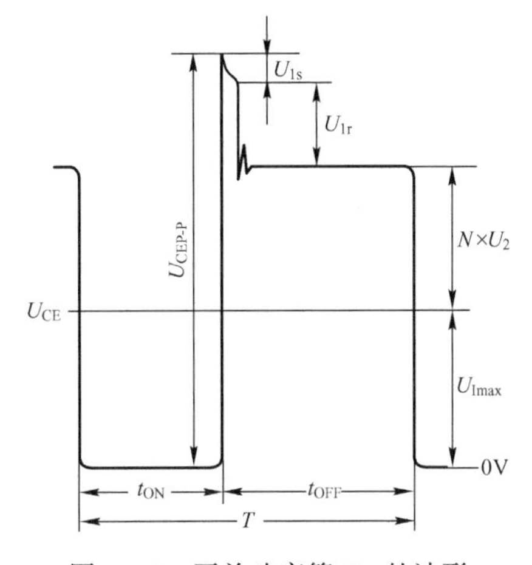

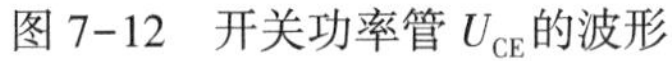
图 7-12　开关功率管 U_{CE}的波形

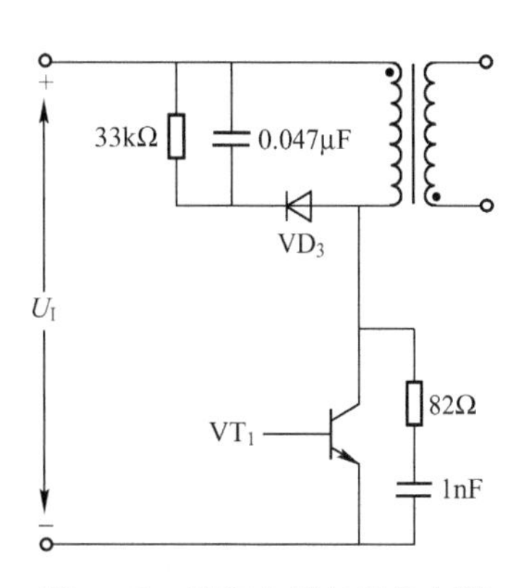

图 7-13　恢复电路与吸收电路

开关功率管 VT_1集电极最高电压 U_{CEP-P}为

$$U_{CEP-P}=U_{Imax}+N\times U_2+U_{1r}+U_{1s}=360+200+100+30=690(V)$$

开关功率管 VT_1集电极峰值电流 $I_{CP}=I_{1P}=1.0A$。在选用开关功率管时，应结合开关功率管 VT_1的电压、电流参数并留有余量，选择性价比适当的型号。

7.1.10　输出二极管的选用

1. 整流二极管 VD_2的工作参数

（1）确定反向耐压

整流二极管 VD_2中的电流就是如图 7-7 所示中的 I_2，但实际上要考虑开关功率管导通时二极管的反向漏电流。二极管 VD_2的反向电压 U_{rd2}为

$$U_{rd2}=U_{O1}+\frac{U_I}{N_{12}}$$

当输入电压最大时，反向电压最大值为

$$U_{rd2max}=U_{O1}+\frac{U_{Imax}}{N_{12}}=5+\frac{360\times3}{100}=15.8(V)$$

（2）确定二极管的功耗

由于二极管的反向电流很小，功耗可忽略不计，因此只考虑二极管的正向导通功耗。二极管正向导通功耗 P_{F2}为

$$P_{F2}=\frac{I_{2P}}{2}\times U_{F2}\times(1-D_{min})=\frac{20}{2}\times0.65\times(1-0.352)\approx4.2(W)$$

式中，U_{F2}为二极管 VD_2的正向导通压降，$U_{F2}=0.65V$。

2. 整流二极管 VD_3的工作参数

（1）确定二极管的反向耐压

整流二极管 VD_3中电流就是如图 7-7 所示中的 I_3。二极管 VD_3的反向电压 U_{rd3}为

$$U_{rd3}=U_{O2}+\frac{U_I}{N_{13}}$$

当输入电压最大时，反向电压最大值为

$$U_{rd3max}=U_{O2}+\frac{U_{Imax}}{N_{13}}=12+\frac{360\times7}{100}=37.2(V)$$

(2) 确定二极管的功耗

二极管正向导通功耗 P_{F3} 为

$$P_{F3}=\frac{I_{3P}}{2}\times U_{F3}\times(1-D_{min})=\frac{2}{2}\times0.7\times(1-0.352)\approx0.45(W)$$

式中，U_{F3} 为二极管 VD_3 的正向导通压降，$U_{F3}=0.7V$。

7.1.11 输出电容的选用

流经电容 C_2 的纹波电流 $I_{C2}=I_2-I_{O1}$，如图 7-14 所示。

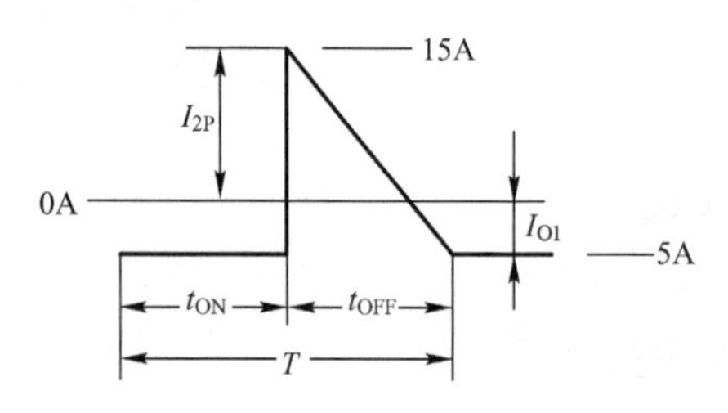

图 7-14 电容 C_2 的纹波电流

三角波电流 I_{C2} 的有效值为

$$I_{C2rms}=\sqrt{\frac{t_{ON}}{3\times T}(I_{2P}^2-I_{2P}\times I_{O1}+I_{O1}^2)+\frac{t_{OFF}}{T}\times I_{O1}^2} \tag{7-16}$$

当输入电压最低、输出功率最大时，占空比 $D\approx0.5$，I_{C2} 的最大有效值为

$$I_{C2rmax}=\sqrt{\frac{1}{3\times2}\times(20^2-20\times5+5^2)+\frac{1}{2}\times5^2}\approx8.2(A)$$

同理，流经电容 C_3 的纹波电流最大有效值为

$$I_{C3rmax}=\sqrt{\frac{1}{3\times2}(2^2-2\times0.5+0.5^2)+\frac{1}{2}\times0.5^2}\approx0.82(A)$$

电容 C_2 选用耐压为 10V、容量为 4700μF 的两个电容并联，每个电容允许的纹波电流为 4500mA，因此

$$4500\times2=9A>8.2A$$

电容 C_3 选用耐压为 16V、容量为 470μF 的两个电容并联。纹波电流较大时，在输出回路中接入 LC 滤波器，抑制纹波电流。

7.1.12　实例电路的设计

设计实例电路如图 7-15 所示。5V 输出电压通过光电耦合器 PC_1 反馈，控制 t_{ON}，稳定输出电压。当输入电压升高时，T 变小，t_{ON} 变窄，输出电压下降，保持输出电压稳定。

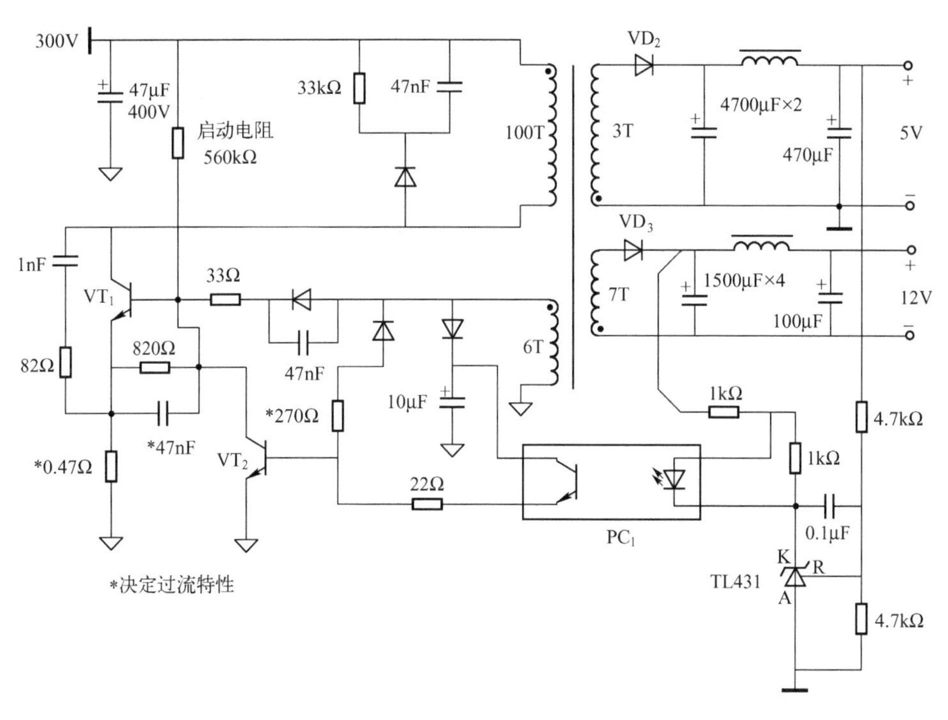

图 7-15　设计实例电路

实例电路参数见表 7-3。

表 7-3　实例电路参数

项　目		参　数					
工作频率	f	50～95.2kHz					
占空比	D	35.2%～50%					
输出功率	P_O	36.5W（包含二极管和线路功耗）					
变压器	一次侧绕组	匝数 N_1	电感量	电流平均值	电流有效值 I_{1rms}	绕组线径	电流密度
		100	2mH	215mA	0.35A	ϕ0.4mm	2.78A/mm²
	二次侧绕组 1	匝数	电感量	电流平均值 I_{O1}	电流有效值 I_{2rms}	绕组线径	电流密度
		3 匝	—	5A	8.2A	ϕ0.8mm×5	3.26A/mm²
	二次侧绕组 2	匝数	电感量	电流平均值	电流有效值	绕组线径	电流密度
		7 匝	—	0.5A	0.82A	ϕ0.4mm×2	3.26A/mm²
	辅助绕组线径	匝数	电感量	电流平均值	电流有效值	绕组线径	电流密度
		6 匝	—	—	40mA	—	—

续表

项　目	参　数		
开关功率管	漏—源极电压 U_{CEP-P}	功率损耗	热阻 R_{fa}
	690V	—	—
整流二极管 VD_2	反向电压 U_{d2r}	正向导通功耗 P_{F2}	
	15.8V	4.2W	
整流二极管 VD_3	最大反向电压 U_{d3r}	正向导通功耗 P_{F3}	
	37.2V	0.45W	

7.2 反激式开关电源设计

7.2.1 基本电路和计算公式

反激式开关电源主回路与自激式开关电源基本相同，不同的是前者的频率 f 固定不变，由集成控制器输出占空比可变的 PWM 脉冲，调节输出电压（或电流）。反激式开关电源可输出50～150W 的功率，也可以设计成多路输出方式，基本电路如图 7-16 所示。

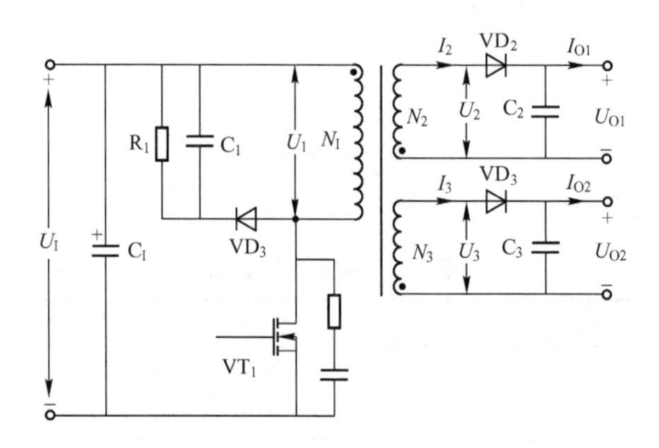

图 7-16　反激式开关电源的基本电路

反激式开关电源的工作波形如图 7-17 所示：图（a）是电流连续模式（CCM）；图（b）是电流断续模式（DCM）。

当输出电流 I_O 较小时，t_{OFF}的后半期 I_2 会出现无电流情况。以 CCM 为例，若一次侧绕组电流 I_1 的最小值 I_{1B}与峰值 I_{1P}之比为 K，如图 7-18 所示，则有下列公式成立。

$$I_{1P}=\frac{2\times P_2\times T}{(1+K)\times\eta\times U_I\times t_{ON}} \tag{7-17}$$

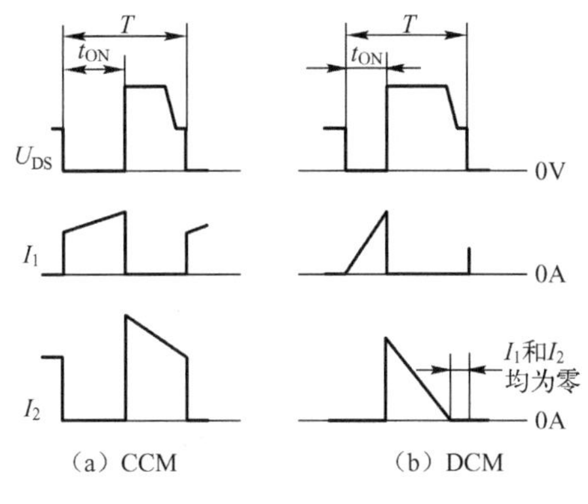

图 7-17　反激式开关电源的工作波形

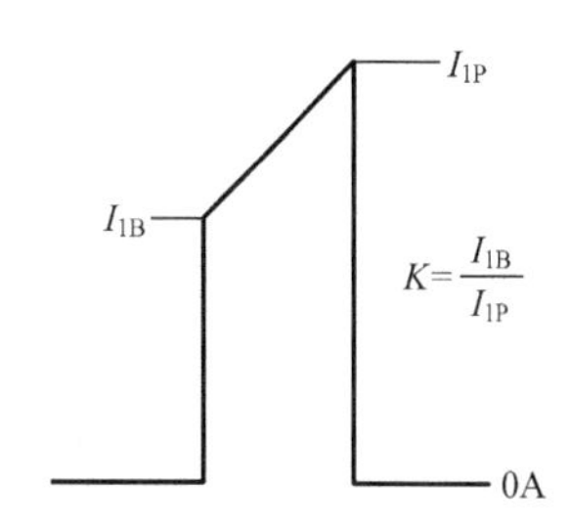

图 7-18　一次侧绕组电流示意图

$$N=\frac{U_I}{U_2}\times\frac{t_{ON}}{T-t_{ON}} \tag{7-18}$$

$$L_1=t_{ON}\times\frac{U_I}{(1-K)\times I_{1P}} \tag{7-19}$$

如果 $K=0$，则这些公式与自激式开关电源相同。式（7-18）和式（7-19）可分别变形为

$$t_{ON}=\frac{N\times U_2\times T}{U_I+N\times U_2}=\frac{T}{\frac{U_I}{N\times U_2}+1} \tag{7-20}$$

$$K=1-\frac{U_I\times t_{ON}}{L_1\times I_{1P}} \tag{7-21}$$

把式（7-21）代入式（7-17），整理得

$$I_{1P}=\frac{P_2\times T}{\eta\times U_I\times t_{ON}}+\frac{U_I\times t_{ON}}{2\times L_1} \tag{7-22}$$

由公式可知，K 值较大时，电流峰值 I_{1P} 较小，开关元器件的损耗减小。反之，K 值较小时，加在开关元器件两端的电压峰值增大，功率增加。

7.2.2　技术指标

反激式开关电源的技术指标见表 7-4。

表 7-4　反激式开关电源的技术指标

项　目	参　数	说　明
输入电压	单相交流 220V	说明
输入电压变动范围	160～235VAC	
输入频率	50Hz	
输出电压	U_{O1} = 5.5V@ 10A	二次侧绕组 1
	U_{O2} = 12V@ 1A	二次侧绕组 2

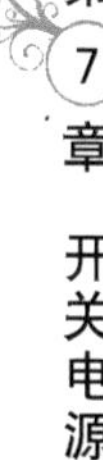

续表

项　目	参　数	说　明
输出功率	67W	
变压器转换效率	$\eta=80\%$	

7.2.3　占空比、工作频率和输出直流电压的确定

设定工作频率为 100kHz（$T=10\mu s$），最大占空比 $D_{max}=0.4$，最大导通时间 $t_{ONmax}=4\mu s$，直流输入电压 $U_I=200\sim350V$。

7.2.4　一次侧绕组峰值电流、匝比及一次侧绕组电感量的确定

对于反激式开关电源，当输入电压最低（$U_{Imin}=200V$）时，输出电流 I_O 以**过电流设定点**的电流，即 I_O 的 1.2 倍进行计算，这时一次侧绕组峰值电流最大。

设 $K=0.6$，变压器转换效率 $\eta=0.8$，二次侧绕组 1 整流二极管导通电压 $U_{F1}=0.85V$，线路压降 $U_{L1}=0.32V$。由 $U_{O1}=10V$，计算二次侧绕组 1 的输出电压 U_2 为

$$U_2=U_{O1}+U_{F1}+U_{L1}=5.5+0.85+0.32=6.67(V)$$

同理，计算二次侧绕组 2 输出电压 U_3 为

$$U_3=U_{O2}+U_{F2}+U_{L2}=12+0.7+0.3=13(V)$$

式中，二次侧绕组 1 整流二极管 $U_{F2}=0.7V$，线路压降 $U_{L2}=0.3V$。

输出为 5.5V **过电流设定点时**的输出电流为 10A×1.2，变压器最大输出功率

$$P_{2max}=U_2\times I_{O1}\times1.2+U_3\times I_{O2}=6.67\times10\times1.2+13\times1\approx93(W)$$

由式（7-17）～式（7-19），得

$$I_{1Pmax}=\frac{2\times P_{2max}\times T}{(1+K)\times\eta\times U_{Imin}\times t_{ONmax}}=\frac{2\times93\times10}{(1+0.6)\times0.8\times200\times4}\approx1.8(A)$$

$$N_{12}=\frac{U_{Imin}}{U_2}\times\frac{t_{ONmax}}{T-t_{ONmax}}=\frac{200}{6.67}\times\frac{4}{10-4}\approx20$$

$$L_1=t_{ONmax}\times\frac{U_{Imin}}{(1-K)\times I_{1Pmax}}=4\times\frac{200}{(1-0.6)\times1.8}=1111(\mu H)$$

7.2.5　绕组匝数的确定及参数的验证

1. 变压器绕组匝数的确定

磁芯选用 EEC35（TDK），变压器二次侧绕组 1 的匝数 N_2 为

$$N_2>\frac{I_{1Pmax}\times L_1}{N_{12}\times B_m\times S}\times10^4=\frac{1.82\times1111}{20\times115\times3000}\times10^4\approx2.9(匝)$$

取整数 3 匝。式中，L_1 为一次侧绕组电感量（1111μH）；B_m 为磁芯最大磁通密度

(3000GS)；S 为磁芯的有效横截面积（115mm^2）。

一次侧绕组的匝数 N_1 为

$$N_1 = N_2 \times N_{12} = 3 \times 20 = 60(\text{匝})$$

同理，二次侧绕组 2 的匝数 N_3 为

$$N_3 = N_2 \times \frac{U_3}{U_2} = 3 \times \frac{13}{6.67} \approx 5.8(\text{匝})$$

取整数 6 匝。

磁芯的 Al-Value 值为

$$\text{Al-Value} = \frac{L_1}{N_1^2} = \frac{1111}{60^2} \approx 308(\text{nH}/N^2)$$

设计思路说明：

① 根据磁芯有效横截面积 S、最大磁通密度 B_m、一次侧绕组最大峰值电流 I_{1Pmax} 及其电感量 L_1，确定主功率输出绕组的最低匝数 N_2；

② 根据输入、输出电压数值，一次侧绕组与主功率输出绕组的匝比，确定一次侧绕组及其他绕组的匝数。

2. 额定参数校正

当输入电压最低（$U_{Imin}=200\text{V}$），I_{O1} 和 I_{O2} 为额定输出电流时，额定输出功率 P_2 为

$$P_2 = U_2 \times I_{O1} + U_3 \times I_{O2} = 6.67 \times 10 + 13 \times 1 \approx 80(\text{W})$$

根据式（7-20），得

$$t_{ONmax} = \frac{T}{\dfrac{U_{Imin}}{N \times V_2} + 1} = \frac{10}{\dfrac{200}{20 \times 6.67} + 1} = 4(\mu\text{s})$$

根据式（7-22），得

$$I_{1P} = \frac{P_2 \times T}{\eta \times U_{Imin} \times t_{ONmax}} + \frac{U_{Imin} \times t_{ONmax}}{2 \times L_1} = \frac{80 \times 10}{0.8 \times 200 \times 4} + \frac{200 \times 4}{2 \times 1111} \approx 1.6(\text{A})$$

此时，根据式（7-21），得

$$K = 1 - \frac{U_{Imin} \times t_{ONmax}}{L_1 \times I_{1P}} = 1 - \frac{200 \times 4}{1111 \times 1.6} \approx 0.55$$

阅读资料

一、梯形波电流的峰值与平均值

图 7-19 为反激式开关电源 CCM 下，变压器一、二次侧绕组梯形波电流示意图。其一次侧绕组电流峰值 I_{1P}、最小值 I_{1B} 与平均值 I_1、有效值 I_{1rms} 之间有内在的数量关系。设电流的时间函数为

$$I_1(t) = kt + b$$

式中，$k = (I_{1P} - I_{1B})/t_{ON}$，则有

$$t=0\text{ 时},I_1(0)=I_{1B};\quad t=t_{ON}\text{时},I_1(t_{ON})=I_{1P}$$

于是 $I_1(t)=kt+b$ 可以表示为

$$I_1(t)=\frac{I_{1P}-I_{1B}}{t_{ON}}\times t+I_{1B}$$

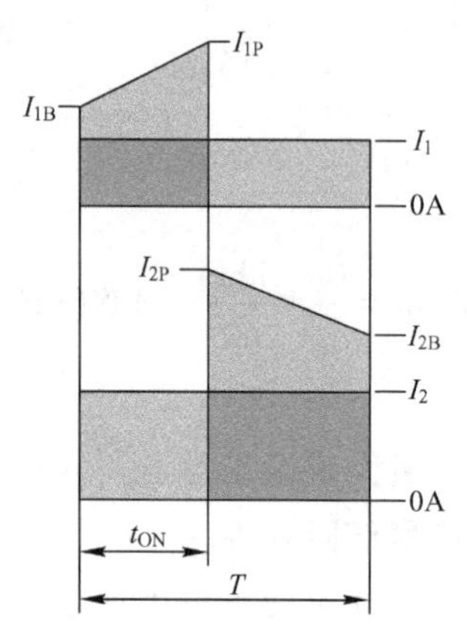

图 7-19　梯形波电流示意图

梯形波电流平均值 I_1 为

$$I_1=\frac{1}{T}\times\int_0^{t_{ON}}(kt+I_{1B})\mathrm{d}t=\frac{1}{T}\times\left(\frac{1}{2}kt^2+I_{1B}t\right)\Bigg|_0^{t_{ON}}$$

$$=(I_{1P}+I_{1B})\times\frac{D}{2}$$

式中，$D=t_{ON}/T$。

若将 $I_{1B}=K\times I_{1P}$代入，则得

$$I_1=\frac{D}{2}\times I_{1P}\times(1+K)$$

二次侧绕组电流峰值 I_{2P}、最小值 I_{2B}和平均值 I_2 之间也有类似的关系，因二次侧绕组电流过程时间为 t_{OFF}，故需要把公式中的 D 换成 $1-D$，即

$$I_2=\frac{1-D}{2}\times I_{2P}\times(1+K)$$

一次侧绕组电流峰值 I_{1P}、最小值 I_{1B}与平均值 I_1 之间的关系可以这样理解：电流峰值 I_{1P}、最小值 I_{1B}与 t_{ON}包围的梯形“等积变形”整个周期 T 的矩形，矩形的纵向高就是电流平均值 I_1。如图 7-19 所示中两个浅灰色梯形的面积等于两个浅灰色矩形面积，两个深灰色矩形是公共面积。

计算二次侧绕组电流峰值和最小值分别为

$$I_{2P}=\frac{2\times I_2}{(1-D)\times(1+K)}=\frac{2\times10}{(1-0.4)\times(1+0.55)}\approx21.5(\mathrm{A})$$

$$I_{2B}=K\times I_{2P}=0.55\times21.5\approx11.8(\mathrm{A})$$

$$I_{3P}=\frac{2\times I_3}{(1-D)\times(1+K)}=\frac{2\times1}{(1-0.4)\times(1+0.55)}\approx2.15(\text{A})$$

$$I_{3B}=K\times I_{3P}=0.55\times2.15\approx1.18(\text{A})$$

式中，I_2、I_3 分别是二次侧绕组 1 输出的平均电流 10A 和二次侧绕组 2 输出的平均电流 1A。

二、梯形波电流的峰值与有效值

由于电流的时间函数为 $I_1(t)=kt+b$，因此 I_1 的有效值 $I_{1\text{rms}}$ 为

$$I_{1\text{rms}}=\sqrt{\frac{1}{T}\times\int_0^{t_{\text{ON}}}(kt+I_{1B})^2\text{d}t}=\sqrt{\frac{1}{T}\times\int_0^{t_{\text{ON}}}(k^2t^2+2kI_{1B}t+I_{1B})^2\text{d}t}$$

$$=\sqrt{\frac{1}{T}\times\left(\frac{1}{3}k^2t^3+kI_{1B}t^2+I_{1B}^2t\right)\bigg|_0^{t_{\text{ON}}}}=\sqrt{\frac{D}{3}\times(I_{1P}^2+I_{1P}\times I_{1B}+I_{1B}^2)}$$

式中，$D=t_{\text{ON}}/T$。

若把 $I_{1B}=K\times I_{1P}$ 代入，则得

$$I_{1\text{rms}}=I_{1P}\sqrt{\frac{D}{3}\times(1+K+K^2)}$$

二次侧绕组电流峰值 I_{2P}、最小值 I_{2B} 和有效值 $I_{2\text{rms}}$ 之间也有类似的关系，因二次侧绕组电流过程时间为 t_{OFF}，故需要把公式中的 D 换成 $1-D$，即

$$I_{2\text{rms}}=I_{2P}\sqrt{\frac{1-D}{3}\times(1+K+K^2)}$$

3. 确定绕组中的电流有效值①

根据 $K=0.55$，一次侧绕组电流峰值 $I_{1P}=1.6\text{A}$，故一次侧绕组电流的最小值 I_{1B} 为

$$I_{1B}=K\times I_{1P}=0.55\times1.6=0.88(\text{A})$$

同理，可以求得二次侧绕组 1 的电流峰值 $I_{2P}=21.5\text{A}$，最小值 $I_{2B}=11.8\text{A}$；二次侧绕组 2 的电流峰值 $I_{3P}=2.15\text{A}$，最小值 $I_{3B}=1.18\text{A}$。

一次侧绕组电流 I_1 的有效值为

$$I_{1\text{rms}}=\sqrt{\frac{D}{3}\times(I_{1P}^2+I_{1P}\times I_{1B}+I_{1B}^2)}=\sqrt{\frac{0.4}{3}\times(1.6^2+1.6\times0.88+0.88^2)}\approx0.8(\text{A})$$

计算二次侧绕组电流 I_2 的有效值时，将 t_{ON} 换成 t_{OFF}，有

$$I_{2\text{rms}}=\sqrt{\frac{1-D}{3}\times(I_{2P}^2+I_{2P}\times I_{2B}+I_{2B}^2)}=\sqrt{\frac{0.6}{3}\times(21.5^2+21.5\times11.8+11.8^2)}\approx13(\text{A})$$

二次侧绕组电流 I_3 的有效值为

---

① 设计变压器时，主功率输出绕组不采用“过电流设定点”的最大电流 $I_{1\text{Pmax}}$（1.8A）作为计算依据，而是采用额定输出功率时的电流 I_{1P}（1.6A）进行计算。

$$I_{3rms}=\sqrt{\frac{0.6}{3}\times(2.15^2+2.15\times1.18+1.18^2)}\approx1.3(\mathrm{A})$$

图 7-20 为 I_1、I_2 与 I_3 的电流波形及相关参数。

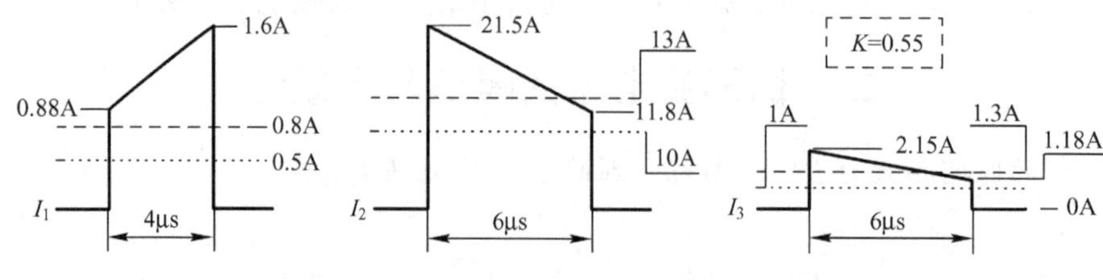

图 7-20　电流波形及相关参数

阅读资料

电源输入功率 P_I 等于输入电压 U_I 与电流的平均值之积，即

$$P_I=U_I\times I_1=\frac{D}{2}\times I_{1P}\times(1+K)\times U_I$$

式中，I_1 是一次侧绕组电流的平均值，即

$$I_1=\frac{D}{2}\times I_{1P}\times(1+K)$$

又根据式（7-17），得

$$P_2=\frac{D}{2}\times I_{1P}\times(1+K)\times U_I\times\eta$$

输入功率 P_I 与输出功率 P_2 只差一个 η，即 $\eta=P_2/P_I$。若输入电压 $U_{Imin}=200\mathrm{V}$，则额定输入功率 P_I 和输出功率 P_2 分别为

$$P_I=\frac{0.4}{2}\times200\times1.6\times(1+0.55)=99.2(\mathrm{W})$$

$$P_2=U_2\times I_{01}+U_3\times I_{02}=6.67\times10+13\times1\approx80(\mathrm{W})$$

因此得

$$\eta=P_2/P_I=80/99.2\approx0.8$$

由此可见，η 是变压器的转换效率，因为此时负载所需功率 P_O 为

$$P_O=U_{O1}\times I_{O1}+U_{O2}\times I_{O2}=5.5\times10+12\times1=67(\mathrm{W})$$

因此，二次侧绕组的输出功率 P_2 既包含负载所需功率 P_O，又包含整流二极管及线路损耗。若总体统筹电源的转换效率，则真正的电源转换效率 η' 为

$$\eta'=P_O/P_I=67/99.2\approx67.5\%$$

该效率远低于 80%，因此工程设计时，一方面要努力提高变压器的转换效率，另一方面要尽量减小整流二极管及线路压降，降低损耗。

7.2.6 开关功率管的选用

1. 电流

当输入电压最高（$U_{\text{Imax}}=350\text{V}$）时，计算开关功率管的漏极电流如图 7-21 所示。

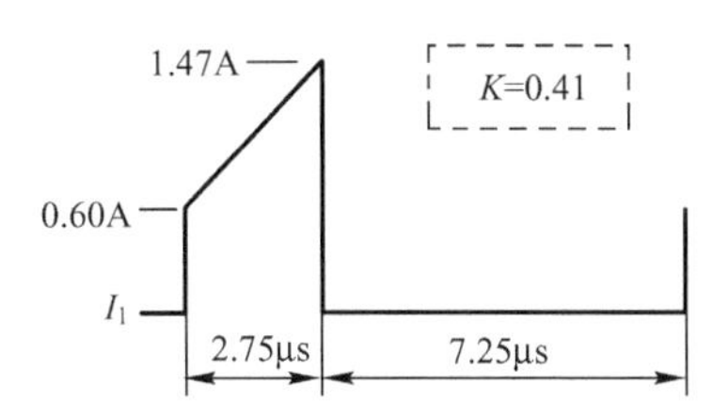

图 7-21 开关功率管的漏极电流

根据式（7-20）得

$$t_{\text{ONmin}}=\frac{T}{\dfrac{U_{\text{Imax}}}{N\times U_2}+1}=\frac{10}{\dfrac{350}{20\times 6.67}+1}\approx 2.75(\mu\text{s})$$

根据式（7-22）得

$$I_{\text{1Pmin}}=\frac{P_2\times T}{\eta\times U_{\text{Imax}}\times t_{\text{ONmin}}}+\frac{U_{\text{Imax}}\times t_{\text{ONmin}}}{2\times L_1}$$
$$=\frac{80\times 10}{0.8\times 350\times 2.75}+\frac{350\times 2.75}{2\times 1111}\approx 1.47(\text{A})$$

根据式（7-21）得

$$K=1-\frac{U_{\text{Imax}}\times t_{\text{ONmin}}}{L_1\times I_{\text{1Pmin}}}=1-\frac{350\times 2.75}{1111\times 1.47}\approx 0.41$$

因此，$I_{\text{1Bmin}}=K\times I_{\text{1Pmin}}=0.41\times 1.47\approx 0.6\text{A}$。

2. 电压

开关功率管 VT_1集电极最高电压 U_{dsp}为

$$U_{\text{dsp}}=U_{\text{Imax}}+N\times U_2+U_{\text{1r}}+U_{\text{1s}}=350+(20\times 6.67)+0.5\times(6.67\times 20)+30=580(\text{V})$$

因电压峰值为 580V，为使在工作中留有余量，故需要选用耐压 650V 以上的开关功率管。

3. 功耗

当结温为 100℃时，开关功率管的通态电阻 R_{ON}从产品手册中查得为 2.2Ω，因此通态功耗 P_{ON}为

$$P_{\text{ON}}=\frac{R_{\text{ON}}}{3}\times\frac{t_{\text{ON}}}{T}\times(I_{\text{dP}}^2+I_{\text{dP}}\times I_{\text{dB}}+I_{\text{dB}}^2)=\frac{2.2}{3}\times\frac{2.75}{10}\times(1.47^2+1.47\times 0.6+0.6^2)\approx 0.69(\text{W})$$

假设开关功率管的上升时间等于下降时间，且均为 0.1μs，即 $t_\text{r}=t_\text{f}=0.1\mu\text{s}$，计算开关

功率管的导通损耗 P_r 和断开损耗 P_f 分别为

$$P_r=\frac{1}{6}\times\frac{t_r}{T}\times I_{db}\times(U_I+N_{12}\times U_2)=\frac{1}{6}\times\frac{0.1}{10}\times0.6\times(350+6.67\times20)\approx0.48(W)$$

$$P_f=\frac{1}{6}\times\frac{t_r}{T}\times I_{dP}\times U_{dsp}=\frac{1}{6}\times\frac{0.1}{10}\times2\times580\approx1.93(W)$$

总功率 P 为

$$P=P_{ON}+P_r+P_f=0.69+0.48+1.93=3.1(W)$$

若散热器温度为100℃，环境温度为50℃，则散热器的热阻 R_{fa} 为

$$R_{fa}=(100-60)/3.1\approx12.9(℃/W)$$

变压器和输出二极管等参数同自激式开关电源，在此从略。反激式开关电源参数见表7-5。

表7-5 反激式开关电源参数

<table>
<tr><th colspan="3">项 目</th><th colspan="4">参 数</th></tr>
<tr><td colspan="2">工作频率</td><td>f</td><td colspan="4">100kHz</td></tr>
<tr><td colspan="2" rowspan="2">占空比</td><td>D_{min}</td><td colspan="4">$U_{Imax}=350V$ $t_{ONmin}=2.75\mu s$ $D_{min}=27.5\%$ $K=0.41$</td></tr>
<tr><td>D_{max}</td><td colspan="4">$U_{Imin}=200V$ $t_{ONmax}=4.0\mu s$ $D_{max}=40\%$ $K=0.55$</td></tr>
<tr><td colspan="2">额定功率</td><td>P_O</td><td colspan="4">80W（包含二极管及线路功耗）</td></tr>
<tr><td rowspan="6">变压器</td><td colspan="2" rowspan="2">一次侧绕组</td><td>匝数 N_1</td><td>电感量</td><td>电流平均值</td><td>电流有效值 I_{1rms}</td></tr>
<tr><td>60</td><td>1111μH</td><td>0.5A</td><td>0.8A</td></tr>
<tr><td colspan="2" rowspan="2">二次侧绕组1</td><td>匝数</td><td>电感量</td><td>电流平均值 I_{O1}</td><td>电流有效值 I_{2rms}</td></tr>
<tr><td>3匝</td><td>—</td><td>10A</td><td>13A</td></tr>
<tr><td colspan="2" rowspan="2">二次侧绕组2</td><td>匝数</td><td>电感量</td><td>电流平均值 I_{O2}</td><td>电流有效值</td></tr>
<tr><td>6匝</td><td>—</td><td>1A</td><td>1.3A</td></tr>
<tr><td colspan="3" rowspan="2">开关功率管</td><td colspan="2">漏—源极电压 U_{ds}</td><td>功率损耗</td><td>散热器的热阻 R_{fa}</td></tr>
<tr><td colspan="2">580V</td><td>3.1W</td><td>12.9℃/W</td></tr>
</table>

阅读资料

在前文描述中，当输入电压最低（$U_{Imin}=200V$）时，以主功率输出绕组过电流设定点的电流计算最大输出功率为93W，以额定输出功率计算的输出功率为80W，见表7-6。

由表7-6可见，当输入电压一定时，开关电源的占空比为定值，与输出功率无关，即

$$D_{max}=\frac{1}{\frac{U_{Imin}}{N\times U_2}+1}\times100\%=\frac{1}{\frac{200}{20\times6.67}+1}\times100\%=40\%$$

表 7-6　输入电压最低时，最大输出功率与额定输出功率参数对比

项　　目	最大输出功率（93W）	额定输出功率（80W）
输入电压	200V	
一次侧绕组电感量	$L_1=1111\mu H$	
匝比 N_{12}	20	
一次侧绕组峰值电流	$I_{1Pmax}=1.8A$	$I_{1P}=1.6A$
一次侧绕组电流 I_1 的最小值 I_{1B} 与峰值 I_{1P} 之比	$K=0.6$	$K=0.55$
占空比	$D_{max}=40\%$	
导通时间	$t_{ONmax}=4\mu s$	
开关周期	$T=10\mu s$	

根据前文讲过的电路理论知识，负载越重，占空比越大，代表输入、输出功率越大。工作在 CCM 下的反激式开关电源是如何实现保持占空比不变，输入和输出功率发生改变呢？

根据电源输入功率公式

$$P_I=\frac{D}{2}\times I_{1P}\times(1+K)\times U_I$$

得

$$P_{Imax}=\frac{D_{max}}{2}\times I_{1Pmax}\times(1+K_{max})\times U_{Imin}=\frac{0.4}{2}\times 1.8\times(1+0.6)\times 200=115.2(W)$$

$$P_I=\frac{D_{max}}{2}\times I_{1P}\times(1+K)\times U_{Imin}=\frac{0.4}{2}\times 1.6\times(1+0.55)\times 200=99.2(W)$$

与之对应的输出功率分别为

$$P_{2max}=U_2\times I_{O1}\times 1.2+U_3\times I_{O2}=6.67\times 10\times 1.2+13\times 1\approx 93(W)$$

$$P_2=U_2\times I_{O1}+U_3\times I_{O2}=6.67\times 10+13\times 1\approx 80(W)$$

这里 $P_{2max}=\eta\times P_{Imax}$，$P_2=\eta\times P_I$ 均成立！也就是说，工作在 CCM 下的反激式开关电源，当电源电压不变，占空比一定时，若负载减轻，则一、二次侧绕组峰值电流减小，电流比率 K 减小，实现输入、输出能量的改变。

图 7-22 为电源电压 $U_{Imin}=200V$，最大输出功率与额定输出功率时的一次侧绕组电流波形。由图可知，占空比一定，一、二次侧绕组峰值电流和电流比率 K 均改变，与输出功率密切相关！

当负载减轻，I_{1B} 刚好为零时进入 CRM，这时 K 为零。

根据式（7-21）得

$$K=1-\frac{U_I\times t_{ON}}{L_1\times I_{P1}}=0$$

代入参数得

$$I_{1P}=\frac{U_{Imin}\times t_{ONmax}}{L_1}=\frac{200\times 4}{1111}\approx 0.72(A)$$

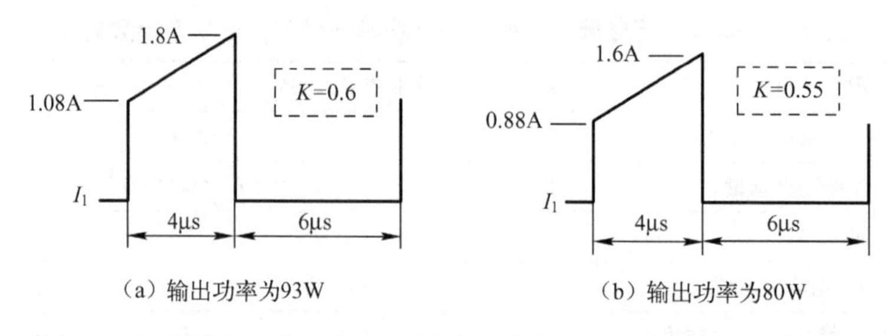

（a）输出功率为93W　（b）输出功率为80W

图7-22　电源电压为200V，不同输出功率时的一次侧绕组电流波形

此时，输入功率 P_I 为

$$P_I=\frac{D_{max}}{2}\times I_{1P}\times U_{Imin}=\frac{0.4}{2}\times 0.72\times 200=28.8(\mathrm{W})$$

与之对应的输出功率 P_2 为

$$P_2=\eta\times P_I=0.8\times 28.8\approx 23(\mathrm{W})$$

也就是说，负载功率在从额定值80W减小到23W的过程中，虽然占空比一直保持不变，但电源由CCM进入CRM状态，一、二次侧绕组的电流均由梯形波逐渐变为三角波。若负载继续减小，则占空比也减小，一、二次侧绕组的电流虽维持三角波，但会出现二次侧绕组电流在 t_{OFF} 未结束时为零的情况，即开关电源由电流连续模式进入电流断续模式。

由前述分析计算可知，电流的峰值、平均值及有效值紧密关联，见表7-7。

表7-7　电流的峰值、平均值及有效值

项　目	一次侧绕组		二次侧绕组（单绕组）		说　明
电流峰值	I_{1P}	I_{1B}	I_{2P}	I_{2B}	由式（7-17）确定 I_{1P}，式（7-19）及 I_{1P} 确定一次侧绕组的电感量 L_1
	$I_{1B}=K\times I_{1P}$		$I_{2B}=K\times I_{2P}$		
电流平均值	$I_1=\frac{D}{2}\times I_{1P}\times(1+K)$		$I_2=\frac{1-D}{2}\times I_{2P}\times(1+K)$		I_1 确定输入功率 $P_I=U_1\times I_1$ I_2 就是技术参数中的 I_O，确定输出功率 $P_O=U_2\times I_2=U_2\times I_O$ $P_O=\eta\times P_I$
电流有效值	$I_{1rms}=I_{1P}\sqrt{\frac{D}{3}\times(1+K+K^2)}$		$I_{2rms}=I_{2P}\sqrt{\frac{1-D}{3}\times(1+K+K^2)}$		I_{1rms}、I_{2rms} 确定绕组的线径 $J_d=I_{1rms}/S$ 或 $J_d=I_{2rms}/S$

7.3　正激式开关电源设计

反激式开关电源中的开关变压器起到储能的作用，在20～100W的小功率开关电源中比较有优势，电路简单，控制容易。正激式开关电源中的高频变压器只起传输能量的作用，适合 50～250W 的低电压、大电流开关电源。

7.3.1 技术指标

正激式开关电源的技术指标见表 7-8。

表 7-8 正激式开关电源的技术指标

项　目	参　数
输入电压	单相交流 220V
输入电压变动范围	160～235VAC
输入频率	50Hz
输出电压	U_O = 5.5V@20A
输出功率	110W

7.3.2 工作频率的确定

工作频率对电源体积和特性影响很大，必须做好选择。工作频率高，过渡响应速度快，热损耗增大，噪声大。

设定基本工作频率 f_0 为 200kHz，则

$$T=\frac{1}{f_0}=\frac{1}{200\times10^3}=5(\mu s)$$

式中，T 为周期；f_0 为基本工作频率。

7.3.3 最大导通时间的确定

对于正向式开关电源，D 选为 40%～45% 较为适宜，因此最大导通时间 t_{ONmax} 为

$$t_{ONmax}=T\times D_{max} \tag{7-23}$$

D_{max} 是设计电路时的一个重要参数，对主开关元器件、输出二极管的耐压与输出保持时间、变压器及输出滤波器、转换效率等都有很大影响。此处选 D_{max} = 45%，由式（7-23）有

$$t_{ONmax}=5\mu s\times0.45=2.25\mu s$$

正向激励开关电源的基本电路如图 7-23 所示。

7.3.4 变压器二次侧绕组输出电压和匝比的计算

1. 二次侧绕组输出电压的计算

如图 7-24 所示，二次侧绕组电压 U_2 与电压 $U_O+U_F+U_L$ 的关系可以这样理解：正脉冲

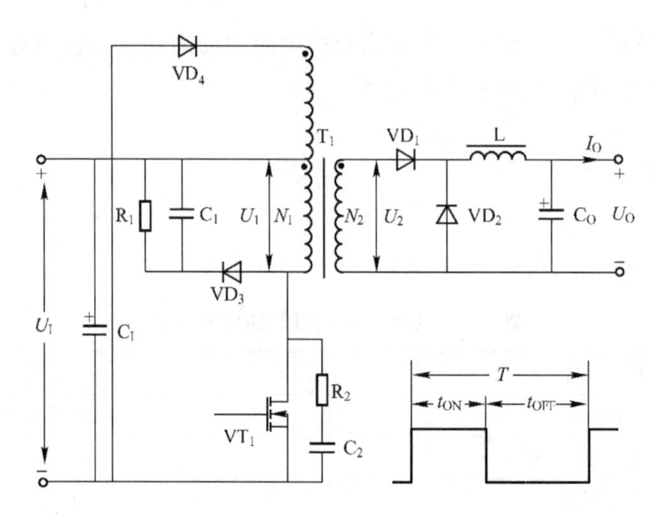

图 7-23　正向激励开关电源的基本电路

电压 U_2 与 t_{ON}包围的矩形“等积变形”为整个周期 T 的矩形，则矩形的纵向高就是 $U_O+U_F+U_L$，即

$$U_2=\frac{(U_O+U_L+U_F)\times T}{t_{ON}} \tag{7-24}$$

式中，U_F 是输出二极管的导通压降；U_L 是包含输出扼流圈 L_2 的二次侧绕组接线压降。

由此可见，图 7-24 中的 A 面积等于 B 面积，C 是公共面积，因此真正加在负载上的输出电压 U_O 更小。

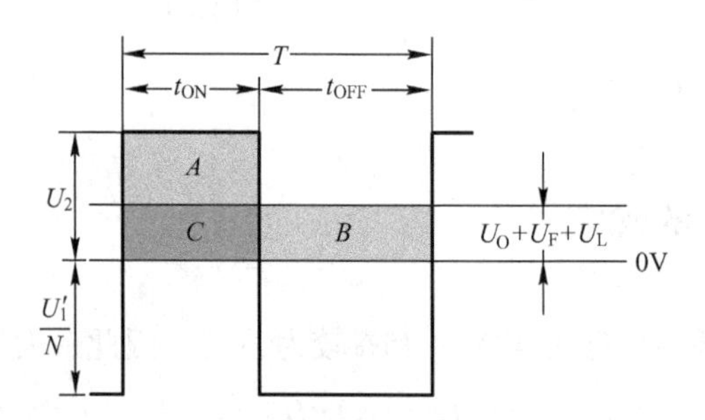

图 7-24　“等积变形”示意图

根据式（7-24），二次侧绕组最低输出电压 U_{2min} 为

$$U_{2min}=\frac{(U_O+U_L+U_F)\times T}{t_{ONmax}}=\frac{(5.5+0.3+0.5)\times 5}{2.25}=14(\text{V})$$

式中，U_F 取 0.5V（肖特基二极管）；U_L 取 0.3V。

2. 变压器匝比的计算

正激式开关电源中的高频变压器只起传输能量的作用，是真正意义上的变压器，其一、二次侧绕组的匝比 N 为

$$N=\frac{U_{\mathrm{I}}}{U_2} \tag{7-25}$$

根据交流输入电压的变动范围 160 ～ 235V，则 $U_{\mathrm{I}}=200\sim350\mathrm{V}$，$U_{\mathrm{Imin}}=200\mathrm{V}$，所以有

$$N=\frac{U_{\mathrm{Imin}}}{U_{\mathrm{2min}}}=\frac{200}{14}\approx14.3$$

把式（7-24）、式（7-25）整合，则变压器的匝比 N 为

$$N=\frac{U_{\mathrm{Imin}}\times D_{\mathrm{max}}}{U_{\mathrm{O}}+U_{\mathrm{L}}+U_{\mathrm{F}}} \tag{7-26}$$

7.3.5　变压器二次侧绕组匝数的计算

变压器一次侧绕组的匝数 N_1 与最大工作磁通密度 B_{m} 之间的关系为

$$N_1\geqslant\frac{U_{\mathrm{Imin}}\times t_{\mathrm{ONmax}}}{B_{\mathrm{m}}\times S}\times10^4 \tag{7-27}$$

式中，S 为磁芯的有效横截面积（mm^2）；B_{m} 为最大工作磁通密度。

输出功率与磁芯尺寸之间的关系见表 2-5。根据表 2-5 可粗略计算变压器有关参数，磁芯选EI-28，有效横截面积 S 约为 $85\mathrm{mm}^2$，磁芯材料相当于 TDK 的 H7C4，最大工作磁通密度 B_{m} 可由图 7-25 查出。

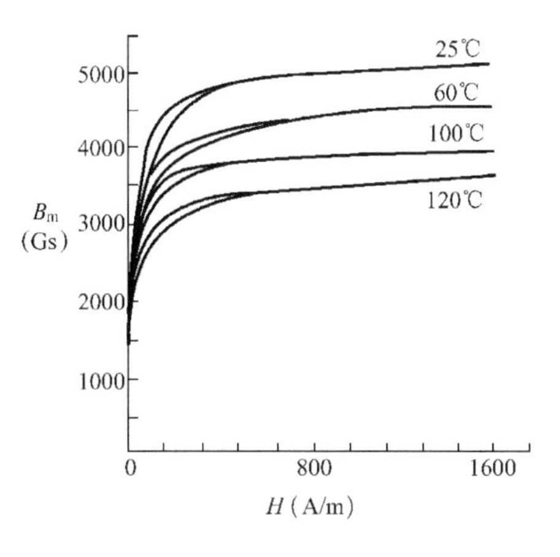

图 7-25　H7C4 材料磁芯的 B-H 特性

在实际使用时，磁芯温度约为 100℃，需要确保 B_{m} 为线性范围，因此 B_{m} 在 3000Gs 以下。因正向激励开关电源是单向励磁，所以在设计时，需要减小剩磁（磁复位）——剩磁随磁芯温度和工作频率改变。此处，工作频率为 200kHz，剩磁约减为 1000Gs，即磁通密度的线性变化范围 ΔB_{m} 为 2000Gs。

根据式（7-27）得

$$N_1=\frac{U_{\mathrm{Imin}}\times t_{\mathrm{ONmax}}}{\Delta B_{\mathrm{m}}\times S}\times 10^4=\frac{200\times 2.25}{2000\times 85}\times 10^4\approx 26.5(\text{匝})$$

取整数 27 匝。

因此，变压器二次侧绕组的匝数 N_2 为

$$N_2=N_1/N=N_1=27/14.3=1.9(\text{匝})$$

取整数 2 匝。

当 $N=N_1/N_2=27/2=13.5$ 时，根据式（7-26），计算最大占空比 $D_{\max}$ 为

$$D_{\max}=\frac{(U_{\mathrm{O}}+U_{\mathrm{F}}+U_{\mathrm{L}})\times N}{U_{\mathrm{Imin}}}=\frac{(5.5+0.5+0.3)\times 13.5}{200}\approx 42.5\%$$

也就是说，选定变压器一、二次侧绕组分别为 27 匝和 2 匝，为了满足在最低输入电压时能保证输出电压正常，选定最大占空比 $D_{\max}$ 约为 42.5%，开关功率管的最大导通时间 t_{ONmax} 约为 2.1μs。下面有关参数的计算采用校正后的 $D_{\max}$（42.5%）和 t_{ONmax}（2.1μs），由式（7-25）计算的最低输出电压 $U_{2\min}$ 约为 14.8V。

7.3.6 变压器二次侧滤波元器件参数的计算

1. 计算扼流圈的电感量

流经输出扼流圈的电流 ΔI_{L} 如图 7-26 所示，为

$$\Delta I_{\mathrm{L}}=\frac{U_{2\min}-(U_{\mathrm{F}}+U_{\mathrm{O}})}{L}\times t_{\mathrm{ONmax}} \tag{7-28}$$

式中，L 为输出扼流圈的电感量（μH）。

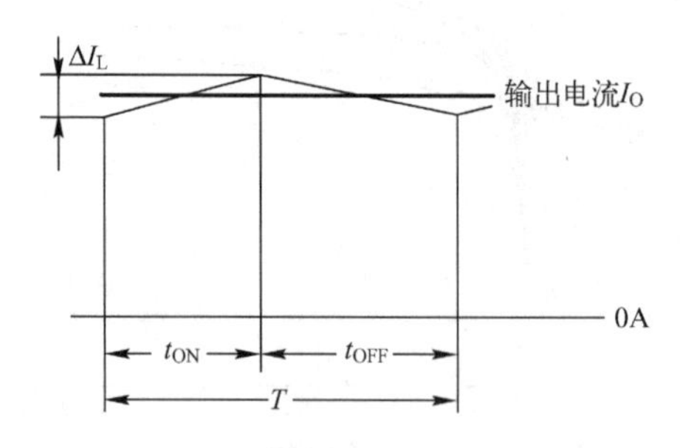

图 7-26 扼流圈中的电流波形

这里选 ΔI_{L} 为输出电流 I_{O}（20A）的 10%～30%，从扼流圈的外形尺寸、成本、过程响应等方面考虑，此值比较适宜。因此，按 ΔI_{L} 为 I_{O} 的 20%进行计算，即

$$\Delta I_{\mathrm{L}}=I_{\mathrm{O}}\times 0.2=20\times 0.2=4(\mathrm{A})$$

由式（7-28）求得

$$L=\frac{14.8-(0.5+5.5)}{4}\times 2.1\approx 4.6(\mu H)$$

如此应采用电感量为 4.6μH、流过平均电流为 20A 的扼流圈。

也可以把变压器二次侧绕组的输出电压与电流波形合并在一起，如图 7-27 所示。在 t_{ON}期间，U_2 为幅度 14.8V 的正脉冲，VD_1导通期间，扼流圈电流线性上升，励磁、磁通量增大；在 t_{OFF}期间，U_2 为幅度 U_1'/N 的负脉冲，VD_1截止、VD_2导通，扼流圈电流线性下降，消磁、磁通量减小。输出给负载的平均电流 I_O 为 20A。稳态时，扼流圈磁通的增大量等于减小量。

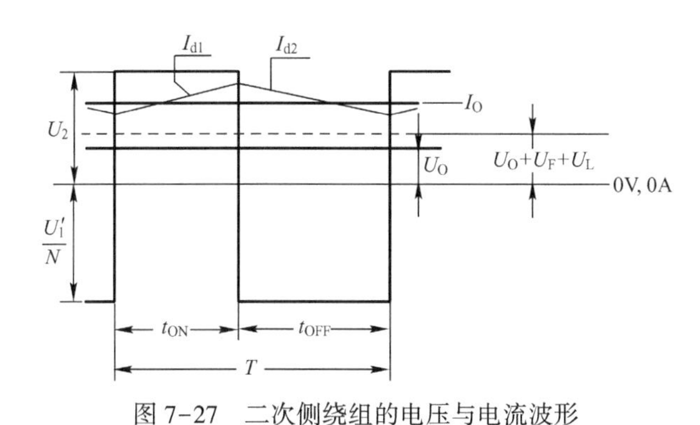

图 7-27　二次侧绕组的电压与电流波形

2. 计算输出电容的电容量

输出电容的电容量主要由输出纹波电压抑制为几毫伏来确定。输出纹波电流 ΔI_r 由 ΔI_L 和输出电容的等效串联电阻 ESR① 确定。输出纹波电压一般为输出电压的 0.3%～0.5%。

$$\Delta I_r=\frac{(0.3\sim0.5)\times U_O}{100}=\frac{(0.3\sim0.5)\times 5}{100}=15\sim 25\text{mV} \tag{7-29}$$

又

$$\Delta I_r=\Delta I_L\times \text{ESR} \tag{7-30}$$

由式（7-30）求得

$$\text{ESR}=\frac{\Delta I_r}{\Delta I_L}=\frac{15\sim25}{4}=3.75\sim 6.25\text{m}\Omega$$

即工作频率为 200kHz 时，需要选用 ESR 值为 6.25mΩ 以下的电容，如用 8200μF/10V 的电容，其 ESR 值为 31mΩ，可选 6 个并联。低温时，ESR 值变大。

流经电容的纹波电流 I_{C2rms} 为

$$I_{C2rms}=\frac{\Delta I_L}{2\times\sqrt{3}}=\frac{4}{2\times\sqrt{3}}\approx 1.16(\text{A}) \tag{7-31}$$

① ESR，是 Equivalent Series Resistance 三个英文单词的缩写，即等效串联电阻。ESR 的出现导致电容的行为背离了原始的定义，意味着将两个电容串联会增大这个数值，并联会减少这个数值。

选用输出电容时还要考虑负载的变化、电流的变化范围、电流的上升/下降时间、输出扼流圈的电感量、使电压稳定的环路增益等，它们可能使输出电容特性发生改变。

7.3.7 恢复电路设计

1. 计算恢复绕组的匝数

恢复电路如图7-28所示。在VT_1导通期间，变压器T_1的磁通量增大，蓄积能量；在VT_1截止期间，变压器T_1释放蓄积的能量。

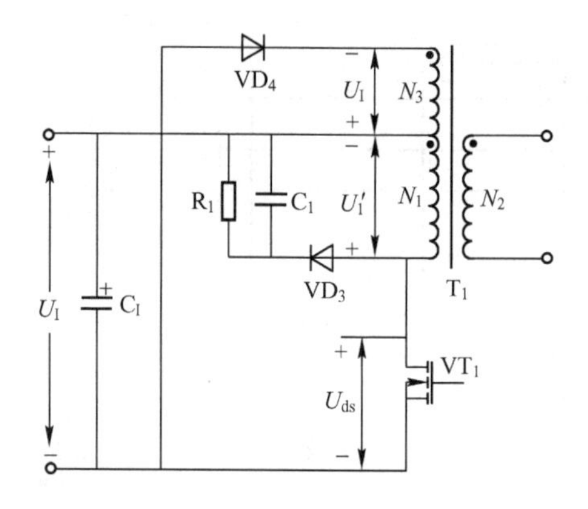

图7-28 恢复电路（VT_1截止时）

图7-28中，T_1上绕有恢复绕组N_3，在VT_1截止期间，原来蓄积在变压器中的能量通过VD_4反馈到输入侧（C_I暂存）；在VT_1截止期间，当恢复绕组N_3两端的自感电压限制为输入电压U_I的数值时，VD_4才能把存储在N_3中的磁场能转化为电场能反馈到输入侧。这时变压器一次侧绕组感应电压为

$$U_1'=\frac{N_1\times U_I}{N_3} \tag{7-32}$$

式中，U_1'是N_1的感应电压，极性为上负下正；U_I是N_3的自感电压，极性也是上负下正（等于电源电压）。

若主开关器件的耐压为800V，使用率为85%，即$(U_1'+U_{Imax})\leqslant 800\times 0.85=680(V)$，则

$$U_1'\leqslant 680-350=330(V)$$

由式（7-32）求得

$$N_3\geqslant\frac{N_1\times U_{Imax}}{U_1'}=\frac{27\times 350}{330}\approx 28.6(匝)$$

取整数29匝。

2. 计算RCD吸收电路的电阻与电容

在VT_1导通期间，储存在T_1中的能量为

$$E_1=\frac{U_I^2\times t_{ON}^2}{2L_1} \tag{7-33}$$

式中，L_1 为变压器一次侧绕组的电感量。

在 VT_1截止期间，一次侧绕组感应电压使 VD_3导通，磁场能转化为电场能，在 R_1 上以热量形式消耗掉。R_1 中消耗的热量为

$$E_2=\frac{U_1'^2\times T}{R_1} \tag{7-34}$$

因为 $E_1=E_2$，联立式（7-33）、式（7-34）整理得

$$U_1'=\sqrt{\frac{R_1}{2L_1T}}\times U_I\times t_{ON} \tag{7-35}$$

因为输入电压最高 U_{Imax}时的开关功率管导通时间 t_{ONmin}最短，所以将 U_I 换成 U_{Imax}，t_{ON}换成 t_{ONmin}，加在 VT_1上的最大峰值电压 U_{dsp}为

$$U_{dsp}=U_{Imax}+U_1'=U_{Imax}\times\left(1+\sqrt{\frac{R_1}{2L_1T}}\times t_{ONmin}\right) \tag{7-36}$$

由此求得 R_1 为

$$R_1=2\times\left(\frac{U_{dsp}}{U_{Imax}}-1\right)^2\times\frac{L_1T}{t_{ONmin}^2} \tag{7-37}$$

又当输入电压 U_{Imax}时，t_{ONmin}为

$$t_{ONmin}=t_{ONmax}\times\frac{U_{Imin}}{U_{Imax}}=2.1\times\frac{200}{350}\approx1.2(\mu s)$$

式（7-37）中，一次侧绕组的电感量 L_1 是未知数，求解如下。

Al-Value 值由磁芯产品目录提供。EI(E)-28、H7C4 的 A1-Value 值为 5950，则

$$\text{A1-Value}=L_1/N_1^2 \tag{7-38}$$

由式（7-38）求得 L_1 为

$$L_1=5950\times N_1^2\times10^{-9}=5950\times27^2\times10^{-9}\approx4.3(mH)$$

由式（7-37）求得 R_1 为

$$R_1=2\times\left(\frac{680}{350}-1\right)^2\times\frac{4.3\times10^{-3}\times5\times10^{-6}}{(1.2\times10^{-6})^2}\approx28.2(k\Omega)$$

式中，加在 VT_1上的最大峰值电压 U_{dsp}取 680V。

时间常数 R_1C_1 比周期 T 要大得多，一般取 10 倍左右，则

$$C_1=10\times\frac{T}{R_1}=10\times\frac{5\times10^{-6}}{28.2\times10^3}\approx1773(pF)$$

3. 计算一次侧绕组感应电压

当 $U_{Imax}=350V$ 时，根据式（7-32）得

$$U_1' = \frac{27 \times 350}{29} \approx 325\text{V}$$

阅读资料

对于正激式开关电源，当主开关元器件导通时，高频变压器励磁，在 t_{ON} 即将结束时，其一次侧绕组的励磁电流 I_1 为 $U_I \times t_{ON}/L_1$；断开时，高频变压器消磁，恢复二极管 VD_3 和绕组 N_3 就是为此而设的，励磁能量通过它们反馈到输入侧。若绕组 N_1 中蓄积的能量全部转移到绕组 N_3 中，开关断开瞬间"安·匝相等"原理仍然成立，则绕组 N_3 中的励磁电流 I_3 为

$$I_3 = \frac{N_1}{N_3} \times I_1$$

把 $I_1 = U_I \times t_{ON}/L_1$ 代入得

$$I_3 = \frac{N_1}{N_3} \times \frac{U_I}{L_1} \times t_{ON}$$

又绕组 N_3 的励磁电感与绕组 N_1 励磁电感的关系为

$$L_3 = \left(\frac{N_3}{N_1}\right)^2 \times L_1$$

恢复二极管 VD_3 变为导通状态，高频变压器以输入电压 U_I 消磁，为消除 $I_1 = U_I \times t_{ON}/L_1$ 的励磁电流 I_1，必要的时间类似 $I_1 = U_I \times t_{ON}/L_1$，即

$$t_{re} = L_3 \times \frac{I_3}{U_I}$$

将 L_3、I_3 分别代入并整理得

$$t_{re} = \left(\frac{N_3}{N_1}\right)^2 \times L_1 \times \frac{N_1}{N_3} \times \frac{U_I}{L_1} \times t_{ON} \times \frac{1}{U_I} = \frac{N_3}{N_1} \times t_{ON}$$

为防止高频变压器磁饱和，必须在开关断开期间完全消磁，则

$$t_{re} \leqslant t_{OFF} = (1-D) \times T$$

即

$$\frac{N_3}{N_1} \times t_{ON} \leqslant (1-D) \times T$$

因此，正激式开关电源的占空比为

$$D \leqslant \frac{N_1}{N_1 + N_3}$$

本例中，$N_1 = 27$，$N_3 = 29$，则 $\frac{N_1}{N_1+N_3} = \frac{27}{27+29} \approx 0.482 \geqslant D_{max}(0.425)$。

7.3.8 开关功率管的选用

1. 电压峰值

根据式（7-37）计算 VT_1上的电压峰值 U_{dsp}为

$$U_{dsp}=350\times\left(1+\sqrt{\frac{28.2\times10^{3}}{2\times4.3\times10^{-3}\times5\times10^{-6}}}\times1.2\times10^{-6}\right)\approx690(V)$$

实际上，开关功率管的漏—源极之间还叠加有几十伏的浪涌电压，波形如图 7-29 所示。

2. 电流和功耗

根据变压器安匝相等原理，开关功率管的漏极电流平均值 I_{ds}为

$$I_{ds}=I_0\times\frac{N_2}{N_1}=20\times\frac{2}{27}\approx1.48(A)$$

根据电感电流的变化量为 20%，确定 I_{ds}的前峰值 I_{ds1}和后峰值 I_{ds2}分别为

$$I_{ds1}=I_{ds}\times0.9=1.48\times0.9\approx1.33(A)$$
$$I_{ds2}=I_{ds}\times1.1=1.48\times1.1\approx1.63(A)$$

式中，I_{ds1}、I_{ds2}分别是开关功率管 VT_1 导通期间前、后沿峰值电流，与电流平均值 I_{ds}有 10% 的差值。

VT_1的电压和电流波形如图 7-30 所示。VT_1的总功耗 P_{Q1}为

$$P_{Q1}=\frac{1}{6T}\times[U_{Imin}\times I_{ds1}\times t_1+3\times U_{ds(sat)}\times(I_{ds1}+I_{ds2})\times t_2+U_{dsp}\times I_{ds2}\times t_3] \quad (7-39)$$

式中，$U_{ds(sat)}$是 VT_1 导通电压，一般为 2V 以下。

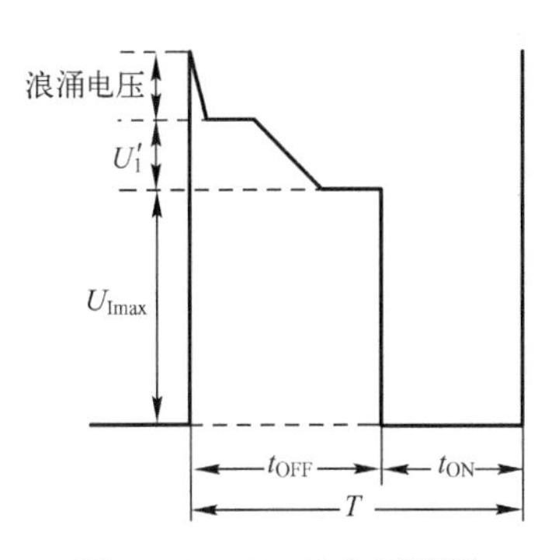

图 7-29 VT_1 的电压波形

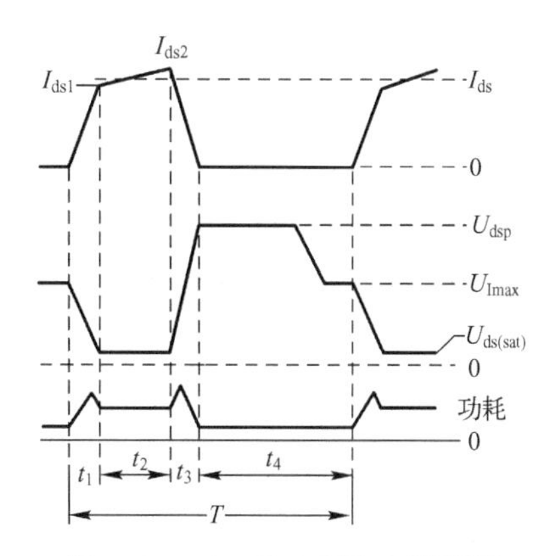

图 7-30 VT_1 的电压和电流波形

计算 VT_1 功耗时应注意：

① PN 结温度 T_j 越高，导通电阻 R_{ds}越大，T_j 超过 100℃时，R_{ds}一般为产品手册中给出值的 1.5～2 倍。

② 由于 R_{ds}功耗所占比例较高，因此必要时应加宽 t_{ON}进行计算，即在 U_{Imax}时，采用 t_{ONmin}条件，或者在 U_{Imin}时，采用 t_{ONmax}条件。在 t_{OFF}期间，由于 VT_1 漏极电流极小，因此功耗可忽略不计。

因为 $t_{ONmax}=2.1\mu s$，t_1 采用 MOSFET 产品手册中给出的上升时间，t_3 采用下降时间。这里取 $t_1=0.1\mu s$，$t_3=0.1\mu s$，则

$$t_2=2.1-0.1-0.1=1.9(\mu s)$$

由式（7-39）求得 P_{Q1}为

$$P_{Q1}=\frac{1}{6\times5}\times[200\times1.33\times0.1+3\times1.7\times(1.33+1.63)\times1.9+720\times1.63\times0.1]\approx5.3(W)$$

式中，$U_{ds(sat)}$取 1.7V。

结温 T_j 控制在 120℃、环境温度最高为 50℃时，需要的散热器热阻 R_{fa}为

$$R_{fa}=\frac{T_{jmax}-T_{amax}-(R_{jc}\times P_{Q1})}{P_{Q1}}=\frac{120-50-(1.0\times5.3)}{5.3}\approx12.2(℃/W) \tag{7-40}$$

由此需要 12.2℃/W 的散热器，由冷却方式（自然风冷却或风扇强迫风冷却）决定散热器的热阻。散热器功耗与温升的关系如图 7-31 所示。

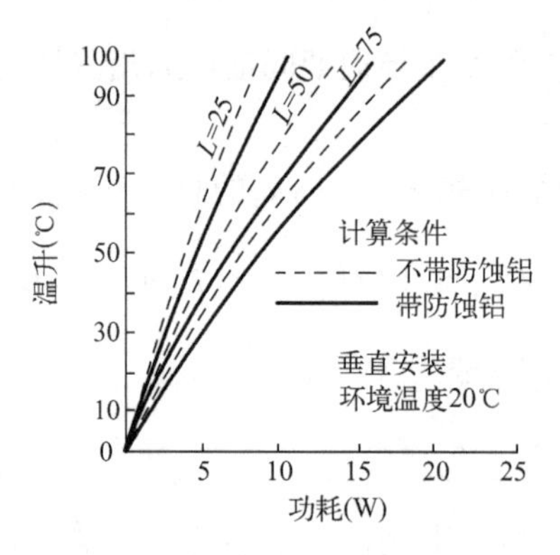

图 7-31　功耗与温升的关系

7.3.9　恢复二极管的选用

恢复二极管选用高压快速二极管，特别注意反向恢复时间要短。

1. VD_3的反向电压

在 t_{ON}期间，VD_3反偏，正极相当于接地，加在 VD_3上的反向电压等于电源电压。当输入电压最大时，VD_3反偏电压 $U_{rd3}=350V$。

2. VD_4的反向电压

在 t_{ON}期间，VD_4反偏，加在 VD_4上的反向电压 U_{rd4}为电源电压与恢复绕组感应电压的叠加，当输入电压最高时，VD_4反偏电压 U_{rd4}为

$$U_{rd4}=U_{Imax}\times\left(1+\frac{N_3}{N_1}\right)=350\times\left(1+\frac{29}{27}\right)\approx 726(\text{V}) \tag{7-41}$$

7.3.10 输出二极管的选用

输出二极管选用低电压、大电流 SBD，特别注意反向恢复时间要短。因为 VT_1 通、断时，由二极管反向电流影响一次侧的开关特性，从而造成功耗增大。

1. 整流二极管 VD_1的反向电压

在 t_{OFF}期间，由于输出滤波电感反激，续流二极管 VD_2导通，一次侧绕组感应电压 $U_1'=330\text{V}$，二次侧绕组电压加在整流二极管 VD_1的两端，因此 VD_1的反向电压 U_{rd1}为

$$U_{rd1}=U_1'\times\frac{N_2}{N_1}=325\times\frac{2}{27}\approx 24(\text{V}) \tag{7-42}$$

实际上，VT_1 截止时有几十伏的浪涌电压叠加在这个电压上。

2. 续流二极管 VD_2的反向电压

在 t_{ON}期间，VD_1导通，加在续流二极管 VD_2上的反向电压 U_{rd2}与变压器二次侧绕组电压的最大值 U_{2max}相同，即

$$U_{2max}=U_{Imax}\times\frac{N_2}{N_1}=350\times\frac{2}{27}\approx 26(\text{V}) \tag{7-43}$$

实际上，VT_1 导通时有几伏的浪涌电压叠加在这个电压上。VD_1、VD_2两端电压波形如图 7-32 所示。

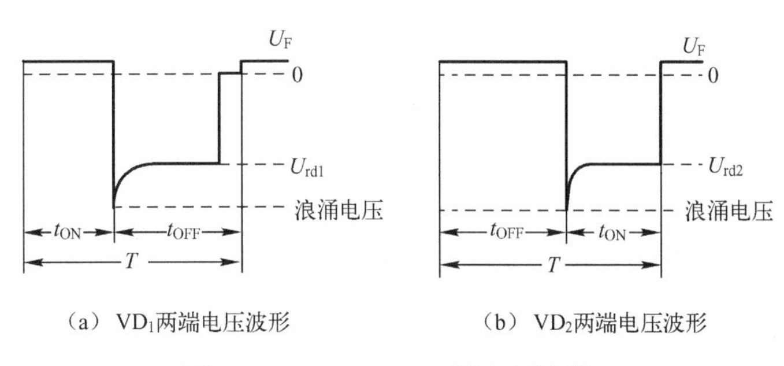

（a）VD_1两端电压波形　（b）VD_2两端电压波形

图 7-32　VD_1、VD_2 两端电压波形

整流二极管 VD_1的功耗 P_{d1}为

$$P_{d1}=U_F\times I_O\times\frac{t_{ON}}{T}\times U_{rd1}\times I_r\times\frac{t_{OFF}-t_{rr}}{T}+\frac{1}{T}\int_0^{t_{rr}}U_{rd1}\times I_{rr}(t)\,dt \tag{7-44}$$

续流二极管 VD_2的功耗 P_{d2}为

$$P_{d2}=U_F\times I_O\times\frac{t_{OFF}}{T}\times U_{rd2}\times I_r\times\frac{t_{ON}-t_{rr}}{T}+\frac{1}{T}\int_0^{t_{rr}}U_{rd2}\times I_{rr}(t)\,dt \tag{7-45}$$

式中，I_r 为反向电流；t_{rr}为反向恢复时间，均采用产品手册上给出的数值。有功耗时，输出

二极管的电压和电流波形如图 7-33 所示。

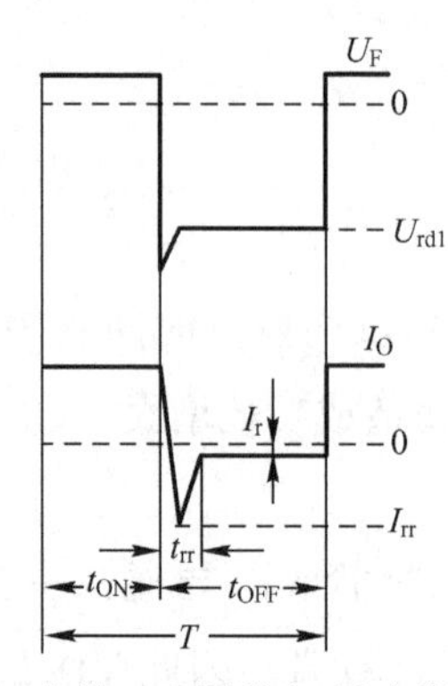

（a）整流二极管VD_1两端的电压和电流波形

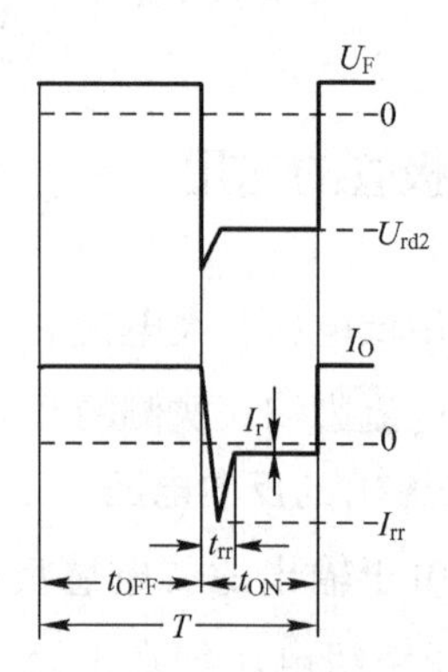

（b）续流二极管VD_2两端的电压和电流波形

图 7-33 输出二极管的电压和电流波形

7.3.11 变压器参数的计算

VT_1 的漏极电流平均值 I_{ds}就是变压器一次侧绕组电流的平均值，I_1 为

$$I_1 = 1.48\text{A}$$

正激式开关电源一、二次侧绕组的电流同相，均为梯形波，根据前述梯形波电流有效值的公式

$$I_{1rms} = I_{1P}\sqrt{\frac{D}{3}\times(1+K+K^2)}$$

式中，K 是梯形波电流的前峰值 I_{1B}与后峰值 I_{1P}的比值，即 $K=I_{1B}/I_{1P}$。

本电路 I_{ds1}就是 I_{1B}，I_{ds2}就是 I_{1P}，则

$$K=I_{ds1}/I_{ds2}=0.9I_1/1.1I_1\approx 0.82$$

一次侧绕组电流的有效值 I_{1rms}为

$$I_{1rms}=1.1\times I_{ds}\sqrt{\frac{D}{3}\times(1+K+K^2)}=1.1\times 1.48\times\sqrt{\frac{0.42}{3}\times(1+0.82+0.82^2)}\approx 0.96(\text{A})$$

或用简单公式计算，即

$$I_{1rms}=I_{ds}\sqrt{D}=1.48\times\sqrt{0.42}\approx 0.96(\text{A})$$

二次侧绕组电流的有效值 I_{2rms}为

$$I_{2rms}=I_{1rms}\times\frac{N_1}{N_2}=0.96\times\frac{27}{2}\approx 12.95(\text{A})$$

恢复绕组电流的有效值 I_{3rms}为

$$I_{3rms}=I_{1rms}\times\frac{N_1}{N_3}=0.96\times\frac{27}{29}\approx0.89(A)$$

自然风冷时，电流密度 J_d 选为 2～4A/mm²，风扇强迫风冷时，电流密度 J_d 选为 3～5A/mm²。根据电流的有效值，变压器一次侧绕组使用铜线的线径为 ϕ0. 6mm、电流密度为 3. 4A/mm²，二次侧绕组使用铜线的线径为 ϕ0. 3mm×9（9 线并绕）、电流密度为 4. 8A/mm²，恢复绕组铜线的线径为 ϕ0. 6mm、电流密度为 3. 15A/mm²。

7. 3. 12　输出扼流圈的计算

输出扼流圈用磁芯有 EI（EE）磁芯、环形磁芯、鼓形磁芯等，应与变压器一样，且磁通不能饱和，温升应在允许范围内。

因为流经输出扼流圈中的电流为 20A，所以使用 0. 5mm×9mm 的铜线，电流密度为

$$\frac{20}{0.5\times9}\approx4.44(A/mm^2)$$

正激式开关电源参数见表 7-9。

表 7-9　正激式开关电源参数

<table>
<tr><td colspan="2">项　目</td><td colspan="6">参　数</td></tr>
<tr><td>工作频率</td><td>f</td><td colspan="6">200kHz</td></tr>
<tr><td rowspan="2">占空比</td><td>D_{min}</td><td colspan="6">$U_{Imax}=155V$　$T_{ONmin}=1.35\mu s$　$D_{min}=27.0\%$</td></tr>
<tr><td>D_{max}</td><td colspan="6">$U_{Imin}=100V$　$T_{ONmax}=2.09\mu s$　$D_{max}=41.8\%$</td></tr>
<tr><td>输出功率</td><td>P_O</td><td colspan="6">100W</td></tr>
<tr><td rowspan="8">变压器</td><td rowspan="2">一次侧绕组</td><td>匝数 N_1</td><td>电感量</td><td>电流平均值 I_{ds}</td><td>电流有效值 I_{1rms}</td><td>绕组线径</td><td>电流密度</td></tr>
<tr><td>27 匝</td><td>4. 3mH</td><td>1. 48A</td><td>0. 96A</td><td>ϕ0. 6mm</td><td>3. 4A/mm²</td></tr>
<tr><td rowspan="2">二次侧绕组</td><td>匝数</td><td>电感量</td><td>电流平均值 I_O</td><td>电流有效值 I_{2rms}</td><td>绕组线径</td><td>电流密度</td></tr>
<tr><td>2 匝</td><td>—</td><td>20</td><td>12. 95A</td><td>ϕ0. 3mm×9</td><td>4. 8A/mm²</td></tr>
<tr><td rowspan="2">恢复绕组</td><td>匝数</td><td>电感量</td><td>电流平均值</td><td>电流有效值</td><td>绕组线径</td><td>电流密度</td></tr>
<tr><td>29 匝</td><td>—</td><td>1. 38A</td><td>0. 89A</td><td>ϕ0. 6mm</td><td>3. 15A/mm²</td></tr>
<tr><td rowspan="2">磁芯</td><td colspan="2">型号</td><td>有效截面积 S</td><td colspan="2">剩磁通密度 B_m</td><td>最大磁通密度 B_m</td></tr>
<tr><td colspan="2">EI-28</td><td>85mm²</td><td colspan="2">1000Gs</td><td>3000Gs</td></tr>
<tr><td colspan="2" rowspan="2">开关功率管</td><td colspan="2">漏—源极最高电压 U_{dsp}</td><td colspan="2">功率损耗 P_{Q1}</td><td colspan="2">热阻 R_{fa}</td></tr>
<tr><td colspan="2">400V</td><td colspan="2">7. 3W</td><td colspan="2">12. 2℃/W</td></tr>
<tr><td colspan="2" rowspan="2">输出滤波电感</td><td>匝数</td><td>导线</td><td>电感量</td><td>电流</td><td>电流密度</td><td>磁通密度 B_m</td></tr>
<tr><td>6 匝</td><td>0. 5mm×9mm</td><td>4. 6μH</td><td>20A</td><td>4. 4A/mm²</td><td>1793GS</td></tr>
<tr><td colspan="2" rowspan="2">整流二极管 VD_1</td><td colspan="6">反向电压 U_{rd1}</td></tr>
<tr><td colspan="6">24V</td></tr>
<tr><td colspan="2" rowspan="2">续流二极管 VD_2</td><td colspan="6">最大反向电压 U_{rd2}</td></tr>
<tr><td colspan="6">26V</td></tr>
<tr><td colspan="2" rowspan="2">恢复二极管 VD_3</td><td colspan="6">最大反向电压 U_{rd3}</td></tr>
<tr><td colspan="6">350V</td></tr>
<tr><td colspan="2" rowspan="2">恢复二极管 VD_4</td><td colspan="6">最大反向电压 U_{rd4}</td></tr>
<tr><td colspan="6">726V</td></tr>
</table>

参 考 文 献

[1] 普莱斯曼 . 开关电源设计 [M]. 何志强，译 . 北京：电子工业出版社，2010. 6.
[2] 何希才 . 新型开关电源设计与维修 [M]. 北京：国防工业出版社，2001. 1.